家禽科学技术研究

宋敏训　连京华　主编

中国农业科学技术出版社

图书在版编目（CIP）数据

家禽科学技术研究 / 宋敏训，连京华主编．
—北京：中国农业科学技术出版社，2014.6
ISBN 978－7－5116－1705－7

Ⅰ.①家…　Ⅱ.①宋…②连…　Ⅲ.①养禽学
Ⅳ.①S83

中国版本图书馆 CIP 数据核字（2014）第 133343 号

责任编辑　穆玉红
责任校对　贾晓红

出 版 者　中国农业科学技术出版社
　　　　　北京市中关村南大街 12 号　邮编:100081
电　　话　(010)82109704(发行部)　(010)82106626(编辑室)
　　　　　(010)82109709(读者服务部)
传　　真　(010)82106626
网　　址　http://www.castp.cn
经 销 者　各地新华书店
印 刷 者　北京富泰印刷有限责任公司
开　　本　880 mm×1 230 mm　1/16
印　　张　21.25
字　　数　520 千字
版　　次　2014 年 6 月第 1 版　2014 年 6 月第 1 次印刷
定　　价　60.00 元

《家禽科学技术研究》

编 委 会

前　言

近年来，在家禽科技工作者的不懈努力下，中国家禽科技事业不断创新与发展，科学研究硕果累累。正是在科技的作用与引领下，中国家禽业得以持续、健康的发展。为了让这些家禽科研成果系统而翔实地传播到广大家禽从业者手中，使他们及时了解家禽科研新进展、新动态，从而有效促进这些科技成果的转化及推广应用，笔者采撷了2010—2013年国内农业院校、科研单位等科技人员有关家禽领域创新性高、实用性强的科学研究成果汇编成书。

本书共载文58篇。按专业分为四篇，第一篇为家禽遗传育种篇，主要汇集了中国有关家禽遗传育种与孵化等方面的研究成果，包括具有特色的地方家禽品种的生产性能和禽蛋肉品质的研究。这些遗传育种科研信息，为养殖场（户）了解家禽品种及其生产性能，进而根据市场需求和养殖条件选择饲养品种提供了依据；第二篇为家禽饲料营养篇，主要汇聚了不同家禽营养需要和饲料配制方面的研究成果以及不同饲料或营养、新型饲料添加剂对不同家禽的生长发育、生产性能及其禽产品的影响，为家禽生产者科学配制饲料、合理使用添加剂以及降低饲料成本提供决策；第三篇为禽病防控篇，主要聚集了家禽一些重大疫病的病原分离与鉴定、病原变异特点、实验室诊断、免疫抗体消长规律和药物防治方面的研究成果，包括近年新发的疫病如鸭坦布苏病毒病等病毒分离鉴定、疫病流行、诊断方法等相关研究进展，指导家禽生产者因地制宜、有效防控家禽重大疫病和新的疫病发生；有关家禽其他方面的研究报道为第四篇，主要汇集了饲养管理技术、环境控制技术和生产决策模型等方面的研究成果。这些研究成果，对于促进家禽生产的现代化管理，提高家禽生产管理效率和养殖效益都具有重要的指导意义。

本书观点明确，逻辑合理，图表清晰，论述确凿，结论可靠，这些科研成果融先进性、创新性和实用性于一体，是中国家禽科技工作者多年来的智慧结晶。在家禽生产实践中合理应用这些创新技术，将在提升科学饲养与管理水平、提高家禽疫病防控能力、降低养殖成本、促进家禽产品质量安全等方面产生事半功倍的效果。

本书的出版得到山东省自主创新专项“农业信息化综合服务平台应用示范”（项目编号：2012CX90204）和山东省现代农业技术体系家禽产业创新团队（项目编号：SDAIT-13-011-01）的资助和支持；同时，本书亦得到所有科技论文作者的积极支持和配合，在此一并表示诚挚的谢意！

由于时间和水平有限，书中难免存在疏漏和错误，敬请广大读者多加谅解并指正。

宋敏训　连京华

2014年3月16日

目 录

遗传育种篇

饲料营养篇

禽病防控篇

其他方面

遗传育种篇

鸡 *Slit2* 基因 mRNA 在不同组织中的表达分析*

姜建萍，徐日福**，范贤聪，张英英，刘　强，杨雨江
（吉林农业大学动物科技学院　分子生物学与动物遗传育种室，长春　130118）

摘　要：*Slit2* 基因在鸡的卵泡发育过程中发挥着重要作用，是影响鸡产蛋性能的关键候选基因。本试验以大骨鸡和海兰白蛋鸡为供试素材，利用半定量 RT-PCR 方法对 *Slit2* 基因在鸡的不同组织中的 mRNA 表达水平进行测定分析。结果显示，*Slit2* 基因 mRNA 在卵巢和输卵管等 8 种组织中，均呈较高的表达水平和广泛分布（除在海兰白肝脏组织中量相对较低外）；在被检各组织中的 *Slit2* 基因 mRNA 相对表达量也均存在显著差异（$P<0.05$）。*Slit2* 基因 mRNA 在海兰白卵巢和输卵管组织的表达水平均显著高于大骨鸡的组织表达水平（$P<0.05$）。在被检 8 种组织中 *Slit2* 基因 mRNA 相对表达量呈现出基本一致的变化趋势。

关键词：大骨鸡；海兰白蛋鸡；*Slit2* 基因；mRNA 表达

Slit2 基因是神经迁移因子 *Slit* 家族中的主要成员（*Slit1*、*Slit2* 和 *Slit3* 基因），它所编码的 *Slit2* 分子是一种细胞外基质分泌性膜相关糖蛋白，从 N-末端信号肽到羧基末端分别由一段 4 个连续的富含亮氨酸重复序列（LRRs）、9 个表皮生长因子（EGF）样重复序列、一个层黏素 G 样结构域和一个半胱氨酸富有区 C 末端结合域构成，结构具有高度保守性[1]。*Slit2* 分子能与细胞膜受体 Robo 结合在 SLIT/ROBO 信号通路发挥着非常重要的作用[1,2]。已有研究表明，*Slit2* 基因在动物生长发育过程中，不仅参与大脑的发育调节[3]、神经导向作用[4]、四肢发育调节[5]及肾脏和肺脏的发育调节[6,7]，而且在细胞分化调控和卵巢的发育过程中起着至关重要的作用[2,8]。正在发育的卵巢中 *Slit2* 基因等表达量的增加，往往伴随着卵母细胞增殖数量的显著减少，其通过旁分泌或自分泌的方式在受体水平上发挥作用[9]。然而，目前，关于鸡 *Slit2* 基因 mRNA 组织表达及其分布的研究报道较少。鉴于 *Slit2* 基因与繁殖性状关系密切相关，且鸡的繁殖性状主要取决于卵巢中卵泡的发育状况[8,9]。因此，本研究拟对 *Slit2* 基因 mRNA 表达进行分析，旨在探讨其在鸡卵巢等 8 种组织中的 mRNA 表达水平与分布情况，为进一步研究 *Slit2* 基因表达模式对鸡卵泡发育和产蛋性状的影响等提供参考数据。

---

* **基金项目**：国家自然科学基金项目（No. 31272431），国家高新技术研究发展计划重点项目（No. 2011AA100305），国家肉鸡产业技术体系专项资金（No. CARS－42－Z04）和吉林省教育厅科学技术研究重点项目资助

作者简介：姜建萍，女，重庆人，硕士研究生，研究方向：分子生物学与动物育种，E－mail：jiangjianping818@126. com

** **通讯作者**：徐日福，男，山东人，博士，教授，研究方向：分子生物学与动物育种

1 材料与方法

1.1 试验材料

1.1.1 试验动物 供试动物选择120日龄地方大骨鸡和300日龄海兰白蛋鸡各10只，均来源于吉林农业大学实验基地。其饲养标准、环境条件一致，于同一饲养环境下单笼饲养，营养调配参考美国NRC标准。快速采集腿肌、胸肌、肝脏、脾脏、肾脏、肺脏、卵巢、输卵管等组织，迅速投入液氮中冻存，用于RNA的提取。

1.1.2 试验试剂和仪器 试剂：Trizol溶液（TaKaRa公司），DNA-Maker DL2000（天根），反转录试剂盒（上海东洋纺），*Taq* MasterMix（康为世纪），DEPC等。仪器：4℃离心机，超净工作台，核酸蛋白测定仪，PCR仪，凝胶成像仪，电泳仪。

1.2 试验方法

1.2.1 RNA的提取与浓度测定 采用Trizol法提取各组织样品总RNA，其提取过程如下：①将50～100mg组织样在液氮中研磨至粉末状后，加入已加有1mL Trizol溶液的1.5mL EP管中，室温放置5min，12 000r/min 4℃离心5min；②吸取上清转移至1.5mL离心管中，加入200μL的氯仿，剧烈摇晃，再室温静止5min，12 000r/min 4℃离心15min；③取出，吸取上清，加入500μL异丙醇，颠倒混匀，静止10min，1 200r/min 4℃离心10min；④弃上清，缓慢加入75%的乙醇1mL，缓慢上下颠倒，洗涤沉淀；⑤再次5 000r/min离心5min，去上清，打开离心管盖，室温放置干燥2～5min，加入RNase-free ddH$_2$O溶解沉淀；⑥完全溶解后，用1%琼脂糖凝胶电泳检测RNA完整性，核酸蛋白测定仪测量其总浓度和OD$_{260}$/OD$_{280}$比值，-80℃冰箱保存，用于后续试验。

1.2.2 引物设计 根据GenBank中的鸡*Slit*2基因（AF364045）和3-磷酸甘油醛脱氢酶（*GAPDH*）基因mRNA序列（K01458），应用Primer Premier 5.0软件，设计引物（表1）。所有引物均由上海生工生物工程技术服务有限公司合成。

表1 RT-PCR引物及PCR扩增产物长度

基因	引物序列（5′-3′）	产物长度/bp
*Slit*2	F：GTCGCTGAATCTGAAAGTGATG R：GTGGGGAACATTAGGGCAGTA	330
GAPDH	F：ATGGCATCCAAGGAGTGA R：GGGAGACAGAAGGGAACAG	141

1.2.3 cDNA的合成 在0.2mL的PCR管中加入提取的总RNA 2μg，Oligo（dT）1μL，2×ES Reaction Mix 10μL，EasyScript™ RT/RI Enzyme Mix 1μL，RNase-free Water至20μL。轻轻混匀，37℃孵育15min，然后98℃加热5min使EasyScript™RT失活。合成的cDNA保存于-20℃备用。

1.2.4 PCR扩增 选择合适的循环数，使扩增产物处在平台期前的线性增长范围内，并在琼脂糖凝胶上清晰可见，采用相同的循环数，进行*Slit*2基因和内参基因异管扩增。

PCR 反应体系 50μL：ddH_2O 22μL，*Taq* Master Mix（含染料）25μL，上、下游引物（10μmol/L）各1μL，cDNA 模板1μL。扩增条件：94℃预变性5min；94℃变性30s，退火温度 *Slit*2 和 *GAPDH* 分别为56℃和57℃，复性30s，72℃延伸30s，35 个循环；72℃延伸5min，4℃保存。

1.2.5 PCR 产物的凝胶电泳分析 按常规方法进行电泳，然后用凝胶成像系统拍照。用 BandScan 5.0 软件进行灰度分析，分别测定目的基因的灰度值，每个条带图重复测 3 次，取平均值，用目的基因灰度与内参基因灰度值的比值来代替其 mRNA 相对表达量。

1.2.6 数据分析 数据的统计分析用 SPSS18.0 软件包完成[9]，采用独立样本 *T* 检验进行差异显著性分析。

2 结果与分析

2.1 总 RNA 提取结果

如图 1 所示，经 1% 琼脂糖凝胶电泳检测，各组织总 RNA 28S 和 18S 条带清晰，无拖尾现象，表明提取的 RNA 较为完整；经核酸蛋白测定仪测定其 OD_{260}/OD_{280} 比值均在 1.8～2.0，说明样品的纯度较高，可以用于后续试验。

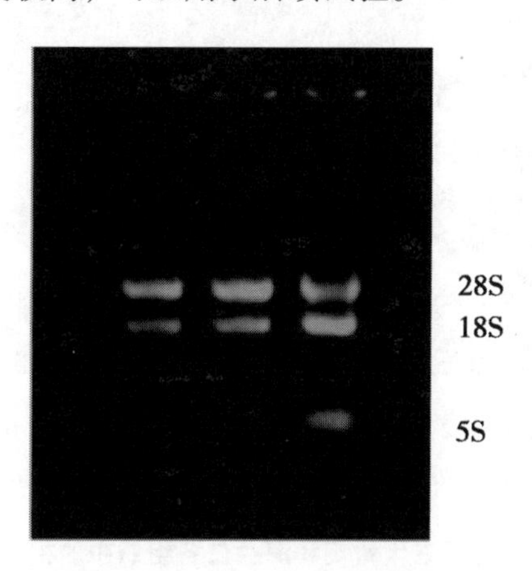

图 1 部分组织总 RNA 提取结果

2.2 *Slit*2 基因 mRNA 在不同组织中的 RT-PCR 检测结果

从图 2 可见，在大骨鸡的 8 种被检组织中 *Slit*2 基因 mRNA 均有表达，但 mRNA 表达水平存在一定差异（表 2），其中，在卵巢、肝脏和肺脏组织中的相对表达量最高，分别为 1.32、1.32 和 0.86；腿肌、肾脏、输卵管次之，在脾脏和胸肌组织中的表达量最低，分别为 1.21 和 1.19。

从图 3 可见，在海兰白被检各组织中 *Slit*2 基因 mRNA 均有表达，但其表达丰度存在一定差异（表 2），其中，在输卵管、腿肌和卵巢组织中的 mRNA 相对表达量最高，分别为：1.49、1.49 和 1.47；在肾脏、胸肌、脾脏和肺脏组织中的相对表达量次之，在肝脏中的表达量最低，为 0.34。

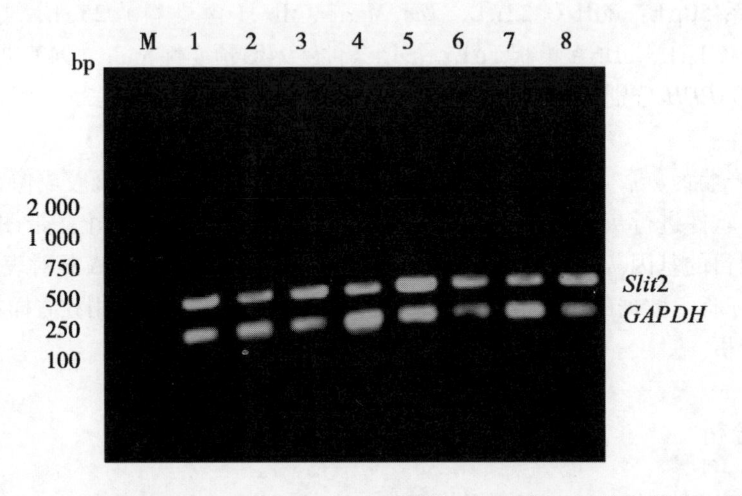

M. DL 2000 DNA marker；1. 脾；2. 肝；3. 肺；4. 腿肌；5. 卵巢；6. 输卵管；7. 肾；8. 胸肌

图2 *Slit2* 基因在大骨鸡中的 mRNA 表达

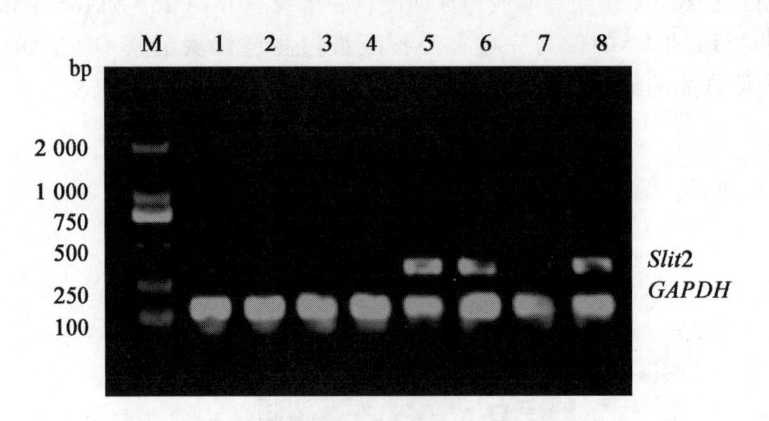

M. DL 2000 DNA marker；1. 脾；2. 肝；3. 肺；4. 腿肌；5. 卵巢；6. 输卵管；7. 肾；8. 胸肌

图3 *Slit2* 基因在海兰白中的 mRNA 表达

表2 *Slit2* 基因在大骨鸡和海兰白各组织中的相对表达量

	脾	肝	肺	腿肌	卵巢	输卵管	肾	胸肌
大骨鸡	1.21[a]	1.32[a]	1.31[a]	1.28[a]	1.32[a]	1.22[a]	1.25[a]	1.19[a]
海兰白	1.35[b]	0.34[b]	1.35[b]	1.49[b]	1.47[b]	1.49[b]	1.45[b]	1.40[b]

注：同列肩标字母不同表示差异显著（$P<0.05$），字母相同表示差异不显著（$P>0.05$）。n = 10

从表2可见，在大骨鸡和海兰白蛋鸡被检8种组织中的 *Slit2* 基因 mRNA 相对表达量均存在显著差异（$P<0.05$）。

2.3 *Slit2* 基因 mRNA 在大骨鸡和海兰白各组织中的表达规律

由图4显示，在肝脏组织中，海兰白蛋鸡 *Slit2* 基因 mRNA 相对表达量明显低于大骨鸡；在卵巢、输卵管和腿肌等其他7种组织中 *Slit2* 基因 mRNA 表达量海兰白蛋鸡均高于大骨鸡。在被检两品种鸡的 7 种组织中 *Slit*2 基因 mRNA 表达呈现出基本一致的变化趋势。

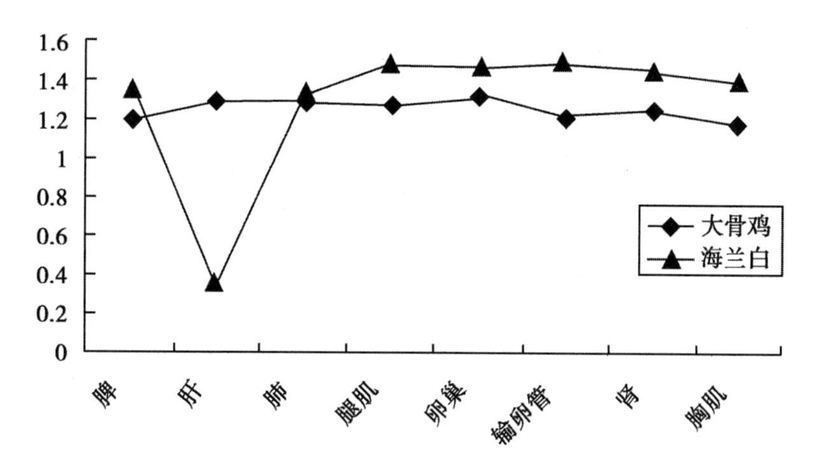

图 4 *Slit*2 基因在大骨鸡和海兰白不同组织中的 mRNA 表达

3 讨论

鸡产蛋性能的高低主要取决于卵巢中卵泡的生长和发育水平，并受品种、年龄、环境和饲养管理等因素的影响。在女性生殖系统的主要器官及成人卵巢等部位均已发现 *Slit*2 等家族成员的表达，对 *Slit*2 基因等研究表明该信号通路对卵巢的发育影响起着关键性作用[8,9]。此提示我们将 *Slit*2 基因作为调控鸡产蛋性状的重要候选基因进行研究，为以提高鸡产蛋性能为育种目标的分子标记筛选等基础研究提供参考。本试验对 *Slit*2 基因在地方性大骨鸡和海兰白蛋鸡的 8 种不同组织中的 mRNA 表达进行测定分析表明，*Slit*2 基因 mRNA 不仅在鸡的主要生殖器官组织（卵巢和输卵管组织）中，而且在被检内脏组织（脾脏、肝脏、肺脏和肾脏组织）和肌肉组织（腿肌和胸肌组织）中均呈较高的表达水平和广泛分布。这为开展相关后续研究奠定了基础。

由表 2 和图 4 可见，在大骨鸡和海兰白蛋鸡被检 8 种组织中的 *Slit*2 基因 mRNA 相对表达量也均存在显著差异（$P<0.05$）。值得一提的是，*Slit*2 基因 mRNA 在海兰白卵巢和输卵管组织的表达水平均显著高于大骨鸡的组织表达水平（$P<0.05$），且该基因的表达量在卵巢和输卵管中表达量均较高，其主要原因可能在于试验所用地方性大骨鸡刚达 120 日龄，虽尚未开产，但正处于卵巢和输卵管生长发育较快的性成熟期，而 300 日龄海兰白蛋鸡正处在产蛋高峰期（平均产蛋率高于 90%），其卵巢中的各级卵泡等级化发生发育也正值旺盛期，但毕竟海兰白蛋鸡属于高产蛋用型新培育品系，其产蛋性能优于地方性大骨鸡兼用型品种，从而表现出 *Slit*2 基因 mRNA 在海兰白卵巢和输卵管组织的表达水平均显著高于大骨鸡，此结果提示，*Slit*2 基因可能在鸡的繁殖系统中（尤其在卵巢和输卵管组织发育中）发挥重要的调节作用[2,8,9]，与鸡的卵泡发育和产蛋性能密切相关。这为进一步研究 SLIT/ROBO 信号通路及其他家族成员对鸡的卵巢发育调控作用提供了参考依据。

参考文献

[1] Chédotal A. Slits and their receptors. *Adv Exp Med Biol*, 2007, 621: 65-80.

[2] Dickinson R E, Hryhorskyj L, Tremewan H, et al. Involvement of the SLIT/ROBO pathway in follicle development in the fetal ovary [J]. *Reproduction*, 2010, 139: 395-407.

[3] Marillat V, Cases O, Nguyen-Ba-Charvet KT, et al. Spatiotemporal expression patterns of slit and robo genes in the rat brain [J]. *J Comp Neurol*, 2002, 442 (2): 130-155.

[4] Seeger M, Tear G, Ferres-Marco D, et al. Mutations affecting growth cone guidance in Drosophila: genes necessary for guidance toward or away from the midline [J]. *Neuron*, 1993, 10 (3): 409-426.

[5] Vargessona N, Luriaa V, Messinaa L, et al. Expression patterns of Slit and Robo family members during vertebrate limb development [J]. *Mechanisms of Development*, 2001, 106: 175-180.

[6] Piper M, Georgas K, Yamada T, et al. Expression of the vertebrate Slit Gene family and their putative receptors, the Robo genes, in the developing murine kidney [J]. *Mechanisms of Development*, 2000, 94 (1-2): 213-217.

[7] Anselmo M A, Dalvin S, Prodhan P, et al. Slit and robo: expression patterns in lung development [J]. *Gene Expr Patterns*, 2003, 3 (1): 13-19.

[8] Hogg K, Alan S M, Duncan W C. Prenatal androgen exposure leads to alterations in gene and protein expression in the ovine fetal ovary [J]. *Endocrinology*, 2011, 152: 2 048-2 059.

[9] Dickinson R E, Duncan W C. The SLIT-ROBO pathway: a regulator of cell function with implications for the reproductive system [J]. *Reproduction*, 2010, 139 (4): 697-704.

贵妃鸡、文昌鸡及其杂交一代的生长性能及血液生化指标分析比较*

汪忠艳[1,2]，王润莲[1**]，杜柄旺[1]，黎秋平[1]，米　雁[1]
(1. 广东海洋大学动物科学系，湛江　524088；
2. 广东爱保农科技有限公司，广州　510000)

摘　要：本试验分析比较贵妃鸡（母本）、文昌鸡（父本）及其杂交一代的生长性能和血液生化指标，以探讨其杂交一代相对于母本贵妃鸡各项性能的改进状况。选用1日龄贵妃鸡、文昌鸡及其F1代360只，随机分成3组，每组设6个重复，每个重复20只鸡，试验期为90d，分0～4、5～8、9～13周龄3个阶段。每周以重复为单位记录投料量和剩料量，每个阶段末个体空腹称重。试验末，每组随机抽取18只鸡（每重复3只）进行翅静脉采血，测定血液生化指标。结果表明：试验末，F1代的累积采食量、末重和增重均显著高于贵妃鸡（$P<0.05$），而料重比和贵妃鸡相近；血清甘油三酯和总胆固醇含量接近贵妃鸡水平，但血清总蛋白和白蛋白含量显著低于贵妃鸡（$P<0.05$），血清超氧化物歧化酶和丙二醛含量居于父本和母本之间。可见贵妃鸡和文昌鸡的杂交一代相对于母本贵妃鸡，采食量增加，生长速度加快，但脂肪沉积和抗氧化性能没有明显的变化。

关键词：贵妃鸡；文昌鸡；杂交一代；生长性能；血液生化指标

贵妃鸡原产于欧洲，是著名的观赏与肉用珍禽，以外貌奇特和肉质鲜美闻名全球。最早在20世纪90年代由民间引入中国，先后出现在广州、北京、重庆、上海等大城市的动物园和为数不多的珍禽场，多以观赏为主，也有作为珍禽野味在市场或高档酒店偶尔露面的，因稀有而珍贵，因珍贵而供不应求。贵妃鸡具有体型娇小，结构紧凑，胸肌发达，皮薄，肌肉结实，骨骼细而坚硬，毛孔小而致密等优点，它属于瘦肉型珍禽[1]。

文昌鸡因其原产地海南省文昌市得名，体型中等，具有觅食能力强、耐粗饲、耐热、早熟等特点。肉质鲜嫩，肉香浓郁，特别是屠体皮肤薄，毛孔细，肌内脂肪含量高，皮下脂肪含量适中，是海南四大名鸡之一，属于肉用型地方优良品种[2]。

上述两种鸡各有优缺点。贵妃鸡生长慢、肌内脂肪偏低，而文昌鸡生长较快，肌内脂肪含量高，皮下脂肪含量适中，肉味香浓，为了更好地综合利用这两种鸡的优质种质资源，进一步提高鸡的生产性能、养分代谢效率和肉品质，笔者将两种鸡进行了杂交，得到其F1代，本研究对贵妃鸡、文昌鸡及其F1代的生产性能和血液生化指标进行比较，以观

* 基金项目：广东省科技攻关项目（2010B020306005），科技部成果转化项目（2012GB2E000341）
作者简介：汪忠艳，硕士，主要从事动物营养与饲料研究，E-mail：xiaoyang200410@163.com
** 通讯作者：王润莲，女，博士，教授，主要从事动物营养与饲料研究，E-mail：wangrunlian2005@163.com

察杂交F1代主要相对于母本贵妃鸡各项性能的改进状况，为今后的育种选种工作提供依据。

1 材料与方法

1.1 试验动物

试验动物来源于广东海洋大学家禽育种中心提供1日龄贵妃鸡，文昌鸡以及其F1代（文昌鸡♂×贵妃鸡♀），从每个品种中随机抽取公母各60只，共计360只。

1.2 试验设计与分组

试验采用单因素完全随机分组设计方案。选用体重相近、健康状况良好的1日龄贵妃鸡、文昌鸡及其杂交一代360只，分成3组，每组设6个重复，每个重复20只鸡。

1.3 试验日粮

参照黄羽肉鸡的营养需要，并综合本研究室初步研究确定营养参数并配制试验日粮[3,4]，其营养水平如表1所示。

表1 日粮营养水平

营养水平	0~4周	5~8周	9~13周
代谢能/（MJ/kg）	11.70	11.90	12.00
粗蛋白/%	20.5	20	19
钙/%	1.10	1.10	1.10
非植酸磷/%	0.50	0.50	0.50

1.4 饲养管理与生长性能测定

试验鸡在同一饲养条件下进行笼养，饲喂相同的饲料，自由采食与饮水。饲养过程分3个阶段：0~4周、5~8周、9~13周龄，分别饲喂雏鸡料、中鸡料、大鸡料，并正常免疫，其他按常规饲养管理程序进行。以个体为单位记录每周体重，以重复为单位统计采食量和料重比。计算平均末重，计算每个重复组日增重及饲料报酬。

1.5 血样采集及测定

于90日龄，称重后，每个重复组随机抽取3只鸡翅下静脉采血5mL，3 000r/min离心，制备血清，于-20℃保存。样品用于测定血清总蛋白、白蛋白、血糖、甘油三酯、总胆固醇、血钙、血磷、碱性磷酸酶、超氧化物歧化酶、丙二醛。均用722s型分光光度计以试剂盒方法进行测定。

1.6 统计分析

利用 SAS 软件包（The SAS System for Windows V8）中的 ANOVA 过程进行方差分析，用 Duncan 氏法进行多重比较。试验结果数据以“平均值 ± 标准误”形式表示。

2 结果与分析

2.1 生长性能的比较分析

2.1.1 采食量　由表 2 可见，F1 代不同阶段末的累积采食量均显著高于贵妃鸡（$P<0.05$），但与文昌鸡相比，除了前 4 周全期累积采食量显著降低外（$P<0.05$），其他阶段均差异不显著（$P>0.05$）。第 13 周龄时，贵妃鸡、文昌鸡和 F1 代的累积采食量分别达到 3 566.02g、4 406.34g和 4 186.85g。

表 2　贵妃鸡、文昌鸡及其杂交一代的累积采食量（g）

周　龄	贵妃鸡	文昌鸡	F1 代	P
4	413.34 ± 4.13^{c}	506.36 ± 6.04^{a}	480.40 ± 11.33^{b}	0.002
8	$1\ 565.56 \pm 23.54^{b}$	$1\ 948.87 \pm 43.10^{a}$	$1\ 895.77 \pm 51.73^{a}$	0.006
13	$3\ 566.02 \pm 123.42^{b}$	$4\ 406.34 \pm 107.39^{a}$	$4\ 186.85 \pm 160.37^{a}$	0.003

注：同行肩标字母相同或未标注差异不显著（$P>0.05$），肩标字母不相同差异显著（$P<0.05$），下同

2.1.2 末重　由表 3 可见，F1 代在各个周龄及 13 周末时的末重均显著高于贵妃鸡（$P<0.05$），但与文昌鸡相比，除了 4 周龄末重显著降低外（$P<0.05$），其他阶段均差异不显著（$P>0.05$）。第 13 周龄时，贵妃鸡、文昌鸡和 F1 代的体重分别达到 1 055.96g、1 378.90g和 1 233.34g。

表 3　贵妃鸡、文昌鸡及其杂交一代的末重（g）

周　龄	贵妃鸡	文昌鸡	F1 代	P
初生重	29.68 ± 0.30	28.35 ± 0.13	27.57 ± 0.29	0.106
4	218.62 ± 1.34^{c}	282.25 ± 2.72^{a}	253.68 ± 4.62^{b}	0.000
8	601.62 ± 16.43^{b}	781.79 ± 29.57^{a}	729.24 ± 34.64^{a}	0.001
13	$1\ 055.96 \pm 47.65^{b}$	$1\ 378.90 \pm 47.90^{a}$	$1\ 233.34 \pm 67.70^{a}$	0.003

2.1.3 日增重　由表 4 可见，F1 代在各个周龄阶段的日增重均显著高于贵妃鸡（$P<0.05$），但与文昌鸡相比，除了 4 周龄日增重显著降低外（$P<0.05$），其他阶段均差异不显著（$P>0.05$）。贵妃鸡、文昌鸡和 F1 代的全期的日增重分别达到 11.07g、14.45g和 13.76g。

表4 贵妃鸡、文昌鸡及其杂交一代的日增重

周龄	贵妃鸡	文昌鸡	F1代	P
0～4	6.94±1.24[c]	9.09±1.66[a]	8.10±1.62[b]	0.002
5～8	13.93±1.15[b]	17.44±2.48[a]	17.67±0.72[a]	0.006
9～13	12.97±2.51[b]	17.05±2.01[a]	15.77±2.02[a]	0.013
0～13	11.07±1.31[b]	14.45±1.33[a]	13.76±1.83[a]	0.035

2.1.4 料重比 由表5可见，除了5～8周龄以外，F1代各阶段及全期的料重比均显著低于贵妃鸡（$P<0.05$），但与文昌鸡均差异不显著（$P>0.05$）。贵妃鸡、文昌鸡和F1代全期的料重比分别为3.86∶1、3.27∶1和3.79∶1。

表5 贵妃鸡、文昌鸡及其杂交一代的料重比

周龄	贵妃鸡	文昌鸡	F1代	P
0～4	2.19±0.01[a]	1.99±0.03[b]	2.13±0.05[a]	0.002
0～8	2.74±0.05	2.60±0.06	2.72±0.07	0.196
9～13	3.99±0.04[a]	3.59±0.08[b]	3.98±0.06[a]	0.047
0～13	3.86±0.05[a]	3.27±0.06[b]	3.79±0.07[a]	0.033

2.2 血液生化指标的比较分析

由表6可见，F1代的血清甘油三酯，总胆固醇和血钙含量和贵妃鸡差异不显著（$P>0.05$），但显著低于文昌鸡（$P<0.05$）；而F1代的血清总蛋白和白蛋白含量显著低于贵妃鸡（$P<0.05$），其他指标均差异不显著（$P>0.05$）。

表6 贵妃鸡、文昌鸡及其杂交一代的血液生化指标

项目	贵妃鸡	文昌鸡	F1代	P
血糖	11.49±0.50	11.66±0.30	11.26±0.57	0.836
甘油三酯	0.15±0.02[b]	0.62±0.15[a]	0.24±0.04[b]	0.003
总胆固醇	1.17±0.07[b]	1.52±0.08[a]	1.07±0.11[b]	0.002
总蛋白	36.07±2.29[a]	30.76±1.02[b]	29.04±1.14[b]	0.010
白蛋白	17.48±0.74[a]	16.01±0.53[ab]	14.35±0.64[b]	0.005
血钙	1.39±0.07[b]	2.18±0.11[a]	1.56±0.08[b]	0.000
血磷	1.14±0.07	1.29±0.05	1.09±0.08	0.126
碱性磷酸酶	77.21±10.95	84.82±10.13	60.23±7.36	0.190
超氧化物歧化酶	38.27±2.24	33.03±1.61	36.84±1.35	0.114
丙二醛	6.18±0.47	7.16±0.74	6.54±0.60	0.526

3 讨论

3.1 生长性能的比较分析

采食量通常是指动物在24h内采食饲料的重量。Tim Lundeen 等[5]的研究表明，现代商品肉鸡每天只有食入所需要的全部营养物质才能发挥其最大的遗传潜力，维持家禽最大采食量是决定其生长速度和营养物质利用率的最重要的因素。体重是衡量家禽生长发育程度以及群体均匀度的一个重要指标，在一定的饲养环境下，可以通过对鸡群在各个阶段生长快慢，更好地配置每种鸡的最佳营养需求，以最大化提高和发掘鸡种的生长性能[6]。料重比是评价肉鸡生长性能的一个重要指标，料重比的高低与鸡的品种、饲料质量、饲养环境、饲养管理方式和水平及疾病防治有关。在养殖行业中，料重比又是决定肉鸡养殖利润高低的关键因素，也是编制生产计划和财务计划的重要依据，降低料重比，就降低了饲养成本，增加了养殖效益[7]。本试验表明，在整个饲养期内，F1 代的生产性能指标居于贵妃鸡和文昌鸡其间，与文昌鸡的水平比较接近，但其累积采食量、末重累积增重均显著高于贵妃鸡，这体现了贵妃鸡和文昌鸡杂交 F1 代的杂种优势，相对于母本贵妃鸡显著提高了生产性能。

3.2 血液生化指标的比较分析

血糖含量可在一定程度上反映动物机体糖代谢功能是否正常，而甘油三酯和胆固醇是血液脂肪的组成部分，其含量的高低反映了脂类的吸收和代谢状况[8]。本试验表明，三个组合的血糖含量差异均不显著，说明其机体糖代谢能力相似。而 F1 代的血清甘油三酯和总胆固醇含量与贵妃鸡差异不显著，但显著低于文昌鸡，说明 F1 代与贵妃鸡的脂肪性能相似，但较文昌鸡降低了脂肪的吸收和利用。

血清总蛋白有营养、运输、缓冲、凝血与抗凝血以及参与机体的免疫等功能，同时有益于维持机体的代谢稳定，血清总蛋白含量高是蛋白质代谢旺盛的体现，有利于机体对蛋白质的吸收和利用从而降低饲料消耗；血清白蛋白有助于抗体上升和提高免疫力、防止白细胞减少及贫血等。本试验表明，贵妃鸡的血清总蛋白和白蛋白含量最高，文昌鸡次之，F1 代最低，说明贵妃鸡的机体蛋白质合成代谢能力较强，而杂交后 F1 代蛋白质合成代谢能力有所降低。

血清钙和磷含量是反映机体钙磷代谢的有效指标，而碱性磷酸酶是一种能水解多种类型磷脂的非特异性酶，与骨骼形成，脂肪、糖类和蛋白质的吸收与运输密切相关[9]。本试验表明，F1 代和贵妃鸡的血清钙含量显著低于文昌鸡，但 F1 代与贵妃鸡的差异不显著，而 3 个组合间的血清磷含量和碱性磷酸酶含量差异不显著，说明杂交后 F1 代的钙磷代谢能力相对于母本贵妃鸡没有明显改变。

超氧化物歧化酶是机体重要的抗氧化酶，对机体的氧化与抗氧化平衡起着至关重要的作用，保护细胞免受损伤。丙二醛是机体脂质氧化的产物，其含量反映组织细胞受自由基攻击的程度以及脂质过氧化程度[10]。本试验发现 90 日龄时贵妃鸡、文昌鸡及 F1 代的超氧化物歧化酶和丙二醛差异不显著，说明三者的抗氧化能力机能相近，杂交并未改善母本贵妃鸡的抗氧化能力。

4 结论

（1）贵妃鸡、文昌鸡及其 F1 代的 13 周龄末的体重分别为 1 055. 96g、1 378. 90g和 1 233. 34g，而 0 ~13 周龄的料重比分别为 3. 86 ∶ 1、3. 27 ∶ 1 和 3. 79 ∶ 1。杂交有利于提高母本贵妃鸡的生长速度和饲料转化能力。

（2）杂交 F1 代的血清甘油三酯和总胆固醇含量接近母本贵妃鸡水平，而血清总蛋白和白蛋白含量低于贵妃鸡水平，杂交没有改变贵妃鸡的脂肪沉积特性，杂交 F1 代仍然保留了贵妃鸡低脂瘦肉型珍禽的特点，但蛋白质代谢能力有所下降，其钙磷代谢和抗氧化作用无明显变化。

参考文献

[1] 杜炳旺. 珍禽贵妃鸡开发利用的现状及前景分析 [J]. 中国禽业导刊，2008，25 (21)：9.

[2] 张 倩，王宝维，赵河山，等. 文昌鸡的研究进展与发展新思路 [J]. 家禽科学，2007 (3)：34 -37.

[3] 王润莲，汪忠艳，张 锐，等. 0 -6 周龄贵妃鸡适宜饲粮能量和蛋白质水平的研究 [J]. 家禽科学，2013，3：10 -14.

[4] 王润莲，汪忠艳，张 锐，等. 7 -13 周龄贵妃鸡适宜饲粮能量和蛋白质水平的研究 [J]. 国外畜牧学·猪与禽，2013，33 (4)：58 -60，63.

[5] Tim Lundeen. Feed intake called most importent factor in meat-type poultry growth [J]. *Feedstuffs*，2002 (10)：46 -47.

[6] 施海东. AA ~ + 父母代种鸡生产性能对比分析 [J]. 中国家禽，2010，32 (23)：58 -59.

[7] 高山林，冯敏山. 不同柠檬酸益生素水平对肉鸡料重比的影响 [J]. 畜禽业，2004 (11)：30 -31.

[8] 许月英，詹 凯，张永德，等. 红茶末对淮南麻黄鸡生产性能及血液生化指标的影响 [J]. 中国家禽，2010，32 (02)：15 -22.

[9] David P，Gerard M. The use of endogenous antioxidants to improve photoprotection [J]. *J Photochem Photobiol*，1997，41 (8)：1 -10.

[10] 王 珏，屈雪琪，李升和，等. 中药富硒酵母对闽中麻鸡血清抗氧化功能的影响 [J]. 安徽科技学院学报，2009，23 (4)：5 -9.

山麻鸭品系配套杂交效果研究*

林如龙[1]，陈红萍[1]，朱志明[2]

（1. 福建省龙岩山麻鸭原种场，龙岩 364000；

2. 福建省农业科学院畜牧兽医研究所，福州 350013）

摘 要：利用经过专门化品系选育的山麻鸭Ⅰ系（S_1S_1）、山麻鸭Ⅱ系（S_2S_2）、山麻鸭Ⅲ系（S_3S_3）、金定鸭（JJ）、莆田黑鸭（PP）和闽农白鸭（FF）为育种素材，通过杂交配合力测定，筛选产蛋量高、饲料转化率高的三系杂交的山麻鸭配套系。结果表明，筛选出3个最佳三系杂交配套组合F（PS_2）、P（S_1F）和F（S_1P），其500日龄产蛋数分别为（345.4±1.2）枚、（339.2±2.0）枚和（331.1±1.3）枚，总产蛋重分别为（25.12±0.08）kg、（24.26±0.06）kg和（24.13±0.17）kg，料蛋比分别为2.60、2.68和2.67，较亲本山麻鸭S_1S_1系500日龄产蛋数300.2枚、总产蛋重19.9kg、料蛋比2.91分别提高了10.3%～15.1%、21%～26.1%和15.1%～18.7%。

关键词：山麻鸭；配套系；杂交效果

中国是世界最大的蛋鸭生产国，蛋鸭品种资源最多，遗传多样性最为丰富。福建省是中国蛋鸭品种资源最丰富的省份。著名的金定鸭、山麻鸭、莆田黑鸭、连城白鸭等蛋鸭品种不仅适应性强、生产性能优异，并且各自具有独特而丰富的遗传多样性。其中，山麻鸭是福建省优秀的地方蛋鸭品种，具有体型小、产蛋多、耗料省、抗逆性强的特点。广泛分布福建、江西、广东、湖南、湖北等江南各地，年饲养量达2.5亿～3亿只，产蛋量达300万～400万吨，是我国南方蛋用鸭的当家品种。

然而在各地大力发展蛋鸭的同时，笔者注意到目前各地饲养的山麻鸭，基本上是采用传统的原种纯繁的方式生产的，其500日龄产蛋数大约维持在270～280枚，产蛋重17.5～18.5kg的水平上，即使经过品种的专门化品系选育，生产性能也只能获得小幅度的提高，无法实现较大的突破。

为进一步挖掘中国蛋鸭的产蛋性能，除加快蛋鸭纯种、纯系的遗传选育进展，提高产蛋量外，采用杂交的配套系逐渐取代纯种或简单杂交鸭，这样既有利于进一步提高蛋鸭的生产性能，提高我国蛋鸭原种场对种源的控制能力，又有利于培育具有不同特色的商品代蛋鸭，满足不同消费者需求。本研究旨在利用山麻鸭的3个高产品系和金定鸭、莆田黑鸭、闽农白鸭等经多世代选育的专门化品系，组建不同的配套杂交组合，通过品种间品系杂交和配合力测定，从中筛选出生产性能最佳的商品代配套系。

---

* **基金项目**：福建省重大科技项目（2002N013）

作者简介：林如龙，男，福建人，高级畜牧师，研究方向：水禽育种，E－mail：shanmaya2771928@163.com

1 材料和方法

1.1 育种素材

参与配套系选育的品种（品系）有 S_1S_1（山麻鸭Ⅰ系）、S_2S_2（山麻鸭Ⅱ系）、S_3S_3（山麻鸭Ⅲ系）、JJ（金定鸭）、PP（莆田黑鸭）和 FF（闽农白鸭）。山麻鸭 3 个专门化品系的选育始于 1994 年，经过多年的选育，其生产性能已相对稳定。其他品种都经过五个世代的品系选育，生产性能稳定。

1.2 选育方案

以山麻鸭为主体，利用已经选育成的山麻鸭专门化品系（S_1S_1、S_2S_2、S_3S_3），以及其他高产蛋鸭（JJ、PP 和 FF）品种，针对各品种、品系的特点，主选不同性状，开展配合力测定。筛选出用于三系配套杂交的二系母本和用于商品生产的最佳三系杂交配套组合。产蛋阶段各杂交组合设 3 个重复组，每个重复有 27～30 只蛋鸭。

1.3 饲养管理

试验鸭日粮采用漳州市海新饲料有限公司生产的“海新”牌饲料，各杂交组合与亲本群种鸭的种蛋同批孵化，饲养在同一栋鸭舍的家系栏中，采用日常饲养管理和常规免疫程序。

1.4 测定项目

测定各系开产日龄、300 日龄产蛋量、300 日龄平均蛋重、500 日龄产蛋量、500 日龄产蛋总重、各周耗料等生产性能。

1.5 数据统计与分析

所有生产性能测定数据用 Excel 统计、SPSS13.0 软件进行单因子组间差异显著性分析，差异显著的用 Ducan's 法进行多重比较。按照以下公式计算特殊配合力，以杂种优势率 $H\%$ 表示。计算方法如下：

$$H\% = (F_1 - P) / P \times 100\%$$

H—杂种优势值；F_1——代杂种平均值；P—亲本种群平均值

2 结果与分析

2.1 二系杂交组合及其亲本生产性能

采用不完全双列杂交法设 18 个正反交组合（含金定鸭、莆田黑鸭、闽农白鸭和山麻鸭 3 个专门化品系等 6 个亲本群），测定各组合的生产性能见表 1，表 2。

从表 1 可以看出在 18 个组合中，300 日龄产蛋数以 PS_2 最高达到 159.6 枚，但与 S_1P

的158.1枚、FS_1 的158.0枚、PS_1 的157.7枚差异不显著（$P>0.05$）；500日龄总产蛋数以 S_1P 的334.4枚最高，与其他组合差异均显著（$P<0.05$），第二位 PS_2 为327.8枚与第三位 FS_1 的326.1枚，差异不显著（$P>0.05$），与 FS_2 的317.7枚，差异显著（$P<0.05$），但 FS_2 与 PS_1 的317.2枚，差异不显著（$P>0.05$），这几个组合均与其他组合（亲本）差异极显著（$P<0.01$）；500日龄总产蛋重以 FS_3 的22.55kg（杂交优势率为16.8%）最高，但与 FS_1 的22.51kg（杂交优势率为15.3%）、PS_2 的22.36 kg（杂交优势率为13.3%），S_1P 的22.32 kg（杂交优势率为13.1%），FS_2 的21.97kg（杂交优势率为12.4%），PS_1 的21.79 kg（杂交优势率为10.4%）这五个组合差异不显著（$P>0.05$），但 S_1P、FS_2、PS_1 与 S_1F 的21.57 kg未达到显著差异（$P>0.05$）。

表1　蛋鸭二系杂交组合及其亲本的产蛋性能

品系或组合	重复/n	开产日龄/日龄	300日龄产蛋数/枚	300日龄每枚蛋重/g	500日龄总产蛋数/枚	500日龄总产蛋重/kg
S_1S_1	3	113.0±0.8	148.7 ± 2.8^{bcB}	67.65 ± 0.04^{eE}	299.7 ± 2.2^{efD}	19.88 ± 0.07^{deE}
S_2S_2	3	113.7±1.2	140.8 ± 2.3^{deBC}	71.37 ± 0.05^{cD}	292.0 ± 1.9^{hE}	19.87 ± 0.10^{deE}
S_3S_3	3	113.0±0.8	145.2 ± 0.6^{cdB}	68.27 ± 0.17^{eE}	292.1 ± 0.7^{hE}	19.43 ± 0.05^{deE}
JJ	3	150.0±0.8	123.8 ± 0.6^{cdB}	74.30 ± 0.24^{aA}	275.3 ± 3.1^{ijG}	19.27 ± 0.05^{eE}
PP	3	124.7±0.5	138.3 ± 3.4^{ec}	68.07 ± 1.11^{eE}	296.2 ± 2.2^{fghDE}	19.60 ± 0.14^{deE}
FF	3	125.3±0.5	136.5 ± 1.1^{ec}	70.80 ± 0.65^{cdD}	280.0 ± 2.2^{iFG}	19.18 ± 0.24^{eE}
PS_1	3	126.3±0.5	157.7 ± 1.3^{aA}	71.17 ± 1.13^{cdD}	317.2 ± 1.5^{cC}	21.79 ± 0.06^{abABC}
JS_1	3	135.0±2.4	144.7 ± 4.5^{cdB}	73.20 ± 0.16^{bAB}	293.2 ± 4.7^{ghDE}	20.91 ± 0.34^{cCD}
FS_1	3	130.7±0.5	158.0 ± 0.9^{aA}	72.97 ± 0.21^{bB}	326.1 ± 1.2^{bB}	22.51 ± 0.01^{aA}
PS_2	3	131.0±0.8	159.6 ± 0.6^{aA}	71.70 ± 0.16^{cCD}	327.8 ± 1.8^{bB}	22.36 ± 0.10^{aA}
JS_2	3	142.3±1.2	123.6 ± 1.0^{fD}	74.37 ± 0.12^{fD}	284.0 ± 2.7^{iF}	20.20 ± 0.16^{dDE}
FS_2	3	127.3±0.5	146.6 ± 1.5^{bcB}	71.37 ± 0.21^{cD}	317.7 ± 2.82^{cC}	21.97 ± 0.16^{aAB}
PS_3	3	132.0±1.63	135.1 ± 1.1^{eC}	68.60 ± 0.22^{eE}	298.1 ± 1.26^{efgDE}	19.85 ± 0.09^{deE}
JS_3	3	126.3±0.9	136.0 ± 1.9^{eC}	73.57 ± 0.21^{abAB}	297.8 ± 1.19^{fgDE}	21.01 ± 0.08^{cbCD}
FS_3	3	128.3±0.5	145.3 ± 2.0^{cdB}	73.37 ± 0.05^{bAB}	311.6 ± 1.6^{kH}	22.55 ± 1.32^{aA}
S_2J	3	124.3 ± 0.5^{dD}	144.9 ± 1.7^{cdB}	72.67 ± 0.33^{bBC}	294.0 ± 1.48^{dC}	20.95 ± 0.12^{cCD}
S_1P	3	116.0 ± 0.8^{bB}	158.1 ± 2.6^{aA}	70.37 ± 0.09^{dD}	334.4 ± 3.5^{aA}	22.32 ± 0.19^{aA}
S_1F	3	121.3 ± 0.9^{cC}	150.5 ± 1.9^{bB}	73.33 ± 0.25^{bAB}	303.0 ± 2.4^{eD}	21.57 ± 0.18^{bABC}

注：各表中同列肩标不带有相同小写字母的，表示差异显著（$P<0.05$），同列肩标不带有相同大写字母的，表示差异极显著（$P<0.01$），下表同

从表2可以看出，由于各组合产蛋性能的差异，导致产蛋期料蛋比显示出与产蛋期耗料不同的结果，S_1P 为2.82，FS_2 为2.83，PS_2 为2.84，FS_3 为2.84，FS_1 为2.84，PS_1 为2.87，这些组合之间差异不显著（$P>0.05$），与 S_1F 差异显著（$P<0.05$），但未达到极

显著（$P>0.01$），以上各组合与其他组合或亲本均达到极显著差异（$P<0.01$）。

表2　蛋鸭二系杂交组合及其亲本各阶段体重及产蛋期饲料消耗比较

品系或组合	重复/n	开产体重/g	300日龄体重/g	500日龄体重/g	产蛋期饲料消耗/g	产蛋期料蛋比
S_1S_1	3	1 361.0 ±38.8	1 542 ±29.4	1 541.0 ±0.8	60.24 ±1.04^{bcB}	3.03 ±0.05^{cdBC}
S_2S_2	3	1 389.7 ±14.8	1 476.3 ±18.7	1 445.0 ±28.3	61.93 ±2.48^{deBC}	3.12 ±0.11^{deCD}
S_3S_3	3	1 390.3 ±11.09	1 492 ±15.1	1 470.3 ±12.3	60.19 ±1.76^{cdB}	3.1 ±0.09^{deCD}
JJ	3	1 645.3 ±10.3	1 815.3 ±34.3	1 695.0 ±19.9	64.52 ±0.69^{fD}	3.35 ±0.03^{fD}
PP	3	1 351.7 ±13.7	1 542.7 ±28.8	1 537.3 ±21.5	61.87 ±1.14^{eCD}	3.16 ±0.08^{eCD}
FF	3	1 443 ±10.8	1 709.0 ±10.2	1 645.0 ±18.8	62.33 ±0.82^{eC}	3.19 ±0.05^{eD}
PS_1	3	1 330.3 ±8.7	1 559.3 ±16.0	1 504.7 ±31.2	62.60 ±0.44^{aA}	2.87 ±0.03^{abA}
JS_1	3	1 598.0 ±57.2	1 641.7 ±25.5	1 572.0 ±21.4	63.39 ±0.71^{cdB}	3.03 ±0.04^{cdBC}
FS_1	3	1 448.3 ±19.6	1 552.3 ±28.5	1 524.0 ±4.5	64.0 ±0.23^{aA}	2.84 ±0.01^{aA}
PS_2	3	1 447.0 ±13.1	1 534.3 ±16.2	1 497.0 ±13.6	63.4 ±0.17^{aA}	2.84 ±0.01^{aA}
JS_2	3	1 644.7 ±6.5	1 673.7 ±9.7	1 569.7 ±10.0	63.5 ±0.39^{fD}	3.14 ±0.04^{eCD}
FS_2	3	1 438.0 ±13.1	1 564.0 ±12.6	1 549.7 ±11.3	63.0 ±0.02^{bcB}	2.83 ±0.08^{aA}
PS_3	3	1 445.3 ±7.6	1 580.7 ±7.4	1 501.0 ±26.1	63.5 ±0.52^{eC}	3.20 ±0.04^{eD}
JS_3	3	1 501.3 ±9.0	1 624.3 ±16.7	1 546.3 ±18.1	63.7 ±0.26^{eC}	3.03 ±0.01^{cdBC}
FS_3	3	1 431.3 ±8.2	1 529.0 ±25.0	1 522.3 ±4.0	63.05 ±0.12^{cdB}	2.84 ±0.07^{aA}
S_2J	3	1 556.3 ±14.2	1 789.0 ±35.5	1 656.3 ±15.8	63.42 ±0.26^{cdB}	3.03 ±0.03^{cdABC}
S_1P	3	1 369.0 ±11.0	1 610.0 ±18.0	1 549.3 ±9.2	62.91 ±0.90^{aA}	2.82 ±0.06^{aA}
S_1F	3	1 436.0 ±14.5	1 657.7 ±13.6	1 624.0 ±18.0	63.64 ±0.15^{bB}	2.95 ±0.03^{bcA}

综合上述，从300日龄产蛋数、500日龄总产蛋数和总产蛋重及产蛋期料蛋比等的统计结果，可以看出PS_1、FS_1、PS_2、S_1P和S_1F组合在产蛋性能上表现出显著的杂交优势，各项指标不仅显著超过亲本，且均列各组合前列，可以作为配套系的杂交母本。

2.2　三系杂交组合及其亲本生产性能

将PS_1、PS_2、S_1P、FS_1和S_1F作为二系母本，以S_1S_1、S_2S_2、FF、PP、JJ为父本，进行三元杂交。测定了5个亲本和6个三系杂交组合的开产日龄、300日龄产蛋数、300日龄蛋重、500日龄产蛋数、500日龄总蛋重、产蛋期饲料消耗和产蛋期料蛋比等生产性能，统计结果见表3、表4。

从表3可以看出，500日龄产蛋数最高是F（PS_2）的345.4枚（杂交优势率达8.1%），与P（S_1F）339.2枚（杂交优势率达15.6%）差异不显著（$P>0.05$），但与其他组合差异显著（$P<0.05$）。P（S_1F）与P（FS_1）的335.2枚（杂交优势率达14.6%）差异不显著（$P>0.05$），但与其他组合差异显著（$P<0.05$）。P（FS_1）又与F（PS_1）的322.0枚（杂交优势率达14.3%）差异不显著（$P>0.05$，名列前四位的各组合与其他组合差异均达到显著（$P<0.05$）；500日龄产蛋总重在所有三系配套组合中，F（PS_2）

仍以25.12kg（杂交优势率达31.6%）位居第一，与其他所有组合和亲本差异达到极显著水平（$P<0.01$），P（S_1F）的24.26kg（杂交优势率达25.2%）位居第二，与第三位F（S_1P）的24.13kg（杂交优势率达26%）差异不显著（$P>0.05$），而与其他组合差异显著（$P<0.05$）。

表3　蛋鸭三系杂交组合及其亲本的产蛋性能

品系或组合	重复/n	开产日龄/日龄	300日龄产蛋数/枚	300日龄每枚蛋重/g	500日龄总产蛋数/枚	500日龄总产蛋重/kg
S_1S_1	3	112.0±0.82^{aA}	149.4±1.6^{eDE}	67.6±0.4^{aA}	300.2±3.2^{cB}	19.94±0.26^{bB}
S_2S_2	3	112.33±0.5^{aA}	140.2±1.4^{cdBC}	71.3±0.1^{cC}	291.8±2.0^{bB}	19.72±0.08^{bB}
JJ	3	148.7±1.3^{fF}	124.7±0.6^{aA}	72.5±0.3^{dD}	282.7±1.9^{bB}	19.57±0.05^{bB}
PP	3	123.7±0.9^{dD}	141.2±2.2^{eCD}	67.1±0.6^{aA}	295.8±3.7^{bcB}	19.49±0.20^{bB}
FF	3	124.7±1.7^{dD}	134.8±1.8^{bcBC}	67.2±0.2^{aA}	281.6±5.4^{aA}	18.58±0.33^{aA}
F（PS_1）	3	119.0±1.6^{cC}	158.3±4.3^{fgFG}	78.6±0.5^{gG}	322.0±4.1^{dC}	23.73±0.35^{dD}
F（PS_2）	3	119.0±0.8^{cC}	162.3±4.0^{ghFG}	76.3±0.6^{fF}	345.4±1.2^{gG}	25.12±0.08^{gF}
F（S_1P）	3	115.7±1.3^{bBC}	153.8±5.2^{efEF}	73.1±0.2^{dD}	331.1±1.3^{eCD}	24.13±0.17^{efDE}
P（FS_1）	3	114.3±0.9^{abAB}	165.5±4.0^{hG}	69.6±0.2^{bB}	335.2±3.8^{deDE}	23.62±0.19^{deDE}
P（S_1F）	3	114.0±0.9^{abAB}	163.8±1.0^{ghG}	74.7±0.4^{eE}	339.2±2.0^{fgFG}	24.26±0.06^{fE}
J（PS_1）	3	135.0±1.3^{eE}	132.0±1.5^{bAB}	74.0±0.3^{eE}	290.0±6.2^{bAB}	21.00±0.48^{cC}

从表4可以看出，产蛋期料蛋比（表中负值表示料蛋比小于亲本）：最低的是F（PS_2）的2.60（杂交优势率达18.7%），与F（S_1P）的2.67（杂交优势率达16.4%）和P（S_1F）的2.68（杂交优势率达15.1%）位居前3名，但差异不显著（$P>0.05$）。

表4　蛋鸭三系杂交组合及其亲本各阶段体重及产蛋期饲料消耗比较

品系或组合	重复/n	开产体重/g	300日龄体重/g	500日龄体重/g	产蛋期饲料消耗/（kg/只）	产蛋期料蛋比
S_1S_1	3	1 483.0±11.1	1 685.7±21.7	1 647.0±8.5	58.03±0.50^{aA}	2.91±0.07^{cB}
S_2S_2	3	1 486.0±5.4	1 644.3±18.5	1 641.0±13.0	57.89±0.38^{aA}	2.94±0.03^{cB}
JJ	3	1 672.7±9.2	1 837.3±14.7	1 715.3±5.7	63.71±1.04^{cBC}	3.26±0.06^{deCD}
PP	3	1 533.3±3.4	1 634.3±3.1	1 602.3±12.3	62.08±1.32^{bB}	3.19±0.10^{dCD}
FF	3	1 553.7±10.5	1 682.7±9.2	1 653.3±11.0	62.11±1.40^{bB}	3.34±0.14^{eD}
F（PS_1）	3	1 757.0±22.9	1 809.0±11.7	1 784.0±10.2	64.20±0.08^{cdCD}	2.73±0.05^{bA}
F（PS_2）	3	1 498.7±8.7	1 634.0±29.3	1 645.0±5.7	65.36±0.19^{deCD}	2.60±0.00^{aA}
F（S_1P）	3	1 550.7±16.7	1 673.3±18.7	1 685.7±11.7	64.31±0.08^{cdCD}	2.67±0.02^{abA}
P（FS_1）	3	1 479.0±8.6	1 544.7±12.1	1 560.7±10.7	64.71±0.65^{cdeCD}	2.74±0.03^{bA}
P（S_1F）	3	1 542.0±5.9	1 738.0±12.4	1 663.0±14.4	64.98±0.56^{cdeCD}	2.68±0.02^{abA}
J（PS_1）	3	1 686.0±7.1	1 769.0±14.9	1 750.0±13.5	65.75±0.33^{eD}	3.15±0.08^{dC}

从上述数据可以看出，F（PS_2）与P（S_1F）、F（S_1P）3个杂交组合在500日龄产蛋

数、500 日龄总蛋重和产蛋期料蛋比 3 个指标中分别排名前 3 位，成为最优秀的三系杂交组合。F（PS_2）产蛋数达 345. 4 枚，成为产蛋量最多的高产组合；F（PS_1）产蛋量也高，尤以蛋重见长，300 日龄蛋重达到 78. 6 g，适合需求蛋重大的市场。

3 讨论

（1）在蛋鸭育种中，对产蛋性能的选育，要同时选择多个性状，而这些性状之间有存在负的遗传相关，如产蛋数与蛋重之间，产蛋量与蛋壳质量之间都存在这种关系，要在一个纯种或纯系内对这些遗传对抗性状同时进行遗传改良是非常困难的。如果将这些负相关的重要选育性状分散到不同纯系中作为主要选育目标，并稳定对应的性状，即可能加快纯系的遗传进展，形成各具特色的纯系。最后通过杂交，将不同纯系的优点综合到杂交商品后代中，使商品鸭的生产性能得到迅速、全面的提高。

（2）本研究所用的亲本山麻鸭Ⅰ～Ⅲ系，是经过专门化品系选育的家系，其 500 日龄产蛋数达到 292～299. 7 枚，产蛋重 19. 43～19. 88kg，产蛋量已相对稳定，要想通过纯种选育的手段再进一步大幅度提高产蛋量已很困难，只有通过品种间的品系杂交，才能获得较理想的效果。经过杂交筛选证实，二系的 PS_1、FS_1、PS_2、S_1P 和 S_1F 组合在产蛋性能上表现出显著的杂交优势，各项指标显著超过亲本，而三系杂交组合的 F（PS_2）、P（S_1F）与 F（S_1P）更是使产蛋量达到一个新的水平，其中，F（PS_2）组合 500 日龄产蛋数达到 345. 4 枚，总蛋重达 25. 12kg。

3. 3 亲本专门化品系选育是配套杂交选育的基础：只有通过对不同亲本按照各自的主选目标进行品系选育，并达到稳定的遗传性状，使之形成各具特色的亲本纯系后，所开展的品种间品系杂交，才能获得较理想的杂种优势。

4 结论

根据山麻鸭、莆田黑鸭、金定鸭、闽农白鸭各自的特点，经过 3～5 个世代专门化品系的选育，育成了符合要求、产蛋量高、生产性能稳定的专门化品系，并经配合力测定，筛选出 F（PS_2）、P（S_1F）和 F（S_1P）3 个最佳杂交组合：500 日龄产蛋数、总蛋重和料蛋比分别达 345. 4 枚、25. 12kg 和 2. 60，339. 2 枚、24. 26kg 和 2. 68，331. 1 枚、24. 13kg 和 2. 67，比亲本山麻鸭 S_1S_1 系 500 日龄产蛋数 300. 2 枚、总蛋重 19. 9kg 和料蛋比 2. 91，分别提高 10. 3%～15. 1%，21%～26. 1% 和 8%～10. 6%，达到国内外蛋鸭生产性能的领先水平。

参考文献

[1] 檀俊秩，陈 晖．蛋鸭配套品系选育的理论与实践［J］．福建农业学报，1993，8（1）：1－6.

[2] 杨 宁．家禽生产学［M］．北京：中国农业出版社，2002：29－34.

[3] 卢立志，陶争荣，沈军达，等．高产蛋鸭新品系青壳Ⅱ号介绍［J］．浙江农业学报，

2004，16（1）：：36.

[4] 赵爱珍，卢立志，沈军达，等．青壳Ⅰ系，白壳Ⅰ系和 RE 系蛋鸭产蛋性能比较测定［J］．中国家禽，1996（9）：5－6.

[5] 黄少珍，陶争荣，沈军达，等．青壳Ⅱ号蛋鸭商品代生产性能测定［J］．中国家禽，2006，28（4）：27.

[6] 薛茂强，卢立志，赵爱珍，等．高产蛋鸭配套系一江南Ⅱ号引种饲养试验［J］．浙江农业科学，1995，2：83－85.

[7] 沈军达，吕玉丽．高产蛋鸭“江南Ⅰ号”“江南Ⅱ号”［J］．养禽与禽病防治，1990，5：38.

[8] 林如龙．山麻鸭品系间杂交［J］．福建畜牧兽医杂志，2003，2（25）.

[9] 陈红萍，林如龙．蛋鸭配套系杂交理论与实践［J］．福建畜牧兽医杂志，2006，2（28）.

[10] 陶忠连，虞永亮，陶峥荣，等．缙云麻鸭配套系生产性能测定［J］．浙江畜牧兽医，2008，2：5－7.

[11] 檀俊秩，陈　晖．莆田黑鸭配套品系选育・项目查新资料．福建省农科院畜牧兽医研究所．9612.

[12] 赖垣忠，陈奕欣，陈小麟，等．金定鸭 3 个品系间的杂交效果分析［J］．中国畜牧杂志，1995，31（2）：33－35.

[13] 心　田．蛋鸭新品种“苏邮 1 号”配套系通过国家级新品种初审［J］．中国家禽，2010，32（21）：71.

大恒优质肉鸡 S01、S05、S06、S08 4 个品系蛋品质的比较研究*

宋小燕[1]，张增荣[1]，杨朝武[1]，李小成[1]，李　雯[1]，邱莫寒[1]
夏　波[2]，余春林[2]，胡陈明[2]，黄　超[2]，杜华锐[1]**
（1. 四川省畜牧科学研究院，成都　610066；2. 四川大恒家禽育种有限公司）

摘　要：种蛋品质是影响种鸡性能的重要因素。本研究对大恒优质肉鸡 S01、S05、S06 和 S08 4 个品系父母代种蛋的蛋重、蛋形指数、蛋壳强度、蛋壳厚度、蛋白高度、哈氏单位、血肉斑率等蛋品质指标进行了研究分析。结果显示：四个品系在蛋重、蛋形指数、蛋白高度和哈氏单位等指标方面有显著差异（$P<0.05$）。S08 品系蛋重最大，S05、S06 居中，S01 最小；S08 品系蛋形指数最大，S01、S06 居中，S05 最小；S05、S06 品系蛋白高度、哈氏单位显著优于 S01，与 S08 没有显著差异。蛋壳厚度、蛋壳强度和血肉斑率各品系之间没有差异（$P>0.05$）。结果表明大恒优质肉鸡父母代 4 个品系的蛋品质较好，品系间存在明显差异，可为进一步的品系改良提供很好的素材。

关键词：大恒优质肉鸡；种蛋；蛋品质

无论是作为种蛋还是食用鸡蛋，蛋品质都是鸡蛋生产中极为重要的一个指标。蛋品质直接影响商品蛋的食用价值和市场售价，同时对鸡蛋的保存时间、破损率、种蛋孵化率等有一定的影响。因此，提高蛋品质是养鸡生产中一项极为重要的任务。影响蛋品质的因素很多，如品种（系）、营养、疾病、环境、产蛋日龄、保存时间等。探明不同品种（系）间蛋品质的差异对于改良蛋品质、提高产品质量有重要作用。本研究的主要目的是分析品种（系）对蛋品质的影响，为下一步进行品种（系）选育与改良奠定基础。

1　材料与方法

1.1　材料与设计

大恒优质肉鸡 S01、S05、S06 和 S08 4 个品系是四川大恒家禽育种有限公司利用我国地方鸡种遗传资源，采用现代家禽遗传育种技术育成的青脚、麻羽、白皮肉鸡。选用大恒优质肉鸡 S01、S05、S06 和 S08 4 个品系为试验对象，所有品系在相同条件下饲养。在 300 日龄时，每个品系随机抽取 60 枚鸡蛋（新鲜种蛋）进行蛋品质测定，收集的鸡蛋在

---

* **基金项目**：国家肉鸡产业技术体系项目（CARS－42－G04）
** **通讯作者**：杜华锐

当天测定完毕。

1.2 测定指标和方法

测定指标有蛋重、蛋形指数、蛋壳厚度、蛋壳强度、蛋白高度、哈氏单位、血肉斑率。蛋重用天平称（精确至0.1g）；蛋形指数=纵径长度/横径长度，用日本 FHK 的蛋形指数测定器测定；蛋壳强度用日本 FHK 的卵壳强度测定仪测量；蛋壳厚度用日本 FHK 公司生产的蛋壳厚度测量仪测量，取鸡蛋大头、中间、小头三部位蛋壳厚度的平均值；蛋白高度用日本 FHK 蛋白高度测定仪测量蛋黄边缘与浓蛋白边缘中点的浓蛋白高度，测量成正三角形的3个点，取平均值；哈氏单位 $HU=100$（$H-1.7W0.37+7.57$），W 表示蛋重（g），H 表示蛋白高度（mm）。

1.3 统计分析

采用 SigmaPlot11.0 统计软件分析数据。对蛋重、蛋形指数、蛋壳厚度、蛋壳强度、蛋白高度和哈氏单位进行单因素方差分析和 Turkey 多重比较；血肉斑率进行卡方检验。统计显著性水平为 $P=0.05$。

2 结果与分析

测定结果见表1。四个品系在蛋重、蛋形指数、蛋白高度和哈氏单位等指标方面有显著差异（$P>0.05$），在蛋壳厚度、蛋壳强度和血肉斑率结果没有差异（$P<0.05$）。

表1 大恒 S01、S05、S06、S08 四个品系蛋品质测定结果

指　标	S01	S05	S06	S08
蛋重/g	57.12 ± 4.08^{b}	58.60 ± 3.82^{ab}	59.11 ± 4.59^{ab}	59.63 ± 4.53^{a}
蛋形指数	1.35 ± 0.06^{ab}	1.34 ± 0.05^{b}	1.35 ± 0.07^{ab}	1.37 ± 0.07^{a}
蛋壳厚度/mm	0.370 ± 0.021	0.370 ± 0.026	0.361 ± 0.028	0.368 ± 0.028
蛋壳强度/（kg/cm^2）	3.60 ± 0.71	3.70 ± 0.96	3.4 ± 0.98	3.6 ± 0.86
蛋白高度/mm	6.27 ± 1.24^{b}	6.91 ± 1.34^{a}	7.08 ± 1.03^{a}	6.67 ± 1.22^{ab}
哈氏单位/HU	78.7 ± 8.6^{b}	82.6 ± 8.5^{a}	83.8 ± 6.5^{a}	80.7 ± 8.7^{ab}
血肉斑率/%	17.3	18.0	15.3	21.0

注：同一行上标相同字母表示无显著差异（$P>0.05$），字母不同表示差异显著（$P<0.05$）

2.1 蛋重和蛋形指数

许多学者指出，种蛋大小和形状对孵化效果有影响。王庆民[1]、杨宁等[2]指出，一般要求蛋用鸡种蛋为50～60g，肉用鸡种蛋52～68g，蛋重过大或过小都影响孵化率和雏鸡质量。合格的种蛋应为卵圆形，蛋形指数为1.31～1.39，过长过圆都不符合要求[3]。

由表1可以看出，4个品系的蛋重均符合肉用鸡种蛋的蛋重要求，其中，S08 品系蛋重最大，达59.63g；S06 系、S05 系次之，分别为59.11g 和58.60g；S01 品系蛋重最小，为57.12g，S08品系与S01品系蛋重差异显著，其他组间蛋重差异都不显著。S01、S05、S06和S08 4个品系的蛋形指数分别为1.35、1.34、1.35和1.37，处于正常蛋形指数范围内（1.31～1.39），且S01和S06系呈现为标准蛋形指数（1.35）。

2.2 蛋壳厚度与蛋壳强度

蛋壳强度与厚度是蛋壳质量的重要参数指标，反映蛋品抗破损，蛋壳致密坚固性，对减少破损率、包装运输有重大意义，同时也是影响种蛋合格率重要因素之一。在一些情况下，由于蛋壳质量差而损失的鸡蛋可高达6%以上。排除机械损伤，造成蛋壳质量低下的因素有：日粮钙磷含量及来源、日粮钙的颗粒大小、日粮维生素 D_3 水平、疾病、蛋的大小、产蛋母鸡的年龄、酸碱平衡以及食盐的摄入量[4]。测定结果表明：大恒优质肉鸡4个品系蛋壳强度与蛋壳厚度差异不显著。

2.3 蛋白高度与哈氏单位

浓蛋白高度是影响蛋品质的重要因素，消费者常用蛋白浓稠度来衡量蛋的新鲜程度。蛋白越高则鸡蛋越新鲜，由于蛋白高度与鸡蛋大小有关，因此，多用哈氏单位来替代。哈氏单位越高，表示蛋白黏稠度越好，蛋白品质越好。通常将鸡蛋品质分为3个等级，AA级：哈氏单位>72；A级：哈氏单位在60～72之间；B级：哈氏单位<60。大恒优质肉鸡S01、S05、S06、S08 4个品系的种蛋哈氏单位分别为78.7、82.6、83.8、80.7，同属于AA级鸡蛋。

2.4 血肉斑率

血斑的形成主要与排卵时输卵管少量出血有关，肉斑则与输卵管黏膜损伤有关。褐壳蛋鸡的血斑肉斑比例高于白壳蛋鸡，人工授精的鸡群血斑肉斑比例高于非人工授精鸡群。由试验可知，4个品系的血肉斑率依次顺序是S08>S05>S01>S06，但组间差异不显著。

3 讨论与结论

本次试验大恒优质肉鸡4个品系蛋壳强度与蛋壳厚度差异不显著，但总的来讲，S06、S08的蛋壳质量好于S01、S05，并且笔者在日常的生产管理中发现S06、S08的破损率高于S01、S05，提示不同类型的产蛋母鸡对钙磷等营养需求可能不同，可考虑区别对待。

哈氏单位与孵化率呈正相关，该性状的遗传力为0.2～0.5，可通过育种得以提高[5]。一般情况下，决定蛋白高度的主要因素是种鸡所处的环境和蛋的贮存环境[6]。高温高湿会使蛋白黏性迅速恶化。

血肉斑率遗传力为0.25，研究数据表明，随机抽样品系间的差异可重复性很低[7]。因此，通过选择来减少这种普遍存在的缺陷，其预期效果较小。

不同品种蛋品质的差异为蛋品质的遗传改良提供了很好的素材。蛋壳强度、哈氏单位、蛋重等遗传力较高，能够通过遗传育种的手段较快地改良蛋品质[8]。从以上的结果分析，大恒优质肉鸡S01、S05、S06、S08 4个品系蛋品质较好，各项指标均在正常范围内。

参考文献

[1] 王庆民．家禽孵化与雏禽雌雄鉴别［M］．北京：金盾出版社，1990.

[2] 杨　宁．现代养鸡生产［M］．北京：中国农业大学出版社，1995.

[3] 邱祥聘．家禽学［M］．成都：四川人民出版社，1980.

[4] Roberts J. R. Factors affecting egg internal quality and egg shell quality in laying hens［J］. *Journal of Poultry*. 2004，41（3）：161－177.

[5] Benabdeljelil K，Jensen L. S. Effectiveness of ascorbic acid and chromium in counteracting the negative effects of dietary vanadium on interior egg quality［J］. *Poultry Science*，1990，69：781－786.

[6] 郭春燕，杨海明，王志跃，等．不同品种鸡蛋品质的比较研究［J］．家禽科学，2007（2）：12－14.

[7] 豆彩红，潘剑平．提高鸡蛋品质的育种［J］．中国家禽，1999，21（2）：32－33.

[8] 徐桂云，侯卓成，宁中华，等．不同蛋鸡品种蛋品质分析比较研究［J］．河北畜牧兽医，2003，19（8）：19，35.

信宜怀乡鸡的生长性能及部分肉质性状测定*

杜炳旺[1]，陈　建[2]，赵志远[3]，王润莲[1]，江新生[1]，吴薇薇[1]，徐妙珍[1]，尹沛然[1]

（1. 广东海洋大学家禽育种中心，湛江　524008；
2. 广东信宜市盈富畜禽发展有限公司；3. 广东江丰实业有限公司）

摘　要：本试验选用广东省四大名鸡之一——信宜怀乡鸡商品雏120只，分为公母2个处理组，每个处理组有4个重复，每个重复15只，进行了0~16周龄的饲养试验，旨在探讨怀乡鸡的生长性能和部分肉质性状特点。结果表明：生长性能，16周龄体重公母分别为1 744g和1 590g，公母间体重在6周龄后一直存在显著差异（$P<0.05$）；屠宰性状，16周龄宰前体重、屠体重、全净膛重、胸肌重、腿肌重、头、脚、翅、胫长、胫围及部分器官等总体趋势是公鸡大于母鸡，差异显著（$P<0.05$），而腹脂重、肌间脂肪宽和皮下脂肪厚为母鸡大于公鸡，差异显著（$P<0.05$）；肉质性状，16周龄胸腿肌的肉色、pH值、滴水损失、水分及粗灰分含量，公母间差异不显著，胸肌、腿肌的粗蛋白含量均是公鸡显著高于母鸡，差异显著（$P<0.05$），胸肌、腿肌的粗脂肪含量均是母鸡显著高于公鸡，差异显著（$P<0.05$）。

关键词：怀乡鸡；生产性能；肉品质；屠宰性能

1　前言

怀乡鸡，又名信宜鸡，曾名湛江鸡，是广东省信宜市著名的良种肉用鸡，也是广东省四大名鸡之一（清远麻鸡、惠阳胡须鸡、信宜怀乡鸡、封开杏花鸡），原产于信宜县怀乡公社，现今主产地为信宜市怀乡镇、洪冠、茶山、贵子、东镇等乡镇[1]。当地农户世代饲养怀乡鸡作为主要副业收入之一，过节或祭祖时，有竞赛大鸡的习惯，探亲访友时以鸡相赠。世代积累自繁，就逐渐形成了怀乡鸡种，“怀乡鸡”因此得名。该品种鸡为肉用鸡种，具有皮黄、毛黄、脚黄的特色，故又称怀乡“三黄鸡”。此鸡以色泽美观、肌肉丰满、肉质嫩滑、骨软皮脆、味道清香甜爽，是信宜的传统名优特产，是高级酒楼和追求健康人士的第一选择，受到省内外美食家的赞赏，于1985年列入《广东省家畜家禽品种志》，并名扬港澳及东南亚地区。信宜怀乡鸡适应性强和耐粗饲，特别适合南方农户散养，又可以设栏群养或笼养，是农民经济收入的主要来源之一，得到农民的普遍认可，2007年被国家工商行政管理总局核准注册为原产地证明商标。此外，怀乡鸡历来以活鸡形式消费，对其进行加工转化的数量很少。新中国成立前主要依靠鸡贩销往湛江地区，20世纪50~60年代，怀乡鸡是信宜出口贸易的主要农副产品之一。20世纪90年代，科研

---

* **基金项目**：广东省教育部产学研结合项目：2010B090400239；广东省科技厅项目：2008B080703006
作者简介：杜炳旺，男，教授，研究方向为优质鸡遗传育种，E-mail：dudu903@163.com

人员探研出大规模集约山地养鸡系列技术措施，既有规模效益又可降低成本，由于接近自然生态，鸡肉风味很好，经济效益可观。现在，信宜市各乡镇农户普遍饲养怀乡鸡，全县年出栏量1 000多万只，销往广州、深圳、珠海、湛江、江门、茂名等大中城市以及出口到港澳地区。

鉴于国家对优良地方畜禽品种遗传资源的保护、研究及开发利用的力度不断加大，作为广东省四大名鸡之一的信宜怀乡鸡，其固有遗传特性的保护、种质特性的研究、品种的选育提纯、生产性能的测定，已迫在眉睫。因此，本试验旨在测定怀乡鸡的生长性能及肉品质部分性状，以期为怀乡鸡的资源保存利用及其产业的发展，提供具有科学价值的参数和理论依据。

2 材料与方法

2.1 试验材料

怀乡鸡由广东信宜市盈富畜禽发展有限公司（怀乡鸡原种场）提供。

试验鸡同时收集种蛋，分别标记，同时孵化。孵化出的雏鸡，经翻肛鉴定公母，并随机选取健康的公母雏鸡各60只，公母各设有4个重复组，每个重复15只，共计120只进行饲养试验。试验期为112d。

2.2 试验鸡群的饲养管理

试验鸡养于广东海洋大学家禽育种中心，立体笼养，饲喂相同的饲料，自由采食与饮水。饲养过程分3个阶段，0～4、5～8、9～17周龄，日粮组成及营养水平见表1。

表1 日粮配方及营养水平

成分 \ 周龄	0～4周	4～9周	9～16周
玉米/%	61.13	66.84	69.89
豆粕/%	28.32	22.92	15.9
花生饼/%	6	6	10
贝壳粉/%	1.91	1.77	1.69
磷酸氢钙/%	1.03	0.86	0.9
食盐/%	0.37	0.37	0.37
预混料/%	1.24	1.24	1.24
合计	100	100	100
营养水平			
代谢能/（MJ/kg）	11.66	11.98	12.11
粗蛋白/%	19.9	18	16.98
钙/%	1	0.9	0.86
有效磷/%	0.37	0.33	0.33

注：预混料中包括多种维生素、益生素、蛋氨酸、赖氨酸等

2.3 测定的内容

2.3.1 生长速度和饲料报酬 每天记录采食量，各周龄末空腹个体称重，计算其0～16周龄增重、料重比、绝对生长速度和相对生长速度[2]。绝对生长速度：$G=(W_2-W_1)/(T_2-T_1)$。相对生长速度：$R=2\times(W_2-W_1)/(W_2+W_1)\times100\%$。

2.3.2 屠宰测定 试验鸡饲养至112d，从每个重复中随机抽取6只鸡，共48只鸡（公母各半），进行屠宰试验。

参照《种禽档案记录》（ZBB 43001-85）和杨宁介绍的方法计算鸡的肉用性能，测定宰前活重、屠体重、半净膛重、全净膛重、腹脂重、胸肌重、腿肌重、腹脂重、头、脚、心、肝重及其占活重的比率，同时包括胫长、胫围、皮脂厚度、肌间脂肪宽等。

2.3.3 肉品质性状测定 依据《畜禽肉品学》（孙玉民，1993）的方法，在相同部位采集胸肌、腿肌，测定胸肌滴水损失、pH值、肉色；腿肌滴水损失、pH值；并取另一侧胸肌和腿肌迅速冷冻保存，以备测定水分、粗脂肪含量、粗蛋白、粗灰分等。

3 试验结果

3.1 各周龄各组合体重增长与生长速度的测定

3.1.1 各个周龄组合内体重的比较 鸡群每周龄进行个体称重，统计计算不同组合、不同性别的体重均值，见表2。

表2 各周龄怀乡鸡公母鸡的体重（g）

周龄＼性别	公	母	周龄＼性别	公	母
初生	24.17±1.81[a]	23.70±1.63[a]			
1	55.18±5.47[a]	54.74±5.93[a]	9	989.52±126.13[a]	848.82±80.03[b]
2	115.36±13.61[a]	112.31±14.50[a]	10	1 173.24±137.32[a]	965.14±98.65[b]
3	202.80±21.40[a]	191.30±25.14[a]	11	1 253.33±145.85[a]	1 041.78±114.11[b]
4	289.79±32.79[a]	270.55±33.43[a]	12	1 369.85±176.12[a]	1 149.20±158.96[b]
5	404.49±43.32[a]	373.42±42.51[a]	13	1 438.84±193.87[a]	1 269.78±159.69[b]
6	551.16±53.08[a]	486.02±52.92[b]	14	1 526.14±196.16[a]	1 387.56±161.65[b]
7	664.47±82.81[a]	590.29±59.85[b]	15	1 643.73±196.99[a]	1 483.00±167.98[b]
8	846.91±83.89[a]	710.32±77.74[b]	16	1 743.69±212.64[a]	1 590.33±176.96[b]

注：同行内不同字母表示差异显著（$P<0.05$）

从表2可知，饲养至16周龄怀乡公鸡的体重已达1 743.69g，母鸡体重为1 590.33g。同时从表中可见，从第6周龄后，公母间体重一直存在显著差异，$P<0.05$。

3.1.2 怀乡鸡的绝对生长速度和相对生长速度 绝对生长速度和相对生长速度能直接反映出某一时刻鸡群的生长率变化，从而更好地了解鸡种生长变化规律，以便更好地饲养与管理。其绝对生长速度和相对生长速度见表3、表4、图1和图2。

表 3　怀乡鸡的绝对生长速度（g）

周　龄		2	4	6	8	10	12	14	16
怀乡鸡	♂	6.52	12.46	18.67	21.13	23.31	14.04	11.16	15.54
	♀	6.33	11.30	15.39	16.02	18.20	13.15	17.03	14.48

表 4　怀乡鸡的相对生长率（%）

周　龄		2	4	6	8	10	12	14	16
怀乡鸡	♂	1.307 8	0.861 1	0.621 6	0.423 1	0.323 1	0.154 6	0.107 9	0.133 1
	♀	1.303 0	0.826 6	0.569 6	0.375 0	0.304 0	0.174 1	0.187 9	0.136 2

由表 3 和表 4 看出，怀乡鸡生长快，并且在 10 周龄生长速度达到最大值，日增重公母分别达到 23.31g/d 和 18.20g/d。

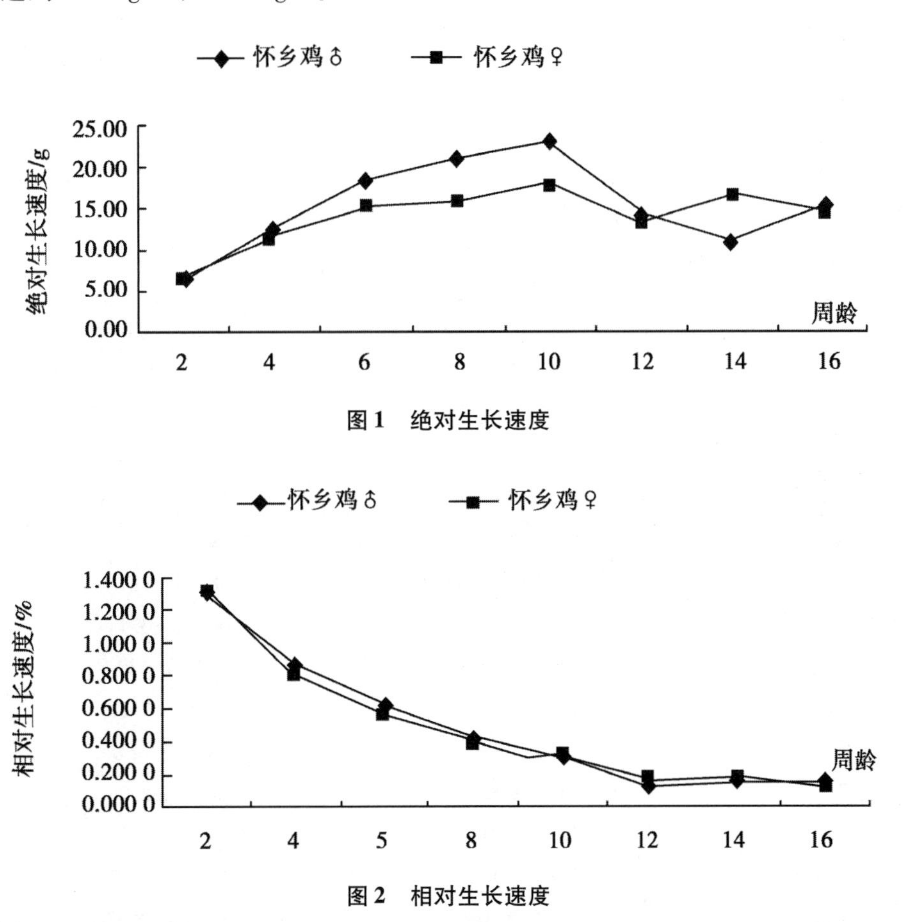

图 1　绝对生长速度

图 2　相对生长速度

由图 1 可以看出，在 2～6 周龄时，怀乡鸡的公母鸡生长速度十分快，同时也可以看到公母鸡的生长速度在 2～10 周龄都是不断地增高，而在 10～16 周龄公母鸡的生长速度总体呈下降趋势。从图 2 可以看出，2 周龄的怀乡鸡的公母鸡相对生长速度最高，相对生长速度曲线总体变化一致，即在试验期内都是呈不断下降的趋势。

3.2 怀乡鸡各周龄料重比

表5列示了不同性别间的饲料报酬比较结果。

表5 同组合不同性别间比较分析结果

周龄	公	母	周龄	公	母
1	1.57	1.56	9	3.09	2.97
2	1.68	1.61	10	3.12	3.15
3	2.16	2.00	11	3.31	3.32
4	2.76	2.42	12	3.42	3.38
5	2.90	2.63	13	3.72	3.572
6	2.91	2.68	14	3.90	3.73
7	2.98	2.80	15	3.98	3.87
8	3.09	2.91	16	4.11	4.00

3.3 屠体性状的分析比较

怀乡鸡不同性别的屠体性状的最小二乘均值，见表6。

表6 怀乡鸡各组合内性别间体重及屠体性状

性状	怀乡鸡♂	怀乡鸡♀
宰前体重/g	1 554.76 ± 98.42	1 371.65 ± 108.53*
屠体重/g	1 383.81 ± 96.66	1 239.14 ± 110.71*
屠宰率/%	89.56 ± 1.46	90.28 ± 1.38
半净膛重/g	1 259.23 ± 90.08	1 084.83 ± 98.99*
半净膛率/%	81.49 ± 1.33	79.08 ± 3.44*
全净膛重/g	1063.62 ± 147.71	887.47 ± 81.91*
全净膛率/%	68.69 ± 6.57	64.70 ± 3.11*
胸肌重/g	140.87 ± 20.77	137.97 ± 20.71
胸肌率/%	13.28 ± 1.31	15.51 ± 1.50*
腿肌重/g	276.42 ± 40.63	188.30 ± 21.03*
腿肌率/%	26.13 ± 3.19	21.29 ± 2.29*
翅重/g	123.60 ± 13.69	98.72 ± 7.25*
翅重率/%	11.73 ± 1.32	11.19 ± 1.07
腹脂重/g	4.62 ± 4.09	53.30 ± 26.30*
腹脂率/%	1.42 ± 0.27	5.90 ± 2.64*
头重/g	86.02 ± 12.66	41.55 ± 4.21*
脚重/g	67.20 ± 8.89	41.37 ± 2.32*
心脏重/g	8.55 ± 1.13	5.89 ± 1.08*

（续表）

性　状	怀乡鸡♂	怀乡鸡♀
肝脏重/g	29.29 ±7.14	27.88 ±4.89
胫长/cm	8.26 ±0.27	7.10 ±0.37*
胫围/cm	4.39 ±0.19	3.81 ±0.13*
皮下脂肪厚/cm	0.44 ±0.13	0.92 ±0.29*
肌间脂肪宽/cm	0.43 ±0.13	1.30 ±0.30*

注：同一性状公母间差异显著，以 * 表示，$P<0.05$

从表 6 的比较结果中看出，所测定的怀乡鸡各性别的平均宰前体重公母分别为 1 555g 和 1 372g，平均为 1 464g。宰前体重、屠体重、全净膛重、胸肌重、腿肌重、头、脚、翅及部分器官等各部位分割重总体趋势一致，即公鸡大于母鸡，性别间差异显著（$P<0.05$）。腹脂重、肌间脂肪宽和皮下脂肪厚的趋势为母鸡大于公鸡，差异显著（$P<0.05$）。胫长和胫围表现为公鸡大于母鸡，差异显著（$P<0.05$）。

3.4　部分肉品质性状的比较

表 7 为怀乡鸡不同性别间的部分肉质性状比较。

表 7　怀乡鸡不同性别间的部分肉质性状比较

性　状	胸　肌		腿　肌	
	公　鸡	母　鸡	公　鸡	母　鸡
滴水损失/%	1.56 ±0.16	2.49 ±0.90	1.06 ±0.32	1.56 ±0.43
水分/%	74.69 ±0.86	73.94 ±1.92	74.65 ±1.67	74.69 ±2.12
pH 值	6.28 ±0.23	6.20 ±0.22	6.32 ±0.13	6.13 ±0.15
肉色（吸光值）	0.51 ±0.07	0.84 ±0.34	—	—
粗蛋白/%	92.90 ±1.40	88.70 ±0.73*	88.83 ±1.82*	84.40 ±2.31
粗脂肪/%	2.77 ±0.97	3.59 ±1.30*	8.63 ±1.03*	10.46 ±1.23
粗灰分/%	4.95 ±0.43	5.47 ±0.37	5.02 ±0.34	4.62 ±0.14

注：同一性状的不同性别间差异显著用 * 表示，$P<0.05$

3.4.1　粗脂肪含量　由表 7 可知，胸肌的粗脂肪平均含量公鸡为 2.77%，母鸡为 3.59%，性别间差异显著（$P<0.05$）；腿肌的粗脂肪平均含量公鸡为 8.63%，母鸡为 10.46%，性别间差异显著（$P<0.05$）。

3.4.2　水分含量　由表 7 可知，公母鸡的胸肌平均水分含量分别为 74.69% 和 73.94%，平均值为 74.32%。公母鸡的腿肌平均水分含量为 74.65% 和 74.69%，平均值为 74.67%。平均胸腿肌水分含量性别间差异不显著（$P<0.05$）。

3.4.3　粗蛋白含量　由表 7 所测的粗蛋白含量，经总体分析，怀乡鸡公母鸡的胸肌粗蛋白平均含量为 92.90% 和 88.70%，均值为 90.80%，性别间差异显著（$P<0.05$）。怀乡鸡公母鸡的腿肌粗蛋白平均含量为 88.83% 和 84.40%，均值为 86.615%，性别间差异显著（$P<0.05$）。

3.4.4 粗灰分含量 对测定的粗灰分数据进行分析，公母鸡的胸肌粗灰分值平均为4.95%和5.47%，平均值为5.21%。公母鸡的腿肌粗灰分平均含量为5.02%和4.62%，均值为4.82%，性别间比较差异均不显著（$P>0.05$）。

3.4.5 滴水损失率 所测样本均值的胸肌滴水损失率和腿肌滴水损失率的变化范围较小。由表7可知公母鸡胸肌滴水损失率为1.56%和2.49%，平均值为2.025%；而公母鸡腿肌滴水损失率为1.06%和1.56%，其均值为1.31%。性别间差异均不显著（$P>0.05$）。

3.4.6 pH值 所测样本均值的胸腿肌pH值的变化范围很小，总体样本均在6.23左右。表7显示，性别间的胸腿肌pH值有一定的差异，但差异不显著（$P>0.05$）。

3.4.7 肉色 从表7可知，公鸡的肉色吸光值为0.51±0.07，母鸡的肉色吸光值为0.84±0.34。胸肌性别间比较，肉色吸光值差异不显著（$P>0.05$）。

4 讨论

4.1 怀乡鸡的生长性能比较

4.1.1 增重 体重是衡量家禽生长发育程度以及群体均匀度的一个重要指标[3]。通过本次试验可知，随着日龄的增长，生长速度加快，体重迅速增加，公母鸡体重之间在6周龄后开始出现显著性差异，公鸡大于母鸡，说明家禽的生长发育具有一定的规律性，受环境和遗传两方面因素的影响，在饲养环境一致的情况下，性别间生长发育的差异反应其实是遗传基础的差异[4]。

4.1.2 饲料报酬 饲料报酬即料重比，是评价肉鸡生长性能的一个重要指标，在养殖行业中，料重比是决定肉鸡养殖利润高低的关键因素，也是编制生产计划和财务计划的重要依据。降低料重比，就降低了饲养成本，增加了养殖效益[5]。料重比的高低与鸡的品种、性别、饲料质量、饲养环境、饲养管理方式和水平及疾病防治有关。本试验结果提示公鸡的饲料报酬明显好于母鸡，这与其他肉鸡的测定结果完全一致，其中的直接原因是母鸡体内的脂肪含量显著高于公鸡，所需的能量消耗就显著大于公鸡，因而母鸡的饲料报酬向来不如公鸡，这也是当今肉鸡饲养业特别强调公母分群饲养的重要意义。

4.1.3 各阶段的生长速度 绝对生长速度和相对生长速度主要反映某一时刻或阶段鸡群的生长率变化。本试验中怀乡鸡最大生长速度出现在10周龄。生长速度的快慢和哪个阶段生长速度达到最大是与鸡种本身的生理特点有密切关系的。因此，在一定的饲养环境下，可以通过鸡群在各个阶段生长速度的大小，更好地配置每种鸡的最佳营养需求，以最大化提高和发掘鸡种的生长性能。

4.2 屠宰性能和肉质性状差异

4.2.1 屠宰性能 屠宰性能测定是衡量产肉经济性能的重要指标。优质鸡的屠宰率，一般在85%~91%[4~8]。而在本试验中，怀乡鸡的屠宰率在87%以上，说明该项指标达到了优质鸡的要求。另外，全净膛、半净膛是衡量可食性的重要指标，同时胸肌和腿肌重又是主要的可食部分，而本试验怀乡鸡的全净膛率、半净膛率平均分别达到65%和78%以上，怀乡鸡有良好的屠宰性能。

屠宰性状比较，各屠体重及分割部位重的总体趋势是公鸡大于母鸡，且差异显著，造成这种差异的原因主要是由于性别因素引起的。尤其是公鸡的腹脂重及腹脂率均显著低于母鸡，这可能是由于性别间脂肪代谢差异造成的。

4.2.2　肉品质分析　肉质是一个综合性状，它包括一系列的评价指标。肉质包括感官特性、技术指标、营养价值和食品安全性等方面[9]，影响鸡肉食用品质的指标主要有 pH 值、系水力、脂肪含量、粗蛋白等。

本试验所测的部分肉质指标比较结果显示，怀乡鸡公母鸡间胸肌脂肪含量和粗蛋白含量差异显著，这可能与鸡的性别间脂肪代谢的不同有关。

5　结论

本试验测定了怀乡鸡公母鸡的生长性能、屠宰性状及肉质性状特点，结果表明：

（1）生长性能，16 周龄时公母体重分别为 1 744g 和 1 590g，公母间体重在 6 周龄后一直存在显著的差异（$P<0.05$）。

（2）屠宰性状，16 周龄时宰前体重、屠体重、全净膛重、胸肌重、腿肌重、头、脚、翅、胫长、胫围及部分器官等各部位分割重的总体趋势是公鸡大于母鸡，差异显著（$P<0.05$），而腹脂重、肌间脂肪宽和皮下脂肪厚为母鸡大于公鸡，差异显著（$P<0.05$）。

（3）肉质性状，16 周龄时胸肌、腿肌的肉色、pH 值、滴水损失、水分及粗灰分含量，公母间差异不显著，胸肌、腿肌的粗蛋白含量均是公鸡高于母鸡，差异显著（$P<0.05$），胸肌、腿肌的粗脂肪含量均是母鸡高于公鸡，差异显著（$P<0.05$）。

参考文献

[1] 黄若涛，汤祖杭，罗东君．怀乡鸡的调查报告［J］．养禽与禽病防治，1988（05）．

[2] 李文娟．鸡肉品质相关脂肪代谢功能基因的筛选及营养调控研究［D］．北京：中国农业科学院，2008.

[3] 张海峰，白　杰，张　英．宰后处理方式对鸡肉品质及加工性能的影响［J］．肉类研究，2009，8.

[4] 孙京新，范文哲，周幸芝，等．鸡宰杀工艺对鸡肉质量控制的研究［J］．肉类工业，2009（04）．

[5] 杨　宁．家禽生产学［M］．北京：中国农业出版社，2005.

[6] 席鹏彬，蒋宗勇，林映才，等．鸡肉肉质评定方法研究进展［J］．动物营养学报，2006（S1）．

[7] 张细权，何丹琳，张德祥，等．优质鸡的肉质研究和肉质评价［J］．山东家禽，2003，10：3－5.

[8] 宋智娟，赵国先．鸡肉品质与营养调控［J］．饲料博览，2005（8）：26－28.

[9] 舒鼎铭，刘定发，杨冬辉，等．鸡肉品质的评价方法［J］．中国畜牧兽医，2005（04）．

凉山岩鹰鸡屠宰性能及肉质特性分析

王福明
（西昌学院，西昌 615013）

摘 要：选择在果园中散放饲养的154日龄的凉山岩鹰鸡20只，公母各10只，进行屠宰性能测定和肉制品质分析。结果表明，活重公鸡极显著地高于母鸡（$P<0.01$）；公母鸡屠宰率分别为86.64%和83.70%，半净膛率分别为81.30%和78.25%，全净膛率分别为68.45%和65.65%，公鸡都显著大于母鸡（$P<0.05$）；在胸肌率、腿肌率指标中，公鸡略大于母鸡，但差异不显著（$P>0.05$）；公鸡的腹脂率极显著小于母鸡（$P<0.01$）；在肉色、pH值、失水率、嫩度等多数指标优于谢金防等（2003）报道的优质型崇仁麻鸡和周中华等（2003）报道的大型白羽肉鸡（科宝）、粤禽快大黄鸡（2003）的物理性状。

关键词：凉山岩鹰鸡；屠宰性能；肉质特性

凉山岩鹰鸡是四川省凉山州的地方鸡种，主要分布于凉山州美姑县和毗邻县市，该鸡体型大，适应性强，耐粗饲，肉质特别鲜嫩，作为肉用品种深受消费者喜爱，市场价格一直稳定在30～40元/kg，远远高于肉用仔鸡价格。本文以果园散放饲养154日龄的凉山岩鹰鸡为研究对象，探讨凉山岩鹰鸡的屠宰性能，分析肉质特性，为凉山岩鹰鸡的开发利用提供理论依据。

1 材料和方法

1.1 试验材料

选择在果园中散放饲养的154日龄的凉山岩鹰鸡，体重与群体平均体重相近的鸡20只，公母各10只，进行屠宰性能测定。同时，取胸肌和腿肌样进行肌肉品质常规分析。

1.2 试验方法

1.2.1 屠宰测定 按照全国家禽育种委员会1984年颁布的“家禽生产性能与计算方法”进行。

1.2.2 肌肉品质物理性状的常规分析

1.2.2.1 pH值 常温下，用pH值计分别测定屠宰后45min的胸、腿肌pH值。

1.2.2.2 肉色测定 取宰后胸、腿肌样品，用白度仪测定肉色。

1.2.2.3　嫩度　取新鲜胸肌肉或腿肌肉 3cm×5cm 各一块，用 C-LM2 型肌肉嫩度仪测定剪切力值，每个肉样剪切 3 次，取其均值。

1.2.2.4　失水率测定　取宰后 24h 胸、腿肌肉样，称重（W_1）后，将肉样置于上下各垫 20 层滤纸中，再置于改制的压力仪上，加压 35kg，持续 35min。撤去压力后称肉样重（W_2）。

$$失水率(\%) = (W_1 - W_2)/W_1 \times 100$$

1.2.3　肌肉品质化学性状分析　测定水分和干物质、粗蛋白和粗脂肪指标。

水分和干物质：称一定量的肉样，用组织捣碎机捣碎，放置在鼓风干燥箱内，105℃烘至恒重，称量干肉重，计算水分和干物质含量。

粗蛋白：凯氏定氮法。

粗脂肪：索氏浸提法。

1.3　数据统计

所有数据差异显著性检验采用 t 检验法进行比较。数据以 $X \pm SD$ 表示。

2　结果

2.1　屠宰性能

凉山鸡的屠宰性能见表 1。

表 1　凉山岩鹰鸡的屠宰性能

性别	数量/只	活重/g	屠宰率/%	半净膛率/%	全净膛率/%	胸肌率/%	腿肌率/%	腹脂率/%
♂	10	2 552.50±20.33^A	86.64±2.82^a	81.30±2.72^a	68.45±2.60^a	19.20±2.12^a	25.84±3.61^a	1.10±0.72^a
♀	10	2 032.90±16.55^B	83.70±2.66^b	78.25±3.13^b	65.65±2.25^b	18.88±2.42^a	24.20±3.54^a	1.90±0.89^b
♂/♀	20	2 292.70±160.25	85.17±0.58	79.78±0.65	67.05.18±2.25	19.04±0.26	25.02±0.66	1.50±0.33

注：♂、♀两组同列中有不同大写字母上标者为差异极显著（$P<0.01$），有不同小写字母上标者为差异显著（$P<0.05$），有相同字母上标者为差异不显著（$P>0.05$）

2.2　肌肉品质

凉山鸡肌肉品质的物理、化学性状测定结果见表 2、表 3。

表 2　凉山岩鹰鸡肌肉物理性状

性别	数量	pH 值（宰后 45min）		肉色		嫩度/kg		失水率/%	
		胸肌	腿肌	胸肌	腿肌	胸肌	腿肌	胸肌	腿肌
♂	10	6.84±0.88^a	6.84±2.17^a	16.37±3.28^a	12.90±2.16^b	1.47±0.34^{Aa}	2.70±0.28^{Bb}	25.80±1.49^a	25.30±1.80^a
♀	10	6.87±1.31^a	6.88±2.30^a	16.28±3.43^a	12.48±3.12^b	1.45±0.28^{Aa}	2.48±0.35^{Bb}	27.60±1.98^b	26.90±1.27^b

（续表）

性别	数量	pH值（宰后45min）		肉色		嫩度/kg		失水率/%	
		胸肌	腿肌	胸肌	腿肌	胸肌	腿肌	胸肌	腿肌
♂/♀	20	6.86±0.11	6.86±0.19	16.33±0.36	12.69±0.52	1.46±0.27	2.59±0.32	26.70±3.58	26.10±3.22

注：♂、♀两组同一性状中同行或同列中有相同小写字母上标者为差异不显著（$P>0.05$），有不同小写字母上标者为差异显著（$P<0.05$）有不同大写字母上标者为差异极显著（$P<0.01$），下同。

表3　凉山岩鹰鸡肌肉化学性状测定结果

性别	数量	水分/%		干物质/%		粗脂肪/%		粗蛋白/%	
		胸肌	腿肌	胸肌	腿肌	胸肌	腿肌	胸肌	腿肌
♂	10	73.10 ± 7.13^{a}	74.40 ± 5.12^{a}	25.80 ± 1.36^{a}	25.10 ± 0.67^{a}	1.87 ± 0.12^{Aa}	2.14 ± 0.57^{Bc}	25.80 ± 2.14^{a}	23.20 ± 2.11^{b}
♀	10	74.90 ± 6.26^{a}	74.80 ± 3.74^{a}	27.20 ± 1.02^{b}	25.70 ± 0.52^{c}	2.03 ± 0.13^{Ab}	2.84 ± 0.53^{Bb}	25.40 ± 2.32^{a}	25.20 ± 1.19^{a}
♂/♀	20	74.00±1.34	74.60±1.02	26.50±0.95	25.40±0.87	1.95±0.63	2.49±0.81	25.60±2.47	24.20±2.91

3　分析与讨论

3.1　凉山岩鹰鸡屠宰性能

从屠宰测定结果知，果园散放饲养154日龄的凉山岩鹰鸡公母平均活重分别为2 552.5g和2 032.9g，公鸡极显著高于母鸡（$P<0.01$）。154日龄公母鸡的屠宰率分别为86.64%和83.70%，半净膛率分别为81.30%和78.25%，全净膛率分别为68.45%和65.65%。在上述指标中，公鸡皆显著大于母鸡（$P<0.05$）。在胸肌率、腿肌率指标中，公鸡略大于母鸡，但差异不显著（$P>0.05$）。公鸡的腹脂率极显著小于母鸡（$P<0.01$）。屠宰率和全净膛率是衡量产肉性能的重要指标，凉山岩鹰鸡的公母鸡平均屠宰率在85%以上，全净膛率在67%以上，说明凉山岩鹰鸡具有良好的产肉性能。

3.2　凉山岩鹰鸡物理性状

从表2可以看出，宰后45min pH值略有下降，胸肌和腿肌之间差异不显著（$P>0.05$）；肉色腿肌显著性大于胸肌（$P<0.05$），主要是腿肌中血红蛋白的含量高于胸肌；胸肌嫩度极显著优于腿肌（$P<0.01$），因为嫩度是由结缔组织、肌原纤维和肌浆中蛋白质成分与化学结构所决定，公母鸡之间差异不明显（$P>0.05$））；失水率胸肌和腿肌之间差异不明显（$P>0.05$），但公鸡显著高于母鸡（$P<0.05$）。

肌肉组织中肉色、pH值、嫩度和系水力等物理性状对肌肉品质有重要的影响。肉色是肌肉外观评定的重要指标，它受许多因素的影响，其中肌肉中血红蛋白的含量和化学状态对其有决定性作用；嫩度是由结缔组织、肌原纤维和肌浆中蛋白质成分与化学结构所决定。失水率直接影响肌肉的滋味、多汁性、嫩度、营养成分及香味等，对加工产品的产量、结构和色泽等有较大影响。凉山岩鹰鸡在肉色、pH值、失水率、嫩度等多数指标优于谢金防等（2003）报道的优质型崇仁麻鸡和周中华等（2003）报道的大型白羽肉鸡（科宝）、粤禽快大黄鸡（2003）的物理性状。因此，凉山岩鹰鸡具有良好的肉质特性。

从本研究结果还可以看出，凉山岩鹰鸡腿肌的肉色都较胸肌深（$P<0.05$）。胸肌嫩度极显著优于腿肌（$P<0.01$），而在公母鸡之间胸腿肌的嫩度差异不显著（$P>0.05$），这与居继光等（2005）报道的嫩度和性别没有差异的结果是一致的。另外，凉山岩鹰鸡的腿肌干物质含量低于胸肌，蛋白质含量胸肌高于腿肌，但差异都不显著（$P>0.05$）；粗脂肪胸肌显著低于腿肌（$P<0.05$）。

参考文献

[1] 谢金防，谢明贵，刘林秀，等．改良型与优质型崇仁麻鸡的肉质比较研究．家禽研究最新进展［M］．长春：吉林科学技术出版社，2003.

[2] 周中华，胡刚安，卢桂强．黄羽肉鸡肌肉品质研究．家禽研究最新进展［M］．长春：吉林科学技术出版社，2003.

[3] 居继光，邵伯鸡屠宰性能测定及肌肉品质分析［J］．中国家禽，2005，1：18－20.

[4] 王福明. 普格土鸡屠宰性能及肌肉品质的测定［J］．畜禽业，2006：33－34.

[5] 王福明. 金阳丝毛鸡的开发利用［J］．中国畜禽种业，2007，6：51.

[6] 王福明. 半胱胺对普格鸡增重及屠宰性能的影响［J］．家禽科学，2007，9：15－16.

[7] 王福明. 不同饲养方式对凉山岩鹰鸡屠宰率和胴体品质的影响［J］．安徽农业科学，2008，5：1 871－1 872.

817 优质肉鸡生长规律研究

苏从成

（德州学院农学系，德州 253023）

摘 要：选择健康817肉鸡商品雏200只为试验材料，饲养期共8周，在初生和各周龄末空腹称重，计算各周绝对增重、相对增重及饲料利用率。研究结果表明817肉鸡体重的增长规律与快大型肉鸡的生长规律基本相同，绝对增重在6周龄最高，饲料利用率随周龄增长而逐渐降低。试验结果提示817肉鸡以6～8周龄出栏经济效益最好。

关键词：817优质肉鸡；生长发育；绝对生长；相对生长

817肉鸡，又称肉杂鸡或杂交小肉鸡，是山东省农业科学院家禽研究所培育的肉鸡杂交品种，其母本为商品代褐壳蛋鸡，父本为快大型白羽肉鸡父系，该品种结合两种鸡的优势，成活率较高，肉质鲜美。培育817肉鸡的目的是培育德州扒鸡专用肉鸡，该鸡种的育成，使扒鸡加工实现了现代化、标准化生产。817肉鸡刚推出时，主要用于扒鸡生产，养殖区域主要局限于山东德州、聊城，后来逐步扩展到滨州、东营、枣庄等地，在山东省临近的河北、河南一些地方也有很大的饲养量。目前，817肉鸡不仅仅用于扒鸡、烧鸡生产，更多地用于加工白条鸡、西装鸡、料理鸡、烤鸡等产品，销往北京、上海、深圳、广州等省市，有爱拔益加鸡的地方就有817肉鸡销售。全国出栏量估计在10亿只以上。

由于817肉鸡是一个新型的专用肉鸡品种，对其生长发育规律、营养需要等许多方面都需要进行探索和研究。关于817肉鸡生长发育规律的研究资料目前还不多。本研究以817杂交优质肉鸡为试验材料进行饲养试验，通过对整个生长期的生长发育进行测定，目的是探讨817杂交优质肉鸡的生长发育规律，为该肉鸡饲养生产提供理论根据。

1 材料与方法

1.1 试验动物和试验方法

选择健康817肉鸡商品雏200只，公母各半，网上平养，自由采食、饮水，饲喂肉鸡全价颗粒料，试验日粮采用德州天恩饲料厂生产的“康达”小肉鸡颗粒饲料。各阶段的营养标准，按817肉鸡饲养标准。常规饲养管理方式，自由采食，自由饮水。按免疫程序进行预防接种。分别于0、7、14、21、28、35、42、49、56日龄随机抽取公母各8只，停食、断水12h后逐只称重。计算各周的饲料消耗量及料肉比。

试验从2011年3月5日开始，至4月30日结束，试验期共56d。

1.2 统计分析

对原始数据进行整理，计算每周的平均日喂料量、累计喂料量和平均体重等指标，进一步计算绝对生长和相对生长[1]。采用 SPSS 12.0 统计软件对试验数据进行统计分析[2]。

2 结果与分析

2.1 体重变化情况

817 肉鸡 0 ~ 8 周龄的体重、绝对增重、相对增重测量结果如表 1。以周龄为横坐标（X），体重为纵坐标（Y），两变量间的折线图如图 1 所示。

从表 1 和图 1 可以看出，817 肉鸡的体重变化趋势呈拉长的“s”形。该曲线在 2 周龄之前上升很慢，3 周龄后迅速提高，符合畜禽生长发育的一般规律[1]。

表 1 817 肉鸡试验期各周龄的体重、绝对增重、相对增重

周 龄	体重/g	绝对增重/g	日增重/g	相对增重/%
初生	38.08 ±0.16			
1	96.13 ±11.73	58.05	8.29	152.44
2	211.07 ±26.52	114.94	16.42	133.45
3	416.85 ±10.49	205.78	29.40	97.49
4	673.92 ±66.62	257.07	36.72	61.67
5	961.85 ±109.28	287.93	41.13	42.72
6	1 280.54 ±159.21	318.69	45.53	33.13
7	1 571.37 ±184.30	290.83	41.55	22.71
8	1 799.52 ±213.50	228.15	32.59	14.52

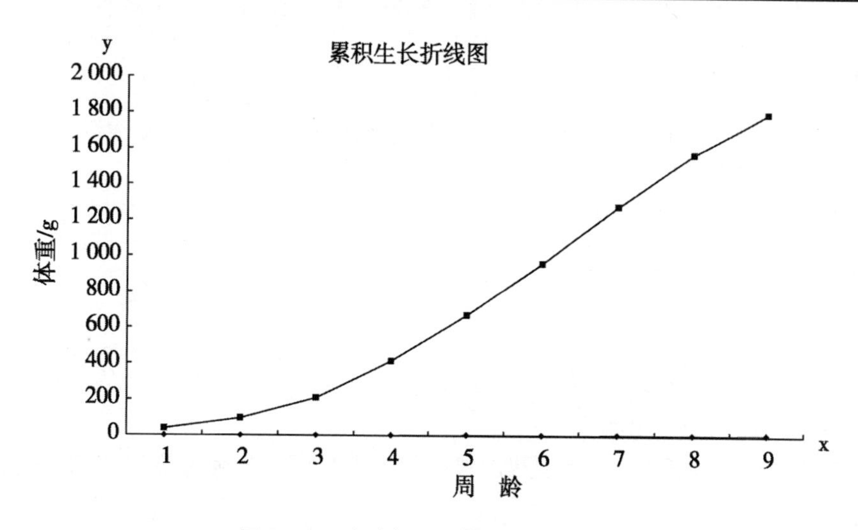

图 1 817 肉鸡各周龄体重累积生长图

2.2 绝对生长情况

根据表1计算的绝对生长指标，以周龄为横坐标（X），绝对体重为纵坐标（Y），两变量间的折线图如图2所示。

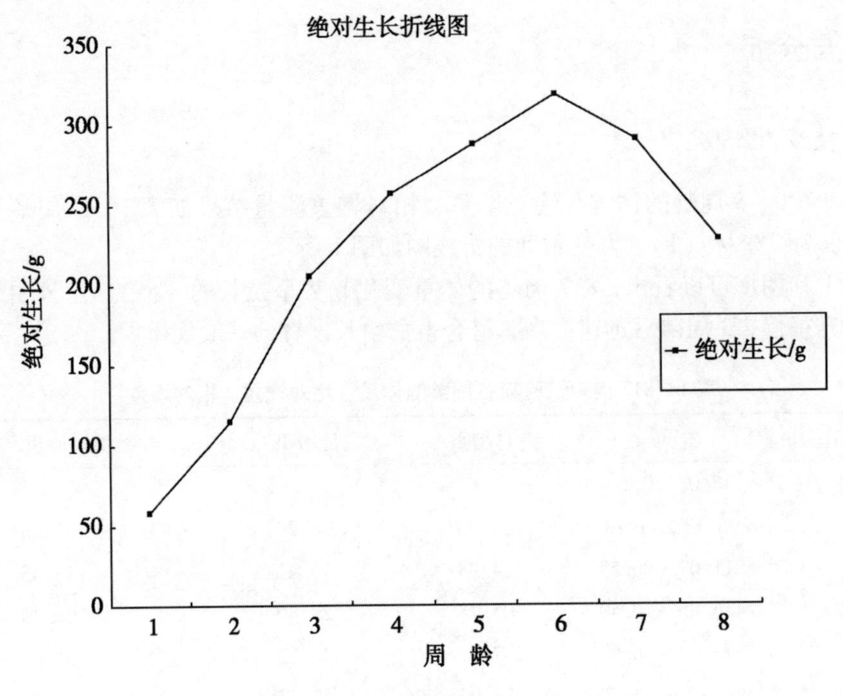

图2 817肉鸡绝对生长变化图

从图2可以看出，817肉鸡的绝对生长曲线从动态变化趋势看，生长发育初期曲线呈上升趋势，中期达到高峰，然后逐渐下降，基本符合生长发育的一般规律[1]。从表1和图2可以看出，817肉鸡的绝对增重以第6周为最高峰，7周以后逐渐下降。

2.3 相对生长情况

根据表1计算的相对生长指标，以周龄为横坐标（X），相对增重为纵坐标（Y），两变量间的折线图如图3所示。

从相对生长曲线的形态上看，表现为生长发育早期曲线较高，以后随着周龄的增长，曲线急剧下降，最后逼近横坐标轴，符合相对生长发育一般规律[1]。

2.4 料肉比

试验鸡的饲料消耗及料肉比结果如表2。以周龄为横坐标（X），各周龄料肉比为纵坐标（Y），两变量间的折线图如图4所示。

从表2和图4可以看出，817肉鸡的料肉比随周龄增长逐渐增高，表示其饲料转化率随周龄逐渐下降。

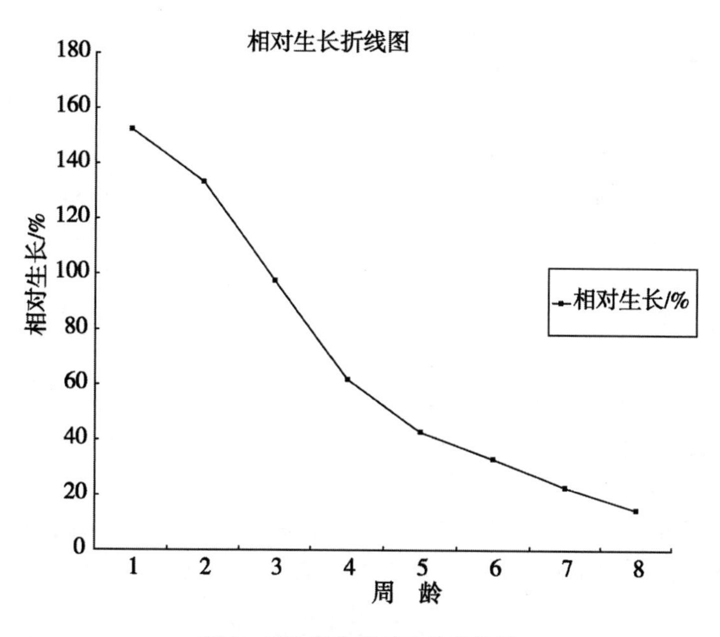

图 3 817 肉鸡相对生长变化图

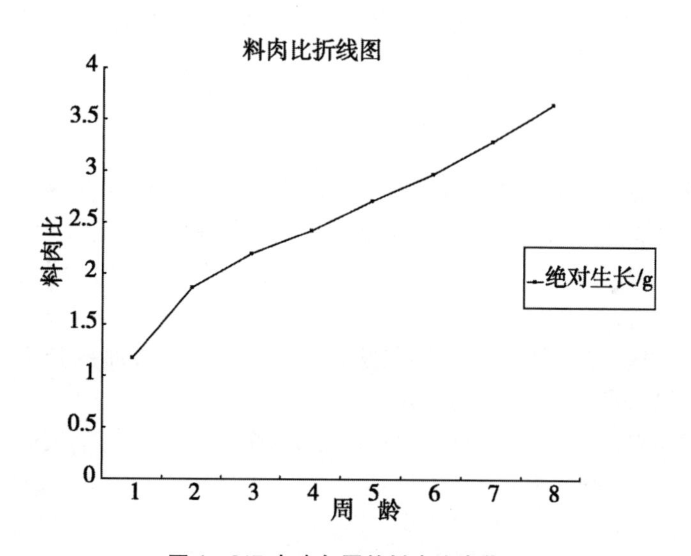

图 4 817 肉鸡各周龄料肉比变化图

表 2 试验鸡的耗料量及料肉比

周 龄	1	2	3	4	5	6	7	8
周耗料量	68.29	213.97	450.90	621.25	779.33	947.90	956.10	831.91
累计耗料量	68.29	282.26	733.16	1 354.41	2 133.74	3 081.64	4 037.74	4 859.65
累计料肉比	1.18	1.54	1.84	2.01	2.11	2.28	2.40	2.55
每周料肉比	1.18	1.86	2.19	2.42	2.71	2.97	3.29	3.65

3 讨论与小结

（1）从试验结果看，817 肉鸡体重增长的规律与其他研究者用蛋鸡、地方鸡种及肉鸡等其他品种鸡试验得出的生长曲线具有很大的相似性[3~7]。10~20 日龄雏鸡的相对生长最大，随着日龄增长相对生长减小；而绝对生长则随日龄增长逐渐增大，但增长到一定程度时，绝对生长又会随日龄增长而减小，绝对增重的最高峰为第 6 周，之后生长速度减慢。这种规律与快大型肉鸡的生长规律基本相同[8]，反映了 817 肉鸡为快大型肉鸡与中型蛋鸡杂交后代，在生长速度和模式为两个亲本的中间型。

（2）从生长规律和饲料转化率综合考虑，817 肉鸡的出栏时间为 6~8 周龄时经济效益最好，也比较符合市场的需要。如果生产扒鸡以 6 周龄出栏体重最为适宜，而肉鸡和分割鸡食用以 8 周龄较为适宜。所以，817 肉鸡的适宜出栏时间为 6~8 周龄。

（3）817 肉鸡虽然目前饲养量和需要量很大，但是，由于育种和制种是利用快大型肉鸡公鸡和褐壳蛋鸡母鸡杂交产生的，虽然其育种成本低，但受所用父本和母本的育种水平和种群质量的限制，在具体生产中制种模式也不太标准，所以，今后还应在育种和制种方面进行研究。在饲养标准方面，817 还没有完善的饲养标准，各地使用的标准多是以快大型肉仔鸡和蛋鸡进行平均和折中计算出来的，在这方面也要进行大量研究。

参考文献

[1] 内蒙古农牧学院．家畜育种学［M］．北京：中国农业出版社，1981：14－33.

[2] 明道绪．生物统计附试验设计［M］．北京：中国农业出版社，2006.

[3] 张　红，龚道清，张　军，等．溧阳鸡生长曲线分析与拟合的研究［J］．畜牧与兽医，2006（2）：22－23.

[4] 葛　剑，谷子林，李　英，等．河北柴鸡 1－16 周龄生长曲线分析与拟合的比较研究［J］．中国家禽，2005（14）：16－17.

[5] 杨泉灿，王德刚，潘红英．仙居鸡与黄羽鸡杂交鸡的生长发育规律研究．浙江农业科学，2004（2）：99－100.

[6] 马发顺，杨前锋，毕志杰．京白鸡生长发育规律研究．养殖与饲料，2007：819－821.

[7] 王存波，陈国宏，王克华，等．不同鸡种早期生长规律比较及其生长曲线拟合［J］．江西农业大学学报，2009，131（2）：322－325.

[8] 张美莉，魏忠义．艾维茵肉种母鸡骨骼、肌肉、脂肪组织生长发育规律研究［J］．安徽农业科学，2007，35（24）：7 480－7 481.

温氏天露草鸡羽色性状的遗传规律探析

江新生[1]，叶京年[1]，刘清朝[1]，张德祥[1,2]
（1. 广东温氏南方家禽育种有限公司，新兴 527439；
2. 华南农业大学动物科学学院，广州 510642）

摘　要：以温氏天露草鸡为试验素材，按“两节毛”性状的有无为标准，分成4个交配组合，观察测定各组合后代两节毛性状的分布特点。试验结果显示，双亲均为两节毛的后代中，具有两节毛性状的鸡只数量占其总数的比率是最高的，为58%；而两节毛性状均无的双亲的后代表现最差，仅为4%；不同性别对两节毛遗传的影响是相似的，没有性别的差异性。

关键词：温氏天露草鸡；两节毛；遗传规律

温氏天露草鸡是应用广西三黄土鸡为素材而培育成的肉鸡品种，其毛黄、皮黄、胫黄等性状是此类肉鸡品种的主要外观性状[1]。传袭于深厚的文化消费理念的影响，优质三黄鸡以活鸡上市为主，根据活鸡市场调查发现：以公鸡腹部羽毛偏白、偏淡，而头部、颈部、背部与尾部偏深红或者金黄；以母鸡头及颈部颜色深黄，而其他体部位淡黄，甚至是浅白色等为主的羽色性状，是当前最受热捧的流行外观，对于该特点的外观性状本试验称之为“两节毛”。因两节毛的鸡只在整体外观上显得清秀、整洁而典雅，所以是高档土鸡非常典型的包装性状，在相当程度上影响着土鸡的售价。为探讨两节毛的遗传规律及鉴于羽色性状遗传的复杂性，本试验初步研究了不同交配组合后代的两节毛性状的分布规律，以期得到有意义的结论，为优质黄羽肉鸡的现场选育提供借鉴。

1　材料与方法

1.1　试验材料

以广东温氏南方家禽育种有限公司培育多年的温氏天露草鸡为试验素材。从接近产蛋高峰的群体中挑选出两节毛典型和两节毛不典型的公鸡各2只，母鸡各30只，组成若干个交配组合，分别是A、B、C、D共4组。经集蛋、入孵、出雏、分组戴翅号并免疫接种后放于广东温氏南方家禽育种有限公司蚕田育种场饲养观察。

1.2　饲养方式

按照公司肉鸡饲养规程饲养。

1.3　后代鸡只两节毛的观察测定方法

现场选种员主观判断评定的方法。分为3个等级，分别是两节毛明显或较为明显鸡、疑似两节毛鸡和无两节毛鸡。

1.4 数据处理

数据经 Excel 整理，应用 SPSS15.0 程序进行 χ^2 独立性检验。

2 试验结果

各交配组合后代两节毛性状分布结果见表 1。

表 1 4 组合后代两节毛性状试验结果

交配组合	鸡只总数	两节毛明显	疑似两节毛	无两节毛
A（1 典型公 ×15 典型母）	60	35	15	10
B（1 典型公 ×15 非典型母）	56	14	15	27
C（1 非典型公 ×15 典型母）	47	13	14	20
D（1 非典型公 ×15 非典型母）	45	2	13	30

表 1 为各交配组合后代两节毛性状的分布规律。经统计软件 χ^2 检验表明，其 χ^2 为 42.24（$P<0.01$），各组合间差异极显著，可见不同的交配模式对两节毛性状的表现程度有极显著影响。其中 A 组合（1 只两节毛明显公鸡 ×15 只两节毛明显母鸡）后代的两节毛明显的鸡只数占其总数的比率最高，为 58%，B、C、D 组分别为 25%、27%、4%；A 组合两节毛明显者与疑似两节毛鸡只合并数占其总数的比例为 83%，B、C、D 组分别为 52%、57%、33%；A 组合无两节毛鸡只数占其后代总数的比率为 17%，B、C、D 组分别是 48%、43%、67%。B 和 C 两组合后代两节毛性状分布对比结果见表 2。

表 2 B 和 C 两组合后代两节毛性状分布对比结果

交配组合	鸡只总数	两节毛明显	疑似两节毛	无两节毛
B（1 典型公 ×15 非典型母）	56	14	15	27
C（1 非典型公 ×15 典型母）	47	13	14	20

由表 2 可见，B 和 C 组合后代的两节毛性状分布规律大致相似，经 χ^2 检验显示，其 χ^2 是 0.33（$P=0.85>0.05$），差异未达到显著水平，由此可知 B 与 C 组的交配模式对后代两节毛性状的影响是相近的，没有显示出本质的差别。

3 讨论

尽管唐辉等[2]测定不同羽色文昌鸡与肉质密切相关的物理及常量化学成分显示，羽色与肉质没有太多的关联，但多数的外观性状可反映出肉鸡的饲养方式和饲养日龄，所以，消费者依据外观来甄别肉鸡是否优质是有其存在的道理[3]。由于必须要饲养到一定的日龄（一般要到鸡只开产）才能显现出两节毛的性状，换而言之，两节毛有反映肉鸡成熟度的功能，比如两节毛的公鸡背部性羽明显，光鲜偏深色，母鸡则毛片光亮紧凑细密。本研究结果显示公母鸡均为两节毛的后代所表现出具有两节毛的鸡只数量在总数中的比率是最高的，为58%，如果加上疑似两节毛的数量则达到83%，而两节毛性状均无的双亲后代表现最差，仅为4%，而且根据现场观察发现此4%的鸡只的两节毛性状也不是很典型的，只是比疑似两节毛组更理想些。可见虽然羽色的遗传规律极为复杂及羽色的最终表达与诸多因素相关，但本研究表明两节毛性状的遗传是相当固定的，此外试验表明不同性别对两节毛遗传的影响是相似的，没有表现出性别的差异。综上所述，两节毛的性状可以实现真实的遗传，因此在兼顾其他性状的现场选育中，尽可能多的选择两节毛明显的公母鸡只，有望收到很好的选择效果。

参考文献

[1] 戚晓鸿，彭志军，傅焕章，等. 饲养模式对广西土鸡生产性能及肉质的影响 [A]. 全球肉鸡产业论坛暨第二届中国白羽肉鸡产业发展大会会刊，2010：161－165.

[2] 唐　辉，汪　艳，江　俊，等. 上市日龄和羽色对文昌鸡肉质特性的影响 [J]. 西南农业学报，2009，22（2）：509－512.

[3] 刘清朝，张德祥，黄　军，等. 土鸡羽毛成熟度的选育效果分析 [A]. 中国家禽科学研究进展——第十四次全国家禽科学学术讨论会论文集，2009，327－330.

不同性别龙胜凤鸡生长曲线的拟合与分析

钟泽篾[1]，贺君君[2]
(1. 广西省龙胜县水产畜牧兽医局，桂林 541700；
2. 中国农业科学院兰州兽医研究所，兰州 730046)

摘 要：为了解龙胜凤鸡的生长发育规律，本研究运用 Logistic、Gompertz 和 Bertalanffy 3 种非线性模型分别对龙胜凤鸡的生长情况进行曲线拟合和分析。研究结果表明，3 种模型均能较好地模拟龙胜凤鸡生长曲线，拟合度（R^2）均高于 0.99，其中以 Bertalanffy 模型的拟合度最高（公、母鸡都为 0.997）。因此，运用 3 种模型对龙胜凤鸡进行生长曲线的拟合和比较分析是可行的，本研究也为及时了解龙胜凤鸡的生长发育规律提供了参考。

关键词：龙胜凤鸡；生长曲线；非线性模型

龙胜凤鸡为广西壮族自治区桂林龙胜县特有的地方品种。龙胜凤鸡具有胫羽、胡须、凤头冠、肉质细嫩等特征，其中，胫羽性状在广西壮族自治区区内其他鸡品种中比较少见。2008 年成立龙胜宏胜禽业有限责任公司，建立凤鸡保种场，进行凤鸡保种育种工作。2009 年，龙胜“凤鸡”获国家畜禽遗传资源委员会确认为地方特有新物种。

为了更好的对凤鸡进行饲养管理、提高选育结果和研究这一珍贵家禽的生长特性，对凤鸡的生长发育进行研究显得尤为重要。畜禽生长曲线的分析和拟合是研究畜禽生长发育规律的主要方法之一，目前在研究禽类生长的生长曲线拟合模型主要有 Logistic、Gompertz 和 Bertalanffy 3 种[1~7]。通过对禽类生长曲线的拟合分析，不仅可以动态地了解禽类的生长过程，还可作为禽种重要的综合经济指标。由于目前有关凤鸡生长发育规律方面的资料非常稀缺，本研究运用以上 3 种生长拟合模型，对饲养在凤鸡保种场的种鸡进行生长曲线的拟合，揭示凤鸡的生长发育规律，为凤鸡的保种、饲养管理和开发利用提供依据。

1 材料与方法

1.1 试验材料

以饲养在龙胜宏胜禽业有限公司凤鸡场的 20100807 批次种鸡为试验材料，在同一饲养条件下笼养，自由采食和饮水，执行正常的免疫程序，实施规范的饲养管理。雏鸡刚出壳时称初生重，以后 1 ~ 20 周随机抽取 150 只（♂ ∶ ♀ =1 ∶ 2）鸡空腹称重，计算平均体重。

1.2 拟合曲线模型

1.2.1 用于拟合的3种常用畜禽生长非线性模型表达式 见表1。

表1 畜禽生长的3种非线性模型

模　型	表达式	拐点体重	拐点周龄	最大周增重
Logistic	$W_t = A/\left[1 + B * \text{EXP}\left(-K * t\right)\right]$	A/2	（LNb）/K	Kw/2
Gompertz	$W_t = A * \text{EXP}\left[-B * \text{EXP}\left(-K * t\right)\right]$	A/e	（LNb）/K	Kw
Bertalanffy	$W_t = A * \left[1 - B * \text{EXP}\left(-K * t\right)\right]^3$	8A/27	（LN3b）/K	3Kw/2

注：W为t时的体重估计值；A为极限生长量（成熟体重）；B为调节参数；K为瞬时相对生长率

1.2.2 曲线模型参数估计方法 利用Excel 2003绘制曲线图，非线性模型拟合采用SPSS19.0软件，利用不同周龄和体重资料，采用高斯－牛顿（Gauss-Newton）算法，以残差平方和最小为目标函数，逐次迭代计算各参数值，收敛标准精度为0.001，残差平方和小于10^{-5}时迭代结束，拟合计算出模型参数的最优估计值A、B、K。

1.3 统计分析

利用Excel 2003绘制曲线图。非线性模型拟合采用SPSS19.0（试用）软件进行3种生长曲线模型的拟合。计算出各模型的极限生长量、拐点体重、拐点周龄和最大周增重等参数，将拟合度（R^2）作为衡量拟合优劣的指标，R^2愈接近1，曲线拟合得越好。拟合曲线的拟合度指数$R^2 = 1 - \sum (Wi - W)^2 / (Wi - \bar{w})^2$，式中$R^2$为曲线拟合度，$Wi$为体重观测值，$W$为拟合曲线估计体重值，$\bar{w}$为观测体重平均值。

2 结果与分析

2.1 凤鸡实际生长情况分析

5周龄前龙胜凤鸡公、母鸡均生长缓慢，生长曲线基本一致；5周龄后生长速度明显加快，且公鸡的生长速度明显高于母鸡（见图1）。

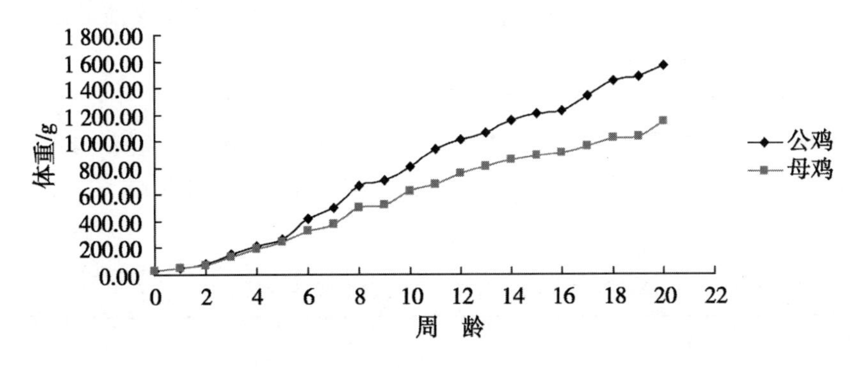

图1 凤鸡公鸡和母鸡体重累积生长曲线

2.2 凤鸡3种生长模型的拟合分析

Logistic、Gompertz 和 Bertalanffy 3 种生长曲线模型对凤鸡的生长发育规律进行数学模拟的拟合参数估计值及拟合度 R^2 结果见表2 和表3。这3 种曲线的拟合度都达到0.99 以上，其中 Bertalanffy 模型的拟合度最高，达到0.997。由 Bertalanffy 模型我们可以推测出公、母鸡的拐点周龄分别为7.75 和7.05 周；公鸡的拐点体重为582.93g，明显高于母鸡的拐点体重403.27g。3 种模型估计的公鸡拐点体重、最大周增重均高于母鸡；3 种模型估计的公鸡拐点周龄均晚于母鸡。

2.3 观测值与3种生长模型估计值的比较

凤鸡公、母鸡体重的观测值与生长模型估计值的比较见表4 和表5，公、母鸡累积生长曲线和拟合曲线的比较见图2 和图3。

表2 凤鸡公鸡3种生长曲线参数估计值

生长模型	模型参数			拟合度（R^2）	拐点体重/g	拐点周龄	最大周增重/g
	A	B	K				
Logistic	1 552.976	17.259	0.289	0.990	776.49	9.87	112.06
Gompertz	1 770.764	3.890	0.160	0.996	651.42	8.50	104.08
Bertalanffy	1 967.392	0.813	0.115	0.997	582.93	7.74	100.80

表3 凤鸡母鸡3种生长曲线参数估计值

生长模型	模型参数			拟合度（R^2）	拐点体重/g	拐点周龄	最大周增重/g
	A	B	K				
Logistic	1 098.675	14.839	0.290	0.991	549.34	9.32	79.54
Gompertz	1 239.018	3.596	0.163	0.996	455.81	7.88	74.08
Bertalanffy	1 361.044	0.771	0.119	0.997	403.27	7.05	71.96

由表4、5 和图2、3 可知，在0～8 周时，公鸡观测值与生长模型估计值的拟合较差。Logistic 模型对公鸡的体重估计值均高于母鸡，公鸡、母鸡在5 周龄之前的体重估计值均高于实际观测值；Gompertz 模型对公鸡体重估计值均高于母鸡；Bertalanffy 模型对于0～1 周龄时公鸡的体重估计值要低于母鸡，2 周龄后公鸡体重估计值均高于母鸡；8 周以后，观测值 Bertalanffy 模型拟合度较好。总体来看，Bertalanffy 模型的估算值与观测值最接近，Logistic 模型的估算值与观测值误差很大。故认为对凤鸡初始体重的拟合，以 Bertalanffy 模型为最好。

表4 凤鸡公鸡体重测量值及3种拟合曲线估计值的比较（g）

周 龄	观测值	Logistic	Gompertz	Bertalanffy
0	28.34	85.05	36.22	12.81
1	54.86	111.47	64.32	41.05

（续表）

周　龄	观测值	Logistic	Gompertz	Bertalanffy
2	81.20	145.28	104.94	87.43
3	153.14	188.01	159.28	150.52
4	212.40	241.15	227.30	227.49
5	267.30	305.95	307.78	315.02
6	417.60	383.07	398.52	409.80
7	504.00	472.28	496.69	508.81
8	662.20	572.09	599.24	609.46
9	701.80	679.74	703.20	709.65
10	807.00	791.30	805.93	807.68
11	946.00	902.25	905.27	902.31
12	1 014.20	1 008.17	999.54	992.62
13	1 065.20	1 105.40	1 087.60	1 078.01
14	1 155.00	1 191.50	1 168.76	1 158.11
15	1 206.50	1 265.34	1 242.71	1 232.74
16	1 232.00	1 326.96	1 309.41	1 301.90
17	1 341.00	1 377.22	1 369.09	1 365.66
18	1 456.40	1 417.44	1 422.09	1 424.20
19	1 481.00	1 449.15	1 468.89	1 477.76
20	1 562.00	1 473.86	1 509.99	1 526.61

表 5　凤鸡母鸡体重测量值及 3 种拟合曲线估计值的比较（g）

周　龄	观测值	Logistic	Gompertz	Bertalanffy
0	26.93	69.36	33.98	16.36
1	51.94	90.74	58.28	42.75
2	70.60	117.95	92.18	82.17
3	133.69	152.08	136.11	132.87
4	195.90	194.14	189.57	192.44
5	242.80	244.82	251.22	258.33
6	326.90	304.28	319.16	328.14
7	381.00	371.89	391.17	399.79
8	503.00	446.09	465.02	471.54
9	525.40	524.41	538.66	542.02
10	627.00	603.76	610.34	610.21
11	674.86	680.88	678.73	675.34
12	754.85	752.86	742.86	736.91
13	805.00	817.57	802.10	794.62

（续表）

周　龄	观测值	Logistic	Gompertz	Bertalanffy
14	864.00	873.78	856.16	848.32
15	887.00	921.19	904.97	897.97
16	911.80	960.19	948.64	943.65
17	959.50	991.62	987.41	985.48
18	1 017.90	1 016.53	1 021.60	1 023.64
19	1 029.00	1 036.00	1 051.60	1 058.33
20	1 148.00	1 051.08	1 077.79	1 089.79

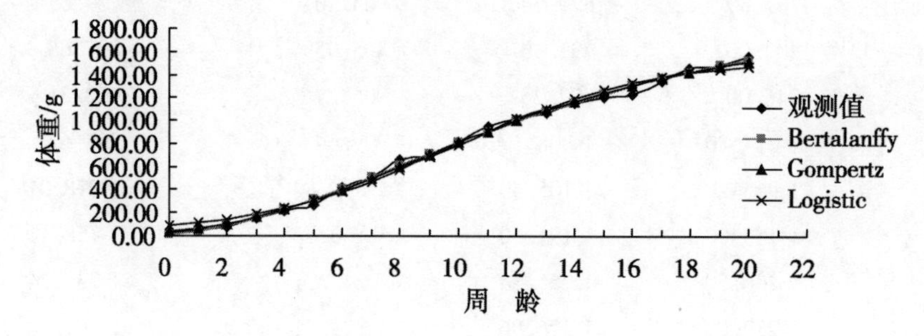

图 2　凤鸡公鸡实测曲线和 3 种拟合曲线的比较

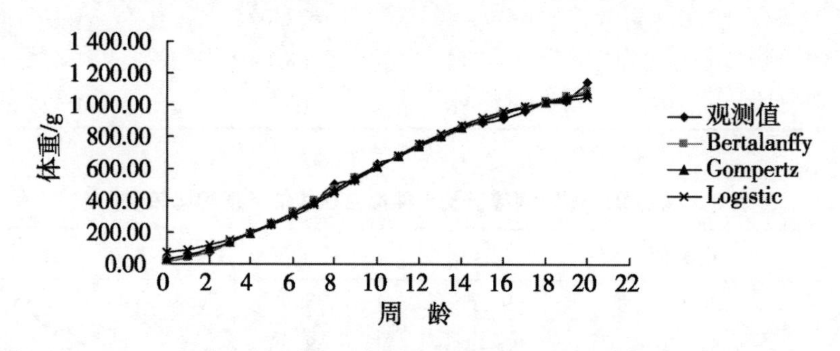

图 3　凤鸡母鸡实测曲线和 3 种拟合曲线的比较

3　讨论

本研究运用 Logistic、Gompertz 和 Bertalanffy 3 种模型首次对龙胜凤鸡公、母鸡进行生长曲线的拟合和研究，为及时了解龙胜凤鸡的生长发育规律提供参考。就 3 种模型来说，Bertalanffy 模型拟合度最高（公母拟合度为 0.997），并且其模型参数估计值 A 与实际观测值相差比较接近。总体看来，Bertalanffy 模型拟合要优于 Logistic 和 Gompertz 模型。这与张跟喜等[1]、张学余等[5]的研究结果一致，而与孙桂荣等[3]、顾玉萍等[4]、陶靖云[6]等的研究结果有差异。后者认为 Gompertz 模型能较好地拟合所研究鸡种的生长曲线。本试验结果说明，Bertalanffy 模型能更好地模拟凤鸡的生长发育规律。

生长曲线拐点的含义是生长速率最快的时候。本试验拟合最佳的 Bertalanffy 模型拟合的公、母鸡生长拐点分别为7.74周和7.05周，要早于Logistic模型和Gompertz模型的拟合结果。就Logistic模型和Gompertz模型而言，Gompertz模型公母鸡拐点（8.50周和7.88周）出现要早于Logistic模型（9.87周和9.32周），这与张跟喜等[1]、顾玉萍等[4]、张学余等[5]的研究结果一致，而与孙桂荣等[3]、陶靖云等[6]的研究结果有差异，这可能是由于品种的差异或饲养条件的差异造成的。

4 结论

本研究应用的Logistic、Gompertz、Bertalanffy 3种非线性模型均很好地模拟了凤鸡的生长曲线，其方程的拟合度都超过0.99。其中，以Bertalanffy模型的拟合度最高，达到0.997。根据Bertalanffy模型，能有效地推测出凤鸡不同的生长发育阶段，为提高龙胜凤鸡的生产性能以及对龙胜凤鸡的保种和开发利用提供有效的工具。

参考文献

[1] 张跟喜，丁馥香，张李俊，等．边鸡生长曲线拟合和比较分析的研究［J］．中国畜牧兽医，2009，9，36（12）：175－177.
[2] 戴国俊，王金玉，杨建生，等．应用统计软件SPSS拟合生长曲线方程［J］．畜牧与兽医，2006，39（9）：28－30.
[3] 孙桂荣，康相涛，张　虎，等．固始鸡新品系生长发育曲线拟合分析［J］．饲料广角，2009，16：27－28.
[4] 顾玉萍，侯启瑞，王金玉，等．京海黄鸡生长和产蛋率曲线的拟合［J］．中国家禽，2010，32（20）：27－29.
[5] 张学余，韩　威，李国辉，等．白耳黄鸡的生长曲线拟合与比较分析［J］．贵州农业科学，2010，38（9）：160－162.
[6] 陶靖云，王学梅，吴科榜，等．原鸡与文昌鸡杂交F1代生长曲线拟合的研究［J］．江苏农业科学，2011，39（2）：300－302.
[7] 孙思宇，魏彩霞，涂国众，等．不同性别灵昆鸡生长曲线的拟合与分析研究［J］．中国家禽，2010，32（22）：60－61.

血液生化指标技术在科朗黄麻鸡育种上的应用

刘敬寿[1]，黄国润[1]，陈细明[1]，宁中华[2]
（1. 广东省台山市台山科朗现代农业有限公司，江门 518003；
2. 中国农业大学动物科技学院，北京 100193）

摘　要：本试验用紫外分光光度计分别在412nm和670nm处测定不同颜色的蛋壳溶液的吸光值，同时测定血清中含量。结果表明，原卟啉在4种颜色的蛋壳及血清中的含量差异极显著（$P<0.01$）；原卟啉在不同颜色的蛋壳中的含量与其相应血清中含量为极显著负相关（$P<0.01$）。利用原卟啉在不同类型鸡血清中的含量不同，对其后代幼雏进行选育。

关键词：原卟啉；育种；色素；血清

改革开放30年来，国民经济迅速发展，国内总体消费水平亦不断提高，人们对鸡蛋品质及鸡肉品质的要求日益提高，与此同时，各主要育种公司为了满足市场的需求，纷纷加快对优良种鸡的选育，种鸡场对孵化率越来越重视。其中蛋品质是衡量蛋鸡生产性能的重要指标[1]，同样也是蛋鸡育种重要的选种指标。随着新科技的发展促进了动物育种的实践虽然对生物技术怎样改变动物育种难以绝对化，但是，可以乐观的预言：人类将很快创造出“设计动物”，即用基因来建造。但是，生物技术的进展对动物育种的影响范围和程度将取决于它们的有效性、实用性以及成本。因此，分子生物技术难以在实际大规模的生产中应用时，可以用血液中生化指标对育种进行实践操作，即某一特定品种血清中某种特定的含量对后代群体应从幼雏开始测定，从而减少饲料、人力等资源[2]。中国农业大学宁中华教授已经着手开始利用此方法进行紫壳蛋鸡的选育。我国一些地方鸡种中这种蛋的比例较高，在20世纪70年代以前在香港等地非常受欢迎。

1　试验材料与方法

1.1　试验材料

试验鸡群来自北农大种禽有限公司的褐壳鸡群、紫壳鸡群以及白来航鸡群、粉壳蛋，每组选取30只和来自台山科朗现代农业有限公司的黄麻鸡群血样300份。

1.2　试验仪器设备与试剂

美国VARIAN公司生产的CaryEclipse型荧光分光光度计；法国生产的JouanA13毛细管高速离心机；肝素抗凝剂：取一支12 500U肝素抗凝剂，用0.68%氯化钠溶液稀释至

25mL（500U/mL）；5%硅藻土生理盐水悬浮液：称取5g硅藻土，以生理盐水配制成100mL；4∶1乙酸乙酯—冰乙酸混合液；0.5mol/L盐酸。

1.3 试验步骤

1.3.1 各试剂配制见表1。

表1 实验试剂中测定管与空白管试剂配制剂量

试剂	测定管	空白管
生理盐水/mL	0.1	0.12
血样/μL	20	—
原卟啉应用液/mL	—	—
乙酸乙酯—冰乙酸混合液/mL	1	1
2.5%硅藻土/mL	0.15	0.15
乙酸乙酯—冰乙酸混合液/mL	3	3

1.3.2 分别涡旋混合15s。然后1 369.55 ×g离心10min。

1.3.3 取3mL上清液，各加0.5mol/L的盐酸4mL，再混合5min，吸去上层有机溶剂，取下层盐酸溶液，狭缝宽度为20nm，在激发虑片408nm和散射虑片604nm下测定吸光强度。

1.3.4 取抗凝血0.03mL于毛细管内，再将盛血的毛细管放入高速离心机中离心，12 000r/min，取出，测定每个血样的红细胞体积，然后用1.3.3中得到的血样吸收值除以每个血样的红细胞压积，得到每单位红细胞中游离原卟啉的相对含量。

1.4 试验样品的前处理

采用Ito等方法，将鸡蛋蛋壳在80℃的条件下烘干12h，将烘干的蛋壳进行称重，然后研碎。向每个个体取0.25g蛋壳，用4mL溶解液（甲醇与浓盐酸按2∶1的比例混合而成）溶解，将溶解液避光静置12h，以1 369.55 ×g离心45min。最后用紫外分光光度计分别在412nm和670nm处测定蛋壳溶解液的吸光值。

1.5 标准曲线的制作

原卟啉取0.36mg，胆绿素取0.26mg，分别溶于6mL溶剂（甲醇∶浓盐酸 =2∶1）中，漩涡振荡，避光溶解12h，这样分别制备成原卟啉标准原液和胆绿素标准品原液。使用5mL大枪头在若干空白的10mL管中加入3mL溶剂（甲醇∶浓盐酸 =2∶1），然后进行梯度稀释，用同样的方法分别制备成最高稀释至512倍的原卟啉和胆绿素溶液。最后，用紫外分光光度计分别在412nm和670nm处测定蛋壳溶解液的吸光值。

1.6 数据分析与统计方法

利用SAS 6.12软件进行相关性分析、回归分析和差异性检测；数据采用平均数 ± 标准差来表示。

2 结果与分析

不同颜色蛋壳反光值见图 1。

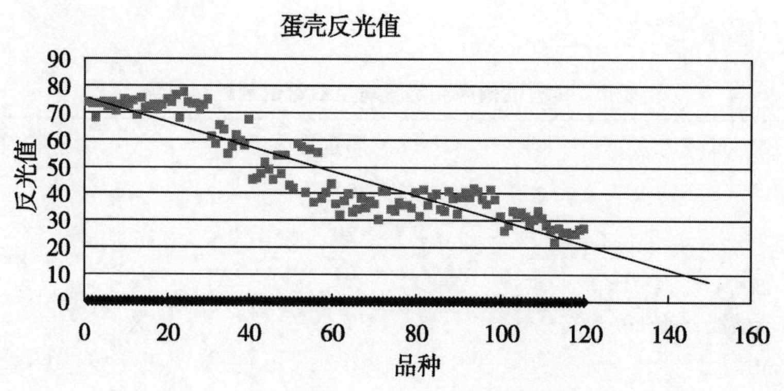

注：0～30 为白壳蛋；31～60 为粉壳蛋；61～90 为紫壳蛋；91～120 为褐壳蛋

图 1 不同颜色蛋壳反光值

从图 1 中可以发现，4 种颜色蛋壳的反光值有一个总的趋势，即从白壳蛋到褐壳蛋的反光值逐渐降低，但是，不同颜色蛋壳反光值之间很难确定有一个明显的界限，因此，很难用反光值作为某种颜色蛋壳的判定标准，只能将其作为某种蛋壳颜色的特征。

在育种工作的实际操作过程中，由于鸡蛋颜色的确定是在母鸡达到一定日龄后产蛋才能实现，所以，那些不需要的鸡群个体在此期间要耗费大量的人力、饲料等，从而大大地增加了育种的成本，造成不必要的浪费，因此，需要一种在分子生物技术不能大规模应用的条件下可以提前确定所需要个体的方法，4 种颜色蛋壳及血清中原卟啉含量见表 2。测定血样在 4 种原卟啉含量范围内的比例见表 3。

表 2 四种颜色蛋壳及血清中原卟啉含量

品种	白壳蛋	粉壳蛋	紫壳蛋	褐壳蛋
原卟啉总量/mol	3.5E-06 ±9.7E-07^{Aa}	3.9E-05 ±1.9E-05^{Ab}	5.8E-05 ±6.6E-06^{Bc}	6.4E-05 ±8.2E-06^{Bd}
血清中原卟啉相对含量/mol	7.4 ±2.9^{A}	6.4 ±1.5^{B}	5.8 ±3.2^{C}	4.8 ±1.7^{D}

注：同列数据间大写字母不同则差异极显著（$P<0.01$），相同差异不显著；小写字母不同为差异显著（$P<0.05$）。1.0E-06 表示 $1.0*10^{-6}$。下表同

表 3 测定血样在四种原卟啉含量范围内的比例

品 种	白壳蛋	粉壳蛋	紫壳蛋	褐壳蛋
原卟啉总量/mol	3.5E-06 ±9.7E-07^{Aa}	3.9E-05 ±1.9E-05^{Ab}	5.8E-05 ±6.6E-06^{Bc}	6.4E-05 ±8.2E-06^{Bd}
血清中原卟啉相对含量/mol	7.4 ±2.9^{A}	6.4 ±1.5^{B}	5.8 ±3.2^{C}	4.8 ±1.7^{D}
血样在不同范围内的比例	0%	93%	3%	4%

从表中可以发现，血清中原卟啉的相对含量从白壳蛋鸡到褐壳蛋鸡是逐渐降低的趋势，差异达到极显著水平（$P<0.01$），而且这一趋势与原卟啉在不同颜色的蛋壳中含量的变化趋势是相反的。

在分子生物技术应用以前，最早有人提出利用血型作为育种上早期选择的依据，各种动物的血型系统不同，表现型与基因型也不同，某系统的等位基因数位 n，则其基因型数为 n（n+1）/2。在理论上，血型组合数为各血型系统基因数的乘积，实际上数目很大。所以，除一卵双生外，所有血型系统的基因型都相同的个体是很难见到的[3]。在此启发下，可以用血液中生化指标对育种进行实践操作，即某一特定品种血清中某种特定的含量对后代群体应从幼雏开始测定，从而减少饲料、人力等资源。台山科朗现代农业有限公司正在利用蛋壳中原卟啉总含量与血清中原卟啉含量的对应关系，对尚未开产的纯系鸡群进行抽血检测，测定其中含量后，再与标准曲线进行比对，针对将来市场需要，确定留种鸡只个体将来产蛋的颜色，利用早期选择来减少后期的饲养成本。

3 结论与讨论

血清中原卟啉的相对含量从白壳到褐壳蛋鸡是逐渐降低的，差异达到极显著水平（$P<0.01$），而且这一趋势与原卟啉在各种颜色的蛋壳中含量的趋势是相反的。总量不同的胆绿素与原卟啉再按不同的比例沉积到蛋壳中，就会形成深浅不同的各种颜色的蛋壳。因此，可以用血液中生化指标对育种进行实践操作，从而减少在育种中经济浪费，提高育种工作的效率。随着科朗现代农业有限公司在血清中某种物质含量利用技术的不断成熟，在分子育种手段不能大规模地应用现代育种的现实约束下，科朗育种将首先探索出一条新的育种路径。

参考文献

[1] 牛金明．褐色种蛋壳色深浅与其孵化率的关系［J］．中国家禽，2000，22（3）：31.

[2] 张松踪．鸭蛋蛋壳颜色的遗传分析［J］．遗传，1991，13（2）：4－5.

[3] 王金玉．数量遗传与动物育种［M］．南京，东南大学出版社，2004，第一版：261－262.

艾维茵48父母代种鸡产蛋性能分析

张佳兰，张　飞
（长江大学动物科学学院，荆州　434025）

摘　要：本文分析5 250只26周龄的艾维茵48父母代种鸡的产蛋情况并与标准比较，旨在了解产蛋期肉种鸡产蛋性能的变化规律及饲养管理情况。结果表明，随鸡群周龄的增大，累积死淘率逐渐上升，且在产蛋末期明显上升；鸡群产蛋率在26～30周龄低于标准，在产蛋末期产蛋率下降幅度增加；鸡群的合格蛋率相对较高；合格蛋受精率在26～34周龄上升缓慢且低于标准受精率，此后呈波动性缓慢下降，且始终低于标准受精率。在种鸡生产中，加强饲养管理可以提高种鸡产蛋性能。

关键词：艾维茵肉种鸡；产蛋性能；种蛋

艾维茵肉鸡是美国艾维茵国际有限公司培育的三系配套白羽肉鸡品种，具有增重快、成活率高、饲料报酬高的优点。而艾维茵48除了艾维茵肉鸡优点以外，还具有抗病力强、成活率高、均匀度好、屠宰率高等特点，特别适合我国较低营养水平的饲养条件。肉种鸡生产是肉鸡生产的关键环节之一。肉种鸡的生产性能直接影响种鸡场的效益和鸡苗的数量和质量。由于环境和饲养管理的原因，肉种鸡生产存在一定的差异。本试验以艾维茵48父母代种鸡生产数据为资料，分析不同周龄种鸡产蛋性能的变化规律，为肉种鸡生产提供科学的依据。

1　材料与方法

1.1　试验鸡群

5 250只26周龄的健康的艾维茵48父母代种鸡，试验前1周平均产蛋率为5%。全部散养在密闭式鸡舍饲养，自由受精。种鸡群按照《艾维茵肉种鸡父母代养殖手册》中提供的相关饲养管理资料落实环境条件控制、饲料营养水平调整和喂饲方法、卫生防疫、种蛋收集等工作。

1.2　试验方法

统计数据从2010年1月25日至10月10日，鸡群26～62周龄，每天记录种鸡死淘数、日产蛋数、合格蛋数、通过孵化统计受精种蛋数。按杨宁（2002）等方法计算出累积死淘率、产蛋率、合格蛋率、种蛋受精率，并与艾维茵父母代种鸡标准数据进行比较。

2 结果与分析

艾维茵48父母代种鸡产蛋期累积死淘数从试验开始每天计算1次，从而算出每周的死淘率，结果见图1。

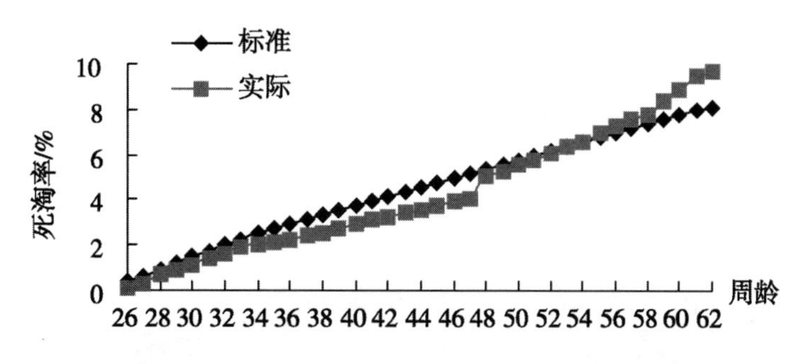

图1 艾维茵48父母代种鸡产蛋期累积死淘率

由图1可知，种鸡的累积死淘率可分为两个阶段，26～47周龄低于标准死淘率，其中34～47周龄时显著低于标准死淘率。而48周龄时种鸡死亡数增加，使累积死淘率显著增加。48～62周龄死亡率逐渐增加，且56～62周龄时死淘率增幅较大。出现这种情况可能是48周龄时出现环境或饲养管理的应激，致使死淘率增加，并且这个影响随种鸡周龄的增加而叠加。艾维茵48父母代种鸡产蛋率的变化见图2。

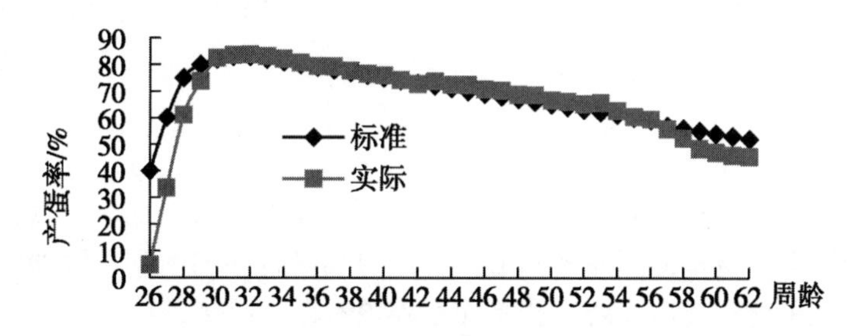

图2 艾维茵48父母代产蛋期产蛋率

从图2可知，在26～30周龄，产蛋率显著上升，但低于标准；在31～42周龄，产蛋率与标准相同，而在44～53周龄产蛋率稍高于标准；从54周龄开始，产蛋率下降幅度增加，至62周龄时显著低于标准产蛋率。造成种鸡产蛋初期实际产蛋率较低的原因可能与育成期的饲养管理有关，尤其是体重和光照有关。而44～53周龄产蛋率稍高于标准，则是高峰期管理得当的结果，同时，由于此期产蛋率较高，而营养没有跟上，直接导致56周龄后产蛋率降幅增加。艾维茵48父母代种鸡产蛋期合格蛋率的变化见图3。

合格蛋率在26周内迅速增加，在27周龄显著高于标准合格蛋率，此后合格蛋率与标准合格蛋率基本相似。在50周龄时合格蛋率一直平稳，在56周龄时有所下降，但还是高于标准合格蛋率。这可能与鸡场的饲养管理有关，良好的饲养管理减少了软蛋、破蛋、畸形蛋和地面蛋的比例，从而提高了合格蛋率。艾维茵48父母代种鸡合格蛋受精率的变化见图4。

从图4可知，26～30周龄受精率缓慢上升且低于标准受精率。31～34周龄实际受精

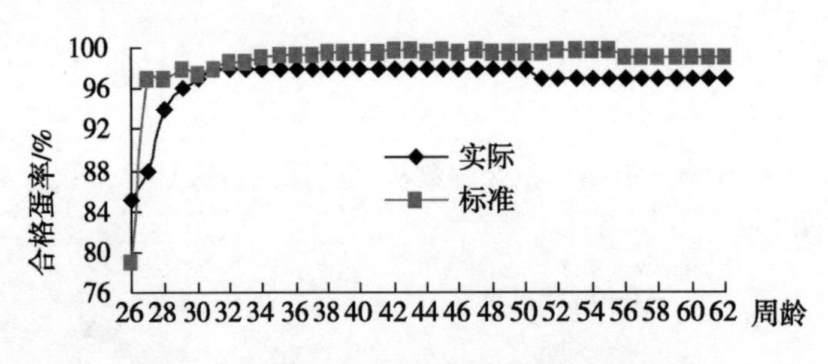

图 3 艾维茵 48 父母代种鸡产蛋期合格蛋率

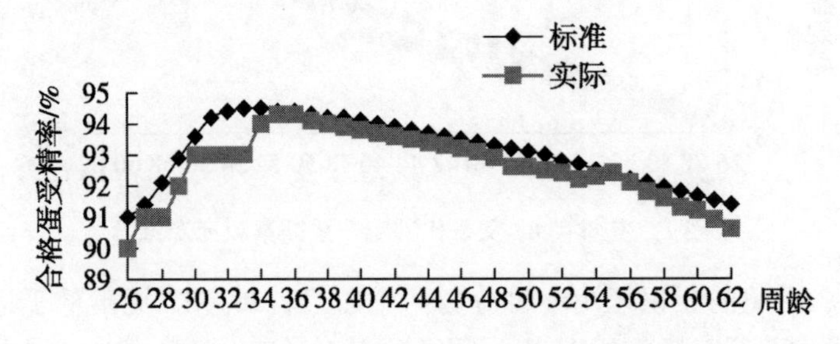

图 4 艾维茵 48 父母代种鸡合格蛋受精率

率保持在 93%，而标准的受精率在这时期已经上升到最大值。出现这种情况可能与公鸡受到应激或者公鸡体格偏离标准有关。42～62 周龄合格蛋受精率呈波动性缓慢下降，到 62 周龄时受精率低于 91%，且低于标准受精率。这种结果可能与种鸡散养有关。

3 结论

从统计结果看，随着鸡群周龄的增长累积死淘率逐渐增大，且在产蛋末期显著高于标准。产蛋前期产蛋率一直都低于参考标准，可能与鸡群育成期的饲养管理有关。产蛋后期产蛋率低于标准，可能是此前产蛋率较高而营养没有跟上导致的结果。影响合格蛋率的主要因素是产蛋率下降，软壳蛋、破蛋、畸形蛋增多，而适当的饲养管理措施可以减少软壳蛋、破蛋、畸形蛋的发生，从而提高了种蛋合格率。本试验中种蛋合格率高于标准，说明此鸡场饲养管理得到重视且措施得当。总之，在种鸡生产中及时分析产蛋性能，并根据产蛋情况及时地有针对性采取措施，可以把经济损失降低到最小程度。

参考文献

[1] 陈合强，段迎珍．如何提高初产肉种鸡的种蛋合格率［J］．河南畜牧兽医，2004，25（6）：13.
[2] 秦四海．提高种蛋合格率的措施［J］．四川畜牧兽医，2003，30（2）：40.
[3] 张进隆．如何提高种蛋合格率［J］．养禽与禽病防治，2002，（6）：7.
[4] 杨 宁．家禽生产学［M］．北京：中国农业出版社，2002.
[5] 高仲业，吴道斌，成 贵．不同品种（系）肉种鸡产蛋性能比较分析［J］．上海畜

牧兽医通讯，2009（4）：32－33.
[6] 张春胜，李立胜．肉种鸡的均匀度管理［J］．养禽与禽病防治，2009（1）：32－33.
[7] 苏兴山，杨　师．浅谈肉种鸡育成期的限饲养管理［J］．现代畜牧兽医，2009（4）：23－24.

乌鬃鹅种蛋孵化期失重及其对孵化效果的影响*

陈伟国，尹荣楷，杨纯芬，舒鼎铭**
（广东省农业科学院畜牧研究所，广州 510640）

摘 要：本试验对清远乌鬃鹅种蛋在孵化期不同阶段的失重进行了系统测定，探讨种蛋的失重规律及失重与孵化效果的关系。结果表明，清远乌鬃鹅种蛋孵化期平均失重率为12.48%，种蛋在孵化期间的失重表现为前快、中慢、后快的变化规律；种蛋孵化期内失重率随蛋重减少呈上升趋势；乌鬃鹅种蛋孵化期间的最佳失重范围在11.50%~13.50%，失重过小或过大均影响胚胎的正常发育。

关键词：乌鬃鹅；种蛋；失重率；孵化效果

禽种蛋在孵化期间由于水分蒸发和营养物质消耗而导致失重。种蛋失重过多或过少均会对孵化率和雏禽质量造成不良影响[1]。种蛋在孵化过程中的失重与诸多因素有关，既有来自孵化条件及孵化环境的影响，又有蛋本身的因素，并能够反映种蛋的发育情况[2~6]。测定种蛋在孵化期的失重，既可反映出家禽的品种特征，又可监测种蛋孵化条件是否适当，根据失重情况调整孵化湿度，是有效提高种蛋孵化率的关键措施之一[7]。本试验对孵化期不同阶段乌鬃鹅种蛋进行称重，旨在探讨乌鬃鹅种蛋孵化期间的失重及其对孵化效果的影响，为通过控制孵化期间的失重率，提高乌鬃鹅种蛋孵化率提供依据。

1 材料与方法

1.1 种蛋的来源与处理

本试验用乌鬃鹅种蛋由清远市国家级乌鬃鹅保种场提供。随机抽取产蛋高峰期种蛋（保存期在7d内）420枚作为试验种蛋，在入孵前逐一称重编号，用福尔马林28mL/m^3+高锰酸钾14g/m^3密闭熏蒸消毒20min，并在25℃预热4~6h后入孵。

1.2 种蛋失重的测定

在孵化第8d、16d、24d和28d用感量为0.1g的天平逐个称取胚蛋重量，称重时间为

* 基金项目：广东省科技计划项目（2011B060400024）
作者简介：陈伟国，男，广东人，硕士，研究方向：家禽遗传育种
** 通讯作者：舒鼎铭，男，重庆人，博士，研究员，研究方向：家禽遗传育种

下午5:00~6:00。记录胚蛋的重量，计算孵化期间各阶段的失重和失重率。失重率的计算方法为：

某一时间段种蛋失重率（%）＝（前次种蛋重－后次种蛋重）÷入孵蛋重×100%。

1.3 孵化条件与管理

本试验孵化设备为青岛兴仪电子有限公司生产的EIF/CDZ-19200型全自动鹅孵化机。采用全自动恒温孵化法，1~28d温度为37.8℃，相对湿度为60%~65%，29~31d温度为37.0℃，相对湿度为70%~75%。孵化过程中，自动翻蛋1次/2h，封门前期为0，逐渐增大，到后期调为5~7，种蛋15胚龄后，每天上午、下午各晾蛋1次，凉蛋时将胚蛋推出孵化机外，以28~30℃的温水喷洒，使胚蛋表面温度降低到30~32℃。孵化至第8和28d照蛋，记录无精蛋、死精蛋、死胚蛋编号，出雏完毕时，记录出雏和未出雏胚蛋的编号。

1.4 数据处理

采用Excel 2007进行数据整理，利用SPSS 18.0软件进行统计分析。

2 结果与分析

2.1 乌鬃鹅种蛋失重的阶段性变化

乌鬃鹅受精蛋在不同孵化阶段的失重和失重率，如表1所示。

表1 孵化期间不同阶段受精蛋的失重情况

入孵天数	第0~8d	第9~16d	第17~24d	第25~28d	第0~28d
失重/克	4.85±0.35	3.75±0.49	5.11±0.42	3.27±0.62	16.97±2.26
失重率/%	3.60±0.59	2.76±0.66	3.74±0.59	2.40±0.45	12.48±1.89

从表1可见，乌鬃鹅受精蛋28d胚龄的蛋重比入孵蛋重平均失重16.97g，相对失重率为12.48%，但受精蛋在不同孵化阶段的失重速度并不恒定。入孵前8d胚胎发育最迅速，胚蛋失重较大，日平均失重为0.61g，平均每天失重率为0.45%；9~16胚龄失重速度减慢，日平均失重为0.47g，平均每天失重率为0.35%；17~24胚龄失重速度增加，日平均失重为0.64g，平均每天失重率为0.47%；后期25~28胚龄失重速度最快，日平均失重为0.82g，平均每天失重率为0.60%。由此可见，乌鬃鹅受精蛋在不同孵化阶段的失重呈现一定规律性变化，大体上为前期快，中期慢，后期又快。

2.2 蛋重与孵化失重及失重率的关系

不同蛋重区间的乌鬃鹅种蛋在孵化期各阶段失重和失重率分别见表2和表3。从表2可见，随着蛋重的增大，蛋的绝对失重也增大，第1组和第3组0~28d的失重差异显著（$P<0.05$）；从表3可见，失重率呈现随蛋重增大而减小的趋势，第1组和第3组0~28d

的失重率差异显著（$P<0.05$）。

孵化期间影响种蛋失重的因素有蛋中水分的蒸发、胚胎发育时对蛋中营养物质的消耗、空气中水分和二氧化碳作用于蛋壳使蛋壳外表面腐蚀脱落以及磨损等，其中蛋中水分蒸发是影响种蛋失重的决定性因素。蛋中水分的蒸发取决于蛋的表面积，因此蛋重越大，其表面积就越大，失水也就越多，从而使得蛋失重越大。蛋的失重率则取决于蛋的表面积与蛋重的比值，比值越小，失重率就越小。

表2　乌鬃鹅不同蛋重区间各阶段的失重（g）

组别	蛋重区间	入孵蛋重	孵化期间不同阶段				
			第0~8d	第9~16d	第17~24d	第25~28d	第0~28d
1	130.0以下	121.16±6.05	4.79±0.36	3.81±0.31	4.72±0.43	2.93±0.53	16.25±1.81[a]
2	130.1~145.0	137.76±4.23	4.79±045	3.64±0.51	5.08±0.55	3.43±0.63	16.94±2.73
3	145.0以上	153.06±7.68	5.01±0.48	3.78±0.44	5.56±0.57	3.41±0.58	17.78±2.79[b]

注：标有不同小写字母表示组间差异显著（$P<0.05$）

表3　乌鬃鹅不同蛋重区间各阶段的失重率（%）

组别	蛋重区间	入孵蛋重	孵化期间不同阶段				
			第0~8d	第9~16d	第17~24d	第25~28d	第0~28d
1	130.0以下	121.16±6.05	3.96±0.38	3.13±0.32	3.88±0.43	2.41±0.41	13.41±1.32[a]
2	130.1~145.0	137.76±4.23	3.48±0.36	2.64±0.29	3.68±0.46	2.49±0.48	12.29±1.95
3	145.0以上	153.06±7.68	3.29±0.44	2.48±0.37	3.64±0.48	2.22±0.36	11.64±1.89[b]

注：标有不同小写字母表示组间差异显著（$P<0.05$）

2.3　孵化期间种蛋失重率对胚胎死亡的影响

从表4可知，死精蛋、死胚蛋在入孵第0~8d时失重率均高于正常发育胚蛋，死精蛋、死胚蛋与正常发育胚蛋在入孵第0~8d时失重率均差异显著（$P<0.05$），说明前期失重过快会严重影响种蛋的正常发育而造成死胚。在入孵9~16d、17~24d和25~28d时，死胚蛋比正常发育胚蛋分别多失重0.52%、0.39%和0.36%，且差异显著（$P<0.05$），说明中后期失重速度过快会导致后期死胚增多。正常发育胚蛋第0~28d失重率平均为12.26%，死胚蛋第0~28d失重率平均为13.94%，两者差异极显著（$P<0.01$），说明第0~28d失重率超过一定范围致使胚胎死亡的可能性增大。

表4　正常发育胚蛋、无精、死精和死胚在入孵各阶段的失重率差异（%）

类别	第0~8d失重率	第9~16d失重率	第17~24d失重率	第25~28d失重率	第0~28d失重率
无精蛋	3.54±0.56[a]				
死精蛋①	4.02±0.65[b]				

（续表）

类别	第0～8d失重率	第9～16d失重率	第17～24d失重率	第25～28d失重率	第0～28d失重率
死胚蛋②	3.99±0.73^b	3.21±0.82^a	4.08±0.75^a	2.72±0.53^a	13.94±2.65^A
正常发育胚蛋	3.51±0.53^a	2.69±0.61^b	3.69±0.54^b	2.36±0.42^b	12.26±1.68^B

注：①死精蛋指第0～8d死亡的胚蛋；②死胚蛋指第9～31d死亡的胚蛋；③标有不同小写字母表示组间差异显著（$P<0.05$），标有不同大写字母表示组间差异极显著（$P<0.01$），标有相同小写字母表示组间差异不显著（$P>0.05$）

2.4 胚蛋失重与孵化效果的关系

不同失重范围内受精蛋的孵化效果，如表5所示。

表5　28d总失重率与孵化效果

28d总平均失重率/%	失重率范围/%	受精蛋数（枚）	胚胎死亡情况（只）			出雏数（只）	受精蛋孵化率/%
			0～8d死亡	9～28d死亡	啄壳时死亡		
10.36±0.85	7.72～11.49	105	13	3	8	81	77.14^a
12.39±0.54	11.50～13.50	176	6	2	10	158	89.77^b
14.74±1.35	13.51～19.63	99	2	1	20	76	76.76^a
合计	7.72～19.63	380	21	6	38	315	82.89

注：标有不同小写字母表示组间差异显著（$P<0.05$），标有相同小写字母表示组间差异不显著（$P>0.05$）

从表5可以看出，乌鬃鹅种蛋在孵化期间的最佳失重范围在11.50%～13.50%，其受精蛋孵化率显著高于失重率在7.72%～11.49%和13.51%～19.63%范围内的两组（$P<0.05$）。从胚胎死亡情况来看，总体上孵化前期（第0～8d）死亡和后期啄壳时死亡占多数。失重过小的种蛋在胚胎前期死亡数占孵化前期死亡总数的13/21（61.9%），明显高于另外两组，提示失重过少对早期胚胎发育不利；失重过大的种蛋在胚胎后期死亡数占同期死亡总数的20/38（52.6%），提示失重过大对后期胚胎发育不利。

3 讨论

3.1 乌鬃鹅种蛋的失重规律

在整个孵化期间，水分不断通过蛋壳气孔蒸发，造成了种蛋处于持续失重状态。因此，提供适宜的温湿度条件是实现种蛋人工孵化的基础。本次孵化中受精蛋的孵化期平均失重率为12.48%，受精蛋孵化率为82.89%。可见，此次孵化过程所实施的温度、湿度基本符合乌鬃鹅胚胎发育所需。从整个孵化期种蛋失重情况看，鹅蛋孵化过程失重速度的阶段性起伏变化与其胚胎发育阶段性形态变化相吻合。孵化第1周失重率逐渐加快，是由于血液循环尚未完全建立，而胚胎发育速度较快，这时需要大量的水分蒸发、增加气室的容积，为胚胎提供更大的呼吸空间；孵化中期，尿囊完全形成并开始执行功能，胚胎可通过气孔利用外界 O_2，依靠气室提供 O_2 的比例缩小，因此失重率开始降低；孵化后期胚胎开始肺呼吸，物质代谢增强，代谢产物包括水和气体大量逸出，所以，孵化后期失重加快。可见，种蛋在孵化期间的失重表现为前快、中慢、后快的变化规律，快慢起伏主要以合拢（15d 胚龄）为转折点，这些规律性变化是胚胎发育自身生理机能参于调节的结果。因此，在实际生产中，通过检测种蛋在孵化期各阶段的失重情况，判断孵化条件及胚胎发育是否正常，有助于提高孵化率。

3.2 蛋重与孵化失重及失重率的关系

种蛋孵化期间的失重与品种、温度、湿度、蛋重和蛋壳质量等因素有关[2~6]。本次孵化试验结果表明，乌鬃鹅种蛋在孵化期间随蛋重的减少，失重率呈上升趋势，这与李馨[8]等对籽鹅、豁鹅、莱茵鹅种蛋的失重率试验结果一致。蛋重小，其单位重量的表面积相对大，单位表面积气孔数多水分损失较多，因此失重率较高。鉴于蛋重对种蛋失重率的影响，在孵化生产中，应选择蛋重相近的种蛋同批孵化，以便于在孵化期控制种蛋合理的失重，从而提高孵化率。

3.3 孵化期间种蛋失重对孵化效果的影响

种蛋在孵化过程中失重过多或者过少时，可改变湿度设定对其作纠正性恢复。然而孵化早期水分损失过多，会严重影响种蛋的正常发育，从本试验中死精蛋、死胚蛋在孵化早期失重率显著高于正常发育胚蛋可得到印证。在孵化后期，发育中的胚胎吸收大量的钙，使得蛋壳变薄，气孔数增加，失重率提高。因此，孵化后期失重过快过多，胚胎吸收过量的钙而使蛋壳过薄而脆弱，致使后期死胚增多。本研究表明，乌鬃鹅种蛋孵化期间的最佳失重范围在 11.50% ~13.50%，失重过小或过大均对胚胎发育不利。在孵化生产中应当摸索种蛋的失重规律，定期检查失重情况，把失重控制在最佳的范围内，以保证得到较好的孵化效果。

参考文献

[1] Ebctpatoba M. 孵化期间蛋重减少程度与孵化率的关系［J］. 国外畜牧科技，1987，14（5）：16－19.

[2] Lomholt J P. Relationship of weight loss to ambient humidity of birds eggs during incubation［J］. *Journal of comparative Physiology*，1976，105（2）：189－196.

[3] Meira M，Ar A. Compensation for seasonal changes in eggshell conductance and hatchability of goose eggs by dynamic control of egg water loss［J］. *British Poultry Science*，1991，32（4）：723－732.

[4] 谢克和．孵化过程中四种鸡蛋水分蒸发量的测定［J］. 家禽，1985，6：29－30.

[5] 耿照玉，王秀玲．种蛋孵化期失重率及蛋壳气孔密度与孵化率的关系［J］. 中国畜牧杂志，1990，26（5）：12－14.

[6] 左连社，张淑芬，韩永胜，等．鹅种蛋孵化失重率的初探［J］. 畜牧与兽医，2009，

9：107 -107.
[7] Joseph M D. Watch egg weight during incubation [J]. *Poultry Digest*, 1988, 7: 242 -244.
[8] 李 馨，颜国华，肖翠红，等. 孵化期间鹅种蛋失重及其孵化效果的研究 [J]. 家畜生态学报，2006，4：62 -65.

肉种鸭产蛋后期蛋重对孵化指标的影响*

张全臣[1]，徐庆云[2]，王爱琴[3]，王生雨[3]**

（1. 山东省日照市东港区畜牧站，日照 276800；

2. 山东省日照市多利畜禽良种有限公司；3. 山东省农业科学院家禽研究所）

摘 要：通过对樱桃谷 SM3 肉种鸭产蛋后期 75 周龄不同蛋重对孵化指标的影响分析，得出结论：①产蛋后期不同蛋重的受精率比较，A、B、C、D 各组分别为 91.1%、92.5%、91.5%、90.7%。统计分析，A、B、C 各组差异不显著（$P>0.05$），B、D 组差异显著（$P<0.05$）；②产蛋后期入孵蛋孵化率比较，A、B、C、D 组分别为 87.53%、89.48%、88.69%、84.92%，统计分析，A、B、C 组间无显著差异（$P>0.05$），A、B、C 组与 D 组间差异显著（$P<0.05$）；③产蛋后期不同蛋重受精蛋孵化率比较，A、B、C、D 组分别为 95.5%、96.32%、93.49%、90.49%，统计分析 A、B 组与 D 组差异极显著（$P<0.01$），A、B、C 组间无显著差异（$P>0.05$）；④产蛋后期不同蛋重受精蛋健雏率比较，A、B、C、D 组分别为 95.85%、97.83%、95.88%、93.83%，统计分析，A、B、C 组与 D 组间差异显著（$P<0.05$）；A、B、C 组间无显著差异（$P>0.05$）；⑤产蛋后期不同蛋重死胚率比较，A、B、C、D 组分别为 0.037%、0.027%、0.038%、0.057%，统计分析，A、B、C 组差异不显著（$P>0.05$），A、B、C 组与 D 组差异显著（$P<0.05$），B、D 组差异极显著（$P<0.01$）。

关键词：肉种鸭；产蛋后期；蛋重；孵化指标

在鸭的科学研究方面，饲养管理和疾病防治技术的研究还比较少，基本上参考的是国外的资料，且参考文献非常有限。在实际生产中，鸭的生产指标不够理想，75 周龄单产 245～255 枚，与国外提供指标差距很大，所以，我国必须重视和加快科技创新，研究肉种鸭的喂料限食方案、光照程序、饲养方式、公母比例、饲养密度、旱养技术、笼养技术、人工受精技术、孵化技术等内容。本研究通过对肉种鸭产蛋后期 75 周龄蛋重对孵化指标的影响，旨在通过不同蛋重分级上孵，观察分析孵化指标理想的蛋重，然后通过喂料量控制，将蛋重控制在一定范围内，这对提高全期的孵化成绩和提高经济效益具有很大意义。

* **基金项目**：山东省科技发展计划项目（2009G10009065）

** **通讯作者**：王生雨，男（汉族），山东兖州人，山东省农科院家禽研究所研究员，本科，主要从事家禽科学及家禽生产研究

1 试验材料与方法

1.1 试验时间

2010 年 10 月 3 日 ~2010 年 11 月 26 日。

1.2 试验动物

英国樱桃谷 SM3 肉种鸭，种鸭周龄为 75 周龄。

1.3 试验设计

饲养方式为旱养，人工喂料，舍内全铺设稻壳垫料，人工拣蛋和人工补充光照；饲料营养指标调整为，能量为 2 750cal（1cal = 1. 2J），粗蛋白质为 18. 0%，钙含量为 3. 5%，有效磷为 0. 45%，按时接种防疫；饲料原料选用玉米、豆粕、植物油、石粉、种鸭用多种维生素和微量元素、防酶剂等。在肉种鸭产蛋后期 75 周龄时，取同一天种蛋用天平称取 81 ~85g、86 ~90g、91 ~95g、96 ~100g 的种蛋各上孵 504 枚，使用山东青岛依爱牌孵化器入孵，孵化出雏后进行统计，分析不同蛋重对孵化指标的影响。

2 试验结果

2.1 肉种鸭产蛋后期不同蛋重对受精率的影响

从表 1 中可以看出，A、B、C、D 组的受精率分别为 91. 1%、92. 5%、91. 5%、90. 7%。统计分析，A、B、C 组差异不显著（$P > 0.05$），B、D 组间差异显著（$P < 0.05$）。

表 1　肉种鸭产但后期不同蛋重对孵化率的影响（单位：g、枚、%）

分组	蛋重	受精率	入孵蛋数	入孵蛋孵化率	受精蛋孵化率	受精蛋健雏率	死胚率
A	81 ~85	91. 1	504	87. 53	95. 50	95. 58	0. 037
B	86 ~90	92. 5	504	89. 48	96. 32	97. 83	0. 027
C	91 ~95	91. 5	504	88. 69	93. 49	95. 88	0. 038
D	96 ~100	90. 7	504	84. 92	90. 49	93. 83	0. 057

2.2 肉种鸭产蛋后期不同蛋重对入孵蛋孵化率的影响

从表 1 中可知，A、B、C、D 各组的入蛋孵化率分别为 87. 53%、89. 48%、88. 69%、84. 92%，B 组最高。统计分析，A、B、C 各组间差异不显著，A、B、C 组与 D 组间差异显著（$P < 0.05$）；说明肉种鸭产蛋后期蛋重过大对入孵蛋孵化率有一定影响，因此，肉种鸭产蛋后期一定控制蛋重。

2.3 肉种鸭产蛋后期不同蛋重对受精蛋孵化率的影响

A、B、C、D 各组的受精蛋孵化率分别为 95.5%、96.32%、93.49%、90.49%，B 组最高。统计分析，A、B 组与 D 组差异极显著（$P<0.01$），A、B、C 各组间差异不显著，说明肉种鸭产蛋后期蛋重对受精蛋孵化率有一定影响。

2.4 肉种鸭产蛋后期不同蛋重对受精蛋健雏率的影响

A、B、C、D 各组的受精蛋健雏率分别为 95.58%、97.83%、95.88%、93.83%，以 B 组最高。统计分析，A、B、C 各组与 D 组比较差异显著（$P<0.05$）；A、B、C 各组间无显著差异；B、D 组间差异极显著（$P<0.01$）。试验结果说明，B 组蛋重对雏鸭健雏率最好，D 组的最差。这进一步说明，产蛋后期控制蛋重对健出率有一定影响。要确保鸭雏质量，保持公司品牌和信誉，因此，要控制好蛋重不要过大。

肉种鸭产蛋后期，A、B、C、D 各组的死胚率分别为 0.037%、0.027%、0.038%、0.057%，统计分析，A、B、C 各组间差异不显著（$P>0.05$），A、B、C 各组与 D 组比较，差异显著。试验测定结果说明，蛋重以 B 组的死胚率最低，D 组死胚率最高，在产蛋后期控制蛋重对提高孵化指标是有利的。

3 结论

（1）通过对种鸭不同蛋重对受精率的影响分析，肉种鸭产蛋后期在 75 周龄时，不同蛋重对种蛋受精率影响不大，作者认为，种鸭在产蛋后期蛋重之间的变化，虽然对受精率没有多大影响，但在 75 周龄以后蛋重还是应该控制在 95g 以内，最好控制在 90g 左右。

（2）通过不同蛋重入孵对入蛋孵化率、受精蛋孵化率、受精蛋健雏率、死胚率的影响分析可知，在 75 周龄时，蛋重在 91～95g 时，入蛋孵化率、受精蛋孵化率、受精蛋健雏率较好，但从孵化指标来看，蛋重最好应控制在 90g 左右，这时死胚率最低，说明肉种鸭产蛋后期的蛋重对孵化率有一定的影响。种鸭蛋重是随着鸭龄的增长，蛋重随之增长，为取得更好的孵化成绩，种鸭各周龄的蛋重应该控制在多少克最好，有待进一步试验测定分析。

另外，在实际生产中发现，孵化成绩的好坏，与种鸭的饲料营养也有紧密关系。如果种鸭的饲料营养不足，蛋重就会不足，对孵化成绩就有很大影响。建议为了努力把蛋重控制在适宜的范围以内，饲料营养不能缺乏，特别是维生素、微量元素的添加量。

乌嘴鸭种蛋大小对受精率、孵化率的影响

郗正林
（江苏南京市畜牧家禽科学研究所，南京 210036）

摘 要：通过对乌嘴鸭种蛋不同蛋重的受精率和孵化率的结果分析，乌嘴鸭种蛋蛋重在56～70g的，受精率平均达90.3%；小于55g和大于70g的蛋受精率为70.8%；种蛋蛋重在56～70g的种蛋，受精蛋孵化率平均达92.6%，蛋重过大（>70g）或过小（<55g）的受精蛋孵化率平均只有76.1%。说明乌嘴鸭蛋品大小对种蛋的受精率和孵化率都有显著影响，试验为乌嘴鸭种蛋选择提供了实践依据。

关键词：蛋重；受精率；孵化率

随着现代畜牧业的发展，特色畜禽越来越受到重视，乌嘴鸭作为中国唯一的集药用、保健、膳食于一体的特色鸭种，因其口味独特，营养丰富，含有17种必需氨基酸和多种微量元素，深受市民们的喜爱。为了开发保护这一特色鸭种，在建立该鸭的核心群和扩繁群的基础上，笔者就影响乌嘴鸭繁殖性能的相关因素进行了系列探索。本文就乌嘴鸭的蛋重这一单一因子对受精率与出雏率的关系进行了研究分析。

种蛋的大小与鸭的品种、周龄、营养水平和健康状况都有关系，而且同一品种、日龄的种鸭所产种蛋大小也有不同。那么种蛋蛋重对受精率、孵化率有何影响，遵循怎样规律，种蛋孵化的最适蛋重应是多少呢？为了搞清楚这些问题，提高乌嘴鸭种蛋孵化水平，为乌嘴鸭选育过程中的蛋品选择提供实践依据，为此，笔者在实际生产中经观察、实验，测定了不同蛋重种蛋的孵化成绩，总结出一些规律，供大家参考。

1 材料与方法

1.1 种蛋来源

在南京市畜牧家禽科学研究所繁育基地乌嘴鸭场，分选在半舍饲条件下健康状况良好，饲喂全价饲料的290日龄种鸭所产种蛋1 208枚，作蛋重因素分析。

1.2 蛋重的称测及分组方法

实验方法：以组距为5g将试验用种蛋逐个称重，按55g以下、56～60g、61～65g、66～70g、70g以上共分为5组入孵于同一台孵化机内。

1.3 孵化设备

孵化机型号是蚌埠产的三江牌 19200 型电脑模糊孵化机。

1.4 孵化条件

本试验采用恒温孵化，温度为 37.80℃，湿度在 1 ~ 7d 时为 70%，8 ~ 15d 时为 65%，15 ~ 25d 时为 70%，25 ~ 28d 出雏时为 75%。每 2h 翻蛋一次。

上蛋后孵化机内每立方用福尔马林 30mL、高锰酸钾 15g 熏蒸消毒 30min。

用照蛋器在 7 日龄时逐个进行头照，14 日龄二照，21 日龄三照，26 胚龄转入出雏机，28 胚龄分组出雏后，分别记录下入孵蛋数、无精蛋数、死精蛋数、出雏数，然后进行生物学统计。

1.5 试验时间和地点

试验于 2010 年 3 月 25 日至 5 月 25 日在南京市畜牧家禽科学研究所畜禽繁育基地进行。

2 结果与分析

2.1 蛋重对受精率和孵化率的影响

2.1.1 蛋重对种蛋受精率的影响 见表和图 1。试验结果表明，种蛋蛋重在 56 ~ 70g 的种蛋，受精率平均达 90.3%，蛋重过大（ >70g）或过小（ <55g）的受精率平均只有 70.8%。5 组种蛋受精率经 t 检验差异极显著（$P<0.01$），进一步分析，1 组、5 组的种蛋受精率与 2 组、3 组、4 组差异极显著（$P<0.01$）。而蛋重在 56 ~ 70g（2 组、3 组、4 组）之间差异不显著（$P>0.05$）。

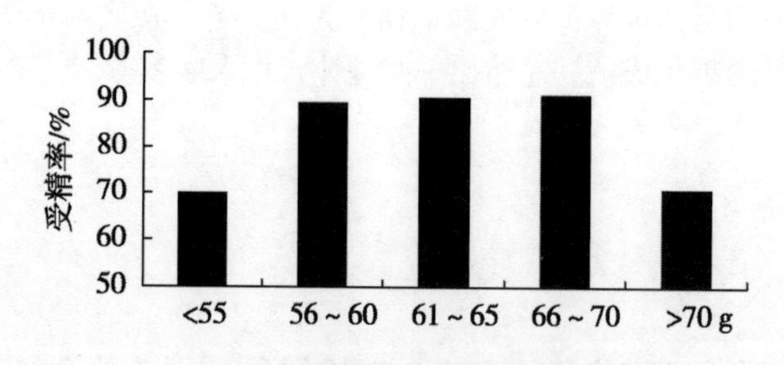

图 1 蛋重对受精率的影响

2.1.2 蛋重对受精蛋孵化率的影响 见表和图 2。试验结果表明，种蛋蛋重在 56 ~ 70g 的种蛋，受精蛋孵化率平均达 92.6%，蛋重过大（ >70 g）或过小（ <55 g）的受精蛋孵化率平均只有 76.1%。5 组种蛋之间的受精蛋孵化率经 t 检验差异极显著（$P<0.01$），进一步分析，1 组、5 组种蛋受精蛋孵化率极显著地低于 2 组、3 组、4 组的种蛋，而 2 组、3 组、4 组种蛋之间差异不显著（$P>0.05$）。

表　蛋重对受精率、孵化率的影响

组　别	蛋重/g	入孵蛋数/枚	无精蛋数/枚	受精蛋数/枚	受精率/%	出雏数/枚	入孵蛋出雏率/%	受精蛋出雏率/%
1	<55	130	39	91	70.0[a]	68	52.3	74.7[a]
2	56～60	302	32	270	89.4[b]	250	82.8	92.6[b]
3	61～65	358	34	324	90.5[b]	299	83.5	92.3[b]
4	66～70	312	28	284	91.0[b]	264	84.6	93.0[b]
5	>70	106	30	76	71.1[a]	59	55.7	77.7[a]
合计		1 208	163	1 045	86.5	940	77.8	89.9

注：不同大写字母间表示差异极显著。

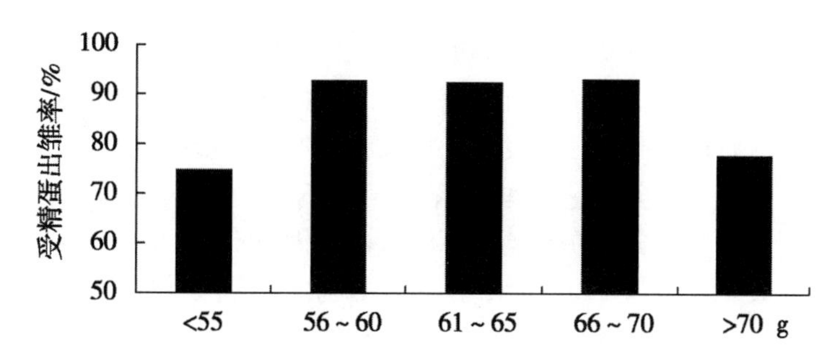

图2　蛋重对受精蛋出雏率的影响

2.1.3　蛋重对入孵蛋孵化率的影响　见表和图3。试验结果表明，种蛋蛋重在56～70g间的种蛋，入孵蛋孵化率平均达83.6%，蛋重过大（>70g）或过小（<55g）的入孵蛋孵化率平均只有53.8%。5组种蛋入孵蛋孵化率差异极显著（$P<0.01$），进一步分析，1组、5组种蛋入孵蛋孵化率极显著低于2组、3组、4组种蛋，而2组、3组、4组种蛋之间差异不显著（$P>0.05$）。

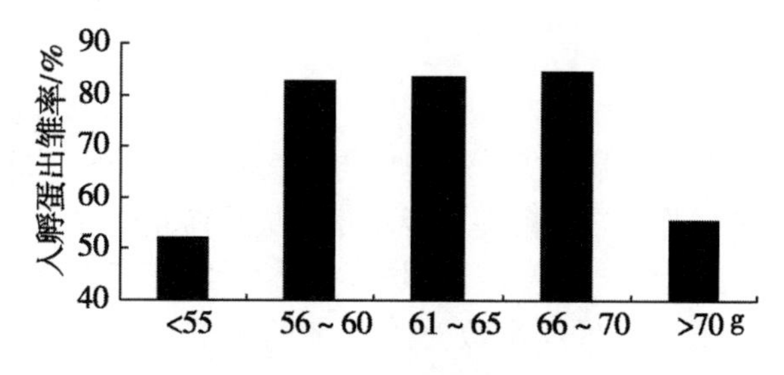

图3　蛋重对入孵蛋出雏率的影响

3　讨论与结论

3.1　蛋重过小或过大，受精率和孵化率均显著降低

55g以下的种蛋，在刚开产的种鸭群中较多，一般为营养不良的种鸭以及由于育成不

理想而迟产种鸭所产种蛋。这部分种鸭发育迟缓，营养状况不良，所以种蛋内在品质差，孵化率相对低。

70g 以上的种蛋，多为低产种鸭或种鸭在应激较大时所产，多为绿壳蛋和双黄蛋，这类种蛋数量少。受精率低的原因是因弱精多，产下后在运输和贮存过程中胚胎即大量死亡，造成验蛋时不易验出，被作为无精蛋拣出。同时由于蛋重过大，正常使用的湿温度难以适应这类种蛋的发育，加之双黄蛋不可能出雏，造成孵化率偏低，这类种蛋在老龄母鸭群中较多[1,4]。

3.2 乌嘴鸭入孵蛋的正常蛋重应为 55～70g

蛋重在 55～70g 的种蛋，来自营养状况良好，健康高产的种鸭，从本次试验来看，蛋重在这个区域的种蛋受精率高，孵化率也高，是孵化的最佳范围。

蛋重的差异使蛋壳的厚薄及各种营养成分的比例有所不同。种蛋过大，蛋壳厚，雏鸭啄壳困难，易闷死在蛋壳内。随着蛋重的增加，蛋白比例增加，蛋黄比例减少。在孵化中，蛋白的全部蛋白质被利用于胚胎发育。如果种蛋过大，蛋白过多，在孵化末期，蛋白不能全部吸收，分解过多的氨尿素尿酸而容易使鸭胚死亡，故种蛋过大孵化末期死亡较多。种蛋过小，蛋白数量减少，在胚胎发育中蛋白质供应不足，影响鸭胚发育，孵化前期胚胎死亡较多。在大批孵化中，种蛋大小不匀不利于调温，影响鸭胚发育，使孵化率降低[2]。

蛋重在 55～70g 是乌嘴鸭的最佳孵化范围，这可以作为指导乌嘴鸭种鸭饲养和孵化取得最优生产成绩和经济效益的参考依据。因此，在种鸭的饲养过程中，要努力提高种鸭群的均匀度，使鸭群发育整齐，体重符合品种需求，保持鸭群良好的营养健康状况，增强饲养员和技术人员的责任感，这样就会大大减少不合格种蛋的数量。在孵化生产中根据参考依据，剔除过大和过小的种蛋，提高种蛋的受精率和孵化率，从而创造出更佳的经济效益[3]。

参考文献

[1] 潘　椅．蛋重对孵化率的影响［J］．养禽与禽病防治，1999（12）：31.

[2] 孙素玲，欧阳邦宁．蛋重与受精率、孵化率、健弱雏率的关系［J］．养禽与禽病防治，1996（2）：17.

[3] 张苏江，张　锐．蛋重、蛋形指数对孵化率的影响［J］．黑龙江畜牧兽医，1995（8）：19－20.

[4] 郑　勤，张兴文．蛋重对种蛋孵化性能的影响［J］．养禽与禽病防治，2001（3）：16－17.

不同输精方法对鸡种蛋受精率的影响

李良德[1]，白　斌[2]

（1. 青海省民和县科学技术局，民和　810800；2. 民和县畜牧局，民和　810800）

摘　要：本文对鸡人工授精输精频率、混合精液和输精量等方面进行了试验研究，结果表明，输精间隔时间 6d 为最佳，受精率达 88.25%，7d 后下降非常明显，间隔 9d 受精率低至 69.98%；混合精液比单精输精效果好（受精率达 91.63%），且持续时间长，比较稳定；输精量由原来的 0.025mL 降至 0.012 5mL时仍能获得 87.27% 的受精率。优秀公鸡采精量为 1mL 时，可配 80 只母鸡，大大提高了公母比例。

关键词：人工授精；输精频率；混合精液；受精率

近年来，随着青海省养鸡业的不断发展，鸡的人工授精技术也越来越受到人们的重视，采用人工授精技术，可大大提高养活种公鸡的饲养比例（自然交配一般公母鸡比例为10∶1，人工授精为1∶（36～40））节省大量饲料，减少成本。提高养鸡业经济效益。掌握和了解诸多输精因素对鸡种蛋受精率的影响，对正确开展人工授精技术推广工作显得非常重要。为此，笔者于 2008 年 12 月至 2009 年 3 月在青海省民和县川口镇某鸡场进行了不同输精方法对鸡种蛋受精率影响的试验研究。

1　试验方法和材料

1.1 试验材料

试验鸡是 2008 年由山东省福泰牧业有限公司引进海兰（褐）（Hy—linebrown）父母代蛋用种公鸡 50 只，母鸡 1 550只。0～20 周龄采用网上平养，20 周龄后转入三层阶梯式笼养舍、种公鸡采用专用笼独立饲养，一鸡一笼。

1.2　实验方法

（1）采用人工饲喂，0～6 周龄饲喂 5～6 次/d，7～20 周龄饲喂 4 次/d，20 周龄后饲喂 3 次/d。不同阶段日粮水平按山东提供的营养标准配方。

（2）自然光照结合人工光照，产蛋期保证每天 13～15h，光照强度为 4W/m^2。

（3）试验第一部分是将母鸡每隔 5、6、7d 输精一次，输精量为 0.025mL，这一阶段为15 周（即每间隔输精天数，连续采集种蛋 3 周）；然后在选取 300 只母鸡为实验组，每隔 8～9 天输精一次，采集种蛋 3d。

（4）第二部分是选取 1 000 只母鸡分成两个组，实验组采用混合精液输精（即将一次性采集的 15 只种公鸡精液，全部进行混合），对照组采用单精输精，输精量仍为 0.025mL，每隔 6d 输精一次。

（5）试验第三部分是将精液量降低至 0.012 5mL，测算出其受精率。

（6）第一次输精后的第二天开始收集种蛋，第 5d 入孵一次。

2 试验结果

2.1 不同输精频率对受精率的影响

见表 1、表 2。

表 1 不同输精频率及受精率统计

日 期	输精间隔天数	批次	入孵蛋数/枚	无精蛋数/枚	受精蛋数/枚	受精率/%	t 检验
	5d	1	3 324	4 005	2 859	86.00	
		2	3 467	455	3 012	86.88	
		3	3 754	400	3 304	88.01	与 5d 相比较
2007 年 12 月 16		4	3 942	473	3 467	88.00	
至 12 月 21 日	合计		14 487	1 843	12 614	87.22	
	6d	5	3 750	412	3 338	89.01	
		6	3 770	421	3 349	90.0	
		7	3 774	491	3 283	86.99	$P>0.05$
		8	3 782	492	3 290	86.95	
	合计		15 076	1 816	13 260	88.25	
	7d	9	3 749	637	3 112	83.00	
		10	3 644	692	2 952	81.0	
1 月 15 日		11	3 652	657	2 995	82.00	$P>0.01$
至 2 月 5 日		12	3 702	685	3 017	81.50	
	合计		14 747	2 671	12 076	81.88	

由表 1 可知，每 5d 和每 6d 输一次的受精率分别为 87.22% 与 88.25%，两者差异不显著（$P>0.05$）而以 6d 输精一次为好。每 7d 输精一次的受精率下降 5.34% ~6.37%，差异极显著（$P>0.01$）。

表 2 隔 8d 和 9d 输精一次的受精率

日 期	输精周期	试验鸡只数/只	入孵蛋数/枚	无精蛋数/枚	受精蛋数/枚	受精率/%
2 月 7 日	8d	300	223	55	168	75.00
至 2 月 12 日	9d	300	234	82	152	64.96
合计			457	137	320	69.98

由表2可知，8d输一次的受精率为75%，下降很快，而9d输一次的受精率仅为64.96%，下降非常明显。

2.2 混合精液与单精输精的效果

用海兰褐公鸡的混合精液与单精输精方式进行等量精液输精，采集种蛋，观察其受精率（表3）。

表3　混合精液与单精输精受精率比较

天　数	混合精液组			单精液组		
	鸡只数/只	总蛋数/枚	受精率/%	鸡只数/只	总蛋数/枚	受精率/%
1	500	334	88.96	500	324	87.25
2	500	372	89.79	500	388	86.92
3	500	366	91.07	500	372	87.50
4	500	319	93.49	500	328	87.12
5	500	347	92.34	500	337	86.37
6	500	377	92.66	500	379	88.12
7	500	382	93.50	500	372	88.79
8	500	391	90.55	500	362	87.99
9	500	302	94.06	500	311	87.28
10	500	332	89.87	500	329	87.83
合计	5 000	3 522	91.63	5 000	3 502	87.52

由表3可知，混合精液输精与单精输精相比，受精率高，平均在91.63%，较高于单精输精4.11%，差异显著（$P<0.01$）。

2.3 不同输精量对种蛋受精率的影响

据报道，一般输精量保持在0.025～0.05mL，本次试验还做了输精量降低至0.012 5mL对受精率有何影响的研究，结果如下（表4）。

表4　降低原精液输精量后的受精率变化

输精周期	入孵蛋数	无精蛋数	受精蛋数	受精率/%
1	1 334	168	1 166	87.44
2	1 372	192	1 180	86.00
3	1 364	158	1 206	88.4
合计	4 070	518	3 552	87.27

由表4可见，将输精降至0.012 5mL时，受精率仍能达到87.27%，受精效果良好，与间隔6d输精量0.012 5mL受精率接近，差异不显著（$P>0.05$）。优秀公鸡采集精液量为1mL，可配合80只母鸡，公母比例大大提高。

3 结论

（1）本次试验中得出，输精间隔时间 6d 为最佳，受精率达 88.25%，这与曹永萍等报道一致。间隔 7、8、9d 下降非常明显，降至 69.98%。

（2）本次试验可看出，用混合精液比单精液的效果好，受精率比较稳定（91.63%），建议在生产上可广泛采用混合精液输精方式。

（3）在输精量由 0.05mL 降至 0.012 5mL 条件下仍能获得较好的受精率（87.27%），值得深层次探讨，以提高种公鸡的采精量和优质公鸡的利用率。

（4）鸡的人工受精工作，关键在于抓好种公鸡的饲养管理，采精期间给予种公鸡正常营养日粮的同时，每天加喂 1～2 个熟鸡蛋（分早、晚喂食）。

（5）鸡人工受精 3 人一组较为理想，即两人翻肛，一人输精。

参考文献

[1] 牛 岩，郭梁熠. 家禽人工受精技术 [M]. 郑州：河南科技技术出版社，2003.
[2] 韩永明，鸡稀释精液输精试验报告 [J]. 青海畜牧兽医杂志，1996 (3)：14.
[3] 曹永萍，汤春花. 提供鸡人工受精技术“八要点”[J]. 中国家禽，2005 (5)：21.
[4] 潘永根. 提高鸡人工受精的技术要点 [J]. 畜牧兽医科技信息，2005 (8)：96.

饲料营养篇

能量蛋白水平对4~6周龄肉仔鸡生产性能的影响*

阎佩佩，石天虹**，张桂芝，刘雪兰，井庆川，武　彬，魏祥法，刘瑞亭
（山东省农业科学院家禽研究所，济南　250023）

摘　要：本试验通过研究日粮能量蛋白水平对4~6周龄肉仔鸡生产性能的影响，建立体增重、耗料量和日粮能蛋水平之间的回归关系模型。根据市场行情和建立的模型，筛选具有最佳效益的能蛋水平。3周龄来源相同、体重均匀的AA肉仔鸡1 440只，采用代谢能和粗蛋白3×4随机交叉试验设计，共分12个组，每组4个重复，每重复30只鸡。试验期为4~6周。玉米—豆粕型日粮，代谢能的3个水平分别为12.55、12.76、12.97MJ/kg；粗蛋白的4个水平分别为18%、19%、20%、21%。结果表明：1. 日粮能量蛋白水平对肉仔鸡各周龄的体增重影响规律不一致，为了达到较大的体增重，按周龄配制日粮能更好地满足营养需要；2. 体增重最大时的日粮营养水平不一定就是利润最大的营养水平，可根据市场行情以及体增重和耗料量与日粮能量蛋白水平之间的关系模型，选择具有最佳经济效益的能量蛋白水平。

关键词：肉仔鸡；能量；蛋白；生产性能

能量和蛋白饲料通常占肉仔鸡饲料成本的90%以上，玉米和豆粕是肉仔鸡日粮中主要的能量和蛋白饲料，所以，以玉米—豆粕型日粮为基础，研究日粮中适宜的能量蛋白水平，对提高生产性能、节约成本、提高养殖效益具有重要意义。长期以来，有关肉仔鸡适宜的能量蛋白水平的研究较多，结论也较为一致，认为，与饲喂低能、低蛋白日粮相比，饲喂高能、高蛋白日粮的肉仔鸡体增重更大，但经济效益不一定高，应该根据市场行情选择合理的营养水平。以前的很多研究得出的适宜的营养水平都是单一的能量蛋白组合，例如，王生雨（2002）给出4~6周龄肉仔鸡适宜的能蛋水平是12.55MJ/kg，19%；我国鸡的饲养标准（NY/T 33—2004）给出4~6周龄肉仔鸡适宜的能蛋水平是12.96MJ/kg，20%。这就给选择具有最佳效益的营养水平带来难度，因为行情变化，饲料价格就会变化，利润随之变化，很难选择到产生最佳效益的营养水平。而事实上，鸡的生产性能和日粮能量蛋白水平之间存在着必然的联系，可以通过它们之间的关系筛选出适宜的能量蛋白水平。本研究以玉米—豆粕型日粮为基础，通过研究日粮能量蛋白水平对肉仔鸡生产性能的影响，旨在建立日粮能量蛋白水平和体增重、耗料量之间的关系模型，从而，根据市场行情和建立的模型，选择适宜的能量蛋白水平，使养殖效益最大化。

---

* **基金项目**：山东省科技发展计划项目，肉仔鸡动态营养需要及其模型的研究，项目编号：2007GG10009004
** **通讯作者**：石天虹，女，硕士，研究员，研究方向为家禽营养，E－mail：shith2004@163.com

1 试验材料

3 周龄 AA 肉仔鸡。将 1 日龄 AA 肉仔鸡（从烟台益生种禽公司引进），饲喂相同的玉米—豆粕型日粮至 3 周龄，然后，按试验设计分群，分群时平均体重 700g。0 ~ 3 周龄日粮代谢能 12.55MJ/kg，粗蛋白 21.5%，蛋胱氨酸 0.90%，赖氨酸 1.14%，苏氨酸 0.80%。

2 试验方法

2.1 试验设计及配方

将来源相同的 3 周龄 AA 肉仔鸡 1 440 只，采用代谢能和粗蛋白 3 × 4 随机交叉试验设计，共分 12 个组，每组 4 个重复，每重复 30 只鸡。试验期为 4 ~ 6 周。代谢能的 3 个水平分别为 12.55MJ/kg（3 000kcal/kg）、12.76MJ/kg（3 050kcal/kg）、12.97MJ/kg（3 100 kcal/kg）；粗蛋白的 4 个水平分别为 18%、19%、20%、21%。采用玉米—豆粕型日粮，试验设计和饲料配方见表 1。12 个组的蛋胱氨酸、赖氨酸、苏氨酸含量相同，添加的维生素和微量元素含量也相同。

表 1　4 ~ 6 周龄 AA 肉仔鸡饲料配方（%）

组　别	1	2	3	4	5	6	7	8	9	10	11	12
玉　米	54.27	57.38	60.48	63.58	55.55	58.66	61.75	64.86	56.83	59.93	63.03	66.13
豆　粕	36.00	33.29	30.59	27.89	35.75	33.04	30.34	27.63	35.49	32.79	30.08	27.38
预混料	5.00	5.00	5.00	5.00	5.00	5.00	5.00	5.00	5.00	5.00	5.00	5.00
大豆油	4.73	4.33	3.93	3.53	3.70	3.30	2.91	2.51	2.68	2.28	1.89	1.49
合计	100	100	100	100	100	100	100	100	100	100	100	100
配方成本/（元/kg）	2.82	2.76	2.71	2.65	2.74	2.69	2.63	2.57	2.67	2.61	2.55	2.49
营养水平代谢能/（MJ/kg）	12.97（3100）				12.76（3050）				12.55（3000）			
粗蛋白/%	21.0	20.0	19.0	18.0	21.0	20.0	19.0	18.0	21.0	20.0	19.0	18.0

2.2 饲养管理

半开放式鸡舍，东西向，中间有一走廊，走廊两边为试验小舍。网上平养，网高 80cm，蜂窝煤炉供温，通过调节窗户开启程度和煤炉进风口大小来控制温度和通风，鸡舍每 3d 清粪 1 次，舍内始终保持空气较为清新。走廊上洒水来控制湿度。每天 24h 光照。常规免疫。

2.3 指标测定

体重：3 周末分群，确保每组每重复体重均匀。4、5、6 周末以重复为单位称量体重，分别计算只鸡平均体增重，单位：克（g）或千克（kg）。

耗料：以重复为单位每周末称剩料重，计算只鸡平均耗料，单位：克（g）或千克（kg）。

料重比：以重复为单位每周耗料与体增重的比值。

2.4 统计方法

SAS 统计软件，GLM 程序进行方差和回归分析。

3 结果与分析

3.1 体增重

3.1.1 第 4 周体增重 各组体增重的差异显著性见表 2。经回归分析，能量蛋白水平对第 4 周体增重都有显著影响（$P<0.05$），高能、高蛋白组体增重最大，低能、低蛋白水平组体增重最小，日粮能蛋水平和第 4 周体增重的关系模型见公式 1，直观的图示如图 1。从体增重的角度，肉仔鸡第 4 周应该选择高能、高蛋白水平日粮。

公式 1：BWG4 = －1 343.442（$P=0.000\ 8$）+80.003×ME（$P<0.000\ 1$）+73.255×CP（$P=0.046\ 8$）－1.743×CP×CP（$P=0.048\ 8$）（BWG4：第 4 周体增重，g；ME：MJ/kg，CP：%）。

表 2 能量蛋白水平对 4~6 周龄肉仔鸡体增重和耗料量的影响（g，$X \pm S$）

组 别	体增重				4~6 周耗料量/g
	第 4 周	第 5 周	第 6 周	4~6 周	
1	468.85±43.11[a]	529.60±24.49[a]	562.40±62.3[a]	1 560.85±28.45[a]	3 035.99±99·91[c]
2	469.06±14.29[a]	520.34±32.22[ab]	560.10±45.8[a]	1 549.50±51.18[ab]	3 078.24±51.56[abc]
3	463.78±14.56[ab]	511.08±10.36[abc]	551.94±20.19[a]	1 526.81±40.43[ab]	3 120.48±67.19[ab]
4	453.03±20.71[abc]	501.82±28.65[abc]	537.93±31.16[a]	1 492.78±23.88[bc]	3 162.73±60.44[a]
5	461.78±28.53[ab]	520.71±10.4[ab]	544.79±11.44[a]	1 527.28±36.82[ab]	3 054.09±82.04[bc]
6	453.87±16.82[abc]	511.44±26.52[abc]	550.62±43.46[a]	1 515.93±26.14[ab]	3 074.00±79.36[abc]
7	445.47±11.99[abc]	502.18±19.21[abc]	545.59±38.67[a]	1 493.24±29.25[bc]	3 093.92±52.56[ab]
8	431.59±16.80[abc]	492.92±26.87[abc]	534.70±23.97[a]	1 459.21±25.92[bcd]	3 113.83±20.65[ab]
9	449.72±18.95[abc]	506.81±23.04[abc]	537.19±6.16[a]	1 493.71±26.55[bc]	3 072.19±49.30[abc]
10	443.68±24.8[abc]	497.55±11.59[abc]	541.14±19.36[a]	1 482.37±20.07[bc]	3 069.77±37.42[abc]
11	432.16±17.84[abc]	488.28±15.83[bc]	539.23±6.82[a]	1 459.68±25.77[bcd]	3 067.35±43.27[abc]
12	415.15±16.47[c]	479.02±34.02[c]	531.47±33.02[a]	1 425.64±24.57[d]	3 064.93±73.37[abc]

注：同一列字母不同者差异显著（$P<0.05$）

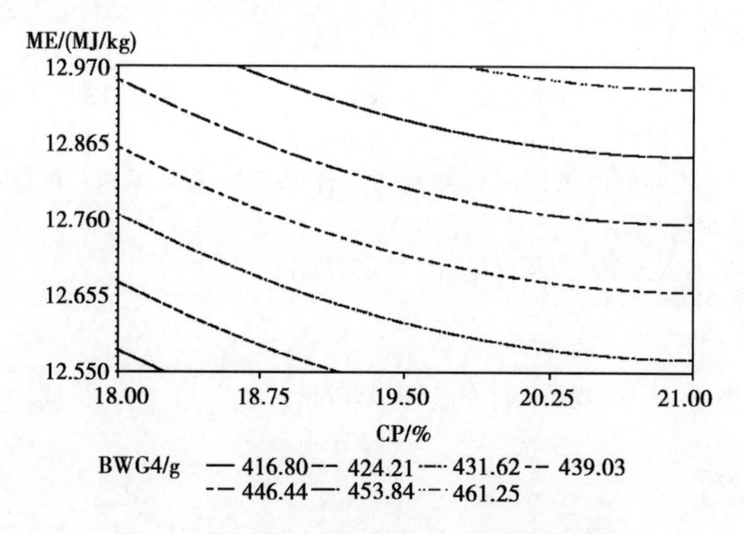

图1 日粮能蛋水平对肉仔鸡第4周体增重的影响

3.1.2 第5周体增重 第5周体增重和第4周体增重变化规律相似，能量蛋白水平对其都有显著影响（$P<0.05$），高能、高蛋白组体增重最大，低能、低蛋白组体增重最小（公式2，图2）。从体增重的角度，肉仔鸡第5周仍然应该选择高能、高蛋白水平日粮。

公式2：BWG5 = −518.290（P=0.0197）+66.184 ×ME（P=0.0003）+9.261 × CP（P=0.0004）（BWG5：第5周体增重，g；ME：MJ/kg，CP:%）。

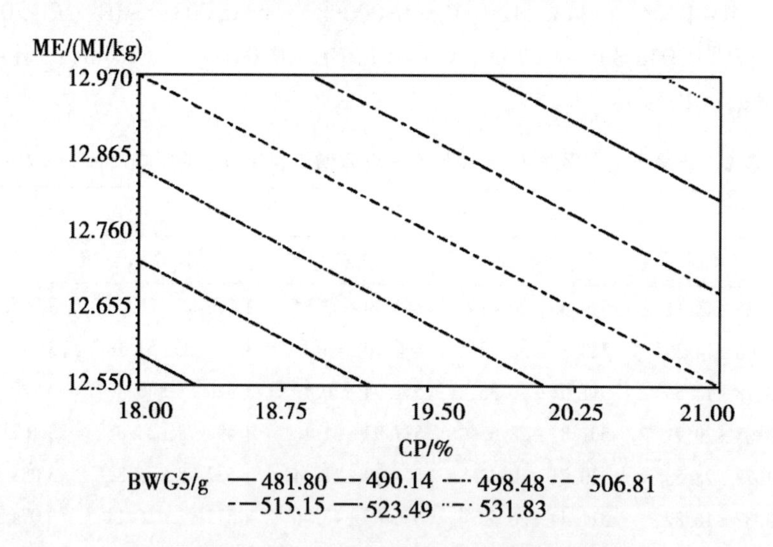

图2 日粮能蛋水平对肉仔鸡第5周体增重的影响

3.1.3 第6周体增重 6周龄体增重只和能量有显著回归关系（$P<0.05$），能量越高，体重越大（公式3和图3）。这说明随着日龄增高，肉仔鸡对能量的需求增大，而对蛋白的变化则相对不敏感。所以，从体增重的角度，对于6周龄的肉仔鸡，应该选用高能、蛋白水平较低的日粮。

公式3：BWG6 =37.702ME（$P<0.0001$）+63.679（P=0.7719）（BWG6：第6周

体增重，g；ME：MJ/kg）。

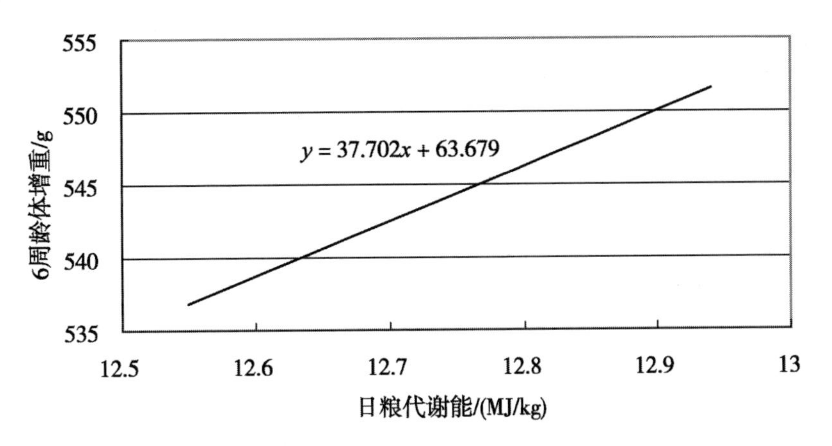

图 3　日粮能量水平对肉仔鸡 6 周龄体增重的影响

3.1.4　4～6 周龄体增重　4～6 周龄总的体增重，依旧是高能、高蛋白组体增重最大，低能、低蛋白组体增重最小。如果 4～6 周龄只调配一个饲料配方的话，就应该选择高能、高蛋白水平日粮（公式 4 和图 4）。

公式 4：BWG46 = －3 132.449（P = 0.000 8）+ 159.839 × ME（P = 0.000 2）+ 243.864 × CP（P = 0.012 4）－5.671 × CP × CP（P = 0.015 0）（BWG46：4～6 周体增重，g；ME：MJ/kg，CP：%）。

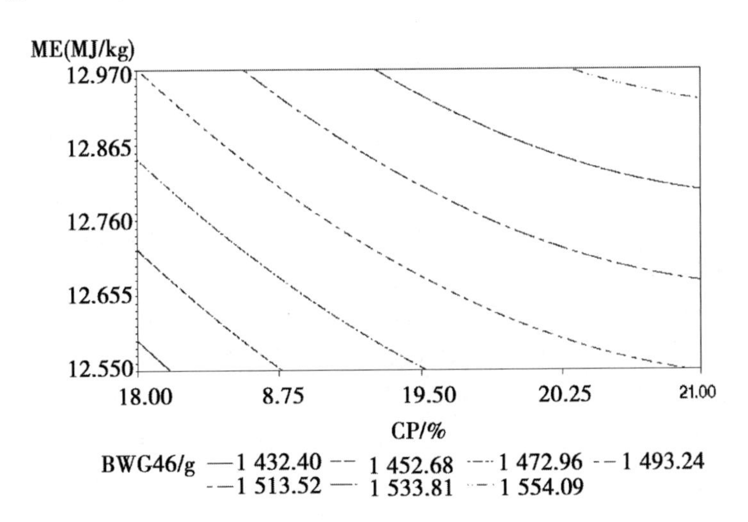

图 4　日粮能蛋水平对肉仔鸡 4～6 周体增重的影响

以上体增重的结果说明，4～6 周龄的肉仔鸡各周龄对饲料能量和蛋白的需要是不同的，为了使肉仔鸡达到较大的体增重，按周龄配制日粮比较好，这样能更好地满足肉仔鸡的营养需要。

3.2　耗料量

日粮能量和蛋白水平对 4～6 周龄耗料量的影响见表 2，经回归分析日粮能量和蛋白对耗料量都有显著影响（公式5，图5）。高能、高蛋白采食量最低，这符合一般规律；高能、低蛋白组采食量最大，这可能是高能水平比较符合鸡的能量需要，鸡较喜食，而低蛋白促使鸡采食较多的饲料来满足其蛋白的需要。

公式5：FC46 = －23 924.829（P = 0.014 1）+2 147.110 × ME（P = 0.005 3）+ 1 337.078 × CP（P = 0.006 4）－106.347 × ME × CP（P = 0.005 6）（FC46：4～6周耗料量，g；ME：MJ/kg，CP：%）。

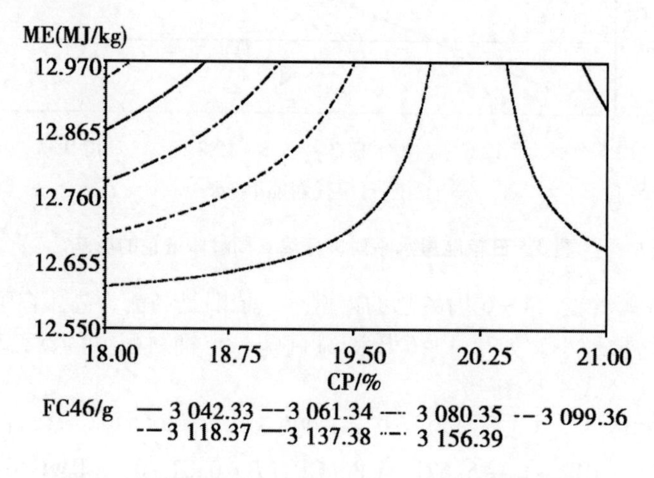

图5　日粮能量水平对肉仔鸡4～6周耗料量的影响

3.3　经济效益分析

从图4可以看出，本试验中，肉仔鸡4～6周龄体增重要达到1 554.0g，有很多能量蛋白组合可以满足这一要求，同样，要达到体增重1 513.5g，也有很多能量蛋白组合可以满足这一要求（图4）。但是，采食不同能量蛋白水平的日粮，鸡的耗料量不同（公式5，图5），饲料单价也不同，饲料成本有高有低，所以为了使养殖效益最大化，需要对能量蛋白水平加以选择。

在目前市场行情下，毛鸡市售价以8.0元/kg计，4～6周龄肉仔鸡要达到体增重1 554.0g，代谢能在12.927～12.961MJ/kg，粗蛋白在20.4%～21.0%有若干个能量蛋白组合可以满足要求（图4）。从中选择以下几个能量蛋白组合为代表，来计算其利润（表3，因为饲养管理相同，所以不同营养水平下的饲养管理费用相同，表中未计）：代谢能12.961MJ/kg，粗蛋白20.4%或代谢能12.954MJ/kg，粗蛋白20.5%的营养组合，利润最大，为3.97元。

再如，4～6周龄肉仔鸡要达到体增重1 513.5g，也有若干个能量蛋白组合可以满足要求（图4）。选择以下几个能量蛋白组合为代表，来计算其利润（表3）：代谢能12.78MJ/kg，粗蛋白19.7%的营养组合利润最大，为4.04元。从这些数据来看，体增重最大的营养水平不一定就是利润最大的营养水平，应根据行情选择具有最佳经济效益的营养组合。如果市场行情发生变化，饲料单价、饲料成本、养殖利润都会发生相应变化，应该相应调整日粮能蛋水平。

表 3　肉仔鸡 4 ~6 周龄最优能量蛋白水平选择表

4 ~6 周龄体增重/g		代谢能/(MJ/kg)	粗蛋白/%	FC46/g	单价/(元/kg)	饲料成本/元	每千克鸡肉消耗饲料/(元/kg)	销售利润/元
体增重 1	1 554.0	12.961	20.40	3 061.6	2.76	8.46	5.44	3.97
	1 554.0	12.954	20.50	3 057.7	2.77	8.46	5.44	3.97
	1 554.0	12.947	20.60	3 054.0	2.77	8.47	5.45	3.96
	1 554.0	12.941	20.70	3 050.3	2.78	8.47	5.45	3.96
	1 554.0	12.936	20.80	3 046.7	2.78	8.48	5.46	3.95
	1 554.0	12.931	20.90	3 043.3	2.79	8.49	5.47	3.94
	1 554.0	12.927	21.00	3 039.8	2.80	8.51	5.48	3.92
体增重 2	1 513.5	12.924	18.80	3 122.2	2.61	8.15	5.38	3.96
	1 513.5	12.869	19.10	3 104.7	2.61	8.10	5.35	4.00
	1 513.5	12.821	19.40	3 091.2	2.61	8.08	5.34	4.03
	1 513.5	12.788	19.70	3 081.1	2.62	8.07	5.33	4.04
	1 513.5	12.745	20.00	3 073.8	2.63	8.10	5.35	4.01
	1 513.5	12.716	20.30	3 068.6	2.64	8.11	5.36	4.00
	1 513.5	12.694	20.60	3 065.0	2.66	8.15	5.38	3.96

4　结论

4.1　满足最大增重的能量蛋白水平

由于各周龄日粮能蛋水平对体增重的影响规律不一致，为了达到较大的体增重，按周龄配制不同能蛋水平的日粮能更好地满足肉仔鸡的体增重需要。第 4、5 周应该选择高能高蛋白的营养水平，代谢能 12.95 ~12.97MJ/kg，粗蛋白 21% 左右；第 6 周应该选择高能和较低的蛋白水平，代谢能 12.97MJ/kg，粗蛋白 18% ~19%（图 1 ~3）（尽管蛋白水平对第 6 周体增重没有显著影响，但为了减少换料应激，第 6 周的营养水平不应和第 5 周差距太大）。为了饲料调制的方便，4 ~6 周龄也可以选择一种营养水平，即高能高蛋白日粮（图 4），代谢能 12.94 ~12.97MJ/kg，粗蛋白 20.3% ~21.0%。

4.2　实现最佳效益的能量蛋白水平

体增重最大时的日粮营养水平不一定就是利润最大的营养水平（表 3）。有多种能量蛋白水平的日粮可满足相同的体增重的要求，但日粮价格不同，耗料量不同，获得的利润也不同。要获得不同的体增重，其日粮能蛋水平也有很大区别，日粮价格和耗料量不同，获得的利润也不同。因此，应根据行情、体增重和日粮能量蛋白水平之间的关系模型以及耗料量和日粮能量蛋白水平之间的关系模型，选择具有最佳经济效益的营养水平组合。

不同能量水平对杂交肉鸡生产性能影响的研究*

李　振，姜淑贞**，杨维仁，陈冠军，杨在宾，胡振新
（山东农业大学动物科技学院，泰安　271018）

摘　要：选择1日龄AA肉鸡（父系）与褐壳蛋鸡商品代（母系）的杂交肉鸡2 400只，采用饲养试验，研究肉杂鸡在一个生产周期中对能量的适宜需要量。将肉杂鸡随机分成3个处理（中能组、高能组和低能组），3个处理除能量水平不同外，其余营养水平均一致。试验结果表明，在杂交肉鸡的整个饲养周期内，中能组的料重比显著高于高能组和低能组（$P<0.05$），本试验条件下肉杂鸡的最适能量水平前期（0～3周）和后期（4～6周）均为11.30MJ/kg，结果表明在不同的饲喂阶段选择合适的能量水平能够节约生产成本，提高肉杂鸡的生产性能。

关键词：杂交肉鸡；能量；需要量；生产性能

AA肉鸡（父系）与褐壳蛋鸡商品代（母系）的杂交肉鸡俗称肉杂鸡，目前，该肉杂鸡不仅仅用于扒鸡、烧鸡生产，更多地用于加工白条鸡、西装鸡、调理鸡、烤鸡等产品。产品有其独特的市场要求，饲养周期也不同于快大型白羽肉鸡和优质肉鸡，而且具有较强的适应性、抗病性，研究制定其饲养管理技术规程，对提高养殖技术水平、确保食品安全具有重要意义。在现代化肉鸡生产中，能量和蛋白质水平往往制约着肉鸡生产的经济效益，影响肉鸡胴体的品质，在我国肉鸡产业体系中，引进的快大型白羽肉鸡包括营养需要在内的各项技术指标非常完善，而肉杂鸡自成一个体系，目前，还没有统一的饲养标准，因此，加强该杂交肉鸡的营养需要研究，制定品种标准，不但可以提高饲料利用率，降低污染物的排放，还可以提高养殖者经济效益。本研究结合山东天禧牧业肉杂鸡生产一条龙程序，在生产条件下采用大群饲养试验，设定3个不同能量梯度，根据生产性能指标测定的数值，研究肉杂鸡能量的最适需要量，为制定杂交肉杂鸡饲养标准奠定基础。

* **作者简介**：李振，男，山东泰安人，硕士，主要从事动物营养与草业科学的研究。E－mail：lizhenwgy@163.com

** **通讯作者**：姜淑贞，女，山东临清人，博士，硕士生导师，主要从事动物营养与饲料科学研究。E－mail：shuzhen305@163.com

1 材料与方法

1.1 试验动物与设计

1.1.1 试验动物 选取1日龄肉杂鸡2 400只，随机分为3个处理，每个处理4个重复，每个重复200只。参照肉鸡饲养规程，将肉鸡生长分为2个阶段：前期（0~3周龄），后期（4~6周龄）。

1.1.2 试验设计 分3个处理研究能量需要量。前期（0~3周龄）能量水平分别为12.97、12.13、11.30MJ/kg，后期（4~6周龄）能量水平分别为12.13、11.30、10.46MJ/kg。其余各营养物质水平一致。

1.2 试验日粮

试验日粮参考NRC（1994）[1]肉鸡饲养标准，结合企业生产实际设计日粮，配方组成是根据肉杂鸡公司具体生产情况进行调整。日粮制粒是根据国家标准制粒参数，同时参考我国颗粒饲料生产企业的调查结果确定。试验日粮组成及营养水平见表1。

表1 日粮组成及营养水平（风干基础,%）

处理	0~3周龄			4~6周龄		
	中能量	高能量	低能量	中能量	高能量	低能量
玉米	56.92	54.29	59.09	63.92	61.44	66.17
豆粕	29.00	29.54	28.75	18.00	18.50	17.75
黑面粉	2.00	2.00	2.00	2.00	2.00	2.00
混合油	2.00	4.10	0.08	2.80	4.80	0.80
蒸骨粉	1.80	1.80	1.80	1.70	1.70	1.70
玉米蛋白粉	2.50	2.50	2.50	5.00	5.00	5.00
磷酸氢钙	1.00	1.00	1.00	1.00	1.00	1.00
羽毛粉	1.00	1.00	1.00	1.40	1.40	1.40
酵肽粉	1.00	1.00	1.00	2.00	2.00	2.00
石粉	0.50	0.50	0.50	0.50	0.50	0.50
皮革粉	0.50	0.50	0.50	0.50	0.50	0.50
葡萄糖	0.50	0.50	0.50	0.00	0.00	0.00
食盐	0.40	0.40	0.40	0.30	0.30	0.30
其他[1]	0.88	0.87	0.88	0.88	0.86	0.88
合计	100.00	100.00	100.00	100.00	100.00	100.00

（续表）

处　理	0～3 周龄			4～6 周龄		
	中能量	高能量	低能量	中能量	高能量	低能量
营养水平						
代谢能（MC/kg）	2.91	3.01	2.82	3.06	3.16	2.96
粗蛋白	22.10	22.10	22.18	20.30	20.30	20.39
钙	1	1	1	0.9	0.9	0.9
总磷	0.690 3	0.690 3	0.690 3	0.65	0.65	0.65
非植酸磷	0.45	0.45	0.45	0.438 5	0.438 5	0.438 5
钠	0.2	0.2	0.2	0.15	0.15	0.15
氯	0.299 7	0.299 7	0.299 7	0.226 3	0.226 3	0.226 3

注：1. 日粮组分中的“其他”包括每千克日粮：锰，110mg（硫酸锰）；铁，66.5mg（硫酸亚铁）；锌，88mg（硫酸锌）；铜，8.8mg（硫酸铜）；碘，0.7mg（碘酸钙）；硒，0.288mg（亚硒酸钙）；维生素 A，11 500IU；维生素 D_3，3 500IU；维生素 E，30mg；维生素 K_3，5mg；维生素 B_1，3.38mg；维生素 B_2，9mg；维生素 B_6，8.96mg；维生素 B_{12}，0.025mg；氯化胆碱，800mg；泛酸钙，13mg；烟酰胺，45mg；生物素，0.08mg；叶酸，1.20mg

1.3　饲养管理

肉杂鸡采用自由采食、自由饮水的饲养方式。按商品鸡设定程序进行常规免疫。试验期间每天观察鸡的精神状况，准确记录采食量、死淘率，计算出相应的体增重、采食量和料肉比；每周末抽测体重，肉鸡生长前、后期末（21 日龄、42 日龄）称取全部试鸡体重，并计算平均采食量和料重比。

1.4　测定指标和方法

1.4.1　平均日采食量（ADFI）　试验期间准确记录每周每个重复的饲料饲喂量和剩料量，计算每个重复的日平均采食量。

1.4.2　平均日增重（ADG）　试验期间，分别在每周早晨饲喂前固定时间以重复为单位（每个重复随机抓取等数量的鸡）称重、记录，计算出平均日增重。

1.4.3　料重比（F/G）　根据各个阶段肉鸡的增重和耗料量计算每个阶段的料重比。料重比 = 平均日采食量/平均日增重。

1.5　数据处理和分析

数据采用 SAS9.0 软件进行统计学处理。采用 Duncan's 法多重比较，$P < 0.05$ 者为差异显著。

2 结果与分析

2.1 不同能量水平对肉杂鸡生产性能的影响

2.1.1 不同能量水平对肉杂鸡日增重和采食量的影响 日粮中不同能量水平对肉杂鸡日增重和采食量的影响见图1和图2。从图中可以看出，随着肉仔鸡日龄的增长，肉仔鸡累计进食量和体重逐渐增加，在肉杂鸡3周龄之前，低能量组的日增重高于中能组和高能组。从第21d开始，随肉杂鸡日龄的提高，低能组的日增重明显高于其余两组。但在采食量上，低能组从第21d开始逐渐降低，进食量介于高能组和中能组之间，第35d后低能组的采食量开始升高，在42d时高于其余两组。在肉杂鸡的整个饲喂周期中，高能组的采食量最低。

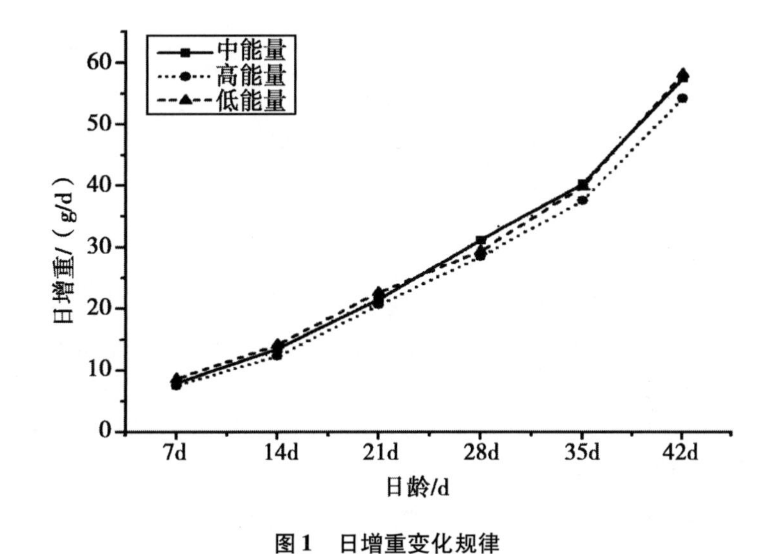

图1 日增重变化规律

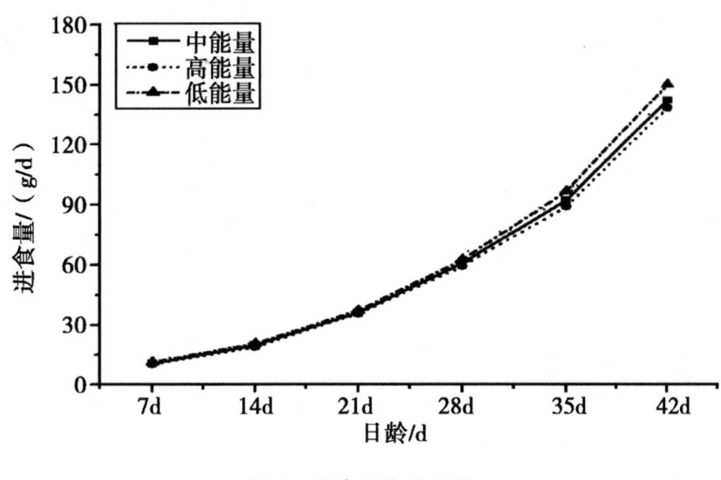

图2 进食量变化规律

2.1.2　不同能量水平对肉杂鸡饲料效率的影响　肉杂鸡料重比变化规律见图3。从图3中可以看出，与累计进食量和体重变化规律类似，随着肉杂鸡日龄的增长，肉杂鸡料重比也逐渐增加。而且低能量组在1~3周龄时料重比低于高能组和中能组，而中能组料重比在4~6周时低于其他两组。

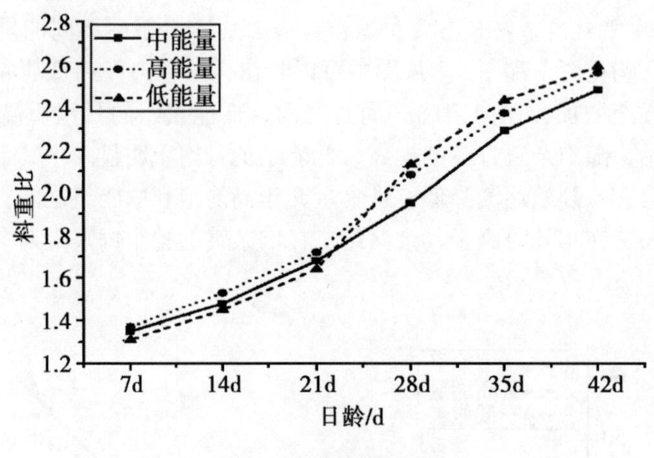

图3　料重比变化规律

2.2　生产性能比较分析

肉杂鸡生产性能的比较分析见表2。由表2可以看出，鸡的日增重在生长前期（1~21d），中能量、低能量和高能量组之间两两相比均差异显著（$P<0.05$），其中，低能组的日增重最高，终能组次之，高能组的日增重最低。在生长后期（22~42d），高能组显著低于其他两组（$P<0.05$），但中能量和低能量组之间差异不显著（$P>0.05$）。在鸡的整个饲喂周期中，中能量和低能量组显著高于高能组（$P<0.05$），而中能量和低能量组之间差异不显著（$P>0.05$）。

表2　生产性能比较分析——显著性检验

处　理	日增重			进食量			料重比		
	1~21d	22~42d	1~42d	1~21d	22~42d	1~42d	1~21d	22~42d	1~42d
中能量	14.35^b	42.99^a	28.67^a	22.30^b	98.50^b	60.40^b	1.54^a	2.24^b	1.87^b
高能量		13.52^c	40.09^b	21.59^c	95.61^c	58.60^c	1.50^b	2.34^a	1.94^a
低能量	15.18^a	42.50^a	28.84^a	23.06^a	103.19^a	63.12^a	1.47^c	2.38^a	1.92^a
SEM	0.006	0.018	0.010	0.009	0.020	0.010	0.002	0.001	0.001
P	<0.001	0.002	<0.001	0.003	<0.001	<0.001	<0.001	0.001	0.001

同列肩注标有不同小写字母者，差异显著（$P<0.05$）

鸡的采食量在生长前期（1~21d）、生长后期（22~42d）和全期规律相同，不同能量水平之间差异显著（$P<0.05$），都是低能组最高，中能组次之，高能组最低。

由料重比可以看出，生长前期（1~21d），中能量、高能量和低能量组的料重比两两之间差异均显著（$P<0.05$），其中中能组最高，高能组次之，低能量组最低。生长后期（22～42d）和全期规律相同，都是高能量、低能量组的料重比显著高于中能量组（$P<0.05$），但高能量和低能量组之间差异不显著（$P>0.05$）。

3 讨论

本研究结果表明，饲喂相同蛋白质水平、不同能量水平的饲粮，肉杂鸡在采食量、日增重和饲料转化率方面有很大差异。在饲养周期的前期（0～3周龄），低能量组的料重比最低，在此能量水平下，能够满足杂交肉仔鸡生长和维持的需要。在饲喂的后期（4～6周龄），中能量组的料重比最低。这说明前期能量水平低，后期生长强度和饲料利用率会提高，生长后期对前期低能量浓度造成的生长障碍具有明显的补偿作用，当前期能量水平低、后期能量水平高时，能获得理想的增重和较高的饲料利用率。

NRC（1994）[1]指出能量水平的高低对采食量有一定的调节作用，能量的调节作用前期大于后期，两者呈负相关。杨烨等（2001）[2]研究报道，家禽在自由采食时，通过能量对采食量的调节可满足能量需要。本文结论与上述结论相符。夏来发等（1995）[3]研究观察发现，在粗蛋白质相同的情况下，随着日粮代谢能含量的增加，肉鸡的增重随之提高，其影响随日龄增加呈由弱变强的趋势，但是采食量的下降同日粮能量含量的提高不成正比，当日粮能量浓度过高时，就不能精确地调节其能量采食量了，反而会因为能量水平过高而影响增重和提高饲料消耗。本试验结果与上述结论相符，在整个饲喂周期中，能量水平保持在11.30MJ/kg，日粮中能量水平过高或过低均不利于鸡的采食和增重。

4 结论

在杂交肉鸡的整个饲养周期内，高能组和低能组的料重比显著高于中能组（$P<0.05$），本试验条件下肉杂鸡的最适能量水平前期（0～3周）和后期（4～6周）均为11.30MJ/kg。

参考文献

[1] 美国NRC. 家禽营养需要标准［M］. 美国，1994.
[2] 杨 烨，李忠荣，冯玉兰. 河田鸡日粮能量和粗蛋白质水平的研究［J］. 福建农业学报，2001，16（1）：42－48.
[3] 夏来发，许洪泉，沈洪民，等. 不同能量和蛋白质水平对肉鸡生长的影响［J］. 上海畜牧兽医通讯，1995（06）.

0～6 周龄贵妃鸡适宜饲粮能量和蛋白质水平的研究*

王润莲[1]，汪忠艳[2]，张　锐[1]，黎秋平[1]，杜炳旺[1]**

(1. 广东海洋大学动物科学系，湛江　524088；
2. 广东爱保农科技有限公司，广州　510000)

摘　要：为研究饲粮能量和粗蛋白水平对贵妃鸡生长性能及养分代谢的影响，以确定 0～6 周龄贵妃鸡日粮中适宜能量和粗蛋白水平，试验选用 1 日龄贵妃鸡雏鸡 360 只（公母各半），采用 2×3 因子设计，共 6 个处理，其中两个代谢能水平，分别为 11.7MJ/kg、12.0MJ/kg，3 个粗蛋白水平，分别为 19.5%、20.5% 和 21.5%，每个处理 6 个重复，每重复 10 只雏鸡，试验饲养 42d，试验末，每组选 6 只鸡采用全收粪法进行代谢试验。结果表明：以末重和日增重为衡量指标，均以代谢能 11.7MJ/kg、粗蛋白 20.5% 和 21.5% 效果最好；以耗料增重比为衡量指标，则分别以能量 12.0MJ/kg、粗蛋白 20.5% 为最佳；综合养分代谢率结果，多以代谢能和粗蛋白水平 11.7MJ/kg、20.5% 效果最好。综上结果，推荐 0～6 周龄贵妃鸡日粮中适宜的代谢能水平为 11.7MJ/kg，粗蛋白水平为 20.5%。

关键词：代谢能；粗蛋白；需要量；贵妃鸡

贵妃鸡是一种瘦肉型珍禽，体型娇小，结构紧凑，皮下脂肪少，胸肌发达，肌肉结实，有土鸡肉的香味和山鸡肉的结实，还有飞禽的野味，不失为一种高蛋白低脂肪的理想保健食品[1,2]。近年来，国内外市场对贵妃鸡的需求量不断增加，饲养量逐年递增。然而，目前对贵妃鸡营养需要量的研究报道不多[3,4]，其日粮配合多凭经验或参照我国颁布的地方品种鸡或肉仔鸡饲养标准，这在一定程度上制约了贵妃鸡生产性能的充分发挥，造成生产效率低下及饲料成本较高等问题。本试验主要通过饲养试验和代谢试验研究了 0～6 周龄贵妃鸡饲粮适宜的能量和蛋白质水平，以便为贵妃鸡全价日粮的配制及饲养标准的制订提供参考依据。

1　材料与方法

1.1　试验设计与动物分组

采用 2×3 因子设计，2 个能量水平，3 个粗蛋白水平，共 6 个处理组。选取 1 日龄初

* **基金项目**：广东省科技厅攻关项目（2010B020306005），广东省自然基金项目（S2012010010114），科技部成果转化项目（2012GB2E000341）

** **通讯作者**：杜炳旺，教授，主要从事家禽育种与生产研究，E－mail：dudu903@163.com

始体重相近的健康贵妃鸡 360 只（公母各半），随机分为 6 个处理组，每组 6 个重复，每重复 10 只鸡。

1.2 试验日粮

参照黄羽肉鸡的营养需要并综合他人养殖经验及本研究室就各项营养参数的初步探索配制试验日粮[5]。日粮代谢能设 11.7MJ/kg、12.0MJ/kg 两个水平，蛋白质设 19.5%、20.5% 和 21.5% 3 个水平。6 个试验日粮中维生素、微量元素等微量营养成分保持一致，试验日粮组成及营养水平见表 1。

表 1 0~6 周龄贵妃鸡试验日粮组成及营养水平

原 料	11.7（MJ/kg）			12.0（MJ/kg）		
	19.5%	20.5%	21.5%	19.5%	20.5%	21.5%
玉 米	62.50	60.50	58.46	58.40	56.00	54.50
麸 皮	1.00	1.50	1.50	3.57	4.54	4.54
大豆油	0.08	0.08	0.08	2.10	2.00	1.76
豆 粕	28.20	28.20	28.20	28.00	26.30	26.30
玉米蛋白粉	2.4	1.9	2.9	1.0	3.6	4.9
鱼 粉	1.65	3.9	4.95	2.85	3.48	4.3
磷酸氢钙[a]	1.30	1.05	1.00	1.15	1.15	0.80
$CaCO_3$[a]	1.5	1.5	1.5	1.5	1.5	1.5
蛋氨酸	0	0	0.04	0.06	0.06	0.03
食 盐[a]	0.37	0.37	0.37	0.37	0.37	0.37
预混料[a]	1	1	1	1	1	1
营养水平						
代谢能/（MJ/kg）	11.76	11.70	11.71	12.02	12.03	12.00
粗蛋白[b]/%	19.51	20.52	21.51	19.50	20.54	21.51
钙[b]/%	1.01	1.00	1.00	1.02	1.01	1.00
非植酸磷/%	0.46	0.45	0.45	0.44	0.45	0.45

每 kg 饲粮中添加：VA 7 500IU，VD_3 2 550IU，VE 9.6IU，VK_3 1.2mg，VB_1 0.6mg，VB_2 5.1mg，B_6 1.2mg，B_{12} 0.006mg，泛酸 6mg，烟酸 19.5mg，叶酸 0.6mg，生物素 0.09mg，Choline 500mg，Cu（$CuSO_4 \cdot 5H_2O$）8mg，Zn（$ZnSO_4 \cdot H_2O$）60mg，Fe（$FeSO_4 \cdot H_2O$）80mg，I（KI）0.35mg，Se（Na_2SeO_3）0.15mg，[a]试剂级[b]实测值

1.3 饲养管理

供试鸡采用笼养，饲养管理条件（温度、湿度、光照、通风和饲喂时间等）均相同，按常规免疫程序进行，自由采食和饮水，试验期 42d。

1.4 测定指标

1.4.1 生长性能 于 42 日龄早上 8:00 以重复组为单位空腹称重，于试验结束后进行称

料，并计算平均日采食量、平均日增重、耗料增重比，试验过程中准确记录病死鸡数。

1.4.2 养分代谢率 饲养试验结束后，分别从各组按平均体重抽取6只公鸡（每重复1只），以全收粪法进行代谢试验。试鸡单笼饲养，预试期3d后，开始正试期，连续3d收集粪尿，并统计采食量、排粪尿量，试验末取粪尿样，65~75℃烘干测出水分含量，并粉碎过40目筛制成风干样本，采用氧弹式测热仪及国家标准方法分析饲料和粪尿样中的能量及各种养分含量[6]，分别计算能量及养分代谢率。

1.5 统计分析

所有数据Excel 2003软件进行初步处理，采用SAS软件的GLM程序进行方差分析；方差分析显著者，以LSD法比较各处理组平均数间的差异显著性，以 $P<0.05$ 作为差异显著性判断标准。

2 结果与分析

2.1 生产性能

日粮能量与蛋白水平对0~6周龄贵妃鸡生长性能的影响见表2。

表2 日粮能量与蛋白水平对0~6周龄贵妃鸡生长性能的影响

代谢能/(MJ/kg)	粗蛋白/%	始重/g	末重/g	日增重/g	日采食量/g	耗料增重比
11.7	19.5	26.80	360.9^{b}	7.95^{b}	25.32	3.18^{a}
	20.5	27.10	391.9^{a}	8.95^{a}	26.96	3.01^{b}
	21.5	27.89	388.2^{a}	8.56^{a}	26.62	3.12^{ab}
12.0	19.5	26.56	363.1^{b}	7.79^{b}	24.93	3.20^{a}
	20.5	26.70	375.9^{ab}	8.26^{ab}	24.23	3.13^{ab}
	21.5	27.02	370.2^{ab}	8.17^{ab}	24.83	3.13^{ab}
代谢能/(MJ/kg)	11.7	27.37	375.8	8.34	25.88	3.08
	12.0	26.73	368.4	8.01	24.91	3.15
粗蛋白/%	19.5	26.65	363.5^{b}	7.82	25.53	3.18
	20.5	26.90	381.2^{a}	8.45	25.81	3.05
	21.5	27.41	379.5^{a}	8.34	25.36	3.10
*P*值						
代谢能		0.665	0.231	0.132	0.221	0.165
粗蛋白		0.123	0.046	0.073	0.864	0.010
代谢能*粗蛋白		0.385	0.036	0.042	0.563	0.043

注：同列肩标不同小写字母表示差异显著（$P<0.05$），下表同

由表2可见，日粮能量和蛋白质水平对贵妃鸡的生长有明显的影响，其互作效应显著（$P<0.05$）。当日粮能量水平为11.7MJ/kg时，随着粗蛋白水平的提高，贵妃鸡6周龄末

重和日增重也增加，但当日粮能量水平为 12.0MJ/kg 时，随着粗蛋白水平的提高，贵妃鸡 6 周龄的末重和日增重没有明显的变化（$P>0.05$），贵妃鸡 6 周龄的末重和日增重以能量 11.7MJ/kg、蛋白质 20.5% 和 21.5% 最佳，其次为能量 12.0MJ/kg、蛋白质 20.5% 和 21.5% 的两组，而均以蛋白质为 19.5% 的两个高低能量组最低。日粮能量和蛋白质水平及其互作效应对贵妃鸡的采食量均没有显著的影响（$P>0.05$）。日粮能量和蛋白质水平对贵妃鸡的耗料增重比没有显著的影响（$P>0.05$），但其互作效应显著（$P<0.05$），贵妃鸡 6 周龄的耗料增重比以能量 11.7MJ/kg、蛋白质 20.5%％组最小，即饲料利用效率最高，其次为能量 11.7MJ/kg、蛋白质 21.5% 组以及能量为 12.0MJ/kg、蛋白质 20.5% 和 21.5% 的两组，而均以蛋白质为 19.5% 的两个高低能量组最大，即饲料利用效率最低。

综上结果，以末重和日增重为衡量指标，贵妃鸡日粮中采用能量水平 11.7MJ/kg、蛋白质水平 20.5% 和 21.5% 为最佳，根据耗料增重比结果，以能量水平 11.7MJ/kg、蛋白质水平 20.5% 组最好。

2.2 养分代谢利用率

由表 3 可见，日粮能量和蛋白质水平对贵妃鸡的干物质代谢率没有明显影响（$P>0.05$），但其互作效应有一定的趋势（$P=0.066$），以能量水平 11.7MJ/kg、蛋白质水平 20.5% 组以及能量水平 12.0MJ/kg、蛋白质 20.5% 和 21.5% 的两组相对偏高。日粮蛋白质水平及能量和蛋白质水平的互作效应对贵妃鸡的蛋白质代谢率均有显著的影响（$P<0.05$），其中以能量水平 11.7MJ/kg、蛋白质水平 20.5% 组以及能量水平 12.0MJ/kg、蛋白质水平 21.5% 的两组最高，显著高于均以蛋白质为 19.5% 的两个高低能量组（$P<0.05$）。提高日粮蛋白质水平可显著提高蛋白质代谢率（$P<0.05$），但蛋白质水平 20.5% 组和 21.5% 组差异不显著（$P>0.05$）。日粮能量和蛋白质水平及其互作效应对贵妃鸡的粗脂肪和能量代谢率均没有显著的影响（$P>0.05$）。综合养分代谢率结果，多以能量 11.7MJ/kg、蛋白质 20.5% 组效果最好。

表 3　日粮能量与蛋白水平对 0～6 周龄贵妃鸡养分代谢率的影响

代谢能/（MJ/kg）	粗蛋白/%	干物质/%	粗蛋白/%	粗脂肪/%	能量/%
11.7	19.5	70.1	69.8[b]	70.6	76.3
	20.5	73.8	75.2[a]	74.9	78.1
	21.5	72.6	73.6[ab]	74.9	77.6
12.0	19.5	72.8	68.2[b]	76.9	77.1
	20.5	73.8	73.4[ab]	77.9	78.9
	21.5	73.9	75.6[a]	77.9	78.3
代谢能/（MJ/kg）	11.7	72.5	72.6	72.2	77.3
	12.0	73.1	72.2	77.5	78.6
粗蛋白/%	19.5	71.6	68.9[b]	73.4	77.5
	20.5	73.4	74.6[a]	75.5	78.5
	21.5	73.4	74.7[a]	76.1	78.0

（续表）

代谢能/(MJ/kg)	粗蛋白/%	干物质/%	粗蛋白/%	粗脂肪/%	能量/%
P 值					
代谢能		0.124	0.663	0.665	0.122
粗蛋白		0.321	0.021	0.980	0.335
代谢能 * 粗蛋白		0.066	0.034	0.335	0.687

3 讨论

本试验结果表明，不同营养水平日粮对生长期贵妃鸡生产性能和养分代谢利用有显著影响。该结果和张爱忠等[3]、宗文丽等[4]的结果一致，不同营养水平日粮对生长期贵妃鸡生产性能有显著影响。但宗文丽[4]对42～94日龄贵妃鸡研究发现，能量水平对贵妃鸡生产性能有极显著影响，而粗蛋白及粗蛋白与能量的交互作用对贵妃鸡生产性能影响不显著；张爱忠等[3]就产蛋期的贵妃鸡进行试验，同样得出不同能量水平对贵妃鸡的生产性能有显著影响，不同蛋白质水平对贵妃鸡生产性能没有显著影响，这些结果和本试验结果不完全一致，笔者推测可能与不同的试验期和贵妃鸡不同的生理阶段有关。鸡的生长性能受品种、饲料及环境因素的影响。本试验为0～6周龄的幼龄雏鸡，生长速度快，肌肉沉积更多，需要更多日粮蛋白质，因此，粗蛋白的作用效果明显大于能量，从试验中提高日粮蛋白质水平显著提高了蛋白质代谢率的结果也反映出了这一点。一般来说，能量对鸡的采食量有一定的调节作用；二者呈负相关，但本研究发现贵妃鸡采食量未受到日粮能量水平的影响，这说明能量的调节作用并不严格一致。另外上述结果的差异也可能与不同试验采用的能量和粗蛋白水平都不一样有关。

我国已制定出了快大型肉鸡和黄羽肉鸡的饲养标准[5]，但不同地方鸡的营养需要量尚未标准化，有关的研究较多，尤其在能量和蛋白质水平方面，但研究结果不尽相同[7～11]，因品种、生长阶段、饲养环境和方式等而异。本试验得出的贵妃鸡代谢能和粗蛋白水平与中国地方品种肉用黄鸡营养需要标准相比，能量和粗蛋白稍低，和其他地方鸡相比，代谢能水平差别不是很大，但粗蛋白水平偏高。

4 结论

不同能量水平和蛋白质水平的饲粮对贵妃鸡的生长、饲料转化及养分代谢率有显著影响。以末重和日增重为衡量指标，以贵妃鸡日粮中能量水平为11.7MJ/kg、蛋白质水平为20.5%和21.5%为最佳，根据耗料增重比和养分代谢率结果，以能量水平11.7MJ/kg、蛋白质水平20.5%为最好。综上得出0～6周龄贵妃鸡日粮中适宜的代谢能水平为11.7MJ/kg，蛋白质水平为20.5%。

参考文献

[1] 杜炳旺．禽中珍品——贵妃鸡［J］．中国家禽，2006（10）：55.

[2] 杜炳旺. 珍禽贵妃鸡商用配套系的特点、研究生产现状及发展前景 [J]. 家禽科学, 2007 (1): 7-9.

[3] 张爱忠, 姚春翥, 姜 宁. 不同营养水平对贵妃鸡生产性能的影响 [J]. 黑龙江畜牧兽医, 2001 (6): 15-16.

[4] 宗文丽, 白秀娟. 不同营养水平日粮对生长期贵妃鸡生产性能的影响 [J]. 经济动物学报, 2006, 10 (4): 203-205.

[5] 中华人民共和国农业部. NY/T 33-2004. 中华人民共和国农业行业标准——鸡饲养标准 [S]. 北京: 中国农业出版社, 2004.

[6] 崔淑文, 陈必芳. 饲料标准资料汇编 (1) [M]. 北京: 中国标准出版社, 1991.

[7] 宋素芳, 康相涛, 田亚东, 等. 0-4 周龄固始鸡能量和蛋白质需要量研究 [J]. 中国农业科学, 2003, 36 (8): 976-980.

[8] 严虹羽, 王学梅, 李笑春, 等. 1-35 日龄海南文昌鸡适宜饲粮能量和蛋白质水平的研究 [J]. 热带农业工程, 2009, 33 (2): 4-6, 28.

[9] 许美解, 刘小飞, 钟金凤. 14-21 周龄湘黄鸡日粮适宜能量和蛋白质水平的研究 [J]. 广西畜牧兽医, 2010, 31 (3): 35-39.

[10] 陈希杭, 汪以真. 宁海土鸡适宜日粮能量和粗蛋白质水平的研究 [J]. 上海畜牧兽医通讯, 2010 (4): 2-4.

[11] 胡 艳, 王向荣, 刘绍伟, 等. 1-56 日龄慢长型湘黄肉鸡能量和蛋白质需要量的研究 [J]. 湖南畜牧兽医, 2011 (6): 6-8.

低能低蛋白条件下日粮维生素 D_3 对 0~6 周龄肉仔鸡影响研究*

石天虹，张桂芝**，黄保华，刘雪兰，井庆川，
武　彬，魏祥法，刘瑞亭，闫佩佩
（山东省农业科学院家禽研究所，济南　250023）

摘　要：研究了较低的能量、蛋白水平下，日粮中添加维生素 D_3（维生素 D_3）对 0~6 周龄肉仔鸡的影响。玉米—豆粕型日粮，0~3 周龄和 4~6 周龄代谢能和粗蛋白分别为 12.13 MJ/kg、20.0%和 12.55 MJ/kg、18.0%。单因素三水平试验设计，3 个维生素 D_3 添加水平分别为（IU/kg）：200、400 和 800。将 540 只 1 日龄 AA 肉仔鸡（公母各半）随机分为 9 组，每组 3 个重复，每重复 20 只。本试验结果表明，日粮添加维生素 D_3 200、400IU/kg 不能满足肉仔鸡生长和骨骼代谢的需要，添加量 800IU/kg 较为适宜；日粮添加维生素 D_3 对血液指标影响不明显，因此，血液指标只能作为判定日粮维生素是否缺乏的辅助指标，要研究维生素的需要量还需要依靠生物学方法来确定。

关键词：肉仔鸡；维生素 D_3

AA 肉仔鸡是国际公认的快大型肉鸡标准品种，存栏量大，市场需求量大。肉仔鸡生产中饲料占养鸡成本的 75%~85%，饲料中能量和蛋白饲料又占到饲料成本的 90%以上。据计算配合饲料中每增加或减少代谢能 50Kcal/kg，每吨配合饲料的成本将相应增加或减少 50 元；配合饲料中每增加或减少蛋白 1%，每吨配合饲料的成本也相应增加或减少 50 元左右，所以饲料营养成分的细小变动会导致饲料成本的巨大差异。我国《鸡的饲养标准》（2004）提供 0~3 周龄肉仔鸡两个能量蛋白水平，为 12.54MJ/kg，21.5%或 12.75MJ/kg，22.0%；4~6 周龄为 12.96MJ/kg，粗蛋白 20.0%。饲料公司为了追求利润，大多不会将日粮能量蛋白水平定得太高，一般将 0~3 周龄代谢能和粗蛋白水平定在 12.13~12.54MJ/kg，20%左右；4~6 周龄定在 12.75 MJ/kg，19%左右。肉仔鸡日粮能量蛋白水平的高低影响肉仔鸡对蛋氨酸、赖氨酸的需要量，但对维生素的需要量是否有影响还未见报道。

维生素 D 是重要的脂溶性维生素，在动物体内具有重要的营养生理作用，缺乏或过量都将引起动物代谢异常、生产性能及免疫机能下降，因此，日粮中添加适宜剂量的维生素 D 是非常必要的。维生素 D 有很多衍生物，其中，维生素 D_3 对家禽的活力最强，所以

* **基金项目**：山东省科技发展计划项目，肉仔鸡动态营养需要及其模型的研究，项目编号：2007GG10009004
作者简介：石天虹，女，硕士，研究员，研究方向为家禽营养，E-mail：shith2004@163.com
** **通讯作者**

家禽饲料中添加的维生素 D 是维生素 D_3。对不同能量蛋白水平下，肉仔鸡对维生素 D_3 的需要量进行了研究，本文旨在研究低能低蛋白水平条件下，日粮添加维生素 D_3 对肉仔鸡生产性能和血清指标的影响，目的是筛选出低能低蛋白水平下 0～6 周龄肉仔鸡适宜的日粮维生素 D_3 添加水平，为肉鸡生产中科学添加维生素 D_3 提供理论依据。

1　材料与方法

1.1　试验材料

AA 肉仔鸡 180 只，购自烟台益生种禽有限公司。

1.2　试验设计及饲料配方

试验鸡 180 只，随机分为 3 组，每组 3 个重复，每重复 20 只鸡。单因素 3 水平试验设计，第 1、2、3 组日粮中维生素 D 的 3 个添加水平为 200、400、800IU/kg。饲料配方见表 1。配方中 0～3 周龄能量蛋白水平分别为 12.13MJ/kg，20%；4～6 周龄分别为 12.55MJ/kg，18%。两阶段配合料中，除维生素 D 外，其他维生素水平相同（mg/kg）。

表 1　AA 肉仔鸡饲料配方及主要营养成分（%）

饲料配方			营养成分		
原　料	0～3 周龄	4～6 周龄	营养指标	0～3 周龄	4～6 周龄
玉　米	64.82	69.36	代谢能/（MJ/kg）	12.13	12.55
花生仁粕	30.33	25.33	粗蛋白/%	20.00	18.00
大豆油	0.08	1.05	钙/%	1.00	0.90
石粉	1.66	1.41	总磷/%	0.50	0.50
磷酸氢钙	0.93	0.92	赖氨酸/%	1.15	1.00
蛋氨酸	0.46	0.33	蛋氨酸 + 胱氮酸%	0.91	0.76
赖氨酸	0.50	0.40	苏氯酸 Thr/%	0.81	0.72
苏氨酸	0.28	0.23			
复合微量元素	0.15	0.15			
食盐	0.32	0.32			
复合维生素(不含维生素 D)	0.05	0.05			
麦饭石	0.42	0.45			
合计	100.00	100.00			

注：配合料中维生素水平/（mg/kg）：维生素$_A$ 6 000IU/kg；维生素$_E$ 20；维生素$_K$ 1.0；B_1 2.5；B_2 8.0；泛酸钙 20；B_5 40；B_6 5.0；生物素 0.2；叶酸 6.0；B_{12} 0.12

1.3　饲养管理

网上平养，煤炉供温，根据室温调节煤炉进风口大小来控制温度。人工控制湿度，生炉子时，在走廊上洒水，其他时间依靠自然湿度。根据室温和天气情况调节窗户开闭程度，控制通风量。7 日龄清粪 1 次，之后至 6 周龄每 3d 清粪 1 次。常规免疫，7 日龄颈部皮下注射鸡新城疫—H_9 二联灭活油苗，同时点眼滴鼻传支—H120。14 和 20 日龄分别饮水免疫法氏囊，30 日龄新城疫—传支 52 三倍量饮水免疫。

1.4 检测指标

以重复为单位，每周称体重和剩料，计算体增重、耗料和料重比。25、45 日龄每组取 3 只鸡，翅静脉采血，测血清 Ca、P、AKP（生化自动分析仪）。

1.5 统计方法

采用 SAS 统计软件，GLM 统计程序进行方差和回归分析。

2 试验结果

2.1 体重和耗料

见表 2。

表 2 低能低蛋白水平下日粮添加维生素$_{D3}$对 0～6 周龄肉仔鸡体重和耗料的影响（$x \pm s$）（g）

指标		第 1 组	第 2 组	第 3 组
0～3 周龄	3 周龄体重	685.00 ± 16.82^{b}	674.33 ± 15.95^{b}	727.67 ± 14.47^{a}
	体增重	642.80 ± 16.77^{b}	632.22 ± 16.23^{b}	685.54 ± 14.77^{a}
	耗料	983.67 ± 28.36^{ab}	961.67 ± 32.75^{b}	$1\,021.00 \pm 7.21^{a}$
	料重比	1.530 ± 0.012^{a}	1.521 ± 0.019^{ab}	1.489 ± 0.026^{b}
4～6 周龄	6 周龄体重	$1\,803.00 \pm 55.56^{b}$	$1\,850.33 \pm 92.05^{b}$	$2\,003.33 \pm 8.39^{a}$
	体增重	$1\,117.86 \pm 38.77^{b}$	$1\,176.28 \pm 81.43^{ab}$	$1\,275.46 \pm 12.80^{a}$
	耗料	$2\,198.00 \pm 53.84^{b}$	$2\,309.67 \pm 106.96^{b}$	$2\,506.67 \pm 25.78^{a}$
	料重比	1.967 ± 0.025	1.966 ± 0.050	1.965 ± 0.025

注：同一行字母不同者差异显著（$P<0.05$）

经方差分析，3 周龄组间体重、0～3 周龄体增重和耗料量有显著差异（$P<0.05$）。第 3 组体重和体增重显著大于第 1、2 组（$P<0.05$），第 1、2 组之间差异不显著（$P>0.05$）。0～3 周龄耗料量第 3 组最大，显著大于第 2 组（$P<0.05$），和第 1 组差异不显著（$P>0.05$）。经回归分析，3 周龄体重、0～3 周龄体增重和维生素 D_3 添加量有显著的线性回归关系，随维生素 D_3 添加量的增加显著增加（$P<0.05$），而 0～3 周龄料重比则随维生素 D_3 添加量的增加显著降低（$P<0.05$），回归公式如下：

BW3（g）＝658.333（$P<0.000\,1$）＋0.080X（$P=0.018\,5$）；BWG03（g）＝616.143（$P<0.000\,1$）＋0.080X（$P=0.018\,7$）；FCR03＝1.546（$P<0.000\,1$）－0.000 069 88X（$P=0.026\,7$）。（式中 BW3、BW03、FCR03 分别代表 3 周龄体重、0～3 周龄体增重和料重比，X 表示日粮维生素 D_3 添加量，IU/kg）。

0～3 周龄耗料量和维生素 D_3 添加量无显著线性关系（$P>0.05$），但第 3 组最大。这可能是由于第 3 组体重最大的缘故。

以上结果说明，0～3 周龄肉仔鸡日粮中添加维生素 $D_3$200 或 400IU/kg 不能满足生长的需要，使体重低，料重比高，日粮中添加维生素 D_3 800IU/kg 较为适宜。

6 周龄体重、4～6 周龄体增重和耗料量随着日粮维生素 D_3 添加量的增加显著增加，且有显著的线性关系（$P<0.05$），回归公式如下：

BW6＝1726.50（$P<0.0001$）＋0.341X（$P=0.0033$）；BWG46＝1068.27（$P<0.0001$）＋0.261X（$P=0.0052$）；FC46＝2099.50（$P<0.0001$）＋0.511X（$P=0.0006$）（式中 BW6、BW46、FC46 分别代表 6 周龄体重、4～6 周龄体增重和耗料量，X 表示日粮维生素 D_3 添加量，IU/kg）。料重比和维生素 D 添加水平无显著的回归关系（$P>0.05$）。

以上这些结果说明，4～6 周龄日粮中添加维生素 $D_3$200 或 400IU/kg 仍然不能满足生长的需要，以体重为考核指标，本试验条件下，维生素 D_3 添加量 800IU/kg 较为适宜。

2.2 AA 肉仔鸡腿病发生率

日粮维生素 D_3 的添加水平对肉仔鸡 TD 发生率（%）影响显著（$P<0.05$），3 周龄时维生素 D_3 添加水平为 200IU/kg 时，TD 发生率为 90%，鸡群不愿站立，驱赶时用翅膀辅助匍匐行走；添加水平为 400IU/kg 时 TD 发生率为 5%；添加水平为 800IU/kg 时 TD 发生率 1%。这说明供给 0～3 周龄 AA 肉仔鸡 200 和 400IU/kg 的维生素 D_3 不能满足肉仔鸡生长和体内代谢的需要。日粮添加 800IU/kg 的维生素 D_3 的组大群精神良好，几乎无腿病，但仔细观察，仍有个别鸡只腿瘸，可能是挤压等其他原因造成。6 周龄时，随着日龄的增加，腿病发生率逐渐降低，维生素 D_3 添加水平为 200IU/kg 的组腿病依然严重，TD 发生率达 50%；添加水平为 400 IU/kg，TD 发生率降到 1%，而添加水平为 800IU/kg 的组未见到 TD 的发生。这是由于随着日龄的增加，鸡群采食量增加，采食的维生素 D_3 量逐渐增加，所需的日粮维生素 D_3 浓度相对减少的缘故。

2.3 血液指标

见表 3。

表 3　低能低蛋白水平下日粮添加维生素 D_3 对 25、45 日龄肉仔鸡血清指标的影响（$x \pm s$）

指　标		第 1 组	第 2 组	第 3 组
Ca/（mmol/L）	25 日龄	3.01 ± 0.17^{ab}	2.74 ± 0.16^{b}	3.31 ± 0.11^{a}
	45 日龄	2.72 ± 0.13^{a}	2.79 ± 0.09^{a}	2.93 ± 0.22^{a}
P/（mmol/L）	25 日龄	1.54 ± 0.28^{a}	1.55 ± 0.47^{a}	1.56 ± 0.25^{a}
	45 日龄	1.07 ± 0.37^{b}	1.54 ± 0.27^{ab}	1.63 ± 0.39^{a}
AKP/（U/100mL）	25 日龄	$1\,967 \pm 795^{a}$	$1\,656 \pm 184^{a}$	$1\,405 \pm 1\,280^{a}$
	45 日龄	407 ± 244^{a}	533 ± 340^{a}	390 ± 84^{a}

注：同一行字母不同者差异显著（$P<0.05$）

日粮中添加不同剂量的维生素 D_3 对 25 日龄肉鸡血清 Ca 影响显著，第 3 组最高，显著高于第2组（$P<0.05$），和第1组差异不显著（$P>0.05$）。无法解释出现这一结果的原因，可能是个体差异造成的，或者是其他不知道的原因导致的。维生素 D_3 对25日龄肉鸡血清P和AKP影响不显著（$P>0.05$），但血清P有随维生素 D_3 添加量的增加而增加的趋势，而AKP有随维生素 D_3 添加量的增加而降低的趋势。不同剂量的维生素 D_3 对45日龄肉鸡血清Ca、P和AKP影响不显著（$P>0.05$），但血清Ca、P有随维生素 D_3 添加量的增加而增加的趋势，AKP变化规律不明显。以上这些结果说明了维生素 D_3 对Ca、P有影响，本试验中维生素 D_3 添加800IU/kg对Ca、P代谢是最有利的。

3 讨论

3.1 维生素 D_3 的适宜需要量

维生素D是一种脂溶性维生素，被称为抗佝偻病维生素，有促进钙磷吸收，预防佝偻病的作用。维生素D又被称为阳光维生素，因为大多数动物皮肤在紫外线照射下能够合成。很多因素都可以影响鸡维生素D的需要量，如日粮中磷的来源、钙磷比例以及动物暴露阳光下的程度。脂溶性维生素如维生素E、维生素A和维生素D之间也存在竞争作用，含有高水平维生素A和维生素E时就容易引发低血钙和佝偻病。目前，还很难将维生素需要量区分为维持和生产两部分，因此，还不能用析因法进行测定。通常采用生物学方法测定维生素的总需要量，即通过测定不同日粮维生素水平的生物学反应来确定需要量。对肉仔鸡维生素 D_3 的适宜需要量有大量研究，但不同的能量蛋白水平下，维生素 D_3 的适宜需要量是否有变化还没见报道。事实上，通过本试验发现，不同的能量蛋白水平下维生素 D_3 对肉仔鸡性能的影响规律是不同的。

我国《鸡的饲养标准》（2004）提供的0~3周龄肉仔鸡维生素 D_3 需要量是1 000IU/kg，而NRC（1994）提供的是200 IU/kg，差别很大。Goff J. et al（1995）[1]研究认为，肉仔鸡要达到最大体重，在玉米—豆粕型日粮中须添加维生素 D_3 800IU/kg。王丹莉等（1996）[2]分别在日粮中添加维生素 D_3 500、1 000、2 000IU/kg，发现添加1 000IU/kg的鸡胫骨软骨症发生率最低。张海琴（2006）[3]还研究了4个维生素 D_3 添加水平500、1 250、2 500和5 000IU/kg对肉仔鸡的影响，1 250IU/kg可获得最大生长性能与免疫机能，5 000IU/kg临界过量。这些研究说明，日粮中添加维生素 D_3 500IU/kg是不够的，至少添加维生素 D_3 800IU/kg才能满足肉仔鸡生长和骨骼发育的需要。本试验中，维生素 D_3 添加量分别为200、400、800IU/kg，肉仔鸡体重随维生素 D_3 添加量的增加而增大，腿病发生率随维生素 D_3 添加量的增加而降低，这些都说明维生素 D_3 添加量为200、400IU/kg时太低，维生素 D_3 添加量为800IU/kg时基本能满足肉仔鸡生长和骨骼发育的需要。

3.2 日粮维生素D和血液指标

血清Ca，P与动物的骨骼代谢密切相关，其浓度的高低受多种因素的影响。

张海琴（2006）[3]的研究表明肉仔鸡日粮维生素 D_3 水平在500~5 000IU/kg范围内，对血清Ca、P均无显著的影响，但随维生素 D_3 添加量的增加，血清Ca、P含量略呈上升趋势。本试验中，除了不知名原因使日粮添加维生素 D_3 对25日龄肉仔鸡血清Ca造成显著影响之外，日粮维生素 D_3 对25 日龄肉仔鸡血清 P 和 45 日龄肉仔鸡血清 Ca、P 均无显著影响，但随日粮维生素 D_3 添加量的增加有逐渐增加的趋势，本结果和以前的研究结果基本一致。这说明对于任何一种动物来说，为了维持体内正常代谢，血清成分会相对稳定。本试验中维生素 D_3 添加量 200、400IU/kg 显然是不能满足肉仔鸡生长和骨骼代谢所需的，但机体会本能地动用骨骼 Ca、P 来维持血液成分的稳定。

血清 AKP 被认为是反映骨骼代谢的一项重要指标，主要来自骨骼和肝脏。AKP 异常升高有两种情况，一种是生理性升高，幼龄动物由于处于骨骼高速发育期，骨组织中 AKP 很活跃，值会偏高；二是病理性偏高，如佝偻病、骨质疏松等。同时，AKP 活性受多种因素影响，如动物种类、日粮营养素水平如锌、钙、磷等矿物质水平及维生素 A、维生素 D 水平等。周佳萍等（2009）[4] 给肉仔鸡提供较高水平的维生素 A 13 500～15 200IU/kg和维生素 D 3 300～3 740IU/kg，测定的 28、42 日龄肉仔鸡血清 AKP 均在 140～150U/100mL，稳定且较低。而本试验中，3 周龄肉仔鸡血清 AKP 活性在 903～3 230U/100mL，6 周龄 AKP 活性在 390～533U/100mL，明显高于以前的研究数值。结果差异巨大的原因有两种，一是年龄的原因，同样饲养和营养条件下，3 周龄鸡的血清 AKP 应该高于 4 周龄的鸡；二是营养因素，本试验中维生素 D_3 添加量 200～800IU/kg，均处于较低的水平，致使血清 AKP 活性普遍偏高，所以日粮维生素 D_3 添加量的变化也没有导致血清 AKP 活性的显著变化。

这些血清指标的数据表明，日粮维生素 D_3 的变化没有导致血液指标的明显变化，因此，血液指标只能作为判定日粮维生素 D_3 是否缺乏的辅助指标，要研究维生素 D_3 的需要量还需要依靠生物学方法来进行。

4 结论

（1）在本试验中，日粮添加维生素 D_3 200、400IU/kg 不能满足肉仔鸡生长和骨骼代谢的需要，添加量为 800IU/kg 较为适宜。

（2）日粮添加维生素 D_3 对血液指标影响不明显，因此，血液指标只能作为判定日粮维生素是否缺乏的辅助指标，要研究维生素的需要量还需要依靠生物学方法来进行。

参考文献

[1] Goff JP，Horst RL. Assessing adequacy of cholecalciferol supplementation in chicks using plasma cholecalciferol metabolite concentrations as an indicator [J]. *Nutr.* 1995，125（5）：1 351－1 357.

[2] 王丹莉，罗　兰．不同水平维生素 A、D、E 日粮对肉仔鸡生长性能、胫骨软骨症及免疫机能的影响 [J]. 中国饲料，1996，17：17－18.

[3] 张海琴．维生素 A、D 对肉鸡生长、免疫、钙磷代谢的影响及其交互作用的研究 [D]. 呼和浩特：内蒙古农业大学硕士学位论文，2006.

[4] 周佳萍，杨在宾，杨维仁，等．转基因耐热植酸酶对肉鸡生产性能、钙磷平衡和磷排放量的研究 [J]. 山东农业大学学报（自然科学版），2009，40（2）：240－246.

中能中蛋白水平下维生素 A、D_3 对 0～6 周龄肉仔鸡生产性能的影响*

石天虹，张桂芝**，刘雪兰，井庆川，武　彬，魏祥法，阎佩佩，刘瑞亭
（山东省农业科学院家禽研究所，济南　250023）

摘　要：采用 3×3 随机交叉试验设计，研究中能中蛋白水平下日粮 VA、VD_3 对肉仔鸡生产性能的影响。1 日龄 AA 肉仔鸡 540 只随机分为 9 组，每组 3 个重复，每重复 20 只鸡。3 个 VA 添加水平为 3 000、6 000、12 000IU/kg；3 个 VD_3 添加水平为 200、400、800IU/kg；0～3 和 4～6 周龄基础日粮代谢能、粗蛋白水平分别为 12.34MJ/kg，21%；12.76MJ/kg，19%。结果表明：①日粮 VA 水平对体增重、耗料量、料重比、存活率均无显著影响（$P>0.05$）；②随 VD_3 添加水平的增加，体增重、耗料量、存活率显著增加（$P<0.05$）；③综合考虑生产性能和经济效益，认为 0～3 和 4～6 周龄肉仔鸡日粮 VA 添加量均以 3 000IU/kg较为适宜，VD_3 添加量均以 800IU/kg 较为适宜。

关键词：维生素 A；维生素 D_3；肉仔鸡；生产性能

VA、VD 是重要的脂溶性维生素，在动物体内具有重要的营养生理作用，缺乏或过量都将引起动物代谢异常、生产性能及免疫机能下降，因此，日粮中添加适宜剂量的 VA、VD 是非常必要的。VD 有很多衍生物，其中，VD_3 对家禽的活力最强，所以家禽饲料中添加的 VD 是 VD_3。肉仔鸡日粮能量蛋白水平的高低影响肉仔鸡蛋氨酸、赖氨酸的需要量，但对维生素的需要量是否有影响还未见报道。不同能量蛋白水平下，肉仔鸡对 VA、VD_3 的需要量不同，本文旨在研究中能中蛋白水平条件下，日粮添加 VA、VD_3 对肉仔鸡生产性能的影响，目的是筛选出中能中蛋白水平下 0～6 周龄肉仔鸡适宜的日粮 VA、VD_3 添加水平，为肉鸡生产中科学添加 VA、VD_3 提供理论依据。

1　材料与方法

1.1　试验材料

1 日龄 AA 肉仔鸡 540 只（公母各半），购自烟台益生种禽有限公司；维生素 A、维生素 D_3，罗氏公司生产。

---

* **基金项目**：山东省科技发展计划项目，肉仔鸡动态营养需要及其模型的研究，项目编号：2007GG10009004
作者简介：石天虹，女，硕士，研究员，研究方向为家禽营养，E－mail：shith2004@163.com
** **通讯作者**

1.2 试验设计及饲料配方

试验设计见表1，试验鸡540只，随机分为9组，每组3个重复，每重复20只鸡。玉米—豆粕型日粮，日粮中0～3、4～6周龄代谢能和粗蛋白水平分别为12.34MJ/kg、21%；12.76MJ/kg、19%。日粮维生素中，除VA和VD_3外，其他维生素水平相同。

表1 试验设计

组 别	VA/（IU/kg）	VD_3/（IU/kg）
1	3 000	
2	6 000	200
3	12 000	
4	3 000	
5	6 000	400
6	12 000	
7	3 000	
8	6 000	800
9	12 000	

1.3 饲养管理

半开放式鸡舍，网上平养，煤炉供温，根据室温调节煤炉进风口大小来控制温度。人工控制湿度，生炉子时，在走廊上洒水，其他时间依靠自然湿度。根据室温和天气情况调节窗户开闭程度，控制通风量。7日龄清粪1次，之后每3d清粪1次。常规免疫，免疫程序为7日龄免鸡新城疫—H_9二联灭活油苗，同时点眼滴鼻传支—H_{120}。14和20日龄分别饮水免疫法氏囊，30日龄新城疫—传支H_{52}三倍量饮水免疫。

1.4 指标检测

每天记录鸡群存栏数，每周末空腹以重复为单位称量鸡重、剩料重，计算只鸡体增重、耗料量、料重比和存活率。

1.5 统计方法

采用SAS统计软件，GLM统计程序进行方差和回归分析。

2 试验结果

2.1 体增重、耗料和料重比

见表2。

表2　日粮添加AV、VD_3对0~6周龄肉仔鸡体增重、耗料和料重比的影响（x±s）

组别	日粮维生素添加水平/（IU/kg）		0~3周龄			4~6周龄		
	VA	VD_3	体增重/g	耗料/g	料重比	体增重/g	耗料/g	料重比
1	3 000	200	637.33 ± 47.50^{ab}	936.33 ± 66.65^{ab}	1.471 ± 0.005^{a}	$1\,196.33\pm124.19^{de}$	$2\,174.33\pm119.62^{ef}$	1.825 ± 0.109^{a}
2	6 000		627.33 ± 53.72^{b}	923.00 ± 42.04^{b}	1.476 ± 0.061^{a}	$1\,171.00\pm78.04^{e}$	$2\,128.33\pm142.24^{f}$	1.820 ± 0.119^{a}
3	12 000		645.33 ± 13.28^{ab}	951.00 ± 15.10^{ab}	1.474 ± 0.018^{a}	$1\,197.67\pm18.45^{de}$	$2\,208.33\pm56.15^{def}$	1.843 ± 0.023^{a}
4	3 000	400	637.67 ± 15.28^{ab}	956.67 ± 50.93^{ab}	1.499 ± 0.048^{a}	$1\,239.67\pm71.59^{cde}$	$2\,312.67\pm25.74^{cde}$	1.869 ± 0.090^{a}
5	6 000		674.33 ± 17.24^{ab}	995.00 ± 9.17^{a}	1.477 ± 0.025^{a}	$1\,314.00\pm29.05^{bc}$	$2\,483.33\pm14.47^{abc}$	1.895 ± 0.033^{a}
6	12 000		644.67 ± 8.96^{ab}	946.67 ± 1.53^{ab}	1.468 ± 0.020^{a}	$1\,289.33\pm49.70^{bcd}$	$2\,364.67\pm55.72^{bcd}$	1.835 ± 0.055^{a}
7	3 000	800	671.33 ± 22.19^{ab}	976.67 ± 14.47^{ab}	1.456 ± 0.047^{a}	$1\,386.67\pm15.37^{ab}$	$2\,571.33\pm9.02^{a}$	1.854 ± 0.015^{a}
8	6 000		660.00 ± 31.43^{ab}	977.67 ± 32.25^{ab}	1.483 ± 0.027^{a}	$1\,355.33\pm43.68^{ab}$	$2\,505.00\pm24.00^{ab}$	1.850 ± 0.074^{a}
9	12 000		683.00 ± 10.82^{a}	999.33 ± 42.36^{a}	1.463 ± 0.075^{a}	$1\,428.33\pm77.51^{a}$	$2\,647.00\pm23.25^{a}$	1.851 ± 0.097^{a}

注：同一列字母不同者差异显著（$P<0.05$），下表同

2.1.1　体增重　0~3周龄和4~6周龄各组体增重的差异显著性见表2。经回归分析，日粮VA添加量对体增重无显著影响（$P>0.05$），日粮VD_3添加量对体增重影响显著（$P<0.05$），随添加量的增加体增重显著增加。其回归关系分别为：

BWG0~3＝627.055 6（$P<0.000\,1$）＋0.056 5×VD_3（$P=0.019\,2$）（BWG0~3：0~3周龄体增重，g；VD_3：日粮VD3添加量，IU/kg）。

BWG4~6＝1 133.778 0（$P<0.000\,1$）＋0.327 2×VD_3（$P<0.000\,1$）（BWG4~6：4~6周龄体增重，g；VD_3：日粮VD_3添加量，IU/kg）。

2.1.2　耗料量　0~3周龄和4~6周龄各组耗料量的差异显著性见表2。经回归分析，日粮VA添加量对耗料量无显著影响（$P>0.05$），日粮VD_3添加量对耗料量影响显著（$P<0.05$），随添加量的增加耗料量显著增加。其回归关系分别为：

FC0~3＝927.556 0（$P<0.000\,1$）＋0.074 8×VD_3（$P=0.011\,3$）（FC0~3：0~3周龄耗料量，g；VD_3：日粮VD_3添加量，IU/kg）。

FC4~6＝2 077.389 0（$P<0.000\,1$）＋0.643 7×VD_3（$P<0.000\,1$）（FC4~6：4~6周龄耗料量，g；VD_3：日粮VD_3添加量，IU/kg）。

2.1.3　料重比　0~3周龄和4~6周龄各组料重比均无显著差异（$P>0.05$）。

2.2　存活率

本试验中鸡的死亡和淘汰主要是由于腿病的发生造成的。日粮添加VA、VD_3对肉仔鸡存活率影响的差异显著性情况见表3。

表3　日粮添加VA、VD_3对肉仔鸡存活率的影响（%）

维生素添加量/（IU/kg）		0~3周龄	4~6周龄	0~6周龄
VA	3 000	98.3^{a}	92.1^{a}	90.6^{a}
	6 000	97.8^{a}	92.0^{a}	90.0^{a}
	12 000	97.8^{a}	93.8^{a}	91.7^{a}

（续表）

维生素添加量/（IU/kg）		0～3周龄	4～6周龄	0～6周龄
VD_3	200	96.1^{b}	86.7^{c}	83.3^{b}
	400	98.3^{ab}	96.1^{a}	94.4^{a}
	800	99.4^{a}	98.0^{ab}	94.4^{a}

VA对0～3周龄、4～6周龄和0～6周龄的存活率均未产生显著影响（$P>0.05$）。

VD_3对其有显著影响（$P<0.05$）。0～3周龄肉仔鸡存活率随VD_3添加量的增加而增加，添加量200IU/kg的组存活率低于添加量400IU/kg的组，显著低于添加量800IU/kg的组。4～6周龄存活率添加量200IU/kg的组显著低于添加量400和800IU/kg的组，添加量400和800IU/kg的组之间差异不显著。综合统计0～6周龄的存活率，其变化规律和4～6周龄相同。这些结果说明与VA相比，VD_3是影响腿病发生的主要因素，由于0～3周龄的存活率随VD_3添加量的增加而增加，而4～6周龄存活率添加量200IU/kg的组显著低于添加量400和800IU/kg的组，所以，从肉仔鸡存活率这一指标来说，0～3周龄日粮中VD_3添加量以800IU/kg为宜，4～6周龄400IU/kg即可。

3 讨论

3.1 日粮VA与生产性能

我国2004年《鸡的饲养标准》提供两个0～3周龄肉仔鸡VA营养水平，分别是8 000和10 000IU/kg，4～6周龄VA水平6 000IU/kg，与1986年标准相比提高了很多。而美国NRC标准（1994）提供的0～6周龄肉仔鸡VA水平是1 500IU/kg。直到目前NRC也没有新的标准出台。标准之间差异之大，令肉鸡饲养者在制定自己的饲养标准时无所适从。实际生产中，为了达到较高的生产性能，盲目添加大量维生素的现象普遍存在。

有研究表明，VA水平较高（8 800IU/kg）时肉仔鸡体重显著降低（张春善，2000）[1]，也有研究发现VA添加水平在10 000IU/kg以下时，对生产性能有明显的促进作用（高士争，1999）[2]，而VA水平由10 000IU/kg提高到20 000IU/kg时，饲料消耗增加，生长速度降低（王丹莉等，1996[3]）。张海琴（2006）[4]研究了4个VA添加水平1 500、3 000、15 000和45 000IU/kg对肉仔鸡的影响，结果为以3 000IU/kg的添加量为宜，1 500IU/kg临界缺乏，15 000IU/kg临界过量。产生这些差异的原因有多种，如试验条件、鸡种的变化、日粮VD_3、VE水平的变化等。本试验中，VA 3个添加水平3 000、6 000和12 000IU/kg对肉仔鸡体重、体增重、耗料量、料重比和存活率均未产生显著的影响（$P>0.05$）。

3.2 日粮VD_3与生产性能

我国《鸡的饲养标准》（2004）提供两个肉仔鸡VD_3需要量，0～3周龄肉仔鸡VD_3需要量分别是1 000和2 000IU/kg，4～6周龄分别是750和1 000IU/kg，而NRC（1994）提供的0～6周龄肉仔鸡VD_3需要量是200IU/kg，差别很大。Goff J. et al（1995）[5]研究认为肉仔鸡要达到最大体重，在玉米—豆粕型日粮中须添加 VD_3 800IU/kg。王丹莉等(1996)[3]分别在日粮中添加 $VD_3$500、1 000、2 000IU/kg，发现添加1 000IU/kg的鸡胫骨软骨症发生率最低。张海琴（2006）[4]还研究了4个 VD_3 添加水平500、1 250、2 500和5 000IU/kg对肉仔鸡的影响，1 250IU/kg可获得最大生长性能与免疫机能。这些研究说明，日粮 VD_3 低于500IU/kg不能满足需要，至少添加 VD_3 800IU/kg才能满足肉仔鸡生长和骨骼发育的需要。本试验中，VD_3 添加量分别为200、400、800IU/kg，肉仔鸡体增重随 VD_3 添加量的增加而增大，腿病发生率随 VD_3 添加量的增加而降低，这些都说明 VD_3 添加量为200、400IU/kg时太低，VD_3 添加量为800IU/kg时能满足肉仔鸡生长和骨骼发育的需要。

4 结论

4.1 VA的适宜添加量

本试验中，日粮VA添加量在3 000 ~ 12 000IU/kg的范围内，对肉仔鸡体增重、耗料量、料重比和存活率均无显著的影响（$P>0.05$），综合考虑生产性能和经济效益，认为0 ~ 3和4 ~ 6周龄肉仔鸡VA添加量3 000IU/kg较为适宜。

4.2 VD_3 的适宜添加量

日粮 VD_3 的添加对肉仔鸡生产性能产生了显著影响（$P<0.05$）。随日粮 VD_3 添加水平的增加，肉仔鸡体增重、耗料量、存活率均显著增加（$P<0.05$）。综合考虑生产性能和经济效益，认为0 ~ 3周龄和4 ~ 6周龄肉仔鸡 VD_3 添加量均以800IU/kg较为适宜。

参考文献

[1] 张春善，赵志恭，索兰弟，等．肉仔鸡日粮中不同锌及VA对生产性能，免疫性能和有关酶及激素的影响［J］．动物营养学报，2000，12（3）：57 - 62.
[2] 高士争，雷　风．维生素对肉鸡免疫功能的影响［J］．黑龙江畜牧兽医，1999，6：3 - 5.
[3] 王丹莉，罗　兰．不同水平维生素A、维生素D、维生素E日粮对肉仔鸡生长性能、胫骨软骨症及免疫机能的影响［J］．中国饲料，1996，17：17 - 18.
[4] 张海琴．维生素A、D对肉鸡生长、免疫、钙磷代谢的影响及其交互作用的研究［D］．呼和浩特：内蒙古农业大学，2006.
[5] Goff JP, Horst RL. Assessing adequacy of cholecalciferol supplementation in chicks using plasma cholecalciferol metabolite concentrations as an indicator［J］. *Nutr.*, 1995, 125（5）：1 351 - 1 357.

不同抗氧化剂及其添加水平对肉仔鸡生产性能和抗氧化性影响的研究*

邹　杨[1]，杨在宾[1**]，杨维仁[1]，杨占山[1]，曹　宏[2]

（1. 山东农业大学动物科技学院，泰安　271000；

2. 诺维斯国际公司中国研发中心，北京　100085）

摘　要：为了研究不同抗氧化剂产品和添加水平对肉仔鸡生产性能和抗氧化性能的影响，本研究选用 1 日龄爱拔益加（AA）肉仔鸡 96 只，随机分为 3 个处理，每个处理 4 个重复，每个重复 8 只鸡。对照组（CTR）饲喂不添加任何抗氧化剂的基础日粮；SQM6 组饲喂基础日粮 +48mg/kg SQM6；SQMax 组饲喂基础日粮 +80mg/kg SQMax。记录肉仔鸡的日均采食量和平均日增重，并于 28 日龄时，随机在每个重复中选取 1 只鸡进行翅静脉采血，测定血清抗氧化指标。结果表明：与 CTR 相比，肉仔鸡日粮中添加抗氧化剂有改善饲料转化率的趋势（$P>0.05$）；添加 SQM6 显著提高了血清中超氧化物歧化酶（SOD）的活性（$P<0.05$），并显著降低了丙二醛（MDA）的含量（$P<0.05$）；日粮中添加 SQMax 显著提高了肉仔鸡血清超氧化物歧化酶（SOD）和谷胱甘肽过氧化物酶（GSH-Px）活性（$P<0.05$）。以上结果表明，肉仔鸡日粮中添加抗氧化剂 SQM6 和 SQMax 能够提高血清中超氧化物歧化酶和谷胱甘肽过氧化物酶活性，降低丙二醛含量，改善肉仔鸡机体抗氧化功能。

关键词：抗氧化剂；肉仔鸡；抗氧化

饲料中很多成分，如维生素 A、维生素 E、维生素 C 等除了用于满足动物对其营养需要外，很重要的作用是提高机体抗氧化和免疫功能。然而，维生素及脂肪酸很容易被一系列的氧化反应氧化，引起颜色、气味和营养物质的变化[1]，进而产生毒性物质引发许多疾病，例如动脉粥样硬化和癌症[2~4]。抗氧化剂广泛应用于全价饲料、浓缩饲料、预混料、维生素预混剂等，保护其中的脂质、活性物质、维生素等。因此，研究添加抗氧化剂对饲料中这些成分的保护效果，以及抗氧化添加剂本身对机体抗氧化性能改善十分重要。研究表明，饲料中添加抗氧化剂能够提高免疫能力降低疾病的发生[5~6]。家禽上的研究同样表明抗氧化剂的添加能够阻止饲粮脂肪和脂质可溶性维生素和色素的氧化[7~8]。本研究以商品肉仔鸡为研究对象，在全价饲料加入两种不同的抗氧化剂，研究不同抗氧化剂产品和添加水平对肉仔鸡抗氧化性能的影响。

* **作者简介**：邹杨，女，山东泰安人，中国农业大学在读博士。E－mail：zouyang2007@163.com

** **通讯作者**：杨在宾，E－mail：yangzb@sdau.edu.cn

1 材料与方法

1.1 试验材料

抗氧化剂产品 SQM6（单一抗氧化剂）和 SQMax（复合抗氧化剂），由诺伟司国际公司提供。

1.2 试验设计

选用1日龄爱拔益加（AA）肉仔鸡96只，随机分为3个处理，每个处理4个重复，每个重复8只。对照组（CTR）：不添加任何抗氧化剂的基础日粮；SQM6组：基础日粮+48mg/kg SQM6；SQMax组：基础日粮+80mg/kg SQMax。试验期为1~28日龄。

1.3 试验日粮

试验日粮为参照《中华人民共和国农业行业标准鸡饲养标准》（NY/T 33-2004）配制的玉米—豆粕型日粮，见表1。

表1 基础日粮组成及营养水平（风干基础）

原料/%		营养水平/%	
玉　米	58.4	代谢能/（MJ/kg）	12.75
豆　粕	33.7	粗蛋白	21
油	2.9	钙	0.96
鱼　粉	1.5	总　磷	0.68
磷酸氢钙	1.4	赖氨酸	1.1
石　粉	1.2	蛋氨酸	0.51
食　盐	0.21	苏氨酸	0.79
DL-蛋氨酸	0.19	半胱氨酸	0.36
预混料	0.5	含硫氨基酸	0.88
合　计	100		

1.4 饲养管理

试验鸡网上饲养，自由采食、饮水；光照24h/d；温度：第1周保持33℃，随后每周降低2℃，直到26℃为止；平均饲养密度：10只/m^2；免疫：7日龄新城疫、鸡传染性支气管炎二联苗以及禽流感疫苗点眼、滴鼻、注射，14日龄法氏囊饮水。

1.5 测定指标

1.5.1 生产性能　饲养期间每天记录鸡的进食量。28日龄测定每个重复肉仔鸡的体重，计算日均采食量、平均日增重和料重比。

1.5.2 抗氧化性的测定 血样的采集：肉仔鸡饲养至28d，每个处理随机选取体重相近的4只鸡，每个重复一只，翅静脉采血5mL，以3 000r/min离心10min分离血清，放入-20℃冰箱，用于血清抗氧化指标分析。

Cu-Zn SOD测定：采用连苯三酚自氧化法；GSH-Px测定：二硫代二硝基苯甲酸比色法；MDA测定：硫代巴比妥酸（TBA）比色法。试剂盒均由南京建成生物工程有限公司生产。

1.6 数据统计分析

采用SAS 8.1软件进行统计学处理，方差分析使用one way ANOVA，多重比较采用Duncan's法，显著性水平$P=0.05$。

2 结果与分析

2.1 不同抗氧化剂和添加水平对肉仔鸡生产性能的影响

肉仔鸡日粮中添加SQM6（48mg/kg）和SQMax（80mg/kg）生产性能的比较分析见表2。从表中数字看出，肉仔鸡28d体重、日增重有增加趋势，进食量有降低趋势，但是方差分析不显著（$P>0.05$）。与不加任何抗氧化剂（CTR）相比，肉仔鸡日粮中加入SQM6、SQMax，料重比分别降低了7.85%、3.45%，但是显著性检验无差异（$P>0.05$）。以上结果说明，肉仔鸡日粮中加入两种不同水平抗氧化剂产品（SQM6、SQMax）有改善饲料转化率的趋势。

表2 添加不同抗氧化剂和添加水平对肉仔鸡生产性能的影响

	CTR	SQM6	SQMax
28d体重/g	1 033.6±32.1	1 068.2±22.7	1 028.6±16.0
进食量/（g/d）	58.33±1.96	55.32±3.85	55.84±0.28
日增重/（g/d）	36.92±1.15	38.15±0.81	36.74±0.57
料重比	1.58±0.02	1.45±0.08	1.52±0.03

注：同一行肩标不同小写字母表示差异显著（$P<0.05$）。下表同

2.2 不同抗氧化剂和添加水平对肉仔鸡抗氧化性能的影响

肉仔鸡日粮中加入两种不同水平抗氧化剂产品（SQM6、SQMax）饲喂28d，血清中超氧化物歧化酶（SOD）、谷胱甘肽过氧化物酶（GSH-Px）活性和丙二醛（MDA）含量测定结果比较见表3和表4。从表中数字看出，与不加任何抗氧化剂（CTR）相比，肉仔鸡日粮中添加SQM6（48mg/kg）和SQMax（80mg/kg），血清中超氧化物歧化酶（SOD）活性分别提高了29.63%和33.33%，添加抗氧化剂的两个处理组显著高于CTR组（$P<0.05$）；血清中谷胱甘肽过氧化物酶（GSH-Px）活性分别提高了6.39%和31.72%，其中SQMax处理组显著高于SQM6和CTR组（$P<0.05$），后两个处理间无差异（$P>0.05$）；血清中丙二醛（MDA）含量分别降低了15.49%和11.10%，其中SQM6处理组显著低于

CTR 组（$P<0.05$），而 SQMax 和 CTR 组间差异不显著（$P>0.05$）。

表 3　不同抗氧化剂和添加水平对肉仔鸡抗氧化性能影响

	CTR	SQM6	SQMax
SOD/（U/mgprot）	61.63 ± 0.59^{a}	79.89 ± 4.01^{b}	82.17 ± 4.21^{b}
T-AOC/（U/mL）	7.00 ± 0.18^{a}	7.45 ± 0.55^{a}	9.22 ± 0.63^{b}
MDA/（nmol/mL）	4.66 ± 0.46^{a}	3.94 ± 0.28^{b}	4.14 ± 0.31^{ab}

表 4　不同抗氧化剂和添加水平下肉仔鸡抗氧化性能相对比较分析

	CTR	SQM6	SQMax
SOD/（U/mgprot）	100.00	129.63	133.33
T-AOC/（U/mL）	100.00	106.39	131.72
MDA/（nmol/mL）	100.00	84.51	88.90

以上结果说明，肉仔鸡日粮中加入两种不同水平抗氧化剂产品（SQM6、SQMax）均可以改善血清中超氧化物歧化酶（SOD）、谷胱甘肽过氧化物酶（GSH-Px）活性和丙二醛（MDA）含量，SOD 和 GSH-Px 的提高、MDA 的降低都说明肉鸡的抗氧化性能得到了改善，添加 SQM6 48mg/kg 和 SQMax 80mg/kg 效果均很明显。

3　讨论

饲料和原料中的营养成分，如不饱和脂肪酸、维生素 A 和色素，在混合、生产、贮存、饲养和消化过程中很容易被氧化。一旦发生氧化，未被保护的营养物质的价值降低，由于氧化产物的交互作用发生的自氧化，引起脂溶性维生素和叶黄素的营养损失，产生醛类和酮类的毒性物质。氧化产物会引起饲料质量和采食量的降低，腹泻、肝肿大等病变，抑制生长和发育。氧化不仅破坏了营养物质的营养价值，产生的氧化产物可导致器官损伤，脂质酸败产生的异味影响采食量，生产性能下降。

近年来，复合抗氧化剂广泛应用于生产中，特别是山道喹产品已在许多种动物上应用了很多年[7,9~11]。山道喹是抗氧化剂的一种，通过与空气中的氧气结合或与氧化物反应来保护脂肪、维生素和色素，当加入饲料中可以在消化过程中起到保护作用，研究表明，山道喹的抗氧化效果至少是其他抗氧化剂的 3 倍[9]。本研究中应用的两种抗氧化剂均为山道喹类抗氧化剂，SQM6 为单一抗氧化剂，SQMax 为复合抗氧化剂。

阻止饲粮脂肪的氧化对优化肉鸡的生长和饲料效率很重要[12]，这与本研究的结果一致。本研究表明，与不添加抗氧化剂的对照组相比，SQM6 和 SQMax 的添加对生产性能没有影响（$P>0.05$），但可观察到料重比有降低的趋势（SQM6：8.22%；SQMax：3.80%）。

Mcgeachin[13]的体外试验表明，饲料脂肪在贮存过程中很容易被氧化，在一个典型的肉鸡日粮中添加抗氧化剂——山道喹能够显著降低氧化程度。本试验表明，在饲粮中添加抗氧化剂 SQM6 和 SQMax 饲喂肉鸡至 28 日龄，两个试验组肉仔鸡血清中的 SOD 水平分别提高了 29.63% 和 33.33%，TAOC 水平分别提高了 6.39% 和 31.72%，其中，SQMax 的效果显著优于 SQM6 和 CTR，两种抗氧化剂的添加显著降低了 MDA 的含量（SQM6：15.49%；SQMax：11.10%）。本试验中抗氧化剂的添加提高了抗氧化能力，一方面可能是由于抗氧化剂对容易被氧化物质的保护；另一方面可能是抗氧化剂本身被吸收进入血清从而提高了抗氧化性。抗氧化剂在肉鸡上的作用机理还需进一步研究。

4 结论

4.1 肉仔鸡日粮中添加 48mg/kg SQM6 和 80mg/kg SQMax，饲喂 28d，对肉仔鸡生产性能没有影响，但有改善饲料转化率的趋势。

4.2 SQM6（48mg/kg）和 SQMax（80mg/kg）的添加，能提高 28 日龄肉仔鸡血清 SOD、GSH-px 水平，降低 MDA 含量，起到增强动物机体抗氧化性的作用。

4.3 饲料中添加抗氧化剂能够增强肉鸡的抗氧化能力，但是抗氧化剂本身能否被吸收提高抗氧化性仍是一个未解决的问题。

参考文献

[1] MAIKHUNTHOD B. Intarapichet K. Heat and ultrafiltration extraction of broiler meat carnosine and its antioxidant activity [J]. *Meat Science*, 2005, 71: 364 - 374.

[2] DECKER E A. The role of phenolics, conjugated linoleic acid, carnosine, and pyrroloquinoline quinone as nonessential dietary antioxidants [J]. *Nutrition Reviews*, 1995, 53: 49 - 58.

[3] KANSCI G., GENOT C., MEYNIER A., et al. The antioxidant activity of carnosine and its consequences on the volatile profiles of liposomes during iron/ascorbate induced phospholipid oxidation [J]. *Food Chemistry*, 1997, 60: 165 - 175.

[4] ZHOU S Y, DECKER E A. Ability of carnosine and other skeletal muscle components to quench unsaturated aldehydic lipid oxidation products [J]. *Journal of Agricultural and Food Chemistry*, 1999, 47: 51 - 55.

[5] HUGHES D A. Effects of carotenoids on human immune function [J]. *Proceeding of the Nutrition Society*, 1999, 58: 713 - 718.

[6] BRASH D E, HAVRE P A. New careers for antioxidants [J]. *Proceedings of the National Academy of Sciences*, 2002, 99: 13 969 - 13 971.

[7] CABEL M C, WALDRUP P W, CALABOTTA W F. Effects of ethoxyquin feed on broiler performance [J]. *Poultry Science*, 1988, 67: 1 725 - 1 730.

[8] JONES F T, WARD J D, BREWER C E. Antioxiandant use in poultry feed [J]. *Poultry Science*, 1986, 65: 799 - 781.

[9] WALDROUP P W, DOUGLAS C R, MCCALL J T, et al. The effects of Santoquin on the performance of broilers [J]. *Poultry Science*, 1996, 39: 1 313 - 1 317.

[10] BARTOV I, BORNSTEIN S. Stability of abdominal fat and meat of broilers: combined effect of dietary vitamin E and synthetic antioxidants [J]. *Poultry Science*, 1981, 60: 1 840 - 1 845.

[11] HARMS R H, BURESH R E, DAMRON B L. The in vivo benefit of ethoxyquin for egg yolk pigmentation [J]. *Poultry Science*, 1984, 63: 1 659 - 1 660.

[12] WANG S Y, BOTTJE W, MAYNARD P, et al. Effect of Santoquin and oxidized fat on liver and intestinal glutathione in broilers [J]. *Poultry Science*, 1997, 76: 961 - 967.

[13] MCGEACHIN R B, SRINIVASAN L J, BAILEY C A. Comparison of the effectiveness of two antioxidants in a broiler type diet [J]. *Journal of Applied Poultry Research*, 1992, 1: 355 - 359.

非淀粉多糖复合酶制剂对肉鸡生产性能及养分表观利用率的影响*

赵必迁[1,2]，张克英[1**]，丁雪梅[1]

（1. 四川农业大学动物营养研究所，教育部抗病营养研究中心，雅安 625014；
2. 雅安市农业局，雅安 625000）

摘　要：本试验旨在研究非淀粉多糖复合酶制剂对肉鸡生产性能、养分表观利用率的影响。试验采用单因子随机分组试验设计，选取 320 只 1 日龄的科宝肉鸡商品代公雏，随机分到 2 个处理组，各处理组 8 个重复，每个重复 20 只鸡。处理 1 饲喂基础饲粮，处理 2 饲喂基础饲粮 +150g/t NSP 复合酶制剂 F。1 ~21d 基础饲粮采用为玉米—豆粕型饲粮，22 ~42d 基础饲粮采用玉米—豆粕—杂粕型饲粮，低温制粒。试验结果：（1）NSP 复合酶制剂 F 对采食玉米—豆粕型饲粮的肉鸡 1 ~21d 生产性能无改善趋势（$P>0.20$），对采食玉米—豆粕—杂粕型饲粮的肉鸡 22 ~42d 增重有增加趋势（$P<0.20$），对 22 ~42d 料重比有降低的趋势（$P<0.20$）；显著增加肉鸡 1 ~42d 增重（$P<0.05$），对 1 ~42d 肉鸡平均采食量有增加趋势（$P<0.20$），1 ~42d 料重比有降低趋势（$P>0.05$）；（2）NSP 复合酶制剂 F 对肉鸡玉米—豆粕型饲粮 1 ~21d 养分表观利用率无改善趋势（$P>0.20$）；对肉鸡玉米—豆粕—杂粕型饲粮 22 ~42d 干物质、能量表观消化利用率有提高趋势（$P<0.20$）。本试验结果表明在 1 ~21d 肉鸡的玉米—豆粕型饲粮中添加 NSP 酶制剂 F 对肉鸡生产性能和养分表观利用率无改善作用，而在 22 ~42d 高杂粕（3% 菜粕、3% 棉粕和 8% DDGS）的玉米—豆粕—杂粕型肉鸡饲粮中添加 NSP 复合酶制剂 F 对 22 ~42d 和 1 ~42d 肉鸡生产性能都有改善作用，在一定程度上改善了 22 ~42d 肉鸡饲粮的养分表观利用率。

关键词：NSP 复合酶制剂；肉鸡；生产性能；养分表观利用率

饲料中的植物源性原料含细胞壁，而抗营养因子——非淀粉多糖（NSP）是细胞壁的主要成分，但是 NSP 不能被家禽体内酶类所水解，而且可溶性的 NSP 可以使食糜的黏稠度增加，从而阻碍营养物质和能量的释放，减少消化酶与食糜的接触机会，降低已消化的养分向肠黏膜扩散的速度，最终阻碍饲料中各种营养成分的消化和吸收[1~2]。国内外大量研究结果表明，酶制剂能提高家禽的生产性能，改善动物健康，提高动物产品品质，提高饲料利用效率，从而提高畜牧业经济效益[3~5]。但针对不断推出的酶制剂新产品和生产中应用的不同饲料原料与饲粮类型，仍需通过试验确定酶制剂使用的最适方案。本试验就在

* **基金项目**：教育部长江学者和创新团队发展计划（IRT0555）资助

作者简介：赵必迁，男，四川省荥经县人，硕士，研究方向：饲料加工与动物营养。E - mail：zhaobiqian2006@126. com

** **通讯作者**：张克英，博士生导师

肉鸡玉米—豆粕—杂粕型饲粮中添加 NSP 复合酶制剂，探讨其对肉鸡生产性能和养分表观利用率的影响。

1 试验材料与方法

1.1 试验材料

1.1.1 酶制剂 本试验使用的是某酶制剂公司的 F 复合酶制剂，呈粉末状，主要由纤维素酶、木聚糖酶、甘露聚糖酶、果胶酶组成的 NSP 复合酶制剂。

1.1.2 试验动物 选取平均体重接近的 1 日龄科宝肉鸡商品代公雏共 320 只，购自温江正大。

1.2 试验设计

采用单因子完全随机分组试验设计，随机分到 2 个处理组，各处理组 8 个重复，每个重复 20 只鸡。处理 1 饲喂基础饲粮，处理 2 饲喂基础饲粮 +150g/t 酶 F。

1.3 基础饲粮

试验饲粮参照 NRC（1994）肉鸡营养标准结合实际生产情况配制，采用玉米—豆粕—杂粕型饲粮类型，分为 1 ~ 21d、22 ~ 42d 两阶段，饲粮于 75℃低温制粒。基础饲粮组成及营养水平见表 1。

表 1 基础饲粮组成及营养水平（%）

原 料	1 ~ 21d	22 ~ 42d	营养水平[3]	1 ~ 21d	22 ~ 42d
玉米	55.73	56.89	ME/（MJ/kg）	12.05	12.51
菜籽粕	2.50	3.00	CP/%	20.98	18.97
棉籽粕	2.50	3.00	Ca/%	0.89	0.80
豆粕	33.80	22.73	AP/%	0.42	0.39
DDGS	0.00	8.00	Lys/%	1.11	0.96
混合油	1.95	3.20	Met/%	0.51	0.39
磷酸氢钙	1.64	1.35	Met + Cys/%	0.88	0.72
碳酸钙	0.80	0.80			
L-Lys. HCl	0.00	0.10			
DL-蛋氨酸	0.20	0.10			
50% 氯化胆碱	0.20	0.15			
食盐	0.35	0.35			
复合多维[1]	0.03	0.03			
矿物预混[2]	0.30	0.30			

注：1. 每千克日粮含维生素 A 25 000IU；维生素 D_3 5 000IU；维生素 E 12.5IU；维生素 K_3 2.5mg；维生素 B_1 1.0mg；维生素 B_2 8mg；维生素 B_6 3.0mg；维生素 B_{12} 15μg；叶酸 250μg；烟酸 17.5mg；泛酸钙 12.5mg

2. 每千克日粮含 Fe80mg、Cu20mg、Mn60mg、Zn80mg、Se0.3mg、I0.4mg，其中 Fe、Cu、Mn、Zn 分别来源于 $FeSO_4.7H_2O$、$CuSO_4 \cdot 5H_2O$、$MnSO_4 \cdot H_2O$、$ZnSO_4 \cdot 7H_2O$，Se 和 I 分别来源于含 Se1.0% 的 Na_2SeO_3 预混料和含 I 3.8% 的 KI 预混料

3. 营养水平为计算值

1.4 饲养管理

试验于2011年6月20日至2011年8月5日在四川农业大学动物营养研究所家禽试验场进行。常规白羽肉鸡商品代饲养管理和常规免疫程序（14d，1.5倍中毒株法氏囊B88饮水；21d，2倍新城疫—支气管炎（VH + H_{120}）点眼滴鼻），全期自由采食，自由饮水。夏季高温高湿时，注意通风降温。

1.5 指标测定及方法

1.5.1 生产性能 体重：分别在试验第1d、21d、42d以重复为单位称重，计算各重复的阶段总增重，称重前12h断料、不断水。

采食量：每天记录饲料添给和耗损情况，第21d、第42d结算饲料采食量，计算阶段采食量和日采食量。

料重比：根据增重和饲料采食量计算阶段料重比。

1.5.2 养分利用率 饲粮和粪样的能量、干物质、粗蛋白、粗脂肪含量的测定。能值测定采用氧弹式测热法，干物质测定用烘箱法，粗蛋白质测定用凯式半定量定氮法，粗脂肪测定用索式抽提法。具体测定方法参考《饲料分析及饲料质量检测技术》（张丽英，2000）[6]。

$$养分表观利用率（\%）=（食入养分-粪中养分）/食入养分\times 100$$

1.6 代谢试验

生长前期（1~21d）试验结束后，每处理的各重复选择体重接近各自处理平均体重的一只鸡，单笼饲喂，自由采食、自由饮水，粪样收取采用全收粪法，在代谢笼下放集粪盘，粪盘上放置塑料布，粪便随拉随收，以避免羽毛和皮屑污染，收集3d排泄物。每天收集的排泄物按100g鲜样中加入3% H_2SO_4 10mL，混匀并置于-20℃冰柜保存。收粪结束后，将3d粪样解冻后充分混合后称取样品，粪样于60~65℃烘箱中烘干，室温自然回潮称至恒重，待测。

生长后期（22~42d）试验结束后，按Sibbald排空强饲法[7]进行代谢试验。每处理的各重复选择体重接近各自处理平均体重的一只鸡，进行肛门缝合集粪盖术，预饲一定时间，待代谢鸡采食、饮水等健康状况良好，开始绝食但保持自由饮水48h，按各处理组平均体重的3%强食饲料量，采用集粪袋收粪法收集48h排泄物，每天收集排泄物按以上操作固氮，烘干，待测。

1.7 数据处理与统计分析

试验数据使用SPPS13.0中Independent-samples *T* test方法对数据进行*T*检验，检验两处理平均数之间的差异显著性，极显著水平为0.01，显著水平为0.05，变化趋势的*P*值为0.05~0.2[8]。所有数据以平均数±标准差表示。

2 试验结果

2.1 NSP 复合酶制剂对肉鸡生产性能的影响

肉鸡 1~21d 生产性能见表 2。肉鸡 1~21d 的阶段增重、平均日采食量、阶段料重比及 21d 均重在处理组间无显著差异（$P>0.05$），也无变化的趋势（$P>0.2$）。

肉鸡 22~42d 生产性能见表 3。处理 1 的肉鸡 22~42d 的阶段增重、平均日采食量、阶段料重比及 42d 均重在处理组间无显著差异（$P>0.05$），但处理 2 的肉鸡 22~42d 的阶段增重、平均日采食量及 42d 均重都表现最大，而料重比最小。处理 2 的 22~42d 阶段增重比处理 1 增加 9.99%，接近显著水平（$P=0.061$），处理 2 的 42d 均重比处理 1 增加 6.46%，接近显著水平（$P=0.055$）；处理 2 的 22~42d 阶段料重比比处理 1 降低 7.63%，有降低的趋势（$P=0.096$）。肉鸡 1~42d 生产性能见表 4。处理 2 的 1~42d 总增重比处理 1 增加 6.27%，差异达到显著水平（$P<0.05$）；处理 2 的 1~42d 平均日采食量比处理 1 增加 2.23%，有增加的趋势（$P=0.177$）；处理 2 的 1~42d 料重比相比处理 1 降低 3.27%，有降低的趋势（$P=0.193$）。

表 2　NSP 复合酶制剂对肉鸡 1~21d 生产性能的影响

处理组	1d 均重/(g/只鸡)	21d 均重/(g/只鸡)	平均阶段增重/g	平均日采食量/(g/d)	料重比
1	39.13 ±0.14	853.58 ±35.38	814.48 ±35.35	63.11 ±2.46	1.64 ±0.06
2	39.13 ±0.16	857.36 ±32.14	818.23 ±32.15	64.62 ±3.75	1.67 ±0.06
P 值	0.961	0.838	0.839	0.411	0.352

表 3　NSP 复合酶制剂对肉鸡 22~42d 生产性能的影响

处理组	21d 均重/(g/只鸡)	42d 均重/(g/只鸡)	平均阶段增重/g	平均日采食量/(g/d)	料重比
1	853.58 ±35.38	2 225.32 ±111.37	1 383.16 ±133.19	143.98 ±15.75	2.49 ±0.19
2	857.36 ±32.14	2 369.06 ±90.69	1 521.36 ±68.94	157.44 ±23.19	2.30 ±0.11
P 值	0.838	0.055	0.061	0.343	0.096

表 4　NSP 复合酶制剂对肉鸡 1~42d 生产性能的影响

处理组	总增重/g	平均日采食量/(g/d)	料重比
1	2 186.18 ±111.52	109.56 ±3.21	2.14 ±0.08
2	2 323.31 ±84.76	112.00 ±1.58	2.07 ±0.08
P 值	0.046	0.177	0.193

2.2 NSP 复合酶制剂对肉鸡饲粮的养分表观利用率的影响

肉鸡饲粮 1~21d 养分的表观利用率见表 5。肉鸡饲粮 1~21d 的干物质、粗蛋白、粗脂肪以及能量表观利用率在处理组间无显著差异（$P>0.05$），也无变化趋势（$P>0.2$）。

肉鸡饲粮1～21d养分的表观利用率见表6。肉鸡饲粮22～42d的干物质、粗蛋白、粗脂肪以及能量表观利用率在处理组间无显著差异（$P>0.05$），但处理2的干物质、粗脂肪以及能量表观利用率都表现最大，且处理2的干物质的表观利用率比处理1提高15.64%，有提高的趋势（$P=0.170$）；处理2的能量表观利用率比处理1提高14.64%，也有提高的趋势（$P=0.136$）。

表5 NSP复合酶制剂对肉鸡1～21d的养分表观利用率的影响

处理组	干物质/%	粗蛋白/%	粗脂肪/%	能量/%
1	70.57±1.25	58.72±2.48	70.12±7.90	73.70±2.12
2	70.66±4.89	59.15±6.90	70.40±9.73	73.17±5.01
*P*值	0.96	0.871	0.951	0.787

表6 NSP复合酶制剂对肉鸡22～42d的养分表观利用率的影响

处理组	干物质/%	粗蛋白/%	粗脂肪/%	能量/%
1	57.60±10.04	56.57±11.63	74.45±7.45	57.11±8.27
2	66.61±3.64	56.51±4.59	79.19±2.37	65.47±4.23
*P*值	0.170	0.993	0.216	0.136

3 讨论

3.1 NSP复合酶制剂对肉鸡生产性能的影响

试验结果表明，NSP复合酶制剂F对肉鸡1～21d生产性能无显著差异，也无变化的趋势。由于1～21d饲粮是玉米—豆粕型，添加少量的菜粕、棉粕类杂粕（2.5%菜粕和2.5%棉粕），NSP复合酶作用底物非淀粉多糖含量少，可能是添加NSP酶作用效果不明显原因。Cowan（1995）[9]认为，只有食糜黏度超过10cps表现出较大抗营养作用，Charlton（1996）[10]认为由于玉米—豆粕型日粮中NSP含量较低，因此，添加NSP酶与否无关紧要。本试验1～21d饲粮为低黏度日粮且营养水平和养分利用率都较高，添加外源酶制剂的改善潜力小，可能是添加NSP复合酶制剂无效果的重要原因[11]。

本试验22～42d基础饲粮含较高杂粕（8%DDGS、3%菜粕、3%棉粕），冯定远（2005）[12]总结杂粕NSP含量情况具体是菜粕含有木聚糖（4%）、粗纤维（8.0%）、果胶（11.0%）和β-甘露糖（1.1%），棉粕含有粗纤维（12%）、木聚糖（9%）、果胶（4%），DDGS中木聚糖含量高达9.1%～18.4%，纤维素含量6.3%～14.7%，所以，22～42d基础饲粮含较高的木聚糖、粗纤维等NSP，对肉鸡生产性能有较大的抑制作用，所以，添加NSP复合酶制剂对肉鸡生产性能的改善空间较大。本试验结果表明，添加NSP酶制剂F对肉鸡22～42d生产性能无显著差异，但是对肉鸡增重和料重比都有改善趋势，显著提高肉鸡1～42d增重，对1～42d采食量、料重比都有改善趋势，与Michael（1997）[13]、尹兆正（2005）[14]在高小麦麸肉鸡日粮中添加NSP酶制剂试验结果相类似。

NSP 酶提高肉鸡生产性能的主要原因：一是提高采食量；二是提高饲粮养分消化利用率；三是一定程度降解了饲粮中的 NSP，减轻或消除 NSP 对生产性能的抗营养影响（高峰，2001）[15]。本试验的 NSP 复合酶制剂能提高 22～42d 以及 1～42d 肉鸡采食量、提高养分利用率从而降低料重比，同时部分降解基础饲粮中的 NSP，使得肉鸡的 22～42d 和 1～42d 肉鸡的增重接近显著或显著的提高，与刘雅正（2008）[16]、习海波（2005）[17]试验结论相一致。

3.2 NSP 复合酶制剂对肉鸡饲粮养分的表观利用率的影响

本试验结果表明，NSP 酶制剂 F 对肉鸡 1～21d 饲粮的养分表观利用率无显著影响也无变化趋势，可能是由于肉鸡 1～21d 基础饲粮中 NSP 较少，阻碍养分消化利用的抗营养因子少，所以添加 NSP 复合酶制剂对养分的利用率的正效益不易表现出来。Pack（1997）[18]在低能量玉米—豆粕日粮中添加以木聚糖酶和葡聚糖酶为主的复合酶，可以不同程度地提高粗蛋白和氨基酸消化率，提高肉仔鸡回肠内淀粉和脂肪的消化率。Choct（1996）[19]认为在正常营养水平的玉米—豆粕型日粮中添加复合酶没明显效果。本试验 1～21d 基础饲粮的营养水平较高，可能是 NSP 酶制剂的发挥空间和潜力有限，是导致对肉鸡生产性能无改善作用的重要原因。

本试验 22～42d 基础饲粮含较高的杂粕，抗营养因子特别是木聚糖、纤维素、果胶、甘露聚糖等 NSP 含量丰富，而 NSP 是构成植物细胞壁物质成分并不能被肉鸡内源消化酶分解，NSP 使得细胞壁较为完整地阻碍细胞内的营养物质有效释放出来被消化吸收（董彬，2005）[20]；同时 NSP，特别是水溶型有较强的持水性，在消化道形成黏稠食糜，阻碍饲料营养物质与消化液的接触（Jeroch，1995）[1]，降低了养分的利用率。Ouhida（2000）[21]在玉米—大麦—小麦日粮中添加葡聚糖酶和阿拉伯木聚糖酶，显著提高了有机物、粗脂肪利用率。王允超等（2008）在玉米—豆粕—麸皮型肉鸡日粮中添加 NSP 酶为主的复合酶，显著提高了能量和粗蛋白的表观消化率。本试验添加 NSP 复合酶制剂 F 虽对养分表观利用率无显著改善作用，但是，有改善饲粮 22～42d 的干物质、粗脂肪以及能量的表观利用率的趋势。NSP 复合酶制剂能通过破坏饲料中的植物细胞壁成分，将被包裹的或被绑定的营养物质释放出来，从而提高饲粮中干物质、粗脂肪和能量的表观消化率[22]；同时，NSP 酶还能将构成植物细胞壁的非淀粉多糖物质进行降解，使之变成能被动物所吸收的还原糖类，为动物生长提供能量[23]，进一步提高能量表观利用率。但是本试验添加 NSP 酶制剂 F 对饲粮的养分利用率未达到显著改善效果，可能是由于代谢试验采用的是单只鸡作为一个重复，而鸡只对养分利用的个体差异较大，导致代谢试验结果组内差异较大或同时试验日粮设计的营养水平较高，相应的改善空间有限，而未达到显著水平。

4 结论

（1）非淀粉多糖复合酶制剂 F 对采食玉米—豆粕型饲粮的肉鸡 1～21d 的生产性能和养分表观利用率无显著改善作用也无改善趋势。

（2）非淀粉多糖复合酶制剂 F 采食较高杂粕（3% 菜粕、3% 棉粕以及 8% DDGS）的玉米—豆粕—杂粕型饲粮的肉鸡 22～42d 生产性能和养分表观利用率有一定改善作用，对肉鸡 1～42d 肉鸡生产性能有改善作用。

参考文献

[1] Jeroch H，Danicke S，Brufau J. The influence of enzyme preparations on the nutritional value of ferias for poultry：a review ［J］. *Journal of Animal feed Science*，1995，4：263－285.

[2] 张华琦，杨伟春．非淀粉多糖酶的作用机制及在家禽生产中的应用饲料研究［J］. 2009，11：45－47.

[3] 张　莹，冯定远．新型酶制剂在肉用小鸡日粮中的应用［J］. 广东饲料，1997，4：16－17.

[4] Bedford M R，Morgan A J. The use of enzymes in poultry diets ［J］. *World's Poult. Sci.*，1996，54：52－61.

[5] 张铁鹰，汪　儆．酶在玉米—豆粕日粮中的应用研究进展［J］动物营养学报，2003，15（2）：6－10.

[6] 张丽英．饲料分析及饲料质量检测技术［M］. 北京：中国农业大学出版社，2004：56－98.

[7] 由大鹏．酶制剂对肉仔鸡生产性能、养分代谢、生理生化指标的影响［D］. 呼和浩特：内蒙古农业大学，2009.

[8] 李　慧．蛋白酶和木聚糖酶对肉鸡生长性能、消化机能及血液指标的影响［D］. 杨凌：西北农林科技大学，2010.

[9] Cowan W D. The relevance of intestinal viscosity on performance of practical broiler diets ［J］. *Proceedings of the Australian Poultry Science Symposium*，1995，7：116－120.

[10] Charlton P. Expanding enzyme applications：Higher amino acid and energy values for vegetable proteins ［C］. Proceedings of the 12th Annual Symposium on Biotechnology in tire Feed Industry. Southborough Laics：Nottingham University Press，1996：317－326.

[11] 万伶俐，王晓阳，邱玉朗，等．不同粗蛋白质水平饲粮中添加复合酶对蛋鸡生产性能的影响［J］. 兽药与饲料添加剂，2004，6：23－25.

[12] 冯定远，沈水宝．饲料酶制剂理论与实践的新理论［J］. 饲料工业，2005，18：1－13.

[13] Michael R，Bedford. Reduced viscosity of intestinal digests and enhanced nutrient digestibility in chickens，given exogenous enzymes ［J］. *Enzymes in Poultry and swine nutrition*，1997：161－165.

[14] 尹兆正．高麸加酶替代玉米饲粮对肉仔鸡生长性能的影响［J］浙江农业学报，2005，17（4）：191－195.

[15] 高　峰．非淀粉多糖酶制剂对鸡、猪生长的影响及其作用机制研究［D］. 南京：南京农业大学，2001.

[16] 刘雅正．添加酶制剂对 0～3 周龄肉仔鸡生长性能、养分消化利用及粪便排出量的

影响［J］. 饲料工业，2008：29（6）：18－20.

［17］习海波．复合酶制剂在肉鸡中的应用［D］. 杨凌：西北农林科技大学，2005.

［18］Pack Bedof. Feed enzymes maim purveyor sogrhumdiest ［J］. *Feedsutsff*，1998，18－19.

［19］Choct M，Hughes R J，Wang J，et al. Increased small intestinal Cementation is partly responsible for the anti-nutritive activity of no starch polysaccharides in chickens ［J］. *British Poultry Science*，1996，37：609－621.

［20］董　彬，郑学玲，王凤成．国内外小麦戊聚糖研究进展［J］. 河南农业科学，2005，5：8－10.

［21］Ouhida，Perez，Gasa，etal. Enzymes（glucanase and arabinoxylanase）and/or sepiolite supplementation and the nutritive value of maize-barley-wheat based diets for broiler chickens ［J］. *British Poultry science*，2000，41：617－624.

［22］冯定远，张　莹，余石英，等．含有木聚糖酶和β-葡聚糖酶的酶制剂对猪日粮消化性能的影响［J］. 饲料工业，1997，23：12－14.

［23］Johnson I T. Gastrointestinal adaption in response to non-available polysaccharides in the rat ［J］. *British Journal Nutrition*，2001，155：497－505.

小麦饲粮中添加木聚糖酶对蛋鸡生产性能、蛋品质的影响

刘　钰，吕秋凤，曹　双，文宗雪，董　欣，李智勇
（沈阳农业大学畜牧兽医学院，沈阳　110161）

摘　要：为研究木聚糖酶对小麦基础饲粮下蛋鸡生产性能、蛋品质的影响，本试验选取35周龄海兰褐蛋鸡1 350羽，随机分为5组（每组3个重复，每个重复90羽），分别饲喂玉米基础饲粮（玉米对照组）、小麦基础饲粮（小麦对照组）、添加750IU/kg木聚糖酶的小麦基础饲粮（试验1组）、添加1 500IU/kg木聚糖酶的小麦基础饲粮（试验2组）、添加3 000IU/kg木聚糖酶的小麦基础饲粮（试验3组），试验期8周。结果表明：（1）小麦饲粮中添加不同水平的木聚糖酶可以降低料蛋比，以750IU/kg的添加量效果最好（$P<0.05$）；（2）与小麦日粮相比，玉米日粮中叶黄素含量较高，其蛋黄颜色显著加深（$P<0.05$）。小麦日粮组中，木聚糖酶添加量为3 000IU/kg时，蛋壳品质最优；木聚糖酶添加量为750IU/kg时，蛋白品质最优（$P>0.05$）。综合上述指标，以添加750IU/kg木聚糖酶的小麦饲粮组效果最好。

关键词：木聚糖酶；蛋鸡；小麦饲粮；生产性能；蛋品质

传统饲料业中，主要是通过饲喂玉米为能量饲料的来源，所以单胃动物的经典基础饲粮为玉米—豆粕型日粮。近年来，随着玉米在燃料乙醇工业的广泛应用，玉米的需求量大幅上升，最终促使小麦代替玉米作为能量饲料的来源成为必然。与玉米相比，小麦中蛋白质的部分氨基酸及钙磷含量较高，但其较高的木聚糖含量导致蛋鸡对小麦的消化率不及玉米。小麦中的可溶性阿拉伯木聚糖主要通过增加食糜黏度，影响营养物质的消化吸收，从而影响动物的生产性能及蛋品质[1]。木聚糖酶可降低饲喂小麦基础饲粮的蛋鸡肠道食糜黏度，拆除营养吸收屏障，提高蛋鸡的生产性能，改善蛋品质。本试验通过添加木聚糖酶对蛋鸡生产性能和蛋品质的测定，对其在蛋鸡生产上的合理利用提供科学依据。

1　材料与方法

1.1　试验材料与设计

木聚糖酶由禾丰丰美技术股份有限公司生产；日粮为辽宁禾丰公司生产。选择35周龄健康的海兰褐1 350羽，随机分为5组，每组3个重复，每个重复90羽，试验期56d。5个试验组分别为：玉米对照组（玉米基础饲粮）、小麦对照组（小麦基础饲粮）、试验组1（小麦基础饲粮+750IU/kg木聚糖酶）、试验组2（小麦基础饲粮+1 500IU/kg木聚糖酶）、试验组3（小麦基础饲粮+3 000IU/kg木聚糖酶）。

1.2 试验饲粮

参照 NRC（1998）配制基础饲粮。饲粮组成及营养成分见表 1。

表 1 基础饲粮组成及营养水平（风干基础）（%）

项 目	玉米对照组	小麦对照组	项 目	玉米对照组	小麦对照组
成分			营养水平		
玉米	60	30.00	粗蛋白质	16.50	16.57
小麦	0	30.00	干物质（风干）	88.28	88.28
豆粕	15.00	15.00	粗脂肪	4.62	4.62
石粉	8.25	8.25	粗灰分	11.40	11.56
玉米 DDGS	8.50	8.50	粗纤维	3.03	3.03
米糠	2.20	5.00	禽代谢能	2774	2762
米糠油	0.85	1.05	钙	3.40	3.43
棉粕	3.00	0	总磷	0.50	0.52
食盐	0.20	0.20	赖氨酸	0.80	0.79
预混料[1)]	2.00	2.00	总蛋+胱氨酸	0.648	0.653
合计	100.00	100.00			

[1)] 预混料为每千克饲粮提供 VA 280 000 IU，VD_3 376 000 IU，VE 650 IU，VK 58mg，烟酸 800mg，*D*-泛酸 400mg，叶酸 12mg,，生物素 1.8mg，氯化胆碱 9g，$VB_1$45mg，$VB_2$180mg，VB_6 30mg，VB_{12}4mg，Fe 20g，Zn 1.7g，Mn 20g，Cu 1.4g，I 30mg，Se 8mg，Ca 130g，P 45g，水分 10%

1.3 饲养管理

饲养 7d 进行饲料过渡。鸡舍内栏养，自由饮水和采食，人工光照。

1.4 测定指标

每日定时记录各组采食量、蛋重，并统计每周各组料蛋比；在试验第 56d，各重复采集 4 枚鸡蛋，测定蛋形指数、蛋壳强度、哈氏单位、蛋黄颜色、蛋壳厚度。

1.5 数据统计分析

用 Excel 进行数据整理，用 SPSS 16.0 统计软件进行统计分析。

2 结果与分析

2.1 木聚糖酶对蛋鸡生产性能的影响

见表 2。从表 2 可知，在饲养全期的料蛋比方面，试验 1 ~ 3 组分别比小麦对照组降低 5.00%（$P<0.05$）、4.52%（$P<0.05$）、3.59%（$P>0.05$）；玉米对照组比小麦对照组降低 4.52%（$P<0.05$）；木聚糖酶添加量为 750IU/kg 时的料蛋比最低。

表 2　不同水平木聚糖酶对蛋鸡料蛋比的影响

项　目	玉米对照组	小麦对照组	试验组 1	试验组 2	试验组 3
第 1 周	2.23 ±0.02[a]	2.31 ±0.73[a]	2.26 ±0.05[a]	2.24 ±0.10[a]	2.23 ±0.06[a]
第 2 周	2.16 ±0.04[a]	2.30 ±0.04[b]	2.21 ±0.07[ab]	2.21 ±0.05[ab]	2.26 ±0.04[b]
第 3 周	2.27 ±0.13[a]	2.36 ±0.08[a]	2.21 ±0.10[a]	2.28 ±0.24[a]	2.25 ±0.02[a]
第 4 周	2.15 ±0.08[a]	2.30 ±0.05b	2.15 ±0.04[a]	2.18 ±0.06[a]	2.23 ±0.10[ab]
第 5 周	2.22 ±0.06[a]	2.26 ±0.03[a]	2.15 ±0.08[a]	2.18 ±0.11[a]	2.19 ±0.05[a]
第 6 周	2.21 ±0.02[a]	2.29 ±0.04[b]	2.21 ±0.06[ab]	2.19 ±0.10[a]	2.21 ±0.02[a]
第 7 周	2.22 ±0.13[a]	2.29 ±0.09[a]	2.19 ±0.02[a]	2.18 ±0.06[a]	2.20 ±0.04[a]
第 8 周	2.21 ±0.02[a]	2.38 ±0.08[b]	2.23 ±0.02[a]	2.29 ±0.07[a]	2.32 ±0.05[ab]
平均	2.21 ±0.03[a]	2.31 ±0.04[b]	2.20 ±0.04[a]	2.21 ±0.09[a]	2.23 ±0.04[ab]

注：同列肩标含有相同字母者为差异不显著（$P > 0.05$），肩标字母完全不同者为差异显著（$P < 0.05$）。下表同

2.2　木聚糖酶对蛋鸡蛋品质的影响

见表 3。由表 3 可知，在蛋形指数方面，各组数值都在 1.30 ~ 1.35；蛋壳厚度方面，试验 1 组最厚，玉米对照组最薄；蛋壳强度方面，试验组 3 强度最大，试验组 2 最小，试验组 3 比试验组 2 提高 8.90%（$P > 0.05$）；蛋黄颜色方面，玉米日粮组显著高于小麦日粮组；在哈氏单位方面，玉米对照组较试验组 3 提高 5.27%（$P > 0.05$）。

表 3　不同水平木聚糖酶对蛋鸡蛋品质的影响

项　目	蛋形指数	蛋壳厚/mm	蛋壳强度/（kg/cm^2）	蛋黄颜色/rgb	哈氏单位/w
玉米对照组	1.33 ±0.01[a]	0.30 ±0.01[a]	4.02 ±0.16[a]	7.04 ±0.41[a]	86.47 ±1.17[a]
小麦对照组	1.31 ±0.01[a]	0.31 ±0.01[b]	3.97 ±0.13[a]	5.35 ±0.87[c]	85.21 ±1.71[a]
试验组 1	1.31 ±0.01[a]	0.32 ±0.01[b]	4.13 ±0.12[a]	5.46 ±0.80[b]	85.23 ±1.45[a]
试验组 2	1.30 ±0.02[a]	0.30 ±0.01[a]	3.82 ±0.17[a]	5.41 ±0.81[b]	84.07 ±0.83[a]
试验组 3	1.30 ±0.01[a]	0.31 ±0.01[a]	4.16 ±0.12[a]	5.60 ±1.13[b]	82.39 ±1.92[a]

3　讨论

3.1　不同水平木聚糖酶对蛋鸡生产性能的影响

本试验研究结果表明，在料蛋比和产蛋率方面，蛋鸡饲喂添加 750IU/kg 木聚糖酶的小麦饲粮略好于饲喂玉米饲粮，且效果显著优于未添加木聚糖酶的小麦饲粮组。这一结果，与唐茂妍、Senkoylu N 等[2-3]研究结果一致，即木聚糖酶打破了植物细胞壁，降低食糜黏度，使细胞中的大分子营养物质如蛋白质、脂肪、淀粉等释放了出来，提高了蛋鸡对小麦饲粮中养分的吸收。然而，随着木聚糖酶添加量的增加，料蛋比有升高趋势。这一结论，与范仕苓[4]研究结果一致，即随着中性木聚糖酶添加量的增加，在料蛋比方面有升

高趋势，即添加大剂量的中性木聚糖酶对料蛋比影响较小。出现这一结果的原因：过量阿拉伯木聚糖可直接与肠道中的胰蛋白酶、脂肪酶等消化酶络合，降低了消化酶的活性。

3.2 不同水平木聚糖酶对蛋鸡蛋品质的影响

蛋品质体现了鸡蛋的感官品质、营养品质、抗破损能力。本试验研究表明，在蛋形指数方面，各组数值均在1.30～1.35，均表现良好；在蛋壳厚度、蛋壳强度方面，表现为添加不同水平木聚糖酶的试验组比小麦对照组均有提高，但差异不显著，添加量为3 000IU/kg木聚糖酶的小麦日粮组最优，玉米基础日粮组最差，相比提高了3.87%（$P>0.05$），这一结论与木聚糖酶促进钙、磷养分的表观消化率有关，最终促进钙、磷等矿物质在蛋壳中沉积，增加蛋壳强度和厚度；哈氏单位方面，试验组1效果最好，各组间差异不显著；玉米组的蛋黄颜色明显优于小麦组，这与玉米中高含量叶黄素有关。上述结论与王继强等[5]研究结果一致。王继强等研究表明，小麦对照组和添加酶制剂组比玉米对照组的蛋黄颜色显著降低（$P<0.05$）。

4 结论

小麦型日粮组中添加不同水平木聚糖酶均可不同程度提高蛋鸡的生产性能、改善蛋品质，最适添加量为750IU/kg；与小麦型饲粮相比，玉米型饲粮在生产性能、蛋品质方面具有较好表现。

参考文献

[1] CHOCT M, ANNISON G. Anti-nutritive activity of wheat pentosans in broiler diets [J]. *Britain Poultry Science*, 1990, 31: 811-821.

[2] 唐茂妍，陈旭东. 木聚糖酶对饲喂小麦型日粮蛋鸡生产性能的影响 [J]. 添加剂世界，2010，11：26-28.

[3] SENKOYLU N, SAMLI H E, AKYUREK H, et al. Effects of whole wheat with or without xylanse supplementation on performance of layers and digestive organ development [J]. *Italian Journal of Animal Science*, 2009, 8 (10): 155-163.

[4] 范仕苓. 不同来源的木聚糖酶及组合酶对产蛋鸡生产性能的影响 [D]. 北京：中国农业大学，2010：27.

[5] 王继强，张 波，刘福柱. 小麦型日粮添加酶制剂对蛋鸡生产性能的影响 [J]. 粮食与饲料工业，2005（1）：41-43.

桂皮型中草药添加剂对贵妃鸡生长性能及内脏器官发育的影响*

张继东[1]，程建国[1]，李树军[2]，曹宁贤[2]，杜炳旺[1**]

（1. 广东海洋大学动物科学系，湛江 524088；2. 山西省畜牧局，太原 030001）

摘 要：为了探讨桂皮型中草药添加剂（桂皮、小茴香、陈皮等）对贵妃鸡生长性能及内脏器官发育的影响，选用21日龄的贵妃鸡180只，随机分成4组，每组45只。对照组（A组）饲喂基础日粮，试验组饲喂在基础日粮内添加0.5%、1%、2%（分别为B、C、D组）桂皮型中草药的日粮。试验期70d（21~90日龄）。并在试验结束时每组随机抽取24只鸡（12公、12母）进行屠宰试验，测定其心脏重、肝脏重、脾脏重并计算其器官指数。结果表明：在21~90日龄贵妃鸡日粮中添加0.5%、1%、2%的桂皮型中草药不影响其日增重和饲料利用率（$P>0.05$）。对贵妃鸡肝脏、心脏、脾脏重量及其器官指数均无明显影响（$P>0.05$），但添加不同比例的中草药有改善以上指标的趋势，以添加0.5%最佳。因此，贵妃鸡日粮中桂皮型中草药添加剂的适宜添加量为0.5%。

关键词：中草药；贵妃鸡；生长性能

贵妃鸡，又名贵妇鸡，原产于欧洲。因头上有一华丽毛冠，形似欧洲贵妃的帽子，又似我国古代皇妃的凤冠，因而有“贵妃鸡”、“皇家鸡”等美誉[1~3]。贵妃鸡属于不可多得的瘦肉型珍禽，皮薄，肌肉结实，骨骼细而坚硬，毛孔小而密集，有土鸡肉的香味和山鸡肉结实，还有飞禽的野味，不失为一种高蛋白低脂肪的理想保健食品，备受生产者和消费者的关注。

根据中医药和现代营养调控理论，筛选出具有改善鸡肉品质和风味的中草药饲料添加剂，是当今优质肉鸡生产的热门课题。本试验通过对21~90日龄的贵妃鸡饲料中添加桂皮型中草药添加剂的对比试验，探讨其对贵妃鸡生长性能及内脏器官的影响，为确定其在贵妃鸡日粮中的适宜添加量提供理论依据。

1 试验材料与方法

1.1 试验材料与试验设计

选取广东海洋大学家禽育种中心的21日龄商品贵妃鸡180只，将其随机分为A、B、

* **基金项目**：山西省科技攻关项目：2007031055

作者简介：张继东，教授，主攻方向，中草药研究

** **通讯作者**：杜炳旺，研究方向是优质鸡育种和贵妃鸡研究，E-mail：dudu903@163.com

C、D 4 组，每组45 只，分别在基础日粮中添加0%、0.5%、1%、2%桂皮型中草药添加剂。桂皮型中草药添加剂，由桂皮、小茴香、陈皮等十多种中草药按照一定比例配合而成。

1.2 饲养管理与日粮组成

试验期为70d，即21～90 日龄，饲养方式采用立体笼养，各组处于相同的环境和饲养条件下，自然光照，自由采食和饮水，常规防疫和卫生消毒。日粮组成与营养水平见表1、表2。

表1 试验日粮组成（%）

饲料组成成分	A 组（对照组）	B 组	C 组	D 组
玉米	67	67	67	65.3
豆粕	26	26	26	26
麸皮	4	3.8	3.3	4
磷酸氢钙	2	2	2	2
盐	0.3	0.3	0.3	0.3
蛋氨酸	0.2	0.2	0.2	0.2
赖氨酸	0.2	0.2	0.2	0.2
桂皮型中草药添加剂	0	0.5%	1%	2%

表2 试验日粮营养水平

营养成分	A	B	C	D
代谢能/（MJ/kg）	12.38	12.23	12.10	12.00
蛋白质/%	18.24	18.24	18.21	18.14
钙/%	0.9	0.9	0.9	0.9
磷/%	0.4	0.4	0.4	0.4
赖氨酸	0.94	0.94	0.94	0.94
蛋氨酸+胱氨酸/%	0.68	0.68	0.68	0.68

1.3 测定指标及方法

1.3.1 生长性能测定 饲养试验期间每天记录各试验组投料量和剩料量，观察鸡群的健康状况，并于每周龄末进行空腹称重，计算平均日增重（ADG）、平均日采食量（ADFI）和料重比（F/G）。

1.3.2 屠宰和内脏器官测定 试验结束，每组随机抽取24 只鸡（12 公、12 母）进行屠宰试验，测定其心脏、肝脏和脾脏的重量，并计算其器官指数。器官指数 = 器官重（g）/活重（kg）。

1.4 统计方法

采用 SPSS13.0 统计软件的 One-Way ANOVA 过程对试验数据进行统计分析，采用 Duncan's 法进行多重比较。试验结果数据以“平均值±标准差”形式表示。

2 试验结果与讨论

2.1 桂皮型中草药添加剂对贵妃鸡生长性能的影响

见表3、表4、表5、表6。

表3 各组不同日龄耗料量测定结果（日龄，g）

日 龄	A	B	C	D
22~28	142	146	130	132
29~35	180	176	176	175
36~42	250	246	231	240
43~49	269	271	236	254
50~56	294	273	280	263
57~63	306	301	281	267
64~70	313	328	337	327
71~77	330	340	340	319
78~84	375	441	445	389
85~91	420	461	479	420
累积	2 880	2 983	2 935	2 785

从表3可以看出：A、B、C、D 4组平均累积耗料量分别为2 880g、2 983g、2 935g、2 785g，B组最多，C组次之，A组第三，D组最少。

表4 各组不同日龄体重测定结果（日龄，g）

日 龄	A	B	C	D
22~28	129.11±5.62	127.32±4.54	127±5.23	120.06±5.46
29~35	174.47±6.45	189.95±5.46	183±7.85	177.81±7.04
36~42	245.23±7.67	275.44±7.65	265±9.34	255.45±8.76
43~49	310.55±9.54	343.05±8.64	339±8.78	330.42±9.04
50~56	389.09±8.97	407.06±9.07	406±13.3	394.85±12.34
57~63	442.22±11.03	469.7±12.34	474±15.3	472.31±14.65
64~70	503.67±12.32	513.1±16.43	518±12.8	506.61±13.45
71~77	534.70±14.76	561.5±18.34	562±18.2	539.48±17.82
78~84	630.34±23.45	645.3±20.01	634±21.03	663.56±19.07
85~90	727.92±25.11	752.0±23.43	747±24.45	725.92±26.32

从表 4 可以看出：A、B、C、D 4 组 B 组体重最大，C 组次之，A 组第三，D 组最少。

表 5　各组不同日龄增重测定结果（日龄，g）

日　龄	A	B	C	D
22～28	45.36±8.96	62.63±4.56	56.06±7.80	57.57±9.08
29～35	70.76±5.67	85.49±6.89	81.95±3.45	77.64±3.01
36～42	65.32±8.79	67.61±7.89	74.52±8.56	74.97±4.08
43～49	78.54±9.65	64.01±9.81	66.82±9.01	64.43±7.65
50～56	53.13±11.43	62.63±12.23	68.19±6.70	77.46±7.01
57～63	61.45±4.53	43.44±5.01	43.97±6.05	34.30±7.8
64～70	31.03±6.89	48.39±9.01	44.03±8.78	32.87±9.87
71～77	95.64±7.81	83.84±12.45	71.48±5.62	124.08±5.41
78～84	97.58±9.12	106.7±13.11	113.7±7.02	62.36±8.71
累计	598.81±8.98	624.76±8.07	620.7±6.84	605.86±9.53

由表 5 可知：A、B、C、D 4 组平均累积增重 B 组最多，C 组次之，D 组第三，A 组最少。从而可以计算出每只鸡平均日增重分别为：8.55g，8.92g，8.86g，8.65g。

表 6　不同含量的中草药对 21～90 日龄贵妃鸡饲料报酬的影响（g）

	A	B	C	D
日增重	9.04±0.62	10.11±1.07	9.52±0.99	9.33±1.28
耗料量	41.14±3.76	42.62±4.56	41.93±4.98	39.79±4.01
料肉比	4.51±0.59	4.21±0.55	4.30±0.58	4.70±0.89

由表 6 可见，添加 0.5%、1%、2% 的中草药日粮与对照组相比，日增重分别增加了 4.15%、3.63%、3.60%，但差异不显著（$P>0.05$），中草药组间也不显著（$P>0.05$）；但添加 0.5% 的中草药组有高于其他组的趋势。

在耗料量方面，添加 0.5%、1% 的中草药日粮组与对照组相比，分别增加了 3.60%、1.92%，但差异不显著（$P>0.05$）；而添加 2% 中草药的试验组耗料量则降低了 3.28%，差异亦不显著（$P>0.05$）；中草药组间也不显著（$P>0.05$）；但随着添加中草药量的加大贵妃鸡的采食量有所下降。

在料重比方面，添加 0.5%、1% 的中草药日粮与对照组相比，分别提高了 6.65%、4.66%，但差异不显著（$P>0.05$）；而添加 2% 中草药的试验组料肉比则降低了 4.21%，差异也不显著（$P>0.05$）；中草药组间亦不显著（$P>0.05$）；但从不同含量中草药的日粮中可以看出 0.5% 中草药的日粮对料肉比的提高效果最明显。

综上结果，日粮中添加 0.5%、1%、2% 的中草药均不影响贵妃鸡的耗料量、日增重以及料重比，说明日粮中添加 0.5%、1%、2% 的中草药不影响贵妃鸡的生长性能，但添加 0.5%、1% 的中草药对其生产性能有提高的趋势，而添加量达到 2% 则对其生长性能具有一定的抑制作用。

2.2 桂皮型中草药添加剂对贵妃鸡内脏器官重量及指数的影响

2.2.1 桂皮型中草药添加剂对贵妃鸡心脏重量及器官指数的影响 见表7。

表7 桂皮型中草药对贵妃鸡心脏重量及器官指数的影响

组 别	重量/g	心脏器官指数/（g/kg）
A	3.25 ±0.33	3.82 ±0.21
B	3.40 ±0.25	3.83 ±0.19
C	3.25 ±0.24	3.65 ±0.21
D	3.32 ±0.24	3.81 ±0.24

由表7可见，添加0.5%、2%中草药的贵妃鸡心脏重量比对照组分别增加了4.62%、2.15%，1%的中草药组与对照组相同，但各组重量差异均不显著（$P>0.05$），各组器官指数差异不显著（$P>0.05$），说明贵妃鸡日粮添加不同含量的复方中草药对心脏重量和器官指数均没有明显影响。

2.2.2 桂皮型中草药添加剂对贵妃鸡肝脏重量及器官指数的影响 见表8。

表8 桂皮型中草药对贵妃鸡肝脏重量及器官指数的影响

组 别	重量/g	肝脏器官指数/（g/kg）
A	17.17 ±0.74	20.53 ±0.70
B	17.42 ±0.98	19.83 ±1.44
C	17.42 ±0.98	19.39 ±1.63
D	16.8 ±1.15	19.26 ±0.96

由表8可见：添加0.5%、1%中草药的贵妃鸡肝脏重量比对照组都增加了1.46%，而添加2%的中草药心脏重量则降低了2.16%，但各组重量差异均不显著（$P>0.05$），各组器官指数差异不显著（$P>0.05$），说明贵妃鸡日粮添加不同含量的桂皮型中草药添加剂对肝脏重量和器官指数均没有明显影响。

2.2.3 桂皮型中草药添加剂对贵妃鸡脾脏重量及器官指数的影响 见表9。

表9 桂皮型中草药对贵妃鸡脾脏重量及器官指数的影响

组 别	重量/g	器官指数/（g/kg）
A	1.21 ±0.12	1.34 ±0.18
B	1.33 ±0.10	1.50 ±0.08
C	1.35 ±0.15	1.49 ±0.17
D	1.25 ±0.15	1.30 ±0.22

由表9可见：添加0.5%、1%、2%中草药的贵妃鸡脾脏重量比对照组分别增加了9.91%、11.57%、3.30%，但各组重量差异均不显著（$P>0.05$），各组器官指数差异也

不显著（$P>0.05$），说明贵妃鸡日粮添加不同含量的桂皮型中草药添加剂对脾脏重量和器官指数均没有明显影响。

综上结果，日粮中添加0.5%、1%、2%的中草药与对照组相比，器官重量和器官指数均有不同程度的增加，但差异不显著（$P>0.05$）。说明添加0.5%、1%、2%的桂皮型中草药添加剂不影响贵妃鸡的器官重量和器官指数，但随着添加量的增加器官重量和器官指数有降低的趋势。

3 讨论

3.1 桂皮型中草药添加剂对贵妃鸡生长性能的影响

近年来研究发现化学合成药物、抗生素等饲料添加剂长期使用会造成畜禽肉、蛋和奶等产品残留，影响畜禽产品质量，进而危害人类健康，为此世界许多国家对抗生素和化学合成药物添加剂的应用做了限制和逐渐淘汰或禁用的规定，并大力提倡研究应用绿色添加剂。到目前为止，关于复方中草药对贵妃鸡生长性能的影响的研究报道尚不多见，多数报道是以研究复方中草药对肉鸡生长性能和蛋鸡产蛋性能的影响。

周克勇[4]等试验报道，以陈皮、苍术、芒硝等组成的复方中草药添加剂按1.75%、2.25%、2.75%的水平添加到肉鸡基础饲料中配制成3种试验饲粮。结果表明：试验组与对照组相比，成活率提高5.1%～10.3%，日增重提高22.2%～43.1%，采食量提高13.5%～18.8%，料重比下降13.5%～18.8%，干物质代谢率提高0.43%～4.77%，有机物代谢率提高1.68%～5.47%，表观氮沉积率提高7.63%～17.51%。黄贺儒[5]（2002）试验研究报道，在伊莎褐蛋鸡基础日粮中添加0.2%的中草药添加剂，此添加剂以当归、黄芪、元参、松针粉、地丁、大青叶等14味中草药组成。结果发现，试验组的产蛋率比对照组提高5.9个百分点，死淘率比对照组降低3个百分点（$P<0.05$），饲料报酬比对照组提高7.6%（$P<0.01$），经济效益比对照组提高30%。这些结果表明，日粮中添加适量中草药会提高鸡的生长性能，原因可能是中草药饲料添加剂是取自自然界的药用植物、矿物及其他副产品的天然物质，具有多种营养成分和生物活性，兼有营养物质和药物的双重作用，既可防治疾病，增强抗应激，提高生产性能，又能通过非特异性免疫抗菌作用，调节机体的免疫功能。某些中草药又是畜禽天然饲料，有良好的适口性，可以增进食欲，补充营养物质及促进代谢和生长。

但本试验验表明：在日粮中添加复方中草药，对贵妃鸡生长性能生产性能都具有一定的提高。而且日粮中添加0.5%的复方中草药对提高贵妃鸡的生长性能的影响较大，随着中草药含量的提高贵妃鸡的料肉比也逐步下降，但均未达到显著，此结果是预料之中，因为本试验所用的中草药饲料添加剂配方设计是以改善肉质和风味为主，而不是以提高增重性能而设计。

3.2 桂皮型中草药添加剂对内脏器官重量及指数的影响

内脏器官的的重量在一定程度上反映鸡的生长发育情况。

心脏是循环系统中的动力。作用是推动血液流动，向器官、组织提供充足的血流量，以供应氧和各种营养物质，并带走代谢的终产物（如二氧化碳、尿素和尿酸等），使细胞维持正常的代谢和功能。体内各种内分泌的激素和一些其他体液因素，也要通过血液循环将它们运送到靶细胞，实现机体的体液调节，维持机体内环境的相对恒定。此外，血液防卫机能的实现，以及体温相对恒定的调节，也都要依赖血液在血管内不断循环流动，而血液的循环是由于心脏"泵"的作用实现的。

肝脏在鸡的糖和脂肪代谢中起着重要作用，进入肝细胞内的外源性或内源性脂肪解离为脂肪酸和甘油后，一部分脂肪酸在线粒体内氧化供能，或转化为细胞结构的组成部分，而大部分脂肪酸在粗面内质网中合成甘油三酯、磷脂，并与胆固醇和载体脂蛋白结合成为脂蛋白，再进入血内供其他组织利用或转变为脂肪库。

脾脏是机体最大的免疫器官，占全身淋巴组织总量的25%，含有大量的淋巴细胞和巨噬细胞，是机体细胞免疫和体液免疫的中心，通过多种机制发挥抗肿瘤作用。脾脏切除导致细胞免疫和体液免疫功能的紊乱，影响肿瘤的发生和发展。中草药添加剂对鸡器官指数的研究较少，且结论也不一致，李续英，岳文斌[6]（2001）等研究报道以人参、黄芪、沙仁等10余种富含多糖、皂苷、黄酮类物质的复方中草药（复方中草药免疫增强剂对鸡免疫器官组织形态学影响的研究）按1%、1.5%、2% 3个水平添加到鸡基础饲料中配制成3种试验饲粮。结果表明：脾脏重，9个试验组均高于对照组（$P<0.05$）。黄银姬等研究报道以多糖、生物碱及生物类黄酮等物质复方中草药按对照组，饲喂基础日粮；第2组为试验组，饲喂添加1%中草药添加剂的基础日粮。结果表明，饲料中添加1%中草药添加剂可显著提高肉仔鸡胸腺和脾脏质量、指数[7]。石达友，刘汉儒等研究报道，将中草药提取浓缩粉（1：5）火炭母、旱莲草、淫羊藿、穿心莲、黄芪、女贞子、生大黄按0.2%剂量分别添加到1、2、3、4、5、6、7七个试验组鸡日粮中。结果显示，大多数试验组鸡的免疫器官指数都显著高于空白对照组[8]。但是韩春华（2005）研究饲料中添加中草药对鸡心内脏器官相对重量的影响，结果表明各试验组间均差异不显著（$P>0.05$）。说明中草药制剂对雏鸡肝脏、肾脏、心脏等主要器官影响不大[9]。

本试验结果表明，在贵妃鸡日粮中添加0.5%、1%和2%的中草药对贵妃鸡的肝脏重量及器官指数、心脏重量及器官指数、脾脏重量及器官指数均无明显影响。

这与韩春华研究的结果[9]是一致的，但中草药添加剂含有丰富的生物活性物质，可以调节机体内的抗疾病生理机制，提高畜禽非特异性及特异性免疫功能，从整体上强化机体的防卫能力，许多试验研究也得了肯定的效果。

4 结论

（1）在贵妃鸡的日粮中分别添加0.5%、1%和2%的桂皮型中草药添加剂不影响贵妃鸡生长性能，但日增重和料肉比均有提高的趋势，其中，以添加0.5%的中草药日粮的效果最佳。

（2）在贵妃鸡的日粮中添加0.5%、1%和2%的桂皮型中草药添加剂不影响贵妃鸡的肝脏重量及其指数、心脏重量及其指数、脾脏重量及其指数。

（3）综合各项指标，建议贵妃鸡日粮中桂皮型中草药的适宜添加量为0.5%。

参考文献

[1] 杜炳旺，禽中珍品——贵妃鸡 [J]. 中国家禽，2006，28，(10)：55.
[2] 杜炳旺. 珍禽贵妃鸡商用配套系的特点、研究生产现状及发展前景 [J]. 家禽科学，2007：7-9.
[3] 张 翼. 中草药饲料预混料对蛋鸡生产性能影响的研究 [J]. 湖南畜牧，2007 (1)：13.
[4] 周克勇. 中草药添加剂对肉鸡生长性能及代谢的影响 [J]. 四川畜牧医院学报，2001 (18)：7-8.
[5] 黄贺儒. 中草药添加剂在蛋鸡上的应用效果 [J]. 兽医与饲料添加剂，2002 (5).
[6] 李续英，岳文宾. 复方中草药免疫增强剂对鸡免疫器官组织形态学影响的研究 [J]. 中国预防学报，2001，6 (23).
[7] 黄银姬，黄 保，戴小瑜，等. 中草药添加剂对肉仔鸡生产性能和免疫功能的影响 [J]. 饲料研究，2007 (8)：63-65
[8] 达 友，刘汉儒，卓 曲，等. 中药提取物对鸡免疫器官发育和新城疫抗体水平的影响 [J]. 中兽医学杂志，2004 (2)：4.
[9] 韩春华. 芒果叶药理作用及复方芒果叶中草药制剂饲喂岑溪三黄鸡 [D]. 南宁：广西大学，2004.
[10] 王汉忠. 关于中草药添加剂存在问题和发展趋势的浅见 [J]. 北方牧业，2004 (4)：7-9.

不同能量日粮中添加脂肪酶对黄羽肉鸡生产性能的影响*

王润之[1]，李 敬[2]，匡 伟[1]，黄忠阳[1]，郗正林[1]，何宗亮[1]，姚 远[1]，李明龙[3]
（1. 南京市畜牧家禽科学研究所，南京 210036；2. 夏盛实业集团有限公司，北京 100101；3. 南京龙创牧业有限公司，南京 210036）

摘 要：选取1日龄的黄羽肉鸡900只，随机平均分为6组，每组3个重复。试验组在对照组基础日粮上分别添加100g/t，200g/t，300g/t脂肪酶，低能量日粮组则分别在基础日粮上降低30kcal能量和50kcal能量并同时添加200 g/t和300g/t脂肪酶，以观察脂肪酶对黄羽肉鸡生产性能的影响。结果表明：在基础日粮中添加200g/t浓度的脂肪酶显著提高了黄羽肉鸡体增重，采食量，降低了料重比。在低能量组中加入过多的脂肪酶则显著降低了黄羽肉鸡的采食量和增重。试验表明饲料中添加脂肪酶的可以明显提高黄羽肉鸡生产性能。

关键词：脂肪酶；黄羽肉鸡；能量饲料；体增重；日均采食量

脂肪酶又称甘油三酯水解酶，广泛存在于动植物和微生物体内，在脂质代谢中发挥重要的作用。其工业产品反应条件温和，具有优良的立体选择性，并且不会造成环境污染，因此在食品、皮革、医药、饲料和洗涤剂等许多工业领域中均有广泛的应用。脂肪酶作为一种重要的饲用酶制剂添加在饲料中可以促进幼龄动物内源酶的分泌[1-2]，为动物体生长和繁殖提供能量和必需脂肪酸[3]。许多研究表明，饲料中添加一定量的脂肪酶不但可以提高饲料中的脂肪消化率，特别是可显著提高含脂量高的饲料[4]，如全脂米糠、高油玉米、干苜蓿粉、血饼、饼粕等，而且还可提高能量饲料原料的表观消化能[5]，提高猪、禽增重速度及饲料利用率，并减少粪便排泄量[6]；但也有相反作用的报道[7]。本试验旨在研究不同能量日粮中添加脂肪酶对黄羽肉鸡生产性能的影响，为脂肪酶在肉鸡饲料工业中的合理应用提供试验依据。

1 材料与方法

1.1 试验材料

脂肪酶由宁夏夏盛实业集团有限公司提供，由黑曲霉菌种经液体发酵制成，脂肪酶活力单位为6 000U/g。

---

* **作者简介**：王润之，男，江苏东海人，助理研究员，硕士，主要从事家禽生产方面的科研工作，E－mail：wangrunzhi301@126. com

1.2 试验动物和试验设计

试验动物是由南京市畜牧家禽科研所培育的宁禽 1 号黄羽肉鸡商品代。选择 900 羽健康、体重相近的 1 日龄鸡苗，随机分为 6 组，每组 3 个重复，每个重复 50 羽，试验期 90d。

1.3 日粮组成及营养水平

试验日粮为玉米—豆粕型日粮（表 1）。A 组为对照组，B、C、D 3 组在基础日粮上分别添加 100g/t，200g/t，300g/t 脂肪酶，E 组在基础日粮上降低 30kcal 能量同时添加 200g/t 脂肪酶、F 组在基础日粮上降低 50kcal 能量同时添加 300g/t 脂肪酶，见表 2。

表 1 基础日粮组成及营养水平

配比/%	前期（0～30d）			中期（30～60d）			后期（60～90d）		
	基础日粮	降 30kcal	降 50kcal	基础日粮	降 30kcal	降 50kcal	基础日粮	降 30kcal	降 50kcal
玉米	59	59	59	64.1	64.1	64.1	69.28	69.28	69.28
豆粕	34.85	34.85	34.85	29.21	29.21	29.21	23.67	23.67	23.67
麸皮	—	0.4	0.7	—	0.4	0.7	—	0.4	0.7
豆油	2	1.6	1.3	2.6	2.2	1.9	3	2.6	2.3
蛋氨酸	0.15	0.15	0.15	0.09	0.09	0.09	0.05	0.05	0.05
预混料	4	4	4	4	4	4	4	4	4
	营养成分/%								
代谢能	2.9	2.87	2.85	2.98	2.95	2.93	3.05	3.02	3
粗蛋白	20.08	20.14	20.18	18.02	18.07	18.11	16	16.06	16.11
赖氨酸	1.02	1.03	1.03	0.9	0.9	0.9	0.78	0.78	0.78
蛋氨酸	0.486	0.486	0.487	0.4	0.404	0.4	0.34	0.34	0.34
钙	1.00	1.00	1.00	0.90	0.90	0.90	0.80	0.80	0.80
总磷	0.45	0.45	0.45	0.40	0.40	0.40	0.35	0.35	0.35

表 2 试验分组设计

	A	B	C	D	E	F
日　粮	基础日粮	基础日粮	基础日粮	基础日粮	降 30kcal	降 50kcal
脂肪酶	—	100g/t	200g/t	300g/t	200g/t	300g/t

1.4 饲养管理

本次试验是在龙创牧业有限公司养殖场内进行，试验鸡全部笼养，自由采食和饮水，分群预饲 5d 后开始试验。试验开始后于 30 日龄、60 日龄、90 日龄时分别对各组鸡只空腹称重，计算阶段性增重，记录给料量和剩料量，计算日均采食量和料重比，并观察整个时期鸡只的健康状况。

1.5 检测项目和数据处理

用 SPSS19.0 软件进行数据分析，各项指标均采用单因素方差分析。

2 结果与分析

2.1 脂肪酶对黄羽肉鸡生长性能的影响

由图 1 可以看出：试验组在添加脂肪酶期间其生长速度明显高于没有添加脂肪酶的对照组；F 组（基础日粮上降低 50kcal 能量 + 300g/t 脂肪酶）的增重则低于对照组。这说明脂肪酶的添加可以提高肉鸡生长速度，但在低能量饲料中添加则无明显效果。

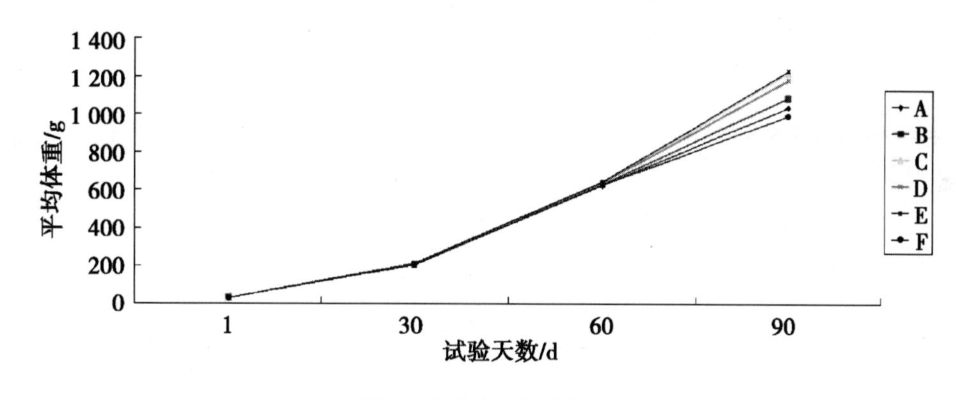

图 1 试验鸡生长曲线图

统计分析相关数据后可以看出（表 3）：在 90 日龄时，试验 C 组、D 组、E 组的体重显著高于对照组（$P<0.05$），试验 F 组体重则显著低于对照组，这说明饲料中添加脂肪酶不低于 200g/t 能明显提高鸡只的增重；但是，在低能量饲料中添加大剂量脂肪酶则呈现体重增加缓慢的情况。

表 3 不同能量日粮中添加脂肪酶对肉鸡增重的影响

日龄/d	A	B	C	D	E	F
1	30.80 ±0.55	31.86 ±0.45	31.40 ±1.17	30.83 ±0.65	30.86 ±1.02	30.46 ±1.40
30	205.53 ±0.70^{a}	206.93 ±0.56^{ab}	212.40 ±0.87^{c}	208.66 ±2.14^{bc}	212.20 ±2.19^{c}	206.16 ±0.80^{ab}
60	626.00 ±2.98^{a}	632.93 ±12.83^{ab}	640.53 ±6.88^{b}	640.76 ±1.40^{b}	644.16 ±5.23^{b}	627.83 ±4.63^{a}
90	1 035.66 ±5.69^{ab}	1 087.16 ±6.62^{b}	1 219.10 ±9.45^{c}	1 181.00 ±8.57^{c}	1 227.40 ±8.28^{c}	991.50 ±3.04^{a}

注：数据肩标字母完全不同为差异显著（$P<0.05$），无肩标或肩标含相同字母为差异不显著（$P>0.05$）；下表同

2.2 脂肪酶对黄羽肉鸡耗料量的影响

由图 2 可以看出：在试验前、中期，各组在日均耗料方面无明显差异；在试验后期

(60～90d) 添加脂肪酶的各试验组日均耗料量均高于对照组，但饲喂低能量日粮的F组(基础日粮上降低50kcal能量+300g/t脂肪酶) 的日均耗料量则低于对照组。这说明脂肪酶的添加可以提高肉鸡采食量，但在低能量饲料中添加高浓度的脂肪酶则会减少肉鸡的采食量。

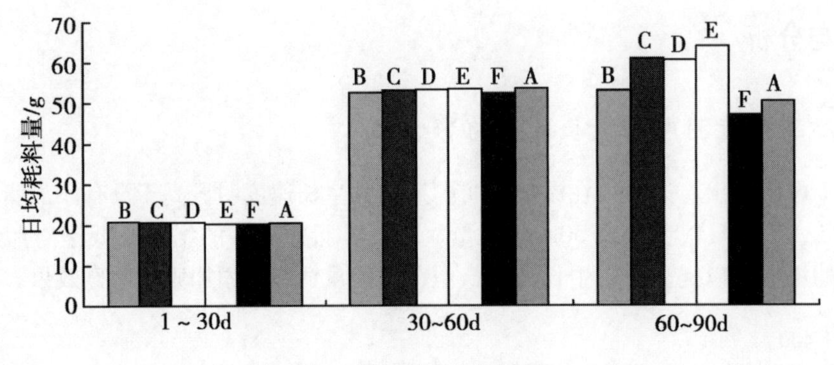

图2　试验鸡日均耗料量

进一步统计分析可以看出（表4）：试验初期（1～30d）E组与F组的日均采食量无明显差异，但随着鸡只的发育，在试验后期（60～90d）E组鸡只日均耗料量显著高于F组。说明在低能量的日粮中添加适量的脂肪酶可以促进肉鸡的采食量，但添加过多则会减少鸡只的日均采食量。

表4　不同能量日粮中添加脂肪酶对肉鸡日均采食量的影响

日龄/d	A	B	C	D	E	F
1～30	20.5 ± 0.06^{ab}	20.74 ± 0.10^{bc}	20.57 ± 0.02^{c}	20.71 ± 0.12^{c}	20.35 ± 0.11^{a}	20.35 ± 0.10^{a}
30～60	53.63 ± 0.09^{c}	52.64 ± 0.16^{ab}	53.13 ± 0.29^{bc}	53.33 ± 0.39^{c}	53.47 ± 0.22^{c}	52.44 ± 0.44^{a}
60～90	50.5 ± 2.93^{ab}	53.12 ± 2.10^{b}	60.93 ± 2.05^{c}	60.6 ± 0.38^{c}	63.97 ± 3.46^{c}	47.11 ± 1.64^{a}

2.3　脂肪酶对黄羽肉鸡料重比的影响

由表5可以看出，试验组C、D、E在料重比方面显著低于对照组，这说明在日粮中添加一定浓度的脂肪酶可以降低肉鸡的料重比，提高饲料报酬。F组料重比较高，这可能与该组油脂添加量较少有关。

表5　不同能量日粮中添加脂肪酶对肉鸡料重比的影响

日龄/d	A	B	C	D	E	F
1～30	3.50 ± 0.04^{b}	3.55 ± 0.02^{b}	3.41 ± 0.05^{a}	3.49 ± 0.04^{b}	3.37 ± 0.04^{a}	3.49 ± 0.01^{b}
30～60	3.82 ± 0.03^{a}	3.71 ± 0.08^{b}	3.72 ± 0.05^{ab}	3.70 ± 0.05^{b}	3.71 ± 0.01^{b}	3.74 ± 0.03^{ab}
60～90	3.73 ± 0.21^{cd}	3.52 ± 0.14^{bc}	3.16 ± 0.07^{a}	3.38 ± 0.21^{ab}	3.29 ± 0.09^{ab}	3.87 ± 0.07^{d}

3 讨论和结论

本次试验发现在基础日粮中添加200g/t浓度的脂肪酶显著提高了黄羽肉鸡1～30日龄的体增重，增加鸡只在60～90日龄的采食量，降低料重比。这说明外源脂肪酶的添加补充了幼禽体内内源酶的不足，提高了幼禽消化脂肪的能力，促进了家禽生长过程中内源消化酶的分泌[8-10]。而饲料中添加的油脂可以延长食糜在家禽肠道的停留时间，进而提高饲料的养分利用率促进肉鸡较快的生长发育[11]。有研究表明，饲料中添加该酶能释放出脂肪酸，提高油脂类饲料原料的能量利用率，增加和改进饲料的香味和风味，改进家畜的食欲，并对局部炎症有一定的治疗功效[12]；在低能量的饲料中添加过多的外源脂肪酶则严重影响了黄羽肉鸡60～90日龄的采食量和料重比，这是否因为饲料中过低的油脂含量与较高的脂肪酶添加量之间产生了不利于动物生长的副作用还有待进一步研究；同时低油脂也影响了饲料的适口性，可能是降低该组鸡只的采食量的原因之一。但在低能量饲料饲喂的E组中添加适量的脂肪酶则可以提高饲料中脂肪的能量价值，取得非常好的增重效果。

在饲料中添加适量的脂肪酶既可以提高肉鸡对脂肪的利用率，减少由日粮碳水化合物合成体脂的能量消耗，还可以促进幼禽内源消化酶的产生，缓解家禽生产应激，且无毒无污染，因此，在家禽生产中有广阔的应用前景。

参考文献

[1] 时本利，王剑英，付文友，等．微生物脂肪酶对断奶仔猪生产性能的影响［J］．饲料博览，2010（3）：1－3.

[2] 王　恬，等．饲料外源酶与动物内源消化酶的互作效应及机制研究［J］．新饲料，2006（12）：5－8.

[3] 王海燕，高秀华．脂肪酶的研究进展及其在饲料中的应用［J］新饲料，2007（4）：8－9.

[4] Polin D. , Wing TL. The effect of bile acids and lipase on absorption of tallow by young chicks［J］. *Poult. Sci.* , 1980，59：2 738－2 743.

[5] 谷金皇，杨　毅．添加外源脂肪酶对瓦氏黄颡鱼的生长、消化酶及血清生化指标的影响［J］．上海海洋大学学报，2010，19（6）：798－804.

[6] Tan H，Ohishi H，Watanable K. Purification and characterization of proteinous inhibitors of lipase from wheat flour［J］. *J Agri Food Chem*，1994，42：2 382－2 385.

[7] Hassan Kermanshahi. The potential dietary lipases to improve fat［D］. Canada：University of Saskatchewam，1998.

[8] 何　前．脂肪酶对岭南黄公鸡生产性能及养分利用的影响［D］．广州：华南农业大学，2009.

[9] 何　前，陈　庄，容　庭，等．脂肪酶对黄羽肉鸡生产性能及养分表观利用率的影响［J］．中国饲料，2010，19：17－19.

[10] 安永义，周毓平，呙于明.0－3周内仔鸡消化道酶发育规律的研究［J］. 动物营养学报，1999，11（1）：95－100.

[11] Duke G. E.，and Evanson O. A. Inhibition of gastric motility by duodenal contents in turkeys［J］. *Poultry Sci.*，1972：51，1 625－1 636.

[12] 杨振海，蔡辉益. 饲料添加剂安全使用规范［M］. 北京：中国农业出版社，2003.

蛋禽复合酶对伊莎褐蛋鸡生产性能的影响

吴高风[1]，赵保庆[1]，赵　健[1]，赵为民[1]，周恩库[2]，潘　奇[3]
（1. 新疆维吾尔自治区伊犁州尼勒克县职业培训中心，尼勒　835700；
2. 北京益农饲料中心；3. 乌鲁木齐正大畜牧有限公司）

摘　要：选择21周龄伊莎褐蛋鸡2 376只平均分成两组做对比试验，每组3个重复。加酶组代谢能比不加酶组少40cal（1cal = 4.2J，下同）能量。结果表明：加酶组采食量显著高于不加酶组（$P<0.05$），产蛋率、双黄蛋率高于不加酶组0.59%、5.6%，而蛋重低于不加酶组0.4%；加酶组的粪便比不加酶组要黄，蛋禽复合酶可以改善蛋鸡肠道环境；加酶组蛋鸡粪便中粗蛋白、钙、磷、粗灰分、盐分均低于不加酶组，说明蛋鸡料中加入蛋禽复合酶增加营养物质的吸收率；加酶促进营养物质的消化利用，增加体重；加酶提高经济效益。

关键词：蛋禽复合酶；伊莎褐；蛋鸡

蛋禽复合酶具有以下特性：①适用于饲料配方结构复杂的蛋禽日粮，有效降解日粮中的纤维素、木聚糖、β-葡聚糖和β-甘露聚糖等复杂的抗营养因子，摧毁植物细胞壁结构，降低肠道食糜黏度，提高日粮中营养物质的消化利用率。②降解产生的寡糖能有效减少病原菌在肠道的定植，显著促进动物肠道内有益菌的增殖，增强动物的免疫功能，提高动物健康水平和生产性能。③有效解决蛋禽在应激条件下内源酶分泌不足的问题，促进日粮蛋白质、淀粉等营养物质的消化吸收，提高饲料利用率，促进动物生长。④扩大蛋禽饲料配方中原料使用种类，充分利用副产物等非常规饲料资源，降低配方成本。根据日粮结构和原料种类不同，可以节约日粮能量40～100kcal/kg。

本试验使用蛋禽复合酶与对照组做对比试验，试验时间2011年8月16日～12月23日，比较生产性能差异，为生产实践提供参考。

1　材料和方法

1.1　试验材料及试验设计

选择体况一致、体重相近的21周龄健康伊莎褐蛋鸡2 376只，随机分成两组，每组3个重复，每个重复396只。蛋禽复合酶由湖南尤特尔公司提供。

1.2　试验日粮和饲养管理

1.2.1　饲养管理　本试验采用同舍3层阶梯式笼养，每笼4只，自由采食，乳头式饮水器饮水，隔日清粪，定期消毒。高温时打开风扇，并洒水降温，日喂1次，捡蛋1次每隔

2h 匀料 1 次，每周清粪 1 次，带鸡消毒 1 次，每天称料 1 次，各组饲养管理光照制度，免疫程序完全相同，并随时检查鸡群和鸡舍设备等仔细观察记录鸡群状况试验期 18 周（2011 年 8 月 16 日 ~ 12 月 23 日）。

1.2.2 日粮组成及营养水平 本试验采用玉米—杂粕型 日粮组成及营养水平见表 1。

表 1 各组饲料组成及营养水平

原料名称	不加酶组	加酶组（150g/t）
日粮组成（kg/t）		
玉米	601	580
麦麸	33	60
豆粕	135	129
葵仁粕	60	60
棉粕	60	60
豆油	5	5
磷酸氢钙	10	9
粗石粉	86	86
食盐	3	3
预混料	7	8
营养水平（%）		
粗蛋白	16.5	16.5
代谢能	2 620	2 580
钙	3.6	3.6
磷	0.3	0.3
盐分	0.3	0.3
蛋氨酸	0.42	0.42
赖氨酸	0.78	0.78

1.3 样品采集及分析测定

每天 18:00 统计蛋重、蛋数、破蛋数，每周统计耗料量，计算各试验阶段的产蛋率、鸡蛋重、耗料量、料蛋比、破蛋率。

1.4 统计分析

试验数据用 Excel 进行初步处理以平均数 ± 标准差表示，用 SPSS 17.0 软件进行统计分析，试验结果用平均值 ± 标准差表示。

2 结果与分析

2.1 添加蛋禽复合酶对伊莎褐蛋鸡日采食量、产蛋率、蛋重、料蛋比、双黄蛋率、破蛋率的影响（126d 的平均数据），结果见表 2。

表 2 添加蛋禽复合酶对伊莎褐蛋鸡生产性能的影响

项 目	日采食量/g	产蛋率/%	蛋重/g	料蛋比	双黄蛋率/%	破蛋率/%
不加酶	121.97 ±0.02[a]	93.90 ±0.23	57.64 ±0.16	2.25 ±0.01	0.90 ±0.10	0.16 ±0.04
加酶	122.22 ±0.02[b]	94.45 ±0.56	57.39 ±0.11	2.25 ±0.01	0.95 ±0.04	0.16 ±0.01

注：同行肩标字母相同者或未标注为差异不显著（$P>0.05$），相邻者为差异显著（$P<0.05$）

由表 2 可知，加酶组日采食量显著高于不加酶组 0.2%（$P<0.05$），产蛋率、双黄蛋率高于不加酶组 0.59%、5.6%，而蛋重低于不加酶组 0.4%。对破蛋率影响不大。由此可见，在日粮配方中增加了蛋禽复合酶 150g 和降低能量 40cal 可以显著增加伊莎褐蛋鸡的日采食量，提高产蛋率和双黄蛋率，但同时蛋重减轻了蛋重，这可能跟降低能量有关系，最终的料蛋比没有较大差异。

2.2 粪便颜色对比分析

由图 1 可知，加酶组的粪便比不加酶组要黄。结果表明：蛋禽复合酶可以改善伊莎褐蛋鸡肠道环境，提高消化能力。

不加酶组

加酶组

图 1 粪便颜色对比

2.3 粪便营养含量的对比

结果见表 3。粪便收集晒干后，每组做 3 次重复，去除水分校正后取平均值。

表 3 粪便营养含量对比

项 目	粗蛋白/%	钙/%	磷/%	粗灰分/%	盐分/%
不加酶	28.80	8.57	1.22	29.29	3.66
加酶	26.18	7.35	1.15	24.39	3.62

由此表3可以看出，加酶组粪便中粗蛋白、钙、磷、粗灰分、盐分均低于不加酶组。结果表明：蛋鸡料中加入蛋禽复合酶增加营养物质的吸收率。

2.4 鸡体增重分析

结果见表4。

表4 体重增重对比

日 期	不加酶组	加酶组	标准
2011.8.20（2%抽样）	1.76±0.07	1.76±0.02	1.68
2011.9.20（5%抽样）	1.89±0.02	1.86±0.03	1.86
2011.10.24（5%抽样）	1.90±0.06	1.89±0.03	1.91
2011.11.7（5%抽样）	1.93±0.07	1.95±0.04	1.92
增重/kg	0.1709	0.1834	0.24

由表4可知，试验开始时体重比标准体重要重，后期增长相比标准而言较慢，试验后期试验鸡体重复合标准体重范围；加酶组体增重速度快于不加酶组。结果表明：在蛋鸡料中添加蛋禽复合酶有利于伊莎褐蛋鸡对营养物质的消化利用率，增加体重。

2.5 经济效益分析

饲养管理的其他费用相同不做经济效益分析，数据显示从试验开始到试验结束，平均每只鸡的经济效益的横向对比。经济效益对比见表5。

表5 经济效益对比（元）

项 目	不加酶组	加酶组
卖蛋钱（收入）	6.820 4*7.5	6.829 2*7.5
鸡增重（收入）	0.170 9*10	0.183 4*10
饲料成本（支出）	31.091 0	30.645 9
经济效益	21.77	22.41

由表5可知，加酶组比不加酶组经济效益好。

3 讨论

酶制剂在蛋鸡营养的应用主要有3个方面：减少应激的影响，提高饲料的利用率；消除抗营养因子；降低养鸡业的环境污染。制定合理用量为家禽饲料配方提供理论依据。Van等（1996）[1]在20～24周龄产蛋鸡日粮中添加250Pu/kg植酸酶，饲料磷的吸收率达到最大值。查常林（1998）[2]在海兰褐商品蛋鸡饲料中用300FTU植酸酶替代212g无机磷发现排泄物的含磷量降低，蛋鸡的生产性能得到改善。张海棠等（2000）[3]研究在蛋鸡日粮中添加0.3%的复合纤维素酶发现，产蛋率提高8.23%，料蛋比降低9.12%。宋连喜

(2005)[4]等在41周龄的海兰褐商品蛋鸡基础日粮添0.1%的复合酶制剂，试验28d后发现，产蛋率甲均提高6.12%，料蛋比平均降低11.69%。而杨育才等（2005）[5]在成年蛋鸡杂粕日粮中添加木聚糖酶和蛋白酶为主的复合酶制剂，可使蛋鸡产蛋性能得到显著提高（$P<0.05$）。

4 结论

配方中加入蛋鸡复合酶对蛋鸡饲料的营养物质的消化吸收增强，加酶有提高生产性能的趋势。并减少一定的日粮代谢能量，不影响蛋鸡的生产性能，显著降低日粮成本，增加蛋鸡体增重，最终提高经济效益。

参考文献

[1] Van Oeckel, MJ. Casteels M, Warnants N etal. Omega-3 fatty acidsin pig nutrition implication for the intrinsicand sensory quality ofthe meat [J]. *MeatSci.*, 1996, 44: 55-63.

[2] 查常林. 不同水平植酸酶在产蛋鸡日粮中应用效果的分析 [J]. 饲料工业, 1998 (1) 28-29

[3] 张海棠, 王自良, 赵　坤. 蛋鸡产蛋后期日粮添加复合纤维素酶的饲养效应 [J]. 甘肃畜牧兽医, 2000 (1): 13-15.

[4] 宋连喜, 周丽荣. 复合酶制剂对产蛋鸡生产性能的影响 [J]. 家畜生态学报, 2005, 26 (3): 30-32.

[5] 杨育才, 李　莲. 饲用复合酶制剂在蛋鸡杂粕日粮中的应用效果研究 [J]. 中国饲料, 2001 (17): 12-13.

微生物发酵饲料对蛋鸡肠道菌群和氮磷排泄率的影响*

吕月琴[1]，孙汝江[1]，肖发沂[2]，姜柏翠[3]，陈克卫[1]
（1. 中国农业大学烟台研究院，烟台 264670；
2. 山东畜牧兽医职业学院；3. 海阳仁和科技有限公司）

摘　要：选择42周龄海兰褐蛋鸡480只，随机分为4组，每组设5个重复。对照A组饲喂基础日粮；试验B、C、D组分别为每100 kg基础日粮中添加微生物发酵饲料5kg、10kg、15kg。预试期为14d，正试期为42d。试验结果表明：①各试验组肠道中乳酸杆菌数量显著提高（$P<0.05$），大肠杆菌数量显著降低（$P<0.05$）；②各试验组的氮排泄率均有下降，其中C组下降最明显（$P<0.05$），磷排泄率均有下降的趋势，但差异不显著（$P>0.05$）。以上结果表明，微生物发酵饲料可以明显改善蛋鸡的肠道微生态平衡，降低氮磷排泄率；添加量以每100kg基础日粮中添加微生物发酵饲料10kg为最佳。

关键词：微生物发酵饲料；蛋鸡；肠道菌群；氮磷排泄率

随着畜牧业集约化程度越来越高，畜牧场产生的粪便对环境的污染日益严重。粪便的主要成分是没有被畜禽消化吸收的饲料。当前非常规饲料原料应用越来越多，由于非常规饲料中含有氨基酸不平衡的劣质蛋白和一些抗营养因子，导致畜禽对其消化率偏低，粪尿中排出的含氮物质增加，加剧环境污染。因此，发展新型高效饲料工业，加强对非常规饲料原料的利用对推动畜牧业可持续发展具有重要意义。微生物发酵饲料是指在人为可控制的条件下，以植物性农副产品为主要原料，通过有益微生物的代谢作用，降解部分多糖、蛋白质和脂肪等大分子物质，生成有机酸、可溶性多肽等小分子物质，形成营养丰富、适口性好、活菌含量高的生物饲料[1]。本研究以商品蛋鸡为研究对象，在饲粮中添加不同水平的微生物发酵饲料，研究不同水平的微生物发酵饲料对蛋鸡肠道菌群与氮磷排泄率的影响，为微生物发酵饲料的推广和应用提供理论依据。

1　材料与方法

1.1　试验材料

本试验所用的微生物发酵饲料由潍坊三农有限公司提供。菌种由嗜酸乳杆菌，毕赤酵母菌、枯草芽孢杆菌等组成，其中嗜酸乳杆菌为液体，毕赤酵母菌为湿样固体，枯草芽孢

* **作者简介**：吕月琴，女，山东平度人，硕士，研究方向：饲料生物技术。E－mail：lyq98－04@163.com

杆菌为粉状固体。有效活菌数按每克成品中活菌量计，嗜酸乳杆菌≥1×10^{7}CFU/g，毕赤酵母菌≥0.5×10^{7} CFU/g，枯草芽孢杆菌≥1×10^{6}CFU/g。

1.2 试验日粮

基础日粮参照《家禽营养需要》（NRC，1994）和海兰公司蛋鸡营养标准配制，日粮组成及营养物质含量见表1。

表1 蛋鸡基础日粮配方及营养水平

原料	配比（%）	营养成分	营养水平
玉米	63	代谢能/（MJ/KG）	11.30
豆粕	26	粗蛋白/%	16.71
贝壳粉	8	钙/%	3.35
预混料	3	有效磷/%	0.38
		蛋氨酸/%	0.40
		赖氨酸/%	0.78

1.3 试验设计与饲养管理

选择42周龄、产蛋率基本一致、体重相近、体质状况基本一致的海兰褐商品蛋鸡480只，随机分为4组，每组120只，每组设5个重复，每个重复24只；各组的试验管理条件一致。处理A组为对照组，饲喂基础日粮；处理B、C、D组为试验组，分别为每100kg基础日粮中添加微生物发酵饲料5kg、10kg、15kg。本研究前2周（共14d）为预试期，后6周（共42d）为正试期。

1.4 测定项目与方法

1.4.1 肠道菌群的测定　本试验以MRS（乳酸杆菌）选择性培养基培养乳酸杆菌，麦康凯培养基培养大肠杆菌。

试验结束当天，在无菌条件下剖腹取盲肠内容物0.2g加入10mL灭菌试管中，在微型振荡器振荡稀释，用灭菌生理盐水在无菌青霉素小瓶中进行倍比稀释，依次进行，递增稀释至第9个青霉素小瓶稀释度为10^{-9}。一般以直径9cm的平板上出现30～300个菌落为标准，选择适当的稀释度，在超净工作台上，将菌液涂布于已凝固的选择性培养基MRS、麦康凯的表面，每个稀释度做3个重复。将选择性培养基MRS平皿放入厌氧罐，焦性没食子酸法37℃厌氧培养24h，麦康凯琼脂平皿37℃需氧培养箱内培养24h。

1.4.2 氮磷排泄率的测定　试验结束后将各重复组的粪便分别混合均匀，取样测定鲜粪及饲料中氮、磷含量；用凯氏定氮法测定氮的含量，用光度法测定磷的含量。考察以下指标：

氮排泄率（%）＝粪尿氮/食入氮×100

磷排泄率（%）＝粪尿磷/食入磷×100

1.5 数据分析与处理

所得数据采用SAS9.1（2003）软件进行统计学处理。方差分析使用ANOVA，多重比较采用邓肯氏法（Duncan's），以 $P<0.05$（差异显著）作为差异显著性判断标准，结果用平均值±标准误差表示。

2 结果与分析

2.1 微生物发酵饲料对蛋鸡肠道菌群的影响

如表2所示。日粮中添加微生物发酵饲料后，乳酸杆菌迅速增殖，各试验组的蛋鸡肠道内乳酸杆菌数量显著提高，乳酸杆菌数量最高的为第C组，试验组B、C、D较对照A组分别提高了15.14、19.38、18.40个百分点，差异显著（$P<0.05$）；各试验组肠道中的大肠杆菌得到明显抑制，试验组B、C、D分别较对照A组降低了17.62、21.64、18.55个百分点，以C组下降最多，差异显著（$P<0.05$）。

表2 微生物发酵饲料对蛋鸡肠道菌群的影响

组别	乳酸杆菌	大肠杆菌
A	6.14 ± 0.29^{b}	6.47 ± 0.23^{a}
B	7.07 ± 0.37^{a}	5.33 ± 0.35^{b}
C	7.33 ± 0.32^{a}	5.07 ± 0.36^{b}
D	7.27 ± 0.36^{a}	5.27 ± 0.32^{b}

注：1. 活菌计数结果以log10 cfu/mL表示；

2. 同列数据右侧肩标小写字母相同表示差异不显著（$P>0.05$），小写字母不同表示差异显著（$P<0.05$）。下表同

2.2 微生物发酵饲料对蛋鸡氮、磷排泄率的影响

见表3。由表3可知，试验组B、C、D较对照组的氮排泄率分别下降了9.35、15.97、12.21个百分点，以C组下降最多，差异显著（$P<0.05$）；各试验组的磷排泄率较对照组呈下降的趋势，差异不显著（$P>0.05$）。

表3 微生物发酵饲料对氮、磷排泄率的影响

组别	氮排泄率/%	磷排泄率/%
A	43.01 ± 2.55^{a}	73.98 ± 5.13
B	38.99 ± 1.49^{ab}	74.25 ± 5.41
C	36.14 ± 1.99^{b}	72.35 ± 5.11
D	37.76 ± 2.27^{ab}	71.57 ± 3.32

3 讨论

3.1 微生物发酵饲料对蛋鸡肠道菌群的影响

正常情况下，动物肠道内存在的各种微生物种群之间保持着动态的平衡。当机体受到某些应激因素的影响，这种微生态平衡可能被破坏，导致肠道中的各种微生物菌群之间比例失调，这些菌群之间一旦失去平衡，就会使优势菌群发生更替，一些需氧菌或兼性厌氧菌如大肠杆菌、沙门氏菌等大量增加，成为优势菌群，打破肠道微生态平衡，引起机体消化机能紊乱，生产性能下降。微生物发酵饲料进入肠道，好氧菌迅速增殖，消耗肠道氧气，形成厌氧环境，降低肠道的氧化还原电势，增强肠道对厌氧菌的定植抗力；有利于乳酸杆菌、双歧杆菌等厌氧菌生长，而大肠杆菌、沙门氏菌等好氧性病原菌则受到抑制；同时乳酸杆菌等增殖可以产生乳酸、乙酸等有机酸，降低肠道 pH 值，更加有利于益生菌的生长，而使病原菌（大部分适宜环境中性环境生长）受到抑制，保证了动物肠道的微生态平衡[2]。Muralidhara[3]给刚出生的仔猪饲喂乳酸杆菌，可以减少大肠杆菌的数目，保护动物抵抗肠致病性大肠杆菌的侵袭，预防腹泻。本试验中，通过添加微生物发酵饲料后，各试验组乳酸杆菌菌群数量得到了明显提高，大肠杆菌数量显著降低，组间差异显著。

3.2 微生物发酵饲料对氮磷排泄率的影响

当前饲料工业中越来越多地使用非常规饲料，其中的蛋白质氨基酸不平衡并且含有一些抗营养因子，导致畜禽对其消化率偏低，粪尿中排出的含氮物质增加，加剧环境污染。有益微生物如芽孢杆菌可产生多种消化酶，如淀粉酶、脂肪酶和蛋白酶以及机体本身不能合成的酶，如果胶酶、葡聚糖酶等[4]，这些酶类可以对饲料进行预消化，将大分子有机物降解为小分子有机物，改善饲料品质，提高了饲料的消化吸收率，减少粪便中氮磷的排出。杨桂芹等[5]研究发现，蛋鸡日粮中添加酵素菌制剂可以显著降低挥发性盐基氮含量，粪臭素含量、粪氨含量比对照组均有显著降低；赵洁等[6]报道，蛋鸡日粮中添加益生素，可以提高生产性能，显著降低氮的排出量和硫化氢及氨气的释放量；王德清[7]发现，微生态制剂对蛋鸡腹泻具有显著疗效作用。本试验中，各试验组的氮排泄率明显下降，其中试验 C 组显著降低（$P<0.05$）；各试验组的磷排出率显著有下降的趋势；表明微生物发酵饲料可以有效减少粪便氮磷的排出，减少有害物质产生，改善环境卫生。

4 结论

本试验研究表明，日粮中添加微生物发酵饲料可以改善肠道微生态环境，降低氮磷排泄率；添加剂量以每 100kg 基础日粮添加 10kg 微生物发酵饲料效果最佳。

参考文献

［1］陆文清，胡起源．微生物发酵饲料的生产与应用［J］．饲料与畜牧，2008，22（7）：

5－9.
[2] 王建辉，陈立祥，贺建华．益生素的不同机理探讨及其在动物生产中的应用 [J]. 饲料工业，2004，25（3）：29－31.
[3] Muralidharaks，Sheggebygg，Elliker P R. Effect of feeding lactobacilli on the Coliform And Lactobacillus flora of the intestinal tissue and feces from pigs [J]. *Food Protect*，1977，40：288－295.
[4] Beauchemin K. A，Yang WZ，Rode L. M. Effects of Grain source and Enzyme Additive Site and Extent of Nutrient Digestion Dairy Cows [J]. *Dairy Sci*，1999，82（2）：378－390.
[5] 杨桂芹，冯军平，田　河，等．添加酵素菌制剂对蛋鸡粪中臭味物质排出量的影响 [J]. 中国畜牧杂志，2010，46（7）：55－57.
[6] 赵　洁，田新林．溢康素对蛋鸡生产性能及粪臭的影响 [J]. 中国家禽，2007，29（3）：24－26.
[7] 王德清．微生态制剂对蛋鸡腹泻的疗效观察与分析 [J]. 黄山学院学报 .2003，5（3），120－121.

洛东酵素饲喂蛋鸡的应用效果研究*

刘　健[1]，张　雍[1]，朱凤香[2]，王卫平[2]**
（1. 浙江省环境保护科学设计研究院，杭州　310007；
2. 浙江省农业科学院环境资源与土壤肥料研究所，杭州　310021）

摘　要：洛东酵素作为蛋鸡饲料添加剂饲喂文昌鸡的对比试验结果表明，在同等条件下，添加洛东酵素的处理组在蛋鸡死亡率、平均产蛋率、饲料平均转化率等指标都优于常规饲养的对照蛋鸡，平均饲料转化率提高6.57%，试验组比对照死亡率降低66.7%，而鸡蛋品质等多项指标变化不大。

关键词：洛东酵素；蛋鸡；饲喂；应用效果

近年来，我国畜禽养殖业盛行生物发酵床技术的应用[1~5]，目前，该技术已在28个省市推广应用，应用面积达到600万 m^2 以上，总存栏数600万头以上。该技术由日本洛东化成株式会社1977研制开发[2]，其关键是洛东酵素的开发利用，洛东酵素由纳豆芽孢杆菌、酵母菌、淀粉酶和蛋白酶等有益微生物菌种和酶系组成。该工艺按一定比例掺拌木屑、谷壳、米糠、农作物秸秆、猪粪并调整水分发酵，使微生物菌群繁殖，以此作为猪舍的垫料。同时，通过有益微生物菌种与饲料充分搅拌，喂养生猪，达到去臭、提高饲料消化利用率和预防生猪发病的作用。该环保技术应用在蛋鸡饲养上的报道还不多见，本试验旨在利用洛东酵素菌作为饲料添加剂在蛋鸡上的饲喂试验，探讨洛东酵素在禽类清洁生产中的应用做一些有益的尝试。

1　材料与方法

1.1　试验材料

饲养的蛋鸡品种为文昌土鸡，环保型洛东酵素购自福建洛东生物技术有限公司。试验地点在浙江省安吉县一生态农庄进行。

1.2　试验方法

将正在产蛋盛期的同一批文昌鸡随机分成两组，各400只，蛋鸡笼在同一禽舍分成并

* 基金项目：浙江省重大科技专项社会发展重点项目（2006C13117）
作者简介：刘健，1953年生，男，研究员，研究方向：生态环境规划及农业环境保护
** 通讯作者：E－mail：wangweiping119@126.com

立两排，设常规饲料对照和常规饲料添加洛东酵素（添加量1‰）两个处理进行洛东酵素饲喂蛋鸡笼养对比试验，两组蛋鸡个体及产蛋状况基本一致，每个鸡舍相对独立，每组试验处理饲料饲喂方式相同，饲料投喂量也尽可能一致，养殖周期约45d（9月1日至10月15日），定期观察、记载及采样测定，试验期间除了饲喂的饲料不同外，其他各项管理措施应基本保持一致。

1.3 采样测定与分析

两组试验按实际每天产蛋数、饲料饲喂量、蛋鸡死亡数进行计数，计算产蛋率、蛋鸡死亡率和饲料转化率；鸡蛋及鸡粪采样测定均以同一处理的随机采集的混合样来进行；鸡粪的水分、有机质、总氮、总磷、总钾、铵态氮等按常规分析方法测定；鸡蛋的养分及微量元素等特性的测定参照《食品卫生检验方法》[6]。

2 结果与分析

2.1 洛东生物酵素饲喂文昌鸡对其产蛋率的影响

见图。

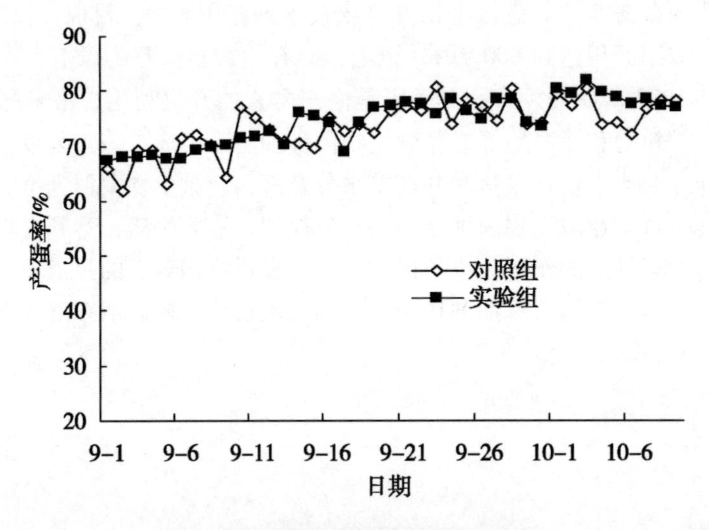

图 洛东酵素饲喂蛋鸡产蛋率的变化

从试验期间两组蛋鸡产蛋率曲线（图）可以看出，从9月到10月中旬这段时间，气温逐渐降低较为适宜蛋鸡生长，产蛋率呈上升态势，对照组蛋鸡产蛋率变化较大，呈现起伏变化，而洛东酵素饲喂试验组产蛋率较为平稳，呈逐渐上升趋势。

从饲喂蛋鸡产蛋率的结果可以看出（表1），添加洛东酵素的处理组在蛋鸡死亡率、平均产蛋率、饲料平均转化率等指标都优于常规饲养的对照蛋鸡，洛东酵素试验组比对照死亡率降低66.7%，产蛋率平均增加1%，平均饲料转化率提高6.57%。曾志红[4]报道采用发酵床养猪并饲喂洛东酵素可以有效改善断奶仔猪肠道微生态平衡，大大降低了腹泻率，与本试验蛋鸡死亡率降低相一致。

表 1　添加洛东酵素喂养文昌蛋鸡试验结果

处　理	死亡率/%	初始产蛋率/%	截止产蛋率/%	平均产蛋率/%	初始饲料转化率/(枚/kg)	截止饲料转化率/(枚/kg)	饲料平均转化率/(枚/kg)
CK	4. 12	66. 47	72. 9	72. 3	6. 35	6. 4	6. 39
洛东酵素	1. 37	67. 48	73. 5	73. 03	6. 34	6. 81	6. 81

2. 2　添加洛东酵素喂养后鸡蛋营养品质的变化

分别对两组试验所产鸡蛋采样和同时在市场上购买的鸡蛋取样进行品质分析，结果可以看出（表 2），添加洛东酵素的处理所产鸡蛋与对照的相比，各项指标变化不大，在粗蛋白、胆固醇、磷、钙、维 A 等指标优于市售常规鸡蛋。

表 2　添加洛东酵素喂养文昌鸡蛋营养成分含量变化

项　目	市售鸡蛋对照	试验对照	洛东酵素饲喂
粗蛋白/%	11. 7	12. 0	12. 1
胆固醇/（mg/100g）	390. 5	334. 7	348. 6
锌/（mg/kg）	未检出	未检出	未检出
钙/（mg/kg）	459. 49	503. 17	507. 53
磷/%	0. 19	0. 17	0. 18
硒/（mg/kg）	0. 06	0. 051	0. 05
维生素 A/（mg/100g）	0. 277	0. 333	0. 291
维生素 D_3/（IU/100g）	未检出	未检出	未检出
维生素 E/（mg/100g）	1. 68	0. 836	1. 02
维生素 B_1/（mg/100g）	0. 1	0. 096	0. 11
维生素 B_2/（mg/100g）	0. 31	0. 27	0. 28
沙门氏菌	未检出	未检出	未检出

2. 3　添加洛东酵素喂养文昌鸡后鸡舍环境及鸡粪成分的变化

见表 3。

表 3　添加洛东酵素喂养文昌蛋鸡鸡粪成分含量的变化

项　目	9 月 21 日采样		10 月 10 日采样	
	对照	酵素菌处理	对照	酵素菌处理
水分/%	66. 61	68. 62	66. 38	71. 39
总氮/%	2. 16	2. 1	2. 68	2. 94
总磷/%	2. 58	2. 8	4. 1	4. 96
总钾/（mg/kg）	2.54×10^4	2.2×10^4	2.1×10^4	1.75×10^4
有机质/%	38. 48	38. 97	36. 59	35. 76
铵态氮/%	0. 6	0. 8	0. 68	0. 94

注：表中项目成分含量以干基计

从饲喂洛东酵素蛋鸡中期和后期二次粪便采样分析结果可以看出（表3），添加洛东酵素的处理比对照粪便含水率高，这是由于饲喂洛东酵素处理蛋鸡饮用水量增加；其中添加洛东酵素的处理粪便中干基测定总氮、总磷和氨态氮有上升趋势；总钾和有机质含量呈下降趋势，但粪便排出总量变化不大，说明添加洛东酵素后，饲料消化率提高。因此可以初步确认洛东酵素作为一种生物饲料添加剂能够增加蛋鸡饲料的消化率，减少养分排放，这与上面实测的饲喂洛东酵素可提高饲料平均转化率的结果相吻合。

3 小结与讨论

采用洛东酵素饲喂及发酵床养猪环保技术应用已较为普及，用洛东酵素饲喂蛋鸡的试验结果说明：洛东酵素作为饲料添加剂饲喂肉鸡可降低蛋鸡死亡率，提高产蛋率和饲料转化率；洛东酵素作为一种环保型生物饲料添加剂值得在养鸡场推荐使用，但洛东酵素在蛋鸡饲料中的添加量及经济成本核算还需进一步试验验证。

参考文献

[1] 林国徐，李超雄，陈永明. 日本洛东式发酵养猪法技术要点及应用效果初报 [J]. 福建畜牧兽医，2008，30（1）：10-11.

[2] 陈永明，张益书. 洛东生物发酵床零排放养猪技术概述 [J]. 猪业科学，2008，9：42-44.

[3] 王远孝，李 雁，钟 翔，等. 猪用发酵床的研究与应用 [J]. 家畜生态学报，2007，28（6）：139-142.

[4] 张丽辉. 浅谈发酵床养猪技术 [J]. 现代畜牧兽医，2008（4）：24-26.

[5] 曾志红. 断奶仔猪腹泻的生物防治效果研究 [J]. 长春师范学院学报（自然科学版），28（4）：51-54.

[6] 中华人民共和国卫生部，中国国家标准化管理委员会发布.《食品卫生检验方法》理化部分 [M]. 北京：中国标准出版社，2004.

植酸酶对肉鸭生产性能、养分利用率及胫骨发育的影响

王　敏，鲍淑青，史宝军，杜红方
（广东饲料添加剂生物工程技术研究开发中心，珠海　510000）

摘　要：选用960羽樱桃谷肉鸭，随机分成4组，每组6个重复，分别饲喂玉米—豆粕型基础日粮和用100g/t植酸酶替代6kg磷酸氢钙的试验日粮，以研究植酸酶对樱桃谷鸭生产性能、胫骨发育和饲料养分利用率的影响。同时比较普通植酸酶和耐高温植酸酶在饲料加工后酶活损失和对试验指标的影响。试验结果表明在相对低的无机磷日粮中，添加植酸酶可使鸭生产性能改善，养分利用率提高；胫骨中灰分、钙磷的沉积率提高。但是植酸酶是否耐高温对试验指标影响很大，耐高温植酸酶制粒后酶活损失低于10%，饲养效果较好。综合考虑本试验结果可得出，樱桃谷肉鸭饲料中可用100g/t耐高温植酸酶替代6kg的磷酸氢钙。

关键词：植酸酶；樱桃谷鸭；耐高温

植酸酶的热稳定性具有极其重要的意义，因为在制粒过程中暴露在高温和高湿环境下的酶极易失活，因此为保持酶的活性，要求在制粒完成后再向饲料中添加酶，但这需要饲料生产厂家另外配备设备，而且这种添加方法可能导致添加不均匀，故提高植酸酶的耐热性，采取内添加具有重要的应用价值。本试验的新型耐高温植酸酶是通过基因工程技术以及先进的剂型技术，耐热性能大大提高，同时在储存、使用过程中具有良好的稳定性，对蛋白酶和胃酸的抵抗力强，对各种抑制剂不敏感，能够稳定有效地发挥作用。为了验证此耐高温植酸酶的实际应用效果并与普通植酸酶和国外某耐高温植酸酶效果进行比较特进行此次试验。

本试验所用的植酸酶样品分别来自溢多利公司的普通植酸酶、新型耐高温植酸酶和市售的国外某耐高温植酸酶产品，均可降解玉米、麦类、粕类饲料等多种原料中的植酸磷，从而为动物提供的可利用有效磷。本试验设计在肉鸭日粮中减少磷酸氢钙的用量，同时添加植酸酶，研究其对肉鸭生产性能、养分利用率和胫骨发育的影响。试验还对每组饲料制粒前后进行取样，通过微量测定制粒前后饲料中植酸酶的酶活水平，从而评定各种植酸酶的耐高温性能。

1　试验材料与方法

1.1　试验材料

1.1.1 试验动物　1日龄樱桃谷肉鸭960羽，由珠海五山某鸭场购入。

1.1.2 试验样品　植酸酶及其酶活如下。

普通植酸酶：酶活 5 000U/g，由广东溢多利生物科技股份有限公司提供；

新型耐高温植酸酶：酶活 5 000U/g，由广东溢多利生物科技股份有限公司提供；

国外某耐高温植酸酶：酶活 5 000U/g，市场上购买。

1.1.3 试验日粮　广东省珠海市溢盛饲料厂代为加工生产，颗粒饲料（加工条件：制粒温度约 85～90℃、蒸汽压力 0.4MP）。饲料配方见表 1。

表 1　饲料配方

原　料	1～14 日龄		15～42 日龄	
	基础日粮	降低 6kg 磷酸氢钙	基础日粮	降低 6kg 磷酸氢钙
CP8% 玉米	58.8	58.8	49.65	49.65
CP43% 豆粕	23.5	23.5	5.5	5.5
次粉	5	5	8	8
米糠	0	0	10	10
CP28% DDGS	2.5	2.5	9	9
CP63% 鱼粉	1.5	1.5	0	0
CP38% 菜籽粕	5	5	6	6
CP43% 棉粕	0	0	6	6
Ca35% 白石粉	1.05	1.45	1.0	1.4
P16% 磷酸氢钙	1.5	0.9	1.5	0.9
98% 赖氨酸	0.1	0.1	0.25	0.25
98% 蛋氨酸	0.15	0.15	0.1	0.1
石膏粉	0.3	0.3	0.2	0.2
砻糠	0	0.2	2	2.2
食盐	0.3	0.3	0.3	0.3
小苏打	0	0	0.2	0.2
5 000U 植酸酶	0	0.01	0	0.01
肉多维	0.04	0.04	0.04	0.04
禽矿	0.08	0.08	0.08	0.08
50% 氯化胆碱	0.1	0.1	0.1	0.1
10% 硫酸抗敌素	0.03	0.03	0.03	0.03
防霉剂	0.05	0.05	0.05	0.05
合计	100	100.01	100	100.01
营养水平				
代谢能 kcal/kg（1cal = 4.2J，下同）	2 800	2 800	2 670	2 670
粗蛋白%	19.0	19.0	16.0	16.0
钙%	0.9	0.9	0.80	0.80

（续表）

原　料	1～14 日龄		15～42 日龄	
	基础日粮	降低 6kg 磷酸氢钙	基础日粮	降低 6kg 磷酸氢钙
总磷%	0.69	0.69	0.79	0.79
有效磷%	0.45	0.35	0.40	0.30
食盐%	0.35	0.35	0.33	0.33
赖氨酸%	1.00	1.00	0.75	0.75
蛋氨酸%	0.47	0.47	0.38	0.38

1.2　试验方法

1.2.1　试验设计　选用健壮、活泼、均匀1日龄樱桃谷肉鸭960羽，随机分为4个处理，每个处理6个重复，每个重复40羽，每重复栏和每处理间的均只重差异均不显著。试验分为前后两期：前期1～14日龄，后期15～42日龄。试验设计分组如表2。

表2　试验分组

组　别	试验料	酶制剂	添加量（g/t 饲料）
试验1组	肉鸭基础日粮	—	—
试验2组	基础日粮磷酸氢钙水平降低6kg	普通植酸酶	100
试验3组	基础日粮磷酸氢钙水平降低6kg	新型耐高温植酸酶	100
试验4组	基础日粮磷酸氢钙水平降低6kg	国外某耐高温植酸酶	100

1.2.2　试验管理　采用网上休息与地面运动相结合的平养，大生产方式管理，自由采食、饮水，做好保温、通风和及时清理粪便。前3d用多维葡萄糖饮水；接种疫苗时加多维饮水。

1.3　试验测定指标

（1）试验期间以重复为单位，每日记录投料量及余料量，计算日采食量，试验阶段始末（1、15、43日龄时）以重复为单位于空腹进行称重，并记录软脚、瘫痪、死亡情况，计算平均日增重、料重比、发病率、死亡率。

（2）每组饲料制粒前后进行取样，通过微量测定法测定制粒前后饲料中植酸酶的酶活水平。

（3）用全收粪法，分别于10～14日龄和38～42日龄进行代谢试验。粪样测定干物质、能量、蛋白、钙、磷的消化利用率。9日龄20:00停料，10日龄8:00加料，并开始收粪，14日龄8:00结束收粪。收集的粪便立即放入冰箱冷冻。4d的粪便收集到一块。粪样解冻，按比例取粪样，混合均匀，60℃烘干24h。后期的收粪程序与前期相同。测定指标包括水分、Ca、tP、蛋白和总能。EDTA法测定，钼黄比色法测定，凯式定氮法测定粗蛋白，自动氧弹测定仪测定总能。

（4）测定胫骨灰分、钙、磷含量　胫骨中钙磷含量的测定：每重复组随机抽取4只试验鸭，放血屠宰，取胫骨，剔除附着的组织，65～70℃烘干24h，然后用乙醇：苯（2：1）混合液浸泡96h，再于105℃烘到恒重，称干胫骨重。于550℃马福炉中灰化约12h，保证灰化完全。由于骨中磷含量较高，需要间隔一段时间打开马福炉的门，排灰烟，以防燃烧。钙含量测定采用EDTA法，磷含量测定采用钼黄比色法。

1.4　数据处理

试验数据用“平均数±标准差”表示，用SPSS11.5软件进行方差分析和多重比较。

2　试验结果

2.1　生产性能

表3　小鸭阶段（1～14日龄）的生产性能

处　理	初均只重/g	末均只重/g	日增重/g	料肉比	采食量/g	成活率/%
试验1组	52±0.2	655±8^{b}	43.1±0.4^{b}	1.63±0.05^{b}	70±2	100
试验2组	53±0.4	623±1^{a}	40.7±0.5^{a}	1.66±0.02^{a}	68±2	100
试验3组	53±0.2	652±9^{ab}	42.8±0.4^{ab}	1.62±0.02^{b}	69±1	100
试验4组	53±0.4	650±8^{ab}	42.6±0.3^{ab}	1.63±0.02^{b}	69±1	100

注：列中肩标有相同字母的数据为差异不显著（$P>0.05$），小写字母且肩标不同的为差异显著（$P<0.05$），大写字母且肩标不同者为差异极显著（$P<0.01$），下表同

由表3可知：小鸭阶段各试验组的初均只重差异不显著（$P>0.05$）；末均只重和日增重方面，试验1组的与试验2组差异显著（$P<0.05$），试验3、4组均接近试验1组的对照水平，各组大小排序是：日增重1>3>4>2；在料肉比方面，试验2组的料肉比最高且与试验1、3、4组差异显著（$P<0.05$），各组大小排序是：3<1<4<2；在采食量方面，各试验组差异均不显著（$P>0.05$）；本次试验，所有试验组的成活率均达到100%。

表4　大鸭阶段（15～42日龄）的生产性能

处　理	初均只重/g	末均只重/kg	日增重/g	料肉比	采食量/g	成活率/%
试验1组	655±8^{b}	3154±40^{b}	89.3±0.4^{b}	2.37±0.01^{b}	212±4	99.2±0.1
试验2组	623±1^{a}	3096±58^{a}	88.3±0.5^{a}	2.44±0.05^{a}	215±4	97.5±0.2
试验3组	652±9^{ab}	3156±45^{b}	89.4±0.4^{b}	2.38±0.01^{b}	213±2	100
试验4组	650±8^{ab}	3150±76^{b}	89.3±0.3^{b}	2.40±0.02^{ab}	214±5	98.4±0.2

由表4可知：大鸭阶段各试验组的采食量和成活率差异不显著（$P>0.05$）；末均只重和日增重方面，试验1、3、4组的与试验2组差异显著（$P<0.05$），试验3组均优于试验1组的对照水平，各组大小排序是：日增重3>1>4>2>；在料肉比方面，试验1、3组的料肉比较低且与试验2组差异显著（$P<0.05$），各组大小排序是：1<3<4<2。

2.2 饲料制粒前后酶活损失情况

表 5 饲料制粒前后酶活损失率情况

	处 理	理论酶活/（U/g）	制粒前酶活/（U/g）	制粒后酶活/（U/g）	酶活损失/%
小鸭阶段	试验 1 组	0	0	0	0
	试验 2 组	0.5	0.514	0.252	51.0
	试验 3 组	0.5	0.510	0.467	8.4
	试验 4 组	0.5	0.503	0.445	11.6
大鸭阶段	试验 1 组	0	0	0	0
	试验 2 组	0.5	0.500	0.230	54.0
	试验 3 组	0.5	0.507	0.462	8.8
	试验 4 组	0.5	0.508	0.447	12

由表 5 可知：试验 3 组（新型耐高温植酸酶）饲料制粒后的酶活损失都低于 10%，国外某耐高温植酸酶损失稍高于 10%，其中，试验 2 组是普通植酸酶组损失率超过 50%。

2.3 养分利用率

表 6 植酸酶的添加对养分利用率的影响

		植酸酶/（g/t）	干物质/%	能量/%	粗蛋白/%	钙/%	磷/%
小鸭阶段	试验 1 组	0	70.36	82.54	61.01	63.48	67.15
	试验 2 组	100	71.44	82.58	65.99	65.90	68.13
	试验 3 组	100	74.34	81.31	68.03	67.53	75.85
	试验 4 组	100	72.87	78.51	66.04	67.13	74.25
大鸭阶段	试验 1 组	0	72.23	82.85	70.20	69.07	78.10
	试验 2 组	100	75.58	79.75	72.62	70.14	80.37
	试验 3 组	100	72.58	82.80	75.25	71.33	82.27
	试验 4 组	100	73.58	78.90	73.82	74.25	81.10

由表 6 可见，添加植酸酶后，干物质、粗蛋白、钙、磷利用率提高了，但对能量利用率无影响。

2.4 胫骨指标

表 7 植酸酶的添加对胫骨指标的影响

		植酸酶/（g/t）	灰分/%	钙/%	磷/%
小鸭阶段	试验 1 组	0	45.48	18.67	11.54
	试验 2 组	100	43.51	17.46	11.34
	试验 3 组	100	47.04	19.00	12.93
	试验 4 组	100	44.15	18.54	12.50
	试验 1 组	0	52.10	18.27	12.10

（续表）

		植酸酶/（g/t）	灰分/%	钙/%	磷/%
大鸭阶段	试验 2 组	100	50.04	18.03	11.75
	试验 3 组	100	51.28	18.34	11.87
	试验 4 组	100	52.40	18.13	12.01

由表 7 可见，基础日粮降低磷酸氢钙添加植酸酶后，胫骨的灰分和钙、磷利用率与试验 1 组（基础日粮组）非常接近，说明加入植酸磷后各项指标发育正常。只有试验 2 组（普通植酸酶组）的各项指标都偏低，这可能与植酸酶在饲料加工过程中的损失有关。

3 讨论

大量研究表明，饲料中添加适量植酸酶可提高猪、鸡、鸭等动物的生产性能。本试验结果显示，用 100g/t 植酸酶替代饲料中 6kg 磷酸氢钙，肉鸭生产性能没有降低，饲料利用率还有降低的趋势（$P>0.05$），且添加植酸酶后在大鸭阶段采食量有增加的趋势（$P>0.05$），这与席峰、贾振全、陆伟等在肉鸭中的研究结果相似。关于饲料中添加植酸酶能提高动物生产性能的原因：①改善了饲料有效磷的供应；②植酸酶水解植酸后有利于饲料适口性的改善；③提高了饲料养分的利用率，即植酸酶潜在营养价值的发挥。现有研究表明，植酸酶水解植酸，破坏了其对矿物质元素和蛋白质的络合能力。使被络合的矿物质元素大量地释放出来。同时由于植酸—蛋白质之间的络合键断裂，也可使蛋白质从络合物中释放出来，从而提高了该类养分的利用率；同时，还能通过破坏钙与植酸的络合，从而提高钙的利用率。本试验中，添加植酸酶后干物质、蛋白质和钙磷的利用率都有所改善。

本试验结果显示，在日粮中磷酸氢钙的水平降低 6kg 后添加约 5 000U/g植酸酶，除普通植酸酶外，添加其他两种耐高温植酸酶样品均能达到或超过基础日粮的增重水平，添加公司耐高温植酸酶小鸭阶段的料肉比也有所降低。因此日粮中使用植酸酶替代磷酸氢钙在实际生产中是可行的，这与国内外多个研究论文的结果一致。

制粒条件下很多因素，例如制粒温度、压力、剪切力、时间、模孔直径，甚至饲料原料种类，都会对植酸酶的活性有一定的影响。因此选择耐高温的植酸酶尤为重要。如何提高酶制剂的耐高温性能呢？酶蛋白的耐高温性能从根本上是由其蛋白的序列及其衍生的空间构象所决定，剂型技术（胶囊，包衣等）只可以适当地增强酶蛋白对外界环境（温度，pH 值，消化道蛋白酶等）的耐受性。溢多利公司新型耐高温植酸酶就是运用了这些技术来提高其耐高温性能的。首先它从基因水平出发，对蛋白质的骨架——氨基酸的序列进行改造。经过蛋白结构域分子生物学软件分析，指导设计基因突变方案，使其外部蛋白结构更加紧密，提高其疏水性，同时保持酶蛋白内部催化区域的活性。接着通过严格的体外耐温实验筛选，获得耐高温性能较高的植酸酶基因。其次，通过适当增加蛋白糖基化位点，转化酵母细胞，获得耐高温的表达菌种，使表达的植酸酶具有更高的热稳定性。此新型耐高温植酸酶在 95℃的高温制粒条件下，植酸酶活性损失率在 10% 以内，再加上先进的制剂技术，使其耐高温性能明显提高，保证了植酸酶的最终使用效果。这点在本次试验中得到了充分的验证。

微量法测定饲料中的酶活是广东饲料添加剂生物工程技术研发中心的一项专利，虽然测定出来的数据与理论数据有些偏差，但基本上能够反映出饲料中的酶活水平，在业界是比较先进的一项技术。根据饲料样品制粒前后取样微量测定的结果显示，与普通植酸酶和国外某耐高温植酸酶相比，新型耐高温植酸酶的酶活损失率最低（<10%），且与肉鸭实际的生产性能相吻合。

参考文献

[1] 韩进城，杨晓丹，杨凤霞. 微生物植酸酶与 1~21 日龄肉鸡饲粮无机磷当量模型研究［J］. 畜牧兽医学报，2008，39：907-914.

[2] 贾振全，顾惠明，金岭梅，等. 植酸酶对 0-3 周樱桃谷鸭生长性能、钙、磷表观存留率影响［J］. 中国畜牧杂志，2001（1）：11-14.

[3] 李富伟，汤海鸥，汪　勇. 耐高温植酸酶生产技术研究进展［J］. 饲料工业，2008，16：17-18.

[4] 陆　伟，李浩棠，胡国良. 植酸酶对肉鸭生产性能及钙磷代谢影响研究. 江西农业大学学报，2004（6）：830-831.

[5] 陆文清，王秀坤. 饲料中补充植酸酶的新策略［J］. 国外畜牧科技，2000，12：22-26.

[6] 任海英，郭宝林，苏俊兵. 耐高温植酸酶用于颗粒饲料对肉鸡生产性能及钙、磷利用率的影响［J］. 饲料工业，2008，24：17-18.

[7] 王春林译. 日粮中添加植酸酶可以减少养分浪费而提高动物生产性能［J］. 国外畜牧学，1996（5）：12-17.

[8] 席　峰，吴治礼. 植酸酶在樱桃谷鸭饲料中的应用［J］. 对钙磷的营养学效应［J］. 集美大学学报（自然科学版），2000（1）：40-46.

[9] 张若寒. 植酸酶替代蛋鸡饲料中磷酸氢钙的研究［J］. 中国饲料，1996（5）：15-19.

果胶酶对鹅净蛋白利用率及氨基酸消化率的影响*

张名爱[1,2]，王宝维[1,2**]，荆丽珍[2,3]，葛文华[2]，岳　斌[2]，贾玉辉[2]

（1. 青岛农业大学食品科学与工程学院，青岛　266109；
2. 青岛农业大学优质水禽研究所，青岛　266109；3. 海阳市畜牧兽医站，烟台　265100）

摘　要：为了研究日粮中添加不同水平的果胶酶对鹅干物质消化率、净蛋白利用率（NPU）和氨基酸消化率的影响，选取24只24月龄的健康五龙鹅，随机分为4组，日粮中果胶酶添加水平分别为0%、0.1%、0.2%、0.3%，采用全收粪法进行代谢试验。结果表明：在代谢能（ME）和粗蛋白（CP）摄入量基本一致的条件下，随着果胶酶添加水平的提高，0.2%添加组粪中的氨态氮（NH_3-N）浓度最低，为1.20mg/kg，与其他组相比差异显著或极显著（$P<0.01$ 或 $P<0.05$）；甘氨酸表观消化率偏低，但是，组间差异不显著，其他各种氨基酸表观消化率（AAAD）均较高（72.19%～94.27%），说明日粮中添加适量的果胶酶制剂能够有效地提高鹅对营养物质的消化吸收率。

关键词：果胶酶；鹅；净蛋白利用率；氨基酸消化率

玉米—豆粕型日粮是国内外应用最为广泛的单胃动物日粮，也是公认利用率较高的日粮之一。豆粕虽是最好的蛋白源，提供了饲料工业中75%的饲用蛋白[1]，但其含有的多种抗营养因子及居高不下的价格制约其利用率和生产效益，提高豆粕的利用率对于整个玉米—豆粕型日粮的营养价值有着重要意义。豆粕中果胶的含量约10%～14%[2]，其存在阻碍消化酶对营养物质的降解，增强食糜黏度。

果胶酶是降解果胶的有效酶果胶酶可为其他酶的酶解反应提供作用底物，其作用在酶解反应开始阶段显得尤为重要。有关果胶酶利用效果，在鸡方面的研究较多[3]。徐毅[4]研究果胶酶对肉鸡玉米豆粕型日粮养分利用率的影响，结果表明，果胶酶能显著提高肉鸡玉米豆粕型日粮的干物质、粗蛋白和粗纤维消化率。Fuad（2003）[5]在体外使用果胶酶、木聚糖酶、纤维素酶对豆粕进行酶解，发现果胶酶可显著提高干物质和蛋白的消化率，但添加纤维素酶和木聚糖酶对干物质消化率的影响作用不显著。目前，果胶酶在鹅上的应用研究未见报道。本试验以鹅为试验对象，通过添加鹅源草酸青霉经一系列发酵工艺生产的果胶酶制剂，研究果胶酶对鹅玉米—豆粕日粮消化代谢的影响。

* **基金项目**：国家水禽产业技术体系（CARS-43-11）；山东省农业科技成果转化基金（6621236）

** **通讯作者**

1 试验材料与方法

1.1 试验动物

试验鹅来自青岛农业大学优质水禽研究所育种基地，24 月龄，健康，共 24 只，随机分为 4 个组，每组 6 个重复，第 1 组为对照组（基础日粮），其余 3 组为试验组。第 2 组，第 3 组，第 4 组果胶酶添加量分别为 0.1%、0.2%、0.3%。

1.2 果胶酶制剂[6~8]

由本试验室通过草酸青霉发酵，然后按一定工艺制备（酶活力达 5 000U/g）。

1.3 试验仪器

Ankom 220 型纤维分析仪，美国 ANKOM 公司生产；BioSpec-1601 核酸蛋白测定仪，日本岛津公司生产；1-C 型原子吸收分光光度计，中国北京华洋仪器公司生产；凯氏半自动定氮仪，瑞典福斯特卡托公司生产；835-50 型高速氨基酸分析仪，中国日立公司生产。

1.4 试验日粮

饲料配方采用美国 Brill 多配方软件设计，保证各组日粮营养水平基本一致；使日 ME 达到 10.5MJ/kg、CP、CF、Ca、AP、蛋氨酸（Met）、赖氨酸（Lys）分别为 15.5%、7.0%、0.80%、0.40%、0.35%、0.67%，果胶酶制剂额外添加，各组添加量分别为 0、0.1%、0.2%、0.3%。日粮配方及营养水平见表 1。

表 1 各组日粮配方及营养水平

日粮组成	含量/%
玉米	55
大豆粕	20.6
秸秆	16.7
小麦麸	2
食盐	0.3
碳酸钙	1
磷酸氢钙	1.4
猪油	1.9
预混料	1
蛋氨酸	0.1
赖氨酸	0

（续表）

营养成分	营养水平
代谢能/（MJ/kg）	10.5
粗蛋白/%	15.5
粗纤维/%	7.0
钙/%	0.80
有效磷/%	0.40
蛋氨酸/%	0.35
赖氨酸/%	0.67

注：营养水平中的代谢能为理论值，其余为实测值

1.5 试验设计

1.5.1 消化代谢试验设计　将24只24月龄的健康鹅随机分成4组，每组6只。于代谢笼中饲养，自由饮水，试验阶段预试期7d，正试期3d，每天定时饲喂2次，每次80g。试验所用的代谢笼参照鹅体型专门设计，采用不锈钢材料按照25cm×45cm×50cm的规格制作，此规格允许鹅只能站立、蹲卧，不能转身，以减少粪便的污染、损失，便于粪便的收集。笼的前部设料槽、水槽，后部设集粪盘。

1.5.2 粪便的收集与处理　采用全收粪法连续收集鹅3d的排泄物。在代谢笼下放置集粪盘，每天每只鹅定时单独收粪并称重，混合均匀后取样，样品在65～75℃烘箱中烘干，自然状态下回潮24h，制成风干样品，供检测CP和氨基酸（AA）用。试验中为了防止粪样中混有皮屑和羽毛，试验鹅在正试期前一天洗澡并立即热风吹干；正试期收集粪便时，粪中混有的皮屑和羽毛要用小镊子仔细取出，以排除其对试验结果的影响。同时收集最后3d的新鲜粪便，固氮，测粪便中的NH_3-N。

1.5.3 测定指标与方法　NH_3-N用BioSpec-1601核酸蛋白测定仪以比色法进行分析；CP用凯氏半自动定氮仪进行检测；AA用835-49型高速氨基酸分析仪进行分析。

1.6 数据处理

用SAS统计软件建立数据库并处理数据。试验结果的组间差异用Oneway ANOVA检验，两组间差异采用LSD法统计，试验数据以“$\bar{x} \pm s$”表示。

2 试验结果与分析

2.1 果胶酶不同添加水平对鹅干物质消化率的影响

由表2可知，随着日粮中果胶酶添加量的升高，干物质消化率总体呈上升趋势（65.84%～78.35%）。其中，添加量为0.2%时，干物质消化率最高，为78.35%；与对照组相比，差异极显著（$P<0.01$）；与0.1%添加组相比差异显著（$P<0.05$）；但与

0.3%添加组相比，差异不显著。因此，日粮中添加果胶酶制剂，对于提高干物质的消化率是有益的。

表2　果胶酶不同添加水平对鹅干物质消化率的影响

果胶酶添加水平/%	干物质消化率/%
0	65.84 ±0.98[c]
0.1	74.39 ±1.25[b]
0.2	78.35 ±0.41[a]
0.3	75.25 ±1.07[ab]

注：表中数据以平均数 ± 标准差表示，同行或同列数据字母相同、相邻和相间分别表示差异不显著（$P>0.05$），显著（$P<0.05$）和极显著（$P<0.01$）。以下各表同

2.2　果胶酶不同添加水平对鹅NPU和N代谢的影响

由表3可知，随着果胶酶添加量的提高NPU及N沉积量均呈先上升后下降趋势，NH_3-N浓度则先下降后上升。经方差分析，0.2%添加组NPU最高，为46.98%，与0添加组和0.1%添加组相比差异显著（$P<0.05$），但是，与0.3%添加组相比，差异不显著（$P>0.05$）。N沉积量各组之间差异显著（$P<0.05$），其中，0.2%添加组最高，与0.3%添加组相比差异显著（$P<0.05$），与0添加组和0.1%添加组相比，差异极显著（$P<0.01$）。NH_3-N浓度各组之间差异显著，0.2%添加组最低，为104.36mg/kg，与0.3%添加组相比差异显著（$P<0.05$），与0添加组和0.1%添加组相比，差异极显著（$P<0.01$）。结果表明，日粮中添加一定量的果胶酶制剂，有利于蛋白质的消化吸收，并且还可以降低粪便中NH_3-N浓度，减少环境污染。

表3　各组NPU、N沉积量和粪中NH_3-N浓度的比较

果胶酶添加水平/%	净蛋白利用率/%	N沉积量/g	NH_3-N浓度/（mg/kg）
0	37.29 ±3.98[b]	0.76 ±0.15[d]	131.73 ±4.66[a]
0.1	37.62 ±2.24[b]	0.94 ±0.09[c]	126.90 ±6.18[b]
0.2	46.98 ±2.83[a]	1.20 ±0.10[a]	104.36 ±1.36[d]
0.3	46.82 ±3.35[a]	1.04 ±0.13[b]	115.14 ±3.42[c]

2.3　果胶酶不同添加水平对鹅氨基酸的消化率的影响

由表4可知，在氨基酸（AA）摄入量基本一致的条件下，除Glu、Tyr、Leu外，各试验组AA的消化率均显著或极显著高于对照组（$P<0.05$或$P<0.01$）。Asp、Ala、Pro、Thr各组消化率，0.1%、0.2%、0.3%添加组差异不显著，但与对照组相比，差异显著（$P<0.05$）；Ser、Cys、Val、Met、Ile、Phe、Lys的消化率，在添加量为0.1%时，均最高；其中Ser、Cys、Met、Lys 0.1%添加组消化率均显著或极显著高于其他组（$P<0.05$或$P<0.01$），而Val、Ile、Phe 0.1%添加组消化率与0.3%添加组相比，差异不显著，但与其他组相比差异显著或极显著（$P<0.05$或$P<0.01$）。Arg消化率在添加量为0.2%时

最高，与0.1%添加组相比，差异不显著，但与其他组相比差异显著或极显著（$P<0.05$ 或 $P<0.01$）。同时，由表4可以看出，AA的总体消化率较高，且各组间差异不显著。因此，日粮中添加果胶酶制剂，对各种AA的消化率产生影响，但是AA总体消化率变化不大。

表4　果胶酶不同添加水平对氨基酸的消化率的影响

项　目	果胶酶添加水平/%			
	0	0.1	0.2	0.3
天门冬氨酸	85.99±0.58[b]	88.64±2.68[a]	88.45±1.04[a]	88.91±1.93[a]
苏氨酸	82.92±0.04[b]	84.78±3.04[a]	85.05±1.00[a]	85.92±2.32[a]
丝氨酸	86.35±0.47[c]	90.09±4.61[a]	88.59±0.54[b]	88.69±2.91[b]
谷氨酸	90.54±0.45[a]	91.99±1.42[a]	91.79±1.23[a]	92.31±0.90[a]
甘氨酸	52.35±4.63[b]	57.47±7.70[ab]	58.97±4.29[a]	59.09±8.80[a]
丙氨酸	84.93±2.37[b]	86.12±1.38[a]	86.79±1.49[a]	87.18±3.27[a]
胱氨酸	74.55±0.69[bc]	79.71±5.45[a]	76.39±4.81[b]	75.92±7.50[b]
缬氨酸	78.99±4.29[c]	82.64±6.73[a]	80.95±6.57[b]	81.32±8.08[ab]
蛋氨酸	72.19±4.62[c]	82.04±7.71[a]	72.47±1.08[c]	76.56±1.39[b]
异亮氨酸	82.82±0.76[c]	86.32±4.31[a]	83.82±3.23[b]	85.30±4.79[ab]
亮氨酸	89.77±0.24[ab]	91.44±1.32[a]	91.02±0.91[a]	91.70±1.48[a]
酪氨酸	88.80±0.73[a]	89.76±0.62[a]	89.69±0.90[a]	89.92±1.37[a]
苯丙氨酸	86.21±0.61[b]	88.59±3.22[a]	85.27±6.15[b]	86.83±6.57[ab]
赖氨酸	86.94±0.53[c]	90.51±0.98[a]	88.45±1.30[b]	90.11±2.28[a]
组氨酸	91.08±0.99[b]	93.11±1.30[a]	92.20±0.37[ab]	92.86±0.74[a]
精氨酸	90.76±0.32[c]	93.20±0.67[ab]	94.27±1.72[a]	93.12±0.42[b]
脯氨酸	90.73±1.63[b]	92.19±0.43[a]	91.92±0.38[a]	92.33±1.63[a]
总和	86.48±0.89[ab]	87.69±1.02[a]	87.24±0.66[a]	87.45±1.12[a]

3　讨论

3.1　日粮中添加果胶酶制剂对纤维消化吸收的影响

果胶[9~10]作为植物细胞壁的一部分，包裹在可消化营养物的外表，而家禽体内不能分泌降解它们的酶，从而影响养分的消化。豆粕中含有10%左右的果胶，此部分果胶作为豆粕细胞壁成分及细胞壁间质限制了豆粕干物质和碳水化合物的可利用性。本试验结果表明，在一定范围内，随着果胶酶添加水平的提高，纤维消化率逐渐升高，这是由于果胶酶对果胶的降解，引起植物细胞壁的裂解，从而提高了纤维的利用率。这与徐毅[4]果胶酶对肉鸡玉米—豆粕型日粮养分利用率的影响，结果一致。

3.2 日粮中添加果胶酶制剂对 AA 消化吸收的影响

内源氨基酸的测定在氨基酸的消化率测定上是最有争议的问题之一[11~12]。本试验测定的是氨基酸的表观消化率（AAAD），而内源 AA 对饲料消化率的影响则没有同时进行测定。Cowan（1999）试验表明，果胶酶可改善 14 日龄雌性肉鸡的能量和氨基酸利用率[13]，对改善 AA 的利用率要高于对能量的[14]。本试验也证明添加果胶酶显著提高了蛋白质及各种 AA 的利用率，有改善日粮能量利用率的趋势。

4 小结

果胶酶制剂的添加量为 0.2% 时，蛋白质的消化率最高，为 46.98%；酶制剂添加比例过高（超过 0.3%）可能对营养物质的消化吸收产生负面影响。

参考文献

[1] Dudley-Cash WA. Soybean meal quality varies widely in many parts of the world [J]. *Feed stuffs*, 1997, 69 (5): 15 – 17.
[2] 安永义. 饲用酶制剂的选择 [J]. 禽业科技, 1996, 12 (6): 3 – 5.
[3] 安永义. 肉雏鸡消化道酶发育规律及外源酶添加效应的研究 [D]. 北京: 中国农业大学, 1997.
[4] 徐 毅. 果胶酶对肉鸡玉米豆粕型日粮养分利用率的影响 [D]. 南京: 南京农业大学, 2004: 6.
[5] Fuad SALEH, Akira OHTSUKA, Tsuneo TANAKA, et al. Effect of enzymes of microbial origin on in vitro digestibilities of dry matter and crude protein in soybean meal [J]. *Animal Science Journal*, 2003, 74 (1): 23 – 29.
[6] 张名爱, 王宝维. 鹅源高活力纤维素分解菌的分离鉴定 [J]. 中国家禽, 2012, 34 (5): 12 – 15.
[7] 荆丽珍, 王宝维, 龙芳羽, 等. 鹅源草酸青霉产果胶酶的发酵条件研究 [J]. 沈阳农业大学学报, 2008, 39 (1): 38 – 43.
[8] 张名爱, 王宝维, 岳 斌, 等. 草酸青霉果胶酶分离纯化工艺及酶学性质研究 [J]. 食品科学, 网络出版时间, 2013. 1. 4.
[9] 牛玉璐. 植物组织细胞壁的特化与功能的适应 [J]. 衡水师专学报, 2001 (3): 49 – 51.
[10] 陆胜民, 等. 果试成熟过程中细胞壁组成的变化 [J]. 植物生理学通讯, 2001, 37 (3): 246 – 249.
[11] 计 成, 杨瑛, 马秋刚, 许万根. 去盲肠和正常黄羽肉种鸡对三种非常规蛋白饲料氨基酸消化率的比较研究 [J]. 中国农业大学学报, 2002, 7 (1): 114 – 120.
[12] 计 成, 杨瑛, 许万根. 黄羽肉种鸡对棉籽粕、菜籽粕、禽副粉氨基酸消化率的比较研究 [J]. 动物营养学报, 2002, 14 (2): 27 – 32.

[13] Cowan W. D. , Pettersson D. R. , Rasmussen P. B. . The influence of mufti-component pectinase enzymes on energy and amino acid availity in vegetable proteins [J]. *Australian Poultry Science Symposium*. 1999, 1: 85 -88.

[14] Cowan W. D. , Pettersson D. R. , Rasmussen P. B. . The influence of lipase, alpha-galactosidase or multi-component pectinase enzymes on energy and ammo acid availability in feedstuffs [J]. *Poultry Science Symposium*, 2002, 337 -344.

不同季节、不同出栏日龄对樱桃谷鸭蛋氨酸需要量的影响*

张青青[1]，杨在宾[2**]，郭长旺[1]，高明作[1]
（1. 住友化学（上海）有限公司，上海 200120；
2. 山东农业大学动物科技学院，泰安 271018）

摘 要：本研究结合生产实践，采用大群生产试验方法，对标准化饲养的2 847栋鸭舍，同源樱桃谷商品肉鸭2 925万只，按统一饲养方式和管理程序进行生产试验。试验日粮分为前期（1～19d）、中期（20～29d）和后期（30d至出栏）3个阶段，记录各饲养阶段肉鸭的采食量、增重、死亡率。结果表明：春、夏、秋、冬肉鸭氨基酸需要量的析因模型分别为：春季：METR = 0.005 0 BGW + 0.181 8 $W^{0.75}$；夏季：METR = 0.005 5 BGW + 0.155 4 $W^{0.75}$；秋季：METR = 0.005 0 BGW + 0.194 5 $W^{0.75}$；冬季：METR = 0.003 8 BGW + 0.265 1 $W^{0.75}$。春、夏、秋、冬四个季节肉鸭的蛋氨酸维持需要分别为每千克代谢体重0.181 8g、0.155 4g、0.194 5g、0.265 1g；肉鸭每增重1g体重需要蛋氨酸为0.005 0g、0.005 5g、0.005 0g、0.003 8g。冬季肉鸭摄入的蛋氨酸用于维持需要的高于其他季节，以夏季最少，春季与秋季肉鸭用于维持需要的蛋氨酸量相当。而肉鸭冬季用于单位增重所需的蛋氨酸最少，其他季节相近。研究同时表明，不同的出栏日龄肉鸭增重1g所需的蛋氨酸量不同，随着肉鸭出栏日龄的延长，肉鸭每增重1g所需的蛋氨酸的需要量逐渐提高。

关键词：季节；出栏日龄；肉鸭；蛋氨酸；营养需要；析因模型

英国樱桃谷肉鸭49日龄活重3 000g以上，具有产肉多，饲料报酬高，适应性好，抗病力强的特点。我国于1985年9月从英国引进父母代种鸭进行饲养。但是，英方提供的商品肉鸭日粮营养水平较高，而我国面临蛋白质原料紧缺，价格较高，饲养成本较高，肉鸭饲养集约化程度较低等现状，因此，英方提供的营养水平在我国适应性相对较低。同时，传统饲料配制方法是根据饲养标准与动物特定生长阶段的需要配制相应日粮，这种方法目前在畜牧生产实践中仍然占据主导地位。但是，动物营养学众多理论证明，动物的营养需要是个不断变化的动态过程，随日龄、环境（温度、湿度）、品种（基因型）等因素的变化而发生改变。如果采用现行饲养标准配制畜禽日粮，以营养需要量的平均值代表不同基因型品种生长期的营养需要量，必然导致动物早期营养供给不足，生产潜力不能充分发挥，后期营养供给过量造成饲料浪费，影响经济效益。为了掌握适用于我国养殖现状的

---

* **作者简介**：张青青，女，山东平原人，博士研究生，主要方向：动物营养与饲料科学，E－mail：qqzhang0534@163. com

** **通讯作者**：杨在宾，教授，博士生导师，E－mail：yangzb@ sdau. edu. cn

商品肉鸭日粮营养水平，我们根据当地的肉鸭生产实践，分析山东某肉鸭养殖一条龙企业2007～2010年的樱桃谷鸭生产性能，探讨了生产中樱桃谷鸭在不同的季节和不同的出栏日龄下蛋氨酸的需要量。

1 材料与方法

1.1 试验动物

试验选用标准化鸭舍2 847栋，于2007年5月至2010年4月来源于同一孵化场健康同源樱桃谷商品肉鸭2 925万只。

1.2 试验日粮

试验日粮分为3个阶段：前期（1～19d）、中期（20～29d）和后期（30d至出栏）。营养水平参照樱桃谷商品肉鸭推荐量，平衡日粮中的能量和各种营养物质，饲料配方与营养成分含量见表1。

肉鸭全部饲喂颗粒饲料，调质加工参数为：温度：70～90℃；蒸汽压力：锅炉的工作压力维持在0.6MPa，输入到制粒机之前的蒸汽压力0.3MPa；水分：18%；时间：30s；制粒机出料温度：80℃。

表1 饲料配方与营养成分含量

项　目	1～19d	20～29d	30d至出栏
玉米	50.70	50.44	57.96
面粉	15.00	15.00	15.00
米糠粕	1.00	4.20	1.80
干酒精糟	8.00	10.00	12.00
猪油	0.30	2.00	2.00
豆粕	9.00		
棉籽粕	3.50	5.00	
花生粕	7.00	6.60	7.20
玉米蛋白粉		1.30	
羽毛粉	1.00	1.00	1.00
食盐	0.36	0.36	0.36
石粉	1.58	1.64	1.24
磷酸氢钙	1.13	0.80	0.14
胆碱	0.08	0.10	0.10
赖氨酸	0.65	0.88	0.68
蛋氨酸	0.17	0.15	0.11
苏氨酸	0.10	0.14	0.08
预混料	0.43	0.39	0.33
合计	100.00	100.00	100.00

（续表）

项　目	1～19d	20～29d	30d 至出栏
营养水平/%			
粗蛋白	18.98	17.01	15.01
代谢能/（MJ/kg）	12.00	12.42	12.83
食盐	0.35	0.35	0.35
钙	0.92	0.85	0.55
有效磷	0.43	0.38	0.25
赖氨酸	1.06	0.98	0.80
蛋氨酸	0.48	0.44	0.36
苏氨酸	0.70	0.65	0.53

1.3　饲养管理

试验采用地面平养，试鸭自由采食，自由饮水。温度：第1周为30～33℃，第2周为25～30℃，第3周为21～25℃，第4周起随常温饲养。饲养密度：第1周30～40只/m^2，随着日龄的增长，不断扩大饲养面积，至成鸭时控制在6～8只/m^2。光照：雏鸭每50m^2面积配一个40W灯泡。光照时间：5日龄前采用24h光照，5～10日龄采用23h光照，10日龄以后，每天减少1h，直至采用自然光照。免疫：1日龄免疫接种雏鸭病毒性肝炎卵黄抗体，7日龄和24日龄分别免疫接种鸭禽流感疫苗；12日龄免疫接种鸭大肠杆菌病、鸭传染性浆膜炎二联灭活菌苗；20日龄免疫接种鸭瘟弱毒疫苗。

1.4　指标测定

饲养期间，按照统一的方法，每天记录每栋鸭舍的阶段饲料消耗量和死亡鸭只数量，计算每天每只鸭耗料量、平均日耗料量和成活率。出栏时准确称取肉鸭的空腹体重，计算平均日增重和料重比。每天观察并记录鸭的精神状况、活动状况和鸭舍内温度，记录死淘鸭只数量，计算出栏时成活率。

1.5　数据统计

数据采用Excel进行统计和回归模型分析。

2　结果与分析

2.1　山东地区季节划分统计

山东省2007年5月到2010年4月期间的四季划分如下：春季（3～5月）、夏季（6～8月）、秋季（9～11月）、冬季（12～2月）。试验期间的四季平均气温记录见表2。

表2　2007年5月至2010年4月期间四季的平均气温

季　节	平均气温/℃
春	8.0～15.2
夏	20.9～26.7
秋	12.8～15.0
冬	－2.8～0.7

2.2　不同季节樱桃谷鸭蛋氨酸进食量（y）与平均日增重（x）线性回归分析

将不同季节樱桃谷鸭蛋氨酸进食量（y）与平均日增重（x）线性回归分析，结果表明，春、夏、秋、冬四个季节肉鸭每增重1g所需的氨基酸量为0.261 6、0.223 7、0.280 4、0.381 0g；其中用于增重的蛋氨酸为0.005 0、0.005 5、0.005 0、0.003 8g。以本研究不同季节肉鸭的蛋氨酸平均日摄入量｛y，［g/（d·只）］｝与平均日增重｛x，［g/（d·只）］｝进行回归分析，可得回归公式为：

春季：$y=0.005\,0x+0.256\,6$（$R^2=0.644\,0$；$n=230\,9$）

夏季：$y=0.005\,5x+0.218\,2$（$R^2=0.668\,6$；$n=218\,3$）

秋季：$y=0.005\,0x+0.275\,4$（$R^2=0.370\,2$；$n=201\,9$）

冬季：$y=0.003\,8x+0.377\,2$（$R^2=0.240\,2$；$n=928\,0$）

注：y为肉鸭蛋氨酸平均日摄入量［g/（d·只）］

x为肉鸭平均日增重［g/（d·只）］

n为用于回归分析的样本数（栋）

R^2为相关系数

2.3　不同季节樱桃谷鸭蛋氨酸需要量析因模型

根据线性回归公式，结合代谢体重计算出每千克代谢体重的维持需要系数，得出樱桃谷鸭的蛋氨酸需要量析因模型（表3）。其中，式中METR为蛋氨酸需要量，当BGW为0时，METR为肉鸭蛋白质维持需要量。春夏秋冬四季肉鸭的蛋氨酸维持需要分别为每千克代谢体重为0.181 8、0.155 4、0.194 5、0.265 1g/（d·只）。

表3　肉鸭不同季节蛋氨酸需要量（METR，g/（d·只））析因模型

季　节	n	维持需要，$g/kgW^{0.75}$	增重需要，g/kg BGW	模　型
春	2 309	0.181 8	0.005 0	$METR=0.005\,0\ BGW+0.181\,8\ W^{0.75}$
夏	2 183	0.155 4	0.005 5	$METR=0.005\,5\ BGW+0.155\,4\ W^{0.75}$
秋	2 019	0.194 5	0.005 0	$METR=0.005\,0\ BGW+0.194\,5\ W^{0.75}$
冬	9 280	0.265 4	0.003 8	$METR=0.003\,8\ BGW+0.265\,1\ W^{0.75}$

注：n为用于回归分析的样本数（栋）；METR：肉鸭蛋氨酸需要量（g/d·只）；BGW：活体增重（kg/（d·只））；$W^{0.75}$：代谢体重（kg）

2.4 不同出栏日龄与肉鸭蛋氨酸需要量的分析

由表4可以看出，不同的出栏日龄，肉鸭增重1g所需要的蛋氨酸量差异很大。随着饲养日龄的延长，肉鸭每增重1g所需的蛋氨酸量逐渐提高，在39～41日龄出栏，所需的蛋氨酸量相同。

表4　不同出栏日龄肉鸭的蛋氨酸需要量

出栏日龄	增重1g所需蛋氨酸摄入量/g
35	0.008 5
36	0.008 2
37	0.008 3
38	0.008 3
39	0.008 4
40	0.008 4
41	0.008 4
42	0.008 5
43	0.008 6
44	0.008 6
45	0.008 7
46	0.008 8
47	0.008 8
48	0.008 9
49	0.009 0
50	0.009 0

3　讨论

3.1 氨基酸需要量数据模型的由来方法

在国内外动物营养研究中，氨基酸需要量的试验研究方法主要为析因法和剂量反应法。析因法是基于氨基酸需要量主要由维持和生长两部分组成，不同日龄和体重的生长动物其蛋白质沉积只是数量上的增加，而组成蛋白质的氨基酸模式不发生变化，即用于生长的氨基酸需要量可由沉积的蛋白质的数量和质量来评估。剂量反应法是根据饲料中氨基酸水平与生产性能的直接关系，确定氨基酸的需要量，现在一般用黄玉米和大豆粕作基础饲料，在满足其他氨基酸需要量的前提下，对待测氨基酸从生理不足为起点，按梯度添加合成氨基酸直至过量，得出反应曲线，反应曲线中的平衡点对应的量即为最适的氨基酸需要量。但是，营养学家试验的反应值并不能定义需要量，只可被用作基础用途。由于析因法常是生产性能试验、消化代谢试验和屠宰试验结合完成，而剂量反应法通常是根据添加剂量的不同分为很多试验组，都要求在严格相同的试验环境，并且可重复性差。本研究在不考虑营养物质的用途、饲养环境的变化的基础上，将动物与饲养环境看为一个整体，将食入的营养物质主要用于增重和消耗。本研究将多年的饲养数据进行归纳统计，其数据来自于养殖一线，重复多，统计方法具有很高的可靠性、实用性与灵活性，为合理饲养肉鸭，获得良好的增重效果，提供了科学依据。

3.2 不同季节对樱桃谷鸭营养需要量的影响

畜禽对营养物质的代谢情况，很大程度上受到环境温度的影响。环境温度是畜牧生产性能发挥的一种约束条件。赵向红（2005 年）曾研究表明，高温（35.3、37.6℃）环境下，肉鸡的日采食量、日增重极显著降低，料重比极显著升高（$P<0.01$）。低温（15℃）低能日粮，使生长速度受阻并增加饲料消耗。适宜温度（21.2℃）下，提高日粮代谢能浓度可提高肉鸡的生长性能及饲料利用率。低温不影响消化酶活性及养分消化率。随着温度的升高，小肠消化酶和脂肪酶活性显著降低（$P<0.05$）。营养物质消化率表现出与消化酶相同的变化趋势。同时证明，高温或低温下，提高 CP 水平均不能改善肉鸡生产性能。

目前，还无证据表明动物体对蛋白质的需要受温度的影响。山东省气候属暖温带季风气候，四季分明，降水集中，雨热同季，春秋短暂，冬夏较长。本研究统计表明，不同的季节蛋氨酸的维持需要量和增重需要量各不相同。在冬季肉鸭的蛋氨酸消耗需要最多，为每千克代谢体重 0.265 1g/（d·只），夏季最少为 0.155 4g/（d·只），春秋季节相当为 0.181 8、0.194 5g/（d·只）。这可能是由于低温时饲料的消化率降低，维持需要增加，而高温却会因为散热受限，尽管能量利用率升高，维持需要降低。试验结果同样表明，在冬季肉鸭每增重 1g 体重需要蛋氨酸量少于春季、秋季、冬季，为 0.003 8g，可能是由于低温可以刺激采食量，在自由采食的前提下，生产性能不会受到大的影响。

3.3 不同出栏日龄与肉鸭蛋氨酸需要量的分析

不同生长阶段的畜禽所需营养是不同的，因此，要根据畜禽的生长时期来确定饲料的营养。质量低劣、营养不全、营养失调或吸收率低的饲料都会导致畜禽不能达到预期日增重。动物当前关于畜禽不同生长阶段适宜营养水平的研究很多，但是，关于不同出栏日龄畜禽的营养需要量的研究较少。本研究结果表明，随着樱桃谷鸭饲养日龄的延长，肉鸭每增重 1g 所需的蛋氨酸量逐渐提高，可能与肉鸭体重增加维持需要所需的蛋氨酸量增多有关。因此，通过结合市场时间、畜禽体重等要求，确定出栏日龄、出栏重，将根据出栏日龄及出栏重计算出饲养条件下的增重相对需要量，也可适当调整饲养日龄，可减少蛋氨酸的添加量。

4 小结

在我们的养殖生产中，大群生产记录是最真实、重复性最大的数据，配方师在关注营养学家研究结果的同时，应与生产实践结合，通过本厂的生产记录研究适应于本厂肉鸭饲养条件下的饲养标准。在本研究条件下，春、夏、秋、冬肉鸭氨基酸需要量的析因模型分别为：春季：$METR = 0.005\ 0\ BGW + 0.181\ 8\ W^{0.75}$；夏季：$METR = 0.005\ 5\ BGW +$

0. 155 4 $W^{0.75}$；秋季：METR = 0. 005 0 BGW + 0. 194 5 $W^{0.75}$；冬季：METR = 0. 003 8 BGW +0. 265 1 $W^{0.75}$。不同的出栏日龄肉鸭增重 1g 所需的蛋氨酸量不同，随着肉鸭出栏日龄的延长，肉鸭每增重 1g 蛋氨酸的需要量逐渐提高。

参考文献

[1] 杨 凤. 动物营养学 [M]. 第二版. 北京：中国农业出版社，2000：221 -227.
[2] 赵向红. 有效温度与日粮能量及蛋白水平对肉鸡消化功能的影响 [D]. 北京：中国农业大学，2005.

禽病防控篇

鸡β-防御素-1基因在大肠杆菌中的融合表达及其初步纯化与抗菌活性测定*

吴　静[1,2]，史玉颖[1]，李玉峰[1]，马秀丽[1]，黄　兵[1]，宋敏训[1]
（1. 山东省农业科学院家禽研究所，济南　250023；
2. 山东大学生命科学学院，济南　250100）

摘　要：防御素是广泛存在于动、植物体内的一大类阳离子抗菌肽，它们在宿主—家禽天然免疫中发挥着重要作用，是机体抵御外界病原微生物入侵的一道重要防线，在鸡体内只存在Gallinacins类β-防御素。鸡β-防御素-1（Gal-1）对多种致病菌都具有杀菌作用，具有很好的药用开发前景。通过PCR技术从重组质粒pMD-Gal1中克隆出Gal-1基因成熟肽编码区，将该基因克隆至原核表达载体pET-30a（+）中，构建重组质粒pET30a-Gal1，将该质粒转化大肠杆菌Rosetta（DE3）菌株。筛选阳性克隆菌株，用浓度为1.0mmol/L的IPTG进行诱导表达。SDS-PAGE分析表明，Gal-1基因在大肠杆菌中以融合形式成功表达，表达产物表观分子量约为12ku。对融合蛋白表达条件进行优化，提高可溶组分所占比例。表达上清用Ni^{2+}-NTA Sepharose 4B进行亲和层析纯化，在洗脱液中显示单一条带。琼脂糖孔穴扩散法检测显示，表达产物对多种革兰氏阴性菌和阳性菌均具有明显的抑制活性。Gal-1融合蛋白成功表达为进一步研究鸡β-防御素的功能奠定基础。

关键词：抗菌肽；β-防御素-1（Gal-1）；融合表达；分离纯化；亲和层析；抑菌活性

抗菌肽（Antimicrobial Peptide）是在诱导条件下，动物免疫防御系统产生的一类对抗外源性病原体致病作用的防御性肽类活性物质，是宿主免疫防御系统的一个重要组成部分[1~3]。抗菌肽是近年来发现的广泛存在于自然界的一类阳离子抗菌活性肽，它们具有广谱的抗菌作用，对革兰氏阴性菌（G-）、革兰氏阳性菌（G+）、真菌、寄生虫等均有抑制、杀灭作用，对肿瘤细胞和某些有包膜的病毒也有抑制作用。而绝大多数抗菌肽对哺乳动物正常细胞无害，具有不同于传统抗生素的独特抗菌机制，被学者们认为是一种天然抗生素而备受青睐。随着研究的不断深入，越来越显示出其在人类医学、兽医学等领域的独特应用价值[2~3]。至今，在家禽体内已发现两大类抗菌肽，即β-defensins（β-防御素，称为Gallinacins）和Cathelicidins，二者均位于一条染色体上相对较集中的一段区域内，且成簇排列[4~7]。相关研究表明，鸡β-防御素-1（Gallinacin-1，Gal-1）对多杀性巴氏杆菌及大肠杆菌、白色念珠菌、肠炎沙门氏菌、空肠弯曲杆菌等均有抑菌作用[8~9]。Harwig等[8]的研究还表明Gal-1对大肠杆菌ML-35的抗菌活性与兔防御素（NP-1）相当，比人

* **基金项目**：山东省农业科学院高技术自主创新基金（No. 2006YCX026），山东省自然科学基金（No. ZR2009DQ018）

防御素 HNP-1 高 10 倍以上，显示其潜在的应用价值。

然而，鸡体内天然抗菌肽的含量极低，分子量小，分离纯化困难，无法满足需要。化学合成与基因工程方法成为获得抗菌肽的主要手段。但化学合成抗菌肽成本太高，应用受到局限；因此，通过基因工程的方法在特定宿主内大量表达抗菌肽就成为一条有效的途径。大肠杆菌因其遗传背景清晰、易于培养、周期短、成本低廉而备受青睐，成为目前应用最为广泛的外源基因表达宿主之一，多种抗菌多肽通过融合形式在大肠杆菌表达系统中成功表达，产物经处理后可产生抗菌活性[10-14]。本研究将鸡β-防御素 Gal-1 基因成熟肽片段克隆至 pET-30a（+）融合表达载体中，在 Rosetta（DE3）表达菌株中成功表达融合蛋白并对其进行纯化和鉴定，表达产物对多种革兰氏阳性菌和阴性菌均具有较高的抑制活性。

1 材料与方法

1.1 材料

1.1.1 菌株与质粒　大肠杆菌 DH5α、Rosetta（DE3）菌株和表达载体 pET-30a（+）均为本室保存；含 Gal-1 ORF 完整序列的重组质粒 pMD-Gal1 由本室构建。

1.1.2 抑菌试验用的指示菌株　金黄色葡萄球菌（*Staphylococcus aureus* CMCC 26003；ATCC 6538）、枯草芽孢杆菌（*Bacillus subtilis* CMCC 63501）、短小芽孢杆菌（*Bacillus pumilus* CMCC 63501）、藤黄微球菌（*Micrococcus luteus* CMCC 28001）、大肠杆菌（*Escherichia coli* CMCC 44102；ATCC 8099）、鸡白痢沙门氏菌（*Salmonella pullorum* CVCC533，C79-13）、绿脓杆菌（*Pseudomonas pyocyanea*）、白色念珠菌（*Candida albicans* ATCC 10231）、多杀性巴氏杆菌（*Pasteurella multocida* CVCC474，C48-7）等标准菌株均购自中国兽医药品监察所；大肠杆菌 K12D31 菌株由耶鲁大学菌种保藏中心赠送；魏氏梭菌（*Clostridieum welchii*）、血清Ⅰ型、Ⅱ型鸭疫里默氏杆菌（*Riemerellosis anatipestifer*）、绿脓杆菌（*Pseudomonas aeruginosa*）、奇异变形杆菌（*Proteus mirabilis*）等临床分离、鉴定菌株均由本室保存。

1.1.3 主要试剂与工具酶　限制性内切酶、*T*4 DNA 连接酶、*Taq* DNA 聚合酶、pMD 18-T 载体均为 TaKaRa 产品；IPTG 为 BBI 公司产品；质粒小量抽提及凝胶纯化回收试剂盒、鼠抗 His 单克隆抗体均购自 Tiangen 公司；HRP 标记羊抗鼠 IgG 为 SouthernBiotech 公司产品；预染蛋白质分子量标准为 Fermentas（MBI）公司产品；金属螯合层析树脂 Ni^{2+}-NTA Sepharose 4B 购自北京鼎国公司；其他试剂均为国产分析纯。

1.2 方法

1.2.1 鸡β-防御素-1 基因（Gal-1）成熟肽编码序列的克隆　根据已克隆的 Gal-1 cDNA 序列[15]和 PCR 引物的设计原则，借助 DNAStar 软件进行辅助分析，设计了 1 对 PCR 引物。

Primer1：5′-GCGAATTCGGAAGGAAGTCAGATTG-3′；

Primer2：5′-TCGCGGCCGCTCAGCCCCATATTCTTTTG-3′。

引物分别含*Eco*R I和*Not* I位点，引物由上海生工公司合成。以含Gal-1 cDNA序列的重组质粒pMD-Gal1为模板，利用PCR技术扩增Gal-1成熟肽（含40个氨基酸残基）编码序列，PCR产物大小约为140bp。将PCR产物克隆至pMD18-T载体中，转化大肠杆菌DH5α菌株，筛选阳性克隆，将阳性质粒命名为pMD-Gal1m。

1.2.2 Gal-1成熟肽片段融合表达载体的构建 利用*Eco*R I和*Not* I两种限制性内切酶对质粒pMD-Gal1m进行双酶切，与同样酶切的质粒pET-30a（+）进行连接，连接产物转化大肠杆菌Rosetta（DE3）感受态细胞，筛选阳性克隆，小量提取质粒DNA进行酶切鉴定，并寄至上海博亚公司测序。将构建的融合表达载体命名为pET30a-Gal1。

1.2.3 表达产物的SDS-PAGE与Western Blot检测 挑选测序正确并且读码框正确的阳性克隆，接种到3mL LB培养基试管中，37℃过夜培养。次日按2%的接种量接种到新鲜LB培养液中，待培养液D_{600nm}值达到0.5~0.6时加入IPTG进行诱导（终浓度为1.0mmol/L），37℃继续培养4h，每隔1h取样1mL。离心收集诱导后的菌体，加入适量裂解缓冲液（50mmol/L Tris-HCl，pH值8.0，50mmol/L NaCl，1mmol/L EDTA，5mL/L甘油，临用前加入PMSF至终浓度为1mmol/L），冰浴中超声破碎菌体，每次破碎5s，间隔2s，功率600W。超声后12 000r/min，4℃下离心10min，分离可溶组分和包涵体，进行SDS-PAGE电泳检测。浓缩胶浓度为5%，分离胶浓度为15%。操作参照《分子克隆》中的方法进行[16]。将pET-30a（+）质粒按同样方法进行转化、诱导表达，取3h诱导表达产物作为对照。

1.2.4 Gal-1融合蛋白表达条件优化 为提高可溶性组分在表达总蛋白中所占比例，通过降低诱导温度（降至25℃或15~20℃），延长诱导时间（3~8h），调节诱导物浓度（IPTG浓度为1.0、1.2、1.5mmol/L）等方法，来抑制包涵体的形成，从而简化纯化操作。

1.2.5 表达产物的亲和层析纯化 取阳性菌株扩大培养，按上述优化后的表达条件进行诱导表达。离心收集诱导后的菌体，加入适量裂解缓冲液，冰浴超声破碎菌体。超声后12 000r/min，4℃下离心15min，分离上清液和包涵体。将处理好的上清液过滤后上样于用Binding Buffer（50mmol/L Tris-HCl，pH值8.0，300mmol/L NaCl）平衡好的Ni^{2+}-NTA Sepharose 4B亲和层析柱，先用Wash buffer（含50mM咪唑的Binding Buffer）洗去杂蛋白后（洗至$D_{280nm}<0.01$），再用含0.1~0.5mol/L咪唑的洗脱缓冲液进行线性梯度洗脱，收集融合蛋白洗脱峰，进行SDS-PAGE检测。

1.2.6 重组Gal-1抗菌肽的体外抑菌活性检测 抑菌活性测定采用标准琼脂孔穴扩散法[17]：将上述标准菌株和临床分离菌株接种于5mL新鲜LB液体培养基中，37℃培养过夜，再以1%接种量转接于5mL新鲜LB中，37℃振荡培养3h至对数期，离心收集菌体，用预冷的10mmol/L磷酸盐缓冲液（PBS，pH值7.4）洗涤一次，并调节OD_{600}至0.4~0.6。取处于对数生长期的标准菌株和临床分离菌株悬浮液（$OD_{600}\approx0.5$）各200μL，与45℃的LB固体培养基20mL混匀后铺平板，待其凝固后，用灭菌的打孔器（直径4mm）打孔，每孔分别滴加40μL待测样品，30℃培养过夜，以同体积的pET30a空载体转化子表达蛋白为阴性对照，Amp抗生素作为阳性对照，次日测量抑菌圈直径。

2 结果与分析

2.1 鸡β-防御素-1基因（Gal-1）成熟肽编码序列的克隆与原核表达载体的构建

通过PCR方法克隆鸡防御素Gal-1基因成熟肽编码序列，片段大小约为140bp（结果见图1），与预期一致。将目的片段定向克隆至pET-30a（+）表达载体His-Tag标签的下游，以利于目的蛋白的鉴定和纯化。在目的基因上游含有凝血酶和肠激酶裂解位点，可以用来裂解融合表达蛋白，产生成熟的重组Gal-1防御素多肽。

将构建的融合表达质粒pET30a-Gal-1进行酶切鉴定（结果见图2），并测序验证构建的质粒阅读框是否正确。序列测定分析表明Gal-1成熟肽编码序列已成功克隆至pET-30a（+）载体中，且阅读框正确。

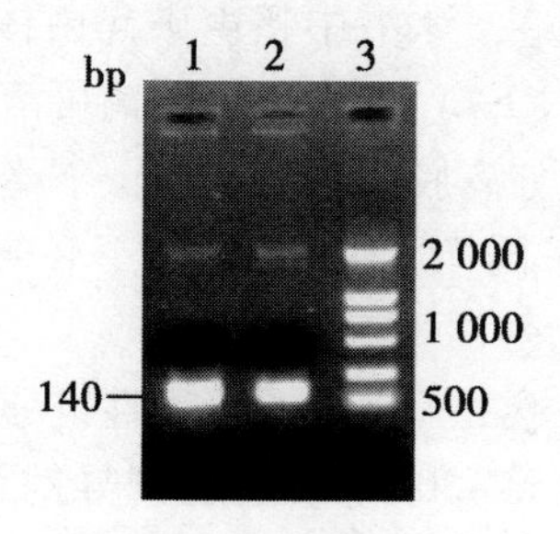

1，2. Gal-1成熟肽编码序列的PCR扩增产物　3. DL2000 DNA marker

图1　鸡β-防御素（Gal-1）成熟肽编码序列PCR扩增结果

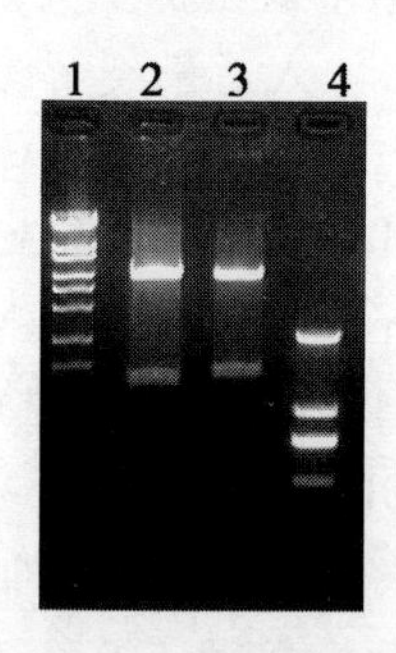

1. λ-*Eco*T14 I digest DNA marker　2. pET30a质粒*Eco*R I and *Sma* I酶切结果
3. pET30a-Gal1质粒*Eco*R I and *Sma* I酶切结果　4. DL2000 DNA marker

图2　含鸡Gal-1成熟肽序列的重组表达质粒pET30a-Gal1酶切分析

2.2 鸡β-防御素Gal-1融合蛋白的诱导表达与表达产物的SDS-PAGE检测

将Gal-1成熟肽编码序列克隆至pET30a原核表达载体中，构建其融合表达载体pET30a-Gal1，转化大肠杆菌Rosetta（DE3）菌株，通过酶切鉴定等方法筛选阳性克隆。阳性菌株在37℃、1.0mmol/L IPTG条件下进行诱导表达，取诱导后的菌体，加入适量裂解缓冲液，冰浴中超声波破碎菌体，取少量全菌裂解液，并分离包涵体和可溶组分，进行SDS-PAGE分析。结果表明，表达产物表观分子量约为12kDa，在包涵体和裂解上清中均有目的蛋白存在，且上清中目的蛋白含量低于包涵体中含量，但上清液抑菌活性却高于包涵体。经BandScan5.0扫描分析显示，目的蛋白表达量约占菌体总蛋白的31%，表明该融合蛋白在大肠杆菌中获得了高效表达（结果见图3）。

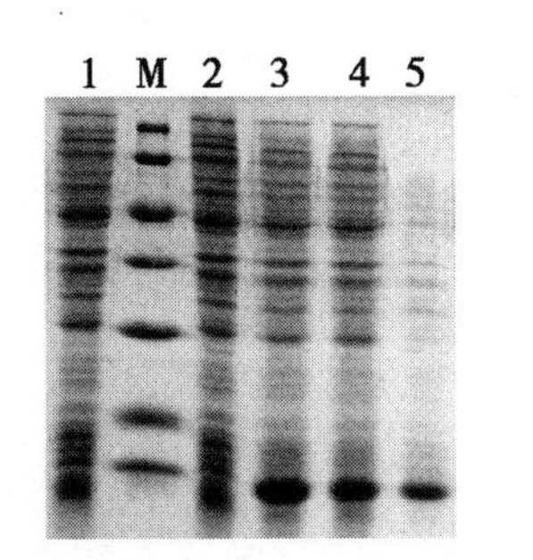

M. 未预染蛋白质分子量标准（116，66.2，45.0，35.0，25.0，18.8，14.4ku）

1，2. Rosetta（DE3）/pET30a菌株37℃诱导3h表达上清液

3. Rosetta（DE3）/pET30a-Gal1菌株37℃诱导3h表达总蛋白

4. Rosetta（DE3）/pET30a-Gal1菌株37℃诱导3h表达上清液

5. Rosetta（DE3）/pET30a-Gal1菌株37℃诱导3h表达不可溶蛋白

图3 Gal-1成熟肽融合表达产物的SDS-PAGE分析

2.3 Gal-1融合蛋白表达条件的优化与表达产物的亲和层析纯化

通过采用高渗培养基（即LB/SB培养基）、低温（25℃或15~20℃）长时间诱导、调节诱导物IPTG的浓度等方法，抑制包涵体形成，提高表达产物中可溶性蛋白所占比例。试验证明，在25℃、IPTG浓度为1.2mmol/L的诱导条件下，可溶性目的蛋白所占的比例较37℃条件下由25%明显提高至31%，利于下游纯化操作。

按上述优化后的条件进行目的蛋白的诱导表达，取诱导后的菌体，加入适量裂解缓冲液，冰浴中超声波破碎菌体，分离包涵体和可溶组分，将裂解上清液上样于固定化金属配体亲和柱层析柱（Ni^{2+}-NTA Sepharose 4B柱），样品经含0.1~0.5mol/L咪唑的缓冲液梯度洗脱，收集融合蛋白洗脱峰进行SDS-PAGE检测。结果显示，洗脱液中目的蛋白在目标位置呈现单一条带，表明经亲和层析可获得纯度较高的融合蛋白，为成熟产物的获得创造条件。

2.4 鸡β-防御素Gal-1融合蛋白的抑菌活性检测

采用标准琼脂孔穴扩散法（AWDA）检测Rosetta（DE3）/pET30a-Gal1表达产物的体外抑菌活性，结果显示表达产物对多种革兰氏阳性菌和阴性菌均具有较高的抑制活性，其对金黄色葡萄球菌、芽孢杆菌、藤黄微球菌、大肠杆菌、鸡白痢沙门氏菌C79-13、甲型副伤寒沙门氏菌、多杀性巴氏杆菌C48-7、血清Ⅰ型、Ⅱ型鸭疫里默氏杆菌、绿脓杆菌、变形杆菌等供试菌株均有较强的抑制作用。上述体外抑菌试验结果显示，利用Rosetta（DE3）/pET30a表达体系获得的重组Gal-1抗菌肽融合蛋白对某些菌株的抑菌活性要高于传统抗生素（Amp，100μg/mL）。

3 讨论

阳离子抗菌肽在机体宿主天然免疫中起着非常重要的作用，它们具有广谱的抗菌活性作用，对革兰氏阴性菌（G^-）、革兰氏阳性菌（G^+）、真菌、寄生虫等均有抑杀作用，对肿瘤细胞和某些有包膜的病毒也有抑制作用。大量研究表明，抗菌肽具有不同于传统抗生素的独特抗菌机制，不易使病原菌变异而产生耐药性，而且对机体无毒副作用、无残留，这将为解决细菌对青霉素等传统抗生素日益增强的耐药性这一棘手的全球性难题提供新途径。

鉴于防御素等天然抗菌肽的独特抗菌活性，建立能够高效表达且易于快速分离纯化防御素的表达系统，将为防御素等天然抗菌多肽生产的自动化、产业化奠定基础。目前，已成功表达抗菌肽的表达系统主要有大肠杆菌、杆状病毒等原核表达系统以及毕赤酵母等真核表达系统[18~21]。由于抗菌肽本身对宿主细胞有一定抑制和杀伤作用，会影响到后期表达，通常采用融合表达的方式。

本研究通过融合表达的方式将 Gal-1 基因成熟肽片段克隆到 pET-30a（+）中，利用载体上自带的强有力的 T7lac 启动子实现了 Gal-1 融合蛋白的高效表达。将表达条件优化后，融合蛋白主要以可溶状态存在于菌体中，包涵体所占比例大大降低，采用非变性纯化方法，有利于保持 Gal-1 的天然构象，并易于纯化；另外，由于融合蛋白带有 His 标签，只需经过一步 Ni^{2+}-NTA 亲和层析纯化就可获得高纯度的融合蛋白。纯化的融合蛋白经透析、超滤浓缩后进行抑菌试验，结果显示表达产物无须酶切处理即可显示明显的抑菌活性，且对某些菌株的抑菌活性要高于传统抗生素。因此，运用该重组表达系统，可大量获得有生物活性的 Gal-1 产物，以满足其抗菌作用机制和功能研究需要，并为大规模生产新型抗菌药物提供有效途径。

参考文献

[1] Ganz T. Defensins：antimicrobial peptides of innate immunity [J]. *Nat Rev Immunol*, 2003, 3 (9)：710 – 720.

[2] Brogden K A, Ackermann M, McCray P B, et al. Antimicrobial peptides in animals and their role in host defenses [J]. *International Journal of Antimicrobial Agents*, 2003, 22 (5)：465 – 478.

[3] Lai Yu ping, Gallo R L. AMPed up immunity：how antimicrobial peptides have multiple roles in immune defense [J]. Trends in Immunology, 2009, 30 (3)：131 – 141.

[4] Xiao, Y J, Hughes A L, Ando J, et al. A genome-wide screen identifies a single β-defensin gene cluster in the chicken：implications for the origin and evolution of mammalian defensins [J]. *BMC Genomics*, 2004, 5 (1)：56 – 66.

[5] Lynn D J, Higgs R, Gaines S, et al. Bioinformatic discovery and initial characterisation of nine novel antimicrobial peptide genes in the chicken [J]. *Immunogenetics*, 2004, 56

(3): 170 - 177.

[6] Higgs R, Lynn D J, Gaines S, et al. The synthetic form of a novel chicken beta-defensin identified in silico is predominantly active against intestinal pathogens [J]. *Immunogenetics*, 2005, 57 (1 - 2): 90 - 98.

[7] Xiao Y J, Cai Y B, Bommineni Y R, et al. Identification and functional characterization of three chicken cathelicidins with potent antimicrobial activity [J]. *Journal of Biological Chemistry*, 2006, 281 (5): 2 858 - 2 867.

[8] Harwig S S, Swiderek K M, Kokryakovv N, et al. Gallinacins: cysteine-rich antimicrobial peptides of chicken leukocytes [J]. *FEBS Lett*, 1994, 342 (3): 281 - 285.

[9] Evans E W, Beach F G, Moore K M, et al. Antimicrobial activity of chicken and turkey heterophil peptides CHP1, CHP2, THP1, and THP3 [J]. *Vet Microbiol*, 1995, 47 (3 - 4): 295 - 303.

[10] Haught C, Davis G D, Subramanian R, et al. Recombinant production and purification of novel antisense antimicrobial peptide in *Escherichia coli* [J]. *Biotechnol Bioeng*, 1998, 57 (1): 55 - 61.

[11] 李秀兰，戴祝英，张双全，等．家蚕抗菌肽 CMIV 基因结构改造及表达产物的研究 [J]．中国生物化学与分子生物学报，1999，15 (3)：387 - 391.

[12] 陈　姗，何凤田，董燕麟，等．人 β-防御素 3 融合蛋白在大肠杆菌中的表达、纯化与活性分析 [J]．生物工程学报，2004，20 (4)：490 - 495.

[13] 罗永平，张惠文，王小刚，等．抗菌肽 CP10A 在大肠杆菌中的融合表达 [J]．中国生物工程杂志，2008，28 (7)：105 - 109.

[14] 陆海荣，李国栋，吴宏宇，等．抗菌肽 GK1 在大肠杆菌中的融合表达 [J]．生物工程学报，2008，24 (1)：21 - 26.

[15] 吴　静，李玉峰，黄　兵，等．鸡 β-防御素 Gal-1 cDNA 的克隆及序列分析 [J]．家禽科学，2006，12：11 - 14.

[16] 萨姆布鲁克·J，弗里奇·E·F，曼尼阿蒂斯·T 著．金冬雁，黎孟枫，等译．分子克隆实验指南（第二版）[M]．北京：科学出版社，1999：888 - 898.

[17] Parente E, Brienza C, Moles M, Ricciardi A. A comparison of methods for the measurement of bacteriocin activity [J]. *Journal of Microbiological Methods*, 1995, 22 (1): 95 - 108.

[18] ChenY Q, Zhang S Q, Li B C, et al. Expression of a cytotox cationic antibacterial peptide in *Escherichia coli* using two fusion partners [J]. *Protein Expr Purif*, 2008, 57 (2): 303 - 311.

[19] 王尚荣，陈宝玉，刘勇军，等．鼠防御素 cryptdin 4 基因在杆状病毒中的表达及活性 [J]．中国兽医学报，2007，27 (4)：540 - 544.

[20] 牛明福，李　翔，曹瑞兵，等．复合抗菌肽 PL 在毕赤酵母中的分泌表达及其活性研究 [J]．生物工程学报，2007，23 (3)：418 - 422.

[21] 罗振福，李俊波，贺建华，等．抗菌肽及其基因表达体系研究进展 [J]．饲料工业，2009，30 (1)：45 - 48.

Ⅰ型鸭肝炎病毒基因组全长cDNA克隆的构建*

于可响，沙明利，林树乾，姜亦飞，黄　兵
（山东省农业科学院家禽研究所，济南　250023）

摘　要：参考Ⅰ型鸭肝炎病毒基因组序列，设计7条引物，用RT-PCR方法扩增出覆盖整个病毒基因组3个忠实性片段，并按顺序组装进载体pBR322中，获得全长cDNA克隆。测序结果表明，该克隆与母本毒序列同源性达99.6%，并且5′端的T7启动子和3′端的MluⅠ线性化位点均成功引入。

关键词：Ⅰ型鸭肝炎病毒；RT-PCR；全长cDNA克隆

鸭病毒性肝炎又称鸭肝炎，是鸭主要疾病之一，5周龄以下的雏鸭对该病最易感，1～3周龄内感染雏鸭的死亡率最高，可达90%以上，治疗效果不佳，严重影响我国养鸭业的发展。该病由鸭肝炎病毒（DHV）引起，分为3个血清型，在我国流行的主要是Ⅰ型DHV[1,2]。DHV属小RNA病毒科，其基因组为单股正链RNA，全长约7.7kb，因毒株的不同而有所差异。基因组都包含一个大小为6 750bp的阅读框，编码一条由2 249个氨基酸组成的多聚蛋白，经翻译后加工成各种功能蛋白[3~5]。

构建有感染性的全长cDNA克隆技术平台已成为研究RNA病毒的一条有效的途径。其具体方法是以病毒RNA为模板进行RT-PCR，得到全长的cDNA片段，然后将其克隆到转录载体上，体外转录出病毒RNA，再转染到敏感细胞而得到子代的病毒颗粒。用这种逆向遗传的方法构建病毒全长cDNA克隆，为在DNA水平上对RNA病毒进行研究和操作提供了极为方便的工具[6~7]。

为了利用反向遗传技术更好地研究DHV的基因组功能，本研究构建了序列正确的DHV全长cDNA克隆，为该病毒反向遗传的研究奠定良好的基础。

1　材料与方法

1.1　材料

1.1.1　毒株、鸡胚　Ⅰ型鸭肝炎病毒（EF427899）由山东省禽病免疫与诊断重点实验室分离；SPF鸡胚由山东省农业科学院家禽研究所提供。

---

* **基金项目**：山东省自然科学基金项目资助（Y2008D55）

作者简介：于可响，男，山东青岛人，硕士，主要从事禽病学研究。E－mail：yukx1979@163.com

1.1.2 试剂、载体与菌株　TRIzol 购自 Invitrogen 公司；AMV 反转录酶、RNasin、dNTPs 购自 Promega 公司；LA-*Taq*、pMD18-T 载体试剂盒、限制性内切酶、DNA Marker 购自 TaKaRa（大连）公司；DNA 凝胶回收试剂盒、质粒小量抽提试剂盒购自上海生工生物工程公司；感受态细胞 DH10B 由山东省禽病免疫与诊断重点实验室制备。

1.2 引物设计与合成

根据 DHV 的序列和酶切位点，将全基因组分为互相重叠的 A、B、C 三个片段进行扩增，共设计了 7 条引物（见表），由上海生工生物工程有限公司合成。

表　设计的扩增引物

引　物	核苷酸序列	位　置
A1	5′-TTCGACGTC TAATACGACTCACTATAG TTTGAAAGCGGGTGCATGCATGG-3′ Aat Ⅱ　T7 promoter　5′UTR	-27 ~ 23
A2	5′-CATGCTAGCCAACAACTAAGATAGGTCCCG -3′ Nhe Ⅰ	2 875 ~ 2 904
B1	5′ -TTTTGCCTTAGGCTCAAACACTAGC -3′	2 769 ~ 2 794
B2	5′-GCTGCTAGCTGCCTAACCTGCAACTCACTC-3′ Nhe Ⅰ	5 045 ~ 5 074
C1	5′-GTGGCAACAGCCATGAGAGATGG-3′	4 923 ~ 4 945
C2（锚定引物）	5′-CTGATCTAGGCTAGC ACGCGTC-3′ Nhe Ⅰ　Mlu Ⅰ	
CR（反转录引物）	5′-CTGATCTAGGCTAGCACGCGTC（T）$_{23}$-3′ C2　3′UTR	7 691 ~

注：黑色字母表示酶切位点。序列下划线代表 T7 启动子序列

1.3 RT-PCR 扩增基因片段

按照 TRIzol 试剂说明提取病毒 RNA，加入适量无 RNA 酶的双蒸水溶解。在 PCR 管中加入 RNA 10.5μL，10μmol/L dNTPs 2μL，20μmol/L 下游引物 2μL，经 70℃ 加热 5min 后，放置冰浴 5min，然后依次加入下列成分：5 × RT buffer 4μL；40U/μL Rnasin 0.5μL；10U/μL AMV 1μL，反应总体积 20μL，轻轻混匀，置 42℃ 1h，95℃ 2min。然后以反转录产物作为模板进行 PCR。PCR 反应体系：反转录产物 10μL；10 × LA PCR buffer（Mg^{2+} Plus）4μL；20μmol/L 上游引物 1μL；LA *Taq*0.5μL；加灭菌去离子水至 50μL（片段 C 先用 CR 作反转录，然后用 C1 和 C2 作 PCR）。反应条件：先 95℃ 3min，然后 94℃ 1min，53 ~ 55℃ 1min，72℃ 2.5min，进行 30 个循环，最后 72℃ 延伸 10min。取 5μL 反应产物在 1% 琼脂糖中电泳进行检验。

1.4 连接、鉴定与测序

按照 DNA 凝胶回收试剂盒说明回收 PCR 产物，按照 pMD18-T 载体试剂盒说明进行连

接，转化DH10B，挑菌提取质粒，分别进行PCR和酶切鉴定，鉴定为阳性的菌落送上海生工生物有限公司进行测序。

1.5 全长cDNA的构建与测序

以AatⅡ和NheⅠ为克隆位点、以基因组上的BglⅡ和SfiⅠ为连接位点将测序正确的A、B、C片段按顺序依次连入pBR322载体中，同时在5′端增加一个T7启动子，在3′端设计一个线性化位点MluⅠ，经鉴定正确后，送上海生工生物有限公司进行测序。

2 结果

2.1 DHV基因组片段扩增结果

利用设计的引物，通过RT-PCR方法扩增出A、B、C 3个片段，大小分别约为2.9kb、2.3kb和2.8kb，与预期大小一致，见图1。

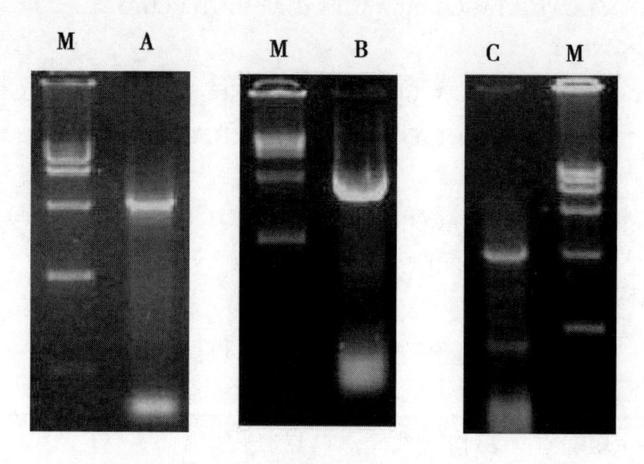

注：M. DL15000 DNA Marker

图1 A、B、C基因组片段扩增结果

2.2 全长cDNA克隆的构建

利用设计的引物成功扩增出A、B、C 3个片段，测序结果显示，与Genebank发表的母本毒株（EF427899）仅有个别碱基差别，无碱基缺失或增加。将这3个片段依次插入pBR322载体，每连接一个片段，经PCR和酶切鉴定均符合预期。最后将鉴定正确的全长cDNA克隆质粒送去测序，测序结果表明，在连接、转化过程中，A、B、C 3个片段均未发生突变，与母本毒株序列同源性达99.6%，与R85952（DQ226541）、DRL-62（DQ219396）序列同源性都在97%以上，T7启动子和MluⅠ线性化位点均成功引入。全长cDNA克隆质粒及其MluⅠ酶切产物见图2。

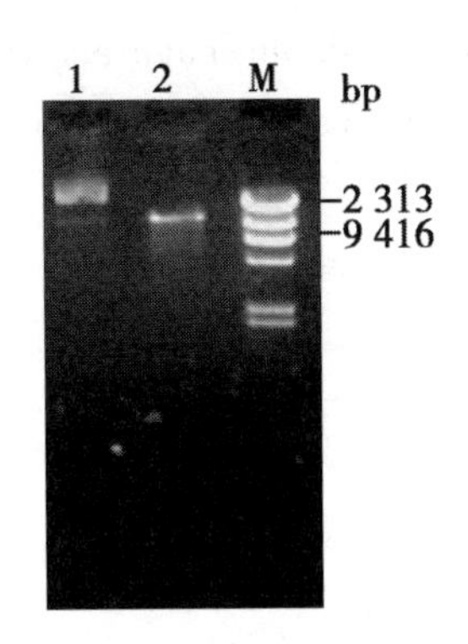

1. 全基因 cDNA 克隆；2. Digesting product by *Mlu* Ⅰ；M. λ-*Hind*Ⅲ digest DNA Marker

图 2　全长 cDNA 克隆质粒及其 *Mlu* Ⅰ 酶切结果

3　讨论

本研究以国内Ⅰ型 DHV 分离株（EF427899）为亲本毒，成功构建了全长 cDNA 克隆，并在基因组的5′端引入 T7 启动子，为通过反向遗传技术获得 DHV 病毒克隆打下了良好的基础。

获得真实性好的全长 cDNA 克隆是得到具有感染性 RNA 的前提，也是整个试验最关键的步骤，因为任何位置的碱基缺失或关键部位的碱基突变都有可能导致转录出的 RNA 无感染性[8]。为了保证全长 cDNA 克隆的真实性，首先，考虑到 RNA 病毒的基因组具有稳定性差、二级结构丰富、反转录出的模板完整性较差[9]等不易操作的特点，为保证扩增片段的保真性，我们采用重叠 PCR、高保真性酶、RACE 技术等策略，每一个扩增出的片段要进行测序，有碱基缺失、增加或重要部位发生突变的片段要重新扩增；其次，在连接载体和宿主菌的选择上我们也十分谨慎。构建全长 cDNA 克隆前，考虑到载体拷贝数、容量及基因组和载体上的酶切位点等多方面因素，我们最终选择以 pBR322 为连接载体。pBR322 是一种常用的克隆载体，具有拷贝数较低（15～20 个）、容量较大、稳定性较好等特点[10]，完全可以容纳 DHV 约 7 700bp大小的基因组并保证其稳定复制。大肠杆菌 DH10B 具有错配修复功能，可以尽量降低载体复制过程中发生突变的几率，3 个基因片段在连入载体的过程中未发生碱基突变说明了该菌株的稳定性。通过以上措施，我们最终构建的全长 cDNA 克隆与 Genebank 发表的母本毒株序列同源性为 99.6%，考虑到用于构建 cDNA 克隆和发表于 Genebank 的母本毒株为不同代次，可能存在一些碱基差异，因此并未对其进行碱基突变修饰。

参考文献

［1］Saif Y M. 禽病学［M］. 第 11 版. 苏敬良，高　福，索勋主译. 北京：中国农业出版社，2005：376－384.

［2］Sandhu T S，Calnek B W，Zeman L. Pathologic and serologic characterization of a variant of duck hepatitis type Ⅰ virus［J］. *Avian Dis*，1992，36（4）：932－936.

[3] Kim M C, Kwon Y K, Joh S J, et al. Molecular analysis of duck hepatitis virus type 1 reveals a nove lineage close to the genus Parechovirus in the family Picornaviridae [J]. *J Gen Virol*, 2006, 87: 3 307 - 3 316.

[4] Ding C Y, Zhang D B. Molecular analysis of duck hepatitis virus type 1 [J]. *Virology*, 2007, 361 (1): 9 - 17.

[5] Liu G Q, Wang F, Ni Z, et al. Complete genomic sequence of a Chinese isolate of duck hepatitis virus [J]. *Virol Sinica*, 2007, 22 (5): 353 - 359.

[6] Yoshiyuki Nagai, Atsushi Kato. Paramyxovirus reverse genetics is coming of age. *Microbiol Immunol*, 1999, 43 (7): 613 - 624.

[7] 刘玉良，刘秀梵. RNA 病毒“拯救”技术. 中国生物工程杂志，2003，23 (9): 21 - 25.

[8] Boyer J C, Haenni A L. Infectious transcipts and cDNA clones of RNA viruses [J]. *Virology*, 1994, 198 (2): 415 - 426.

[9] Stein S B, Zhang L, Roos R P. Influence of Thelermurine encephalomyelitis virus 5´untranslated region on translation and neu rovirulence [J]. *Virology*, 1992, 66 (7): 4 508 - 4 517.

[10] J. 萨姆布鲁克，D. W. 拉塞尔. 分子克隆实验指南 [M]. 第3版. 黄培堂等译. 北京：科学出版社，2002：121 - 122.

利用 Cre-loxP 自动去除禽痘病毒重组体的报告基因研究

夏薛梅[1]，杨胜富[2]，于可响[3]，王莉莉[3]，高月花[3]，黄　兵[3]*
（1. 贵州凯里学院环境与生命科学学院，凯里　556011；2. 贵州省余庆县构皮滩镇畜牧兽医站；3. 山东省农业科学院家禽研究所，济南　250023）

摘　要：在禽痘病毒早晚期启动子的绿色荧光蛋白（GFP）基因表达盒侧翼各引入1个loxP序列。以禽痘病毒282E4株作为候选载体，通过同源重组将其插入到病毒基因组的FPV030区域，获得了表达GFP的重组禽痘病毒。然后在Cre酶介导下，利用loxP位点特异性重组剪除了重组病毒基因组中的GFP报告基因。结果表明，以GFP作为筛选标记使重组病毒的构建更为简便，同时利用Cre-loxP系统可以轻松地去除报告基因。这种技术有利于其他抗原性基因重组禽痘病毒的构建。

关键词：禽痘病毒；绿色荧光蛋白；Cre-loxP；位点特异性重组

禽痘病毒属于痘病毒科禽痘病毒属的成员，其宿主范围较窄，仅感染禽类，在哺乳动物体内呈流产性感染，但不影响外源基因表达。所以它不仅可以用来研制禽流感病毒、新城疫病毒、马立克氏病病毒、传染性法氏囊病毒等的基因工程活载体疫苗[3,6-9]，而且可以作为非复制型病毒载体开发哺乳动物基因工程活载体药物，用于禽类以外的动物乃至人类疾病的预防或治疗。过去在禽痘病毒基因操作和重组体的纯化过程中，常常使用新霉素抗性、lacZ等筛选标记，这些报告基因与目的基因以嵌合方式存在于构建好的重组病毒基因组中，增加了外源基因的长度，有可能影响到重组病毒的遗传稳定性，同时重组病毒的应用亦受到一定限制。因此，将重组体中的报告基因去除是非常重要的内容。Cre重组酶由Sternberg[5]发现于P1噬菌体，它能识别34bp部分回文的loxP序列，这种通过分子间重组的方式很容易将两个同向loxP序列间的核苷酸序列有效切除[2]。绿色荧光蛋白（GFP）标记筛选简便，已广泛用于基因工程操作，由于禽痘病毒有其自身启动子复制转录的特殊性，含CMV、SV40启动子的GFP筛选标记很少用于禽痘病毒的基因修饰。本次试验构建了以含痘病毒早晚期启动子的GFP作为标记的禽痘病毒重组体，并利用Cre-loxP系统自动去除重组体基因组中的GFP报告基因，大大简化了目的基因重组禽痘病毒的构建过程，为禽痘病毒基因工程载体的研究提供了新的思路。

1　材料与方法

1.1　病毒与细胞

禽痘病毒（Fowlpox virus，FPV）282E4株，商品化疫苗毒株，本室保存。鸡胚成纤维细胞（CEF），按常规制备。

1.2 质粒与菌种

PMD18-T vector 购自宝生物工程（大连）有限公司。质粒 pEFGPT12s（含痘病毒的早晚期复合启动子）、pX01（含两个串连的 loxP 序列）、pX02（将 pEGFP-C1 用 *Bgl*II/*Bam*HI 双切去除多克隆位点连接而得）、pCre（编码 Cre 重组酶基因表达盒）为本室保存。

1.3 工具酶与试剂

限制性内切酶，*T*4 DNA Polyermase，T4 DNA Ligase，牛小肠碱性磷酸酶（CIAP），dNTPs，r*Taq* DNA 聚合酶为宝生物（大连）公司产品。LipofectamineTM 2000 脂质体购自 Invitrogen 公司。

1.4 重组臂的扩增、克隆、测序

按常规方法提取 282E4 株病毒细胞毒 DNA。根据 FPV（GenBank AF98100）设计引物，正链引物为 5′-TAgAAACTCATACTCgTTACTg-3′，负链引物为 5′-CgATgAAgATATgTC-TATACAC-3′。扩增跨幅为 2.35kb 的片段。在 0.2mL 反应管中依次加入 5μL PCR Buffer（10×），200μmol/L dNTPs，1.5mmol/L $MgCl_2$，正链和负链引物各 10pmol，5U r*Taq* DNA 聚合酶，DNA 模板 100ng，补 ddH_2O 至 50μL。反应参数为 95℃ 3min，然后 94℃ 1min，49℃ 1min，72℃ 2min，共 35 个循环，最后 72℃ 延伸 10min。将扩增产物亚克隆入 PMD18-T vector，获得阳性质粒 pPCI，测序分析。

1.5 转移载体的构建

将 pEFGPT12s 用 *Xba*I/*Sal* I 双切，获得的 150bp 小片段，补平后，连入 peGFP-C1 的 *Sna*BI/*Nhe* I 双酶切平端大片段，通过 *Nhe* I 酶切鉴定获得含痘病毒早晚期启动子的 GFP 表达盒质粒载体 pX03。将 pX02 用 *Mlu*I/AseI 双酶切得到的 GFP 表达盒补平连入 pX01 的 NotI 位点，转化获得质粒 pX04。将 pX04 用 *Eco*RI/*Sal* I 双切小片段，与 pPCI 的 *Mlu*I/*Sac*II 双切大片段平端相连，获得质粒 pPCI-loxH。将 pPCI-loxH 用 *Nhe*I（补平）/*Mun*I 酶切除 860bp 片段，将 pX03 用 *Aat*II（补平）/*Mun*I 切得的 1 160bp片段补平连入而得转移质粒载体 pH 值 BP。

1.6 表达 GFP 的重组禽痘病毒的构建

按碱裂解法提取质粒 pH 值 BP 和聚乙二醇（PEG）沉淀法纯化 DNA。利用脂质体（Lipofectamine^{TM}2000）将病毒 DNA 与线性化的 pH 值 BP 共转染 CEF 单层细胞。将有绿色荧光的蚀斑取出，5 倍系列稀释后接种到新的 96 孔板 CEF 细胞，如此重复 5～6 次。将带有荧光的病毒液提取 DNA，通过 PCR 鉴定纯度。检测引物正链序列为 5′-CCgTTgTTgT-TAgCgggATTTA-3′（位于重组臂的 *Mlu*I/*Sac*II 之间），负链为 5′-TCgATCgggTggATTCCA-3′，扩增片段位于大小为 171bp。反应体系为 30μL：反应管中依次加入 3μL PCR Buffer（10×），200μmol/L dNTPs，1.5mmol/L $MgCl_2$，正链和负链检测引物各 15pmol，1.5U *Taq*

DNA 聚合酶，1μL 模板 DNA，补 ddH_2O 至 30μL。于 95℃ 3min，然后 94℃ 15s，57℃ 15s，72℃ 10s，共 35 个循环，最后 72℃ 延伸 2min。反应结束后取 10μL 产物用 2% 琼脂糖凝胶电泳-溴化乙锭染色观察。只有亲本毒才能获得扩增产物，重组病毒只有荧光信号而检测不到目的片段。经纯化获得重组病毒 rFPVGFP。

1.7 禽痘病毒重组体中 GFP 基因去除

在脂质体介导下将 pCre 质粒转染 rFPVGFP 预感染的原代 CEF 单层细胞，通过 96 孔板梯度稀释筛选不含荧光的细胞毒，如此重复 2 次，然后用上述同源重组臂扩增引物进行鉴定，获得重组病毒 rFPV-loxp。

1.8 重组病毒的稳定性试验

将纯化的 rFPV-loxp 和 rFPVGFP 重组病毒分别以 100 倍稀释，在 CEF 细胞上连续传 6 代后，定测病毒病毒蚀斑数目及蚀斑大小及检测病毒基因组中是否存在目的基因。

2 结果

2.1 同源重组臂基因的扩增克隆测序

利用病毒总 DNA 为模板进行 PCR，扩增出 2.35kb 大小片段（图 1）。经测序列分析，该序列涵盖了禽痘病毒的 FPV030 开放阅读框，经 *Mlu*I 和 *Sac* Ⅱ 双酶切后两个同源重组臂各为 800bp 和 1 300bp。

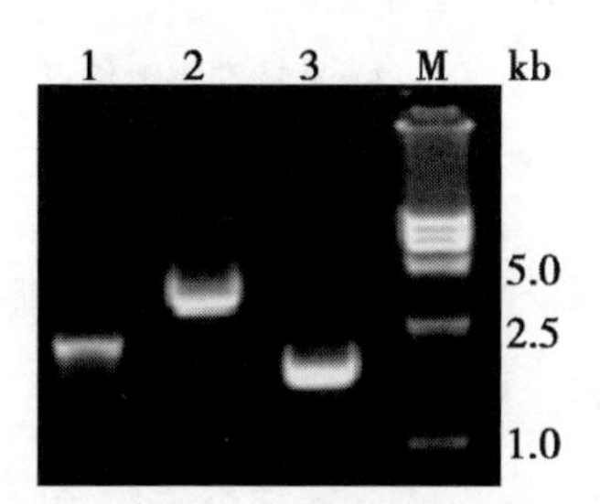

M. DNA marker DL15 000；1. 重组（2.35kb）；2. pPCI（5kb）；3. pUC19（2.7kb）

图 1　重组臂基因的扩增克隆

2.2 表达 GFP 的重组禽痘病毒

将转移质粒载体 pH 值 BP 转染预感染 FPV 的 CEF 单层细胞，在转染 12h 后即可见 GFP 表达产物。4d 后将细胞毒接种到 96 孔板，挑选带有绿色荧光的孔细胞毒，接种新 CEF 细胞，这样连续在 CEF 细胞上传代克隆，经 PCR 鉴定获得了纯化的重组病毒 rFPVG-FP。图 2 显示了重组病毒表达 GFP 的情况。

2.3 携带 loxP 序列的禽痘病毒重组体

整个病毒构建过程如图 3 所示。PCR 鉴定结果表明，在 Cre 酶作用下，重组病毒基因

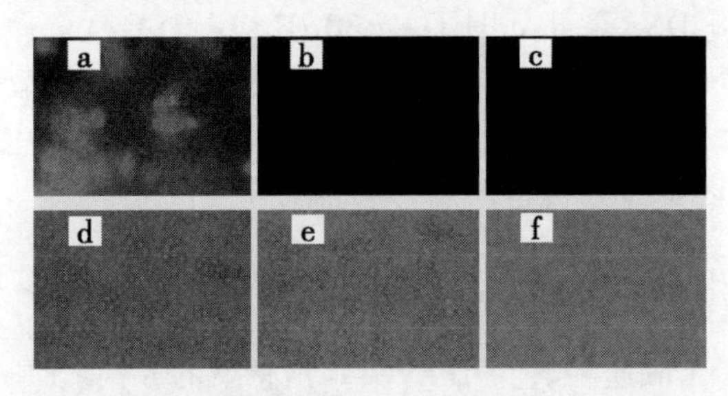

荧光显微镜下观察：A. rFPVGFP 病毒；B. FPV；

C. CEF 对照．光学显微镜观察：D. rFPVGFP 病毒；E. FPV；F. CEF 对照

图 2　rFPVGFP 感染 CEF 后 GFP 表达情况（36h）

组中的 GFP 基因被定向去除，扩增条带与预期的结果相符，见图 4。

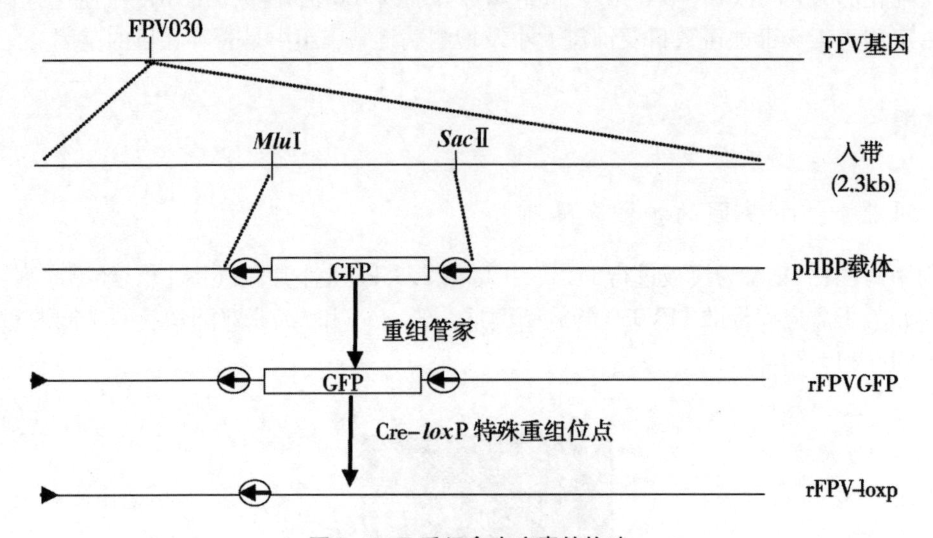

图 3　loxP 重组禽痘病毒的构建

带箭头椭圆圈表示 *lox*P 序列；▶表达基因组方向。

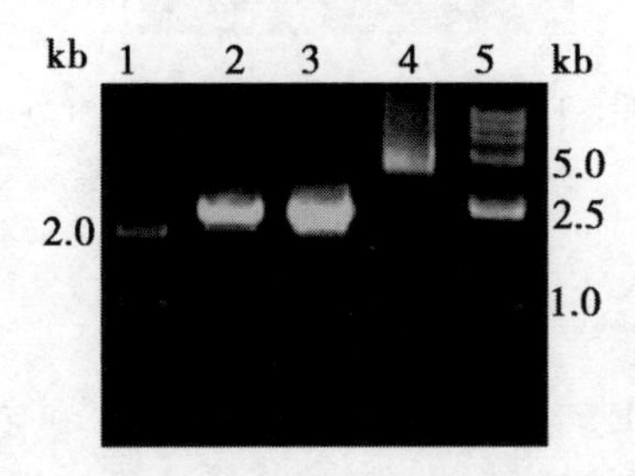

1. DNA marker DL2 000；2. rFPV（2. 35kb）；

3. rFPV-loxp（2. 23kb）；4. rFPVGFP（4. 2kb）；5. DNA marker DL15 000

图 4　rFPV-loxp 的 PCR 鉴定结果

2.4 rFPV-loxp 重组体的遗传稳定性

经测定，rFPV-*lox*p，rFPVGFP 与亲本毒的病毒滴度分别为 1.6 × 106PFU/mL，1.8 × 106PFU/mL，1.8 × 106PFU/mL，蚀斑大小平均在 850 ~ 900μm，表明它们的复制效率是一致的。测序分析表明，rFPV-loxp 基因组中只含有 1 个 loxP 序列，见图 5。

ATAgTTTCCAAgATATgACC AATTCgAgCTCggTA
CCCggggATCCTCTAgAgATTCTAgATCTATAACTTCg
TATAgCATACATTATACgAAgTTAT ggCCAgAATCgTC
gACgCgTATgTTggAgATCAT

注：单下画线表示插入序列（92 个碱基），位于 FPV 基因组的第 34 601 位与第 34 383 位碱基之间。双下画线部分为 *lox*P 序列。

图 5 rFPV-*lox*p 重组体中的插入序列

3 讨论

通过 PCR 扩增到了 2.3kb 的片段，经测序分析该片段位于禽痘病毒基因组的 FPV030 区域，此 ORF 系编码 PC-1 类似物，是一种具有碱性磷酸二酯酶活性的Ⅱ型糖蛋白，与非胰岛素依赖性糖尿病有关。现已清楚该区域为禽痘病毒复制非必需区[4]，本次试验已证实插入 GFP 基因表达盒（2kb）不影响病毒复制。

过去在禽痘病毒基因组修饰中常用 lacZ、Ecogpt 等报告基因，重组病毒的筛选纯化过程极为不便。GFP 具有细胞毒性小、荧光信号可以直观的用显微镜观察等优点，使重组病毒的构建更加简单[1]。禽痘病毒的表达调控主要是在转录水平上，表达量的高低主要取决于上游启动子的强弱。此次利用禽痘病毒早晚期启动子构建的 GFP 基因表达盒，在禽痘病毒中获得高效表达，为禽痘病毒载体的构建提供了理想的标记系统。

Cre 酶能够识别特定的 loxP 序列，试验中将 GFP 报告基因的两侧各引入 1 个 loxP 位点序列。表达 GFP 重组病毒基因组的 GFP 基因是通过 Cre-loxP 介导的位点特异性重组而自动被去除的。序列测定结果表明，在 rFPV-loxp 重组毒基因组的只含有 1 个 loxP 序列。结果表明，位点特异性重组是有效的，缺失 GFP 基因的重组病毒不用经过连续传代或蚀班纯化就能够立即从转染细胞中分离出来。很显然，在禽痘病毒载体的构建过程中引入 GFP 和 Cre-loxP 系统，将目的基因表达盒与 GFP 串连插入，然后定向敲除 GFP 基因，最终获得的禽痘病毒重组体基因组中只含有目的基因，其应用前景将会更加广阔。

参考文献

[1] Chalfie M, Tu Y, Euskirchen G, et al. Green fluorescent protein as a marker for gene expression [J]. *Science*, 1994, 263 (5148): 802 – 805.

[2] Ghosh K, Van Duyne G D. Cre-loxP biochemistry [J]. *Methods*, 2002, 28 (3): 374 – 383.

[3] Karaca K, Sharma J M, Winslow B J, et al. Recombinant fowlpox viruses coexpressing chicken type I IFN and Newcastle disease virus HN and F genes: influence of IFN on protective efficacy and humoral responses of chickens following *in ovo* or post-hatch administration of recombinant viruses [J]. *Vaccine*, 1998, 16 (16): 1 496 – 1 503.

[4] Laidlaw S M, Anwar M A, Thomas W, et al. Fowlpox virus encodes nonessential homologs of cellular alpha-SNAP, PC-1, and an orphan human homolog of a secreted nematode protein [J]. *J Virol*, 1998, 72 (8): 6 742 – 6 751.

[5] Sternberg N, Hamilton D. Bacteriophage P1 site-specific recombination. I. Recombination between loxP sites [J]. *J Mol Biol*, 1981, 150 (4): 467 – 486.

[6] Swayne D E, Garcia M, Beck J R, et al. Protection against diverse highly pathogenic H5 avian influenza viruses in chickens immunized with a recombinant fowlpox vaccine containing an H5 avian influenza hemagglutinin gene insert [J]. *Vaccine*, 2000, 18 (11 – 12): 108 895.

[7] Taylor J, Edbauer C, Rey-Senelonge A, et al. Newcastle disease virus fusion protein expressed in a fowlpox virus recombinant confers protection in chickens [J]. *J Virol*, 1990, 64 (4): 1 441 – 1 450.

[8] Tsukamoto K, Sato T, Saito S, et al. Dual-viral vector approach induced strong and long-lasting protective immunity against very virulent infectious bursal disease virus [J]. *Virology*, 2000, 269 (2): 257 – 267.

[9] 钱莺娟，张雪莲，陈德胜，等. 串联表达马立克氏病病毒糖蛋白 B 主要抗原决定簇基因的重组鸡痘病毒的构建 [J]. 病毒学报，2004，20 (2): 182 – 185.

禽腺病毒 QU 分离株的致病性及细胞适应性研究*

黄　兵[1]，李玉峰[1]，王莉莉[1]，马秀丽[1]，田夫林[2]
（1. 山东省农业科学院家禽研究所，济南　250023；2. 山东省动物疫病预防与控制中心）

摘　要：QU 分离株是一株类似产蛋下降综合征病毒，属于鸭腺病毒Ⅰ型病毒。通过人工感染和细胞增殖试验，结果显示 QU 分离株接种无特定病原雏鸡未出现临床病症及生长发育障碍，不致死鸡胚，对鸭胚的致死率明显比引起产蛋下降的 HS 株低。QU 株在鸡胚肝细胞、鸭胚成纤维细胞及鸡胚成纤维细胞上生长良好，产生典型细胞病变，且在鸡胚肝细胞上的增殖滴度最高，但不鸡胚肾细胞。这些数据说明 QU 株系对鸡具有低毒力的腺病毒，有可能用作禽用基因疫苗或基因治疗的候选病毒载体。

关键词：禽腺病毒；鸭腺适应病毒Ⅰ型；致病性；细胞嗜性

腺病毒载体在哺乳动物及其多种细胞上进行基因转移和蛋白表达的高效性，使其在基因疫苗及基因治疗的研究中受到人们的青睐。禽腺病毒（Fowl adenovirus，FAdv）主要通过消化道和呼吸道感染，在刺激机体产生黏膜免疫方面具有很大的优势。禽腺病毒根据抗原性差异可分为 3 个亚群[1]，Ⅰ群包括传统的禽腺病毒（12 个血清型），Ⅱ群包括火鸡出血性肠炎病毒、鸡大脾病毒等，Ⅲ群是与产蛋下降综合征病毒（Egg drop syndrome virus，EDSV）有关的一些病毒以及从鸭体内分离的相似病毒。以禽腺病毒作为载体的活病毒疫苗已成为禽用疫苗的一个很好发展方向[2~3]。禽腺病毒对鸡、鸭等禽群的致病性不一，利用无致病力的禽腺病毒作为病毒载体具有很大的优势。本实验室从鹌鹑体内获得了一株类似 EDSV 的鸭腺病毒Ⅰ型病毒，对其生物学特性进行分析，为禽腺病毒载体的应用提供理论依据。

1　材料与方法

1.1　病毒株

禽腺病毒 QU 株，属鸭腺病毒 1 型病毒，类似于产蛋下降综合征病毒，来源于鹌鹑；禽腺病毒 HS 株，来源于产蛋下降的发病鸡群，均由山东省农业科学院家禽研究所分离保存。取 9 ~ 10 日龄鸭胚接种种子毒，收集 24 ~ 96h 的活胚和死胚尿囊液，于-20℃保存备用。

* 基金项目：山东省科技发展计划（2007GG20009008）

1.2 试验动物

鸭胚，无特定病原（SPF）鸡和鸡胚，由山东省农业科学院家禽研究所提供。

1.3 主要试剂

犊牛血清购自杭州四季青生物工程公司。DMEM 培养基为 GIBICO BRL 公司产品。胰酶为 Sigma 公司产品。其他试剂均为国产或进口分析纯。

1.4 对鸡胚和鸭胚的适应性

将 QU 和 HS 株病毒鸭胚培养物分别测定鸭胚半数感染量（DEID50），用生理盐水稀释致 $10^3 DEID_{50}$/0. 1mL，分别接种 30 枚 10 日龄 SPF 鸡胚或鸭胚，每胚接种量为 0. 1mL，于 37℃培养。每日照蛋，连续观察 144h，统计胚体病变、死亡率及鸡胚半数感染量（$CEID_{50}$）和 $DEID_{50}$。

1.5 人工感染 SPF 鸡试验

将 90 只 10 日龄 SPF 鸡随机分为试验组和对照组，每组 30 只。试验组经点眼滴鼻接种病毒鸭胚培养物，每只 10^5 $DEID_{50}$。对照组接种相同体积的生理盐水。采取自由采食的饲养方式，每日观察鸡群状态，于 35d 后称重，统计发病率、死亡率。

1.6 细胞适应性分析

按常规方法制备鸡胚成纤维细胞（CEF）、鸡胚肝细胞（CEL）、鸡胚肾细胞（CEK）和鸭胚成纤维细胞（DEF）。将病毒株鸭胚尿囊液毒分别在 CEF 和 CEL 上连续传代。将鸭胚尿囊液毒分别用 CEF、CEL、CEK、DEF 进行病毒滴定，将 CEL 和 CEF 的第 5 代次传代培养物分别用相应的细胞进行滴定。操作方法如下：将病毒液用 Hank's 液连续 10 倍系列稀释，接种 96 孔板细胞单层，每个稀释度接种 8 孔，每孔 0. 1mL，置 37℃培养。每日观察，6d 后记录细胞病变数，按 Reed-Muend 法计算组织细胞半数感染量（$TCID_{50}$），检测病毒的鸡红细胞凝集效价。

2 结果

2.1 病毒滴定结果

两个病毒株均能在鸡胚和鸭胚上增殖，且在鸭胚中的病毒滴度更高，见表 1。

表 1 病毒滴定结果（$lgEID_{50}$）

	$CEID_{50}$	$DEID_{50}$
QU 株	4. 17	5. 75
HS	4. 55	6. 36

2.2 对10日龄SPF鸡的致病性

将病毒接种10日龄SPF鸡，两组鸡群都未出现死亡，但35d后的体重有差异，HS株接种鸡的体重比对照组略低（$t=0.03$），个体差异较大。而QU接种鸡体重变化不大（$t=0.34$），表明QU株对鸡的致病性很低。病毒感染鸡体重变化见表2。

表2 病毒感染鸡体重变化（g）

	10日龄	45日龄								平均体重
QU	79.3	780	834	778	701	822	716	808	752	770.40±70.31 $t=0.33513$
		834	746	692	778	656	790	753	719	
		948	788	812	815	672	852	726	884	
		828	680	746	630	804	768			
HS	79.3	780	718	866	589	724	666	692	724	742.63±79.66 $t=0.02922$
		734	554	708	800	680	752	766	712	
		788	638	714	886	840	735	784	764	
		876	782	806	686	754	761			
对照	79.3	882	748	796	652	804	758	768	796	778.80±71.37
		876	772	766	724	806	970	732	773	
		562	838	790	730	840	780	766	768	
		826	710	818	784	772	757			

2.3 对鸡胚或鸭胚的致病性

鹌鹑源QU株和鸡源性HS对鸡胚的致病性都不强。QU株对鸭胚的致死率很低，引起的胚体病变亦不严重，病毒增殖量少（表3）。HS株对鸭胚的致病性相对强，死亡胚与存活胚病变显著，胚胎发育阻滞、死亡，死胎呈暗红色，皮肤和皮下可见斑点状出血，尤以胚体头颈部、背部、大腿、翅膀及腹部出血明显，严重者呈弥漫性出血。

表3 QU株对鸡胚或鸭胚的致病性

	鸡胚		鸭胚	
	致死比例	平均HA滴度（log2）	致死比例	平均HA滴度（log2）
QU株	0/30	5	1/30	15
HS株	2/30	9	6/30	18

2.4 病毒对细胞的适应性

QU病毒鸭胚尿囊液在CEF、DEF及CEL上生长良好，且在CEL最易感，但是不能适应CEK。经多次传代后，CEL细胞毒比CEF细胞毒的病毒滴度高（图1）。病毒在几种细胞上引起的细胞病变都明显，表现为细胞增大，变圆、折光性增强，胞浆内颗粒增加

(图2，图3和图4)。

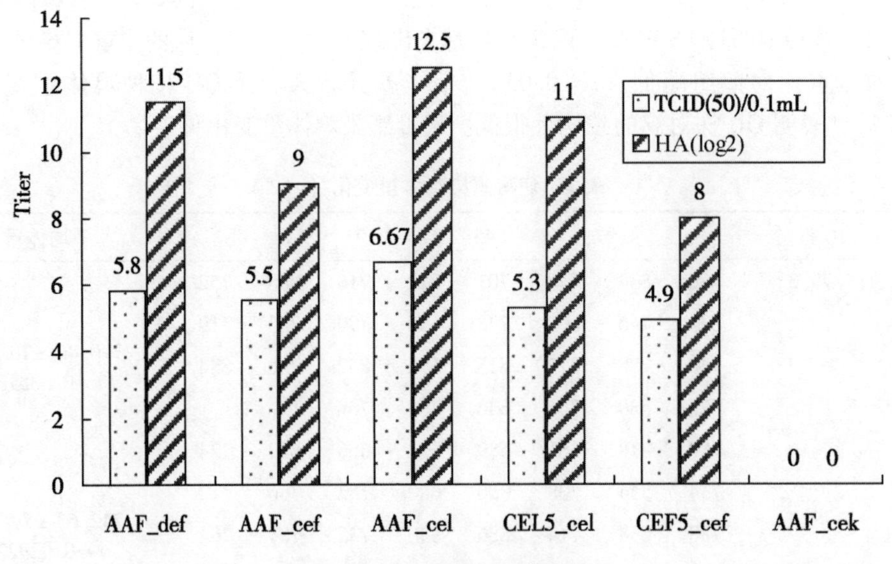

图1　QU分离株的病毒滴度

AAF_ def：QU鸭胚尿囊液在DEF上的滴定结果；AAF_ cef：QU鸭胚尿囊液在DEF上的滴定结果；AAF_ cel：QU鸭胚尿囊液在CEL上的滴定结果；CEL5_ cel：QU鸭胚尿囊液在CEL上连传5代后的滴定结果；CEF5_ cef：QU鸭胚尿囊液在CEF上连传5代后的滴定结果；AAF_ cek：QU鸭胚尿囊液在CEK上的滴定结果

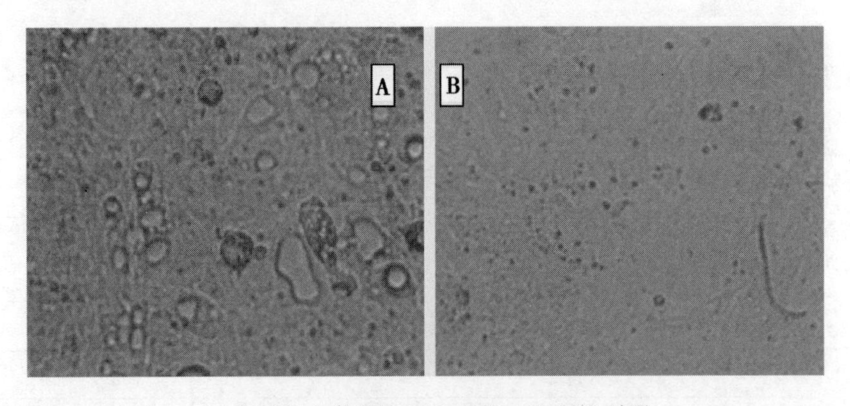

A. 在DEF上产生的CPE（3d）；B. DEF对照

图2　QU分离株在DEF上的细胞病变

3　讨论

禽腺病毒是研究真核基因表达的良好模型，实际上很多真核基因的结构与表达调控机制是从研究腺病毒获得的，可用于构建腺病毒载体。CELOV载体与其他病毒载体比较，其特点是基因组DNA较大，复制非必需片段较大，能容纳较长的外源片段，但病毒增殖较为困难，且临床上禽群中存在CELOV隐性感染，因此在活病毒载体的应用上具有一定

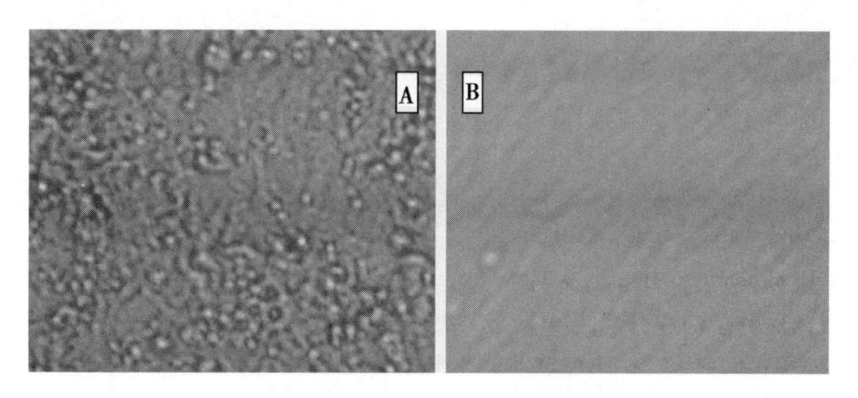

A. 在 CEF 上产生的 CPE（3d）；B. CEF 对照

图 3　QU 分离株在 CEF 上的细胞病变

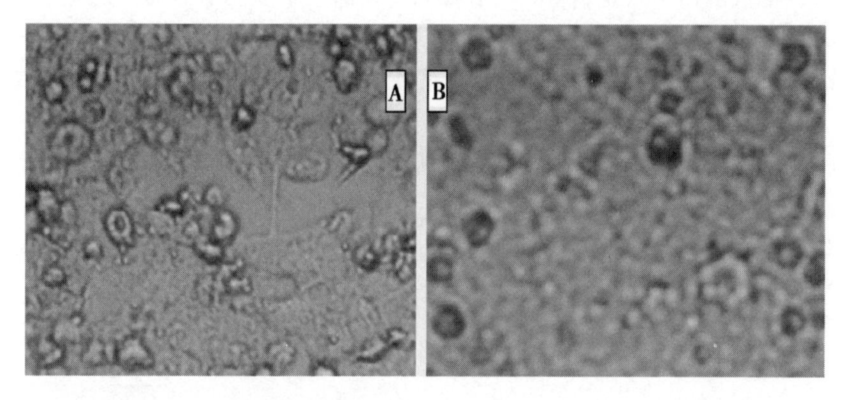

A. 在 CEL 上产生的 CPE（3d）；B. CEL 对照

图 4　QU 分离株在 CEL 上的细胞病变

缺陷[1]。鸭腺病毒 1 型病毒具有血凝特性，容易在多种宿主细胞中增殖，目前，已确知鸭腺病毒 1 型病毒的部分复制非必需区，选择无致病力的病毒株构建活载体疫苗将具有更为广阔的市场前景[4,5]。

QU 株病毒感染不会对鸡的血液生化指标及肝脏产生病理性影响[5]。人工感染接种试验结果表明，QU 分离毒株不致死 SPF 鸡胚，对鸭胚的致死率亦比鸡源性的 HS 株低。QU 分离株对雏鸡生长发育的危害性小，而 HS 株的致病性很明显（感染鸡的体重离散度亦较大），引起鸡生长缓慢，可能是 HS 株病毒感染导致鸡消化系统受损，从而引起食欲下降的结果[5]。俞乃胜等[6,7]曾从引起鹌鹑产蛋量下降的病料中分离到了致病性很强的腺病毒，与 QU 分离毒株的致病性有明显差异，这些迹象表明，同一种群中存在的腺病毒毒株间的毒力差异很大。

对病毒的细胞适应性进行测定，结果表明，直接将鸭胚培养物进行病毒滴定，在 CEL 上的滴度最高，其次是 DEF 和 CEF，而在 CEK 上不会出现 CPE，亦测不到血凝效价。将病毒液在 CEL 和 CEF 上连续传 5 代后，CEL 细胞毒的滴度仍然是最高的。结果表明，QU 分离毒在 CEL 和 CEF 细胞上皆能稳定增殖。

QU 株禽腺病毒对鸡的致病性很低，并且在 CEL 或 CEF 上亦能出现明显的细胞病变，将它作为活病毒载体，为基因疫苗或基因治疗提供了很好的技术条件。

参考文献

[1] Saif Y M, Barnes H J, Glisson J R. Disease of poultry [M]. 11th ed., Iowa: Iowa State University Press, 2002: 135 - 160.

[2] Francois A, Chevalier C, Delmas B, et al. Avian adenovirus CELO recombinants expressing VP2 of infectious bursal disease virus induce protection against bursal disease in chickens [J]. *Vaccine*, 2004, 22 (17 - 18): 2 351 - 2 360.

[3] Johnson M A, Pooley C, Ignjatovic J, et al. A recombinant fowl adenovirus expressing the S1 gene of infectious bronchitis virus protects against challenge with infectious bronchitis virus [J]. *Vaccine*, 2003, 21 (21 - 22): 2 730 - 2 736.

[4] 孙 锦，李秋艳，李云龙，等. 禽腺病毒 QU 株一个复制非必需区的鉴定 [J]. 生物工程学报，2008，24 (7)：1 263 - 1 267.

[5] 孙 锦，黄 兵，李珍祖，等. 不同宿主源禽腺病毒分离株对雏鸡的致病性比较 [J]. 家禽科学，2008 (1)：4 - 6.

[6] 俞乃胜，李文贵，韦剑珊，等. 鹌鹑腺病毒的分离及病原特性的研究 [J]. 畜牧兽医学报，2002，33 (3)：271 - 275.

[7] 俞乃胜，杨贵树，张燕玲，等. 鹌鹑减蛋综合征病毒株血细胞凝集特性的研究 [J]. 中国兽医科技，1998，28 (4)：5 - 7.

新型吸管式药敏检测盒的应用及山东省禽源病原菌抗药性监测网络的构建*

白 华[1,2]，骆延波[1,2]，齐 静[1,2]，胡 明[1,2]，朱小玲[1,2]，王永军[3]，苏 红[1,2]，
李靖冉[1,2]，李 颢[1,2]，张秀美[1,2]，吴聪明[4]，刘玉庆[1,2]**
（1. 山东省动物疫病防治与繁育重点实验室，济南 250100；
（2. 山东省农业科学院畜牧兽医研究所；
3. 济南市动物疫病预防与控制中心；4. 中国农业大学动物医学院）

摘 要：为了适应兽医临床的简陋条件和在分散的养殖场进行联合抗药性监测，按照药敏试验中试管稀释法原理研制灵敏、准确、稳定、操作简单、无须专门仪器设备的原位吸管式药敏检测盒，4～7h 快速判断 11 种药物对目标病原菌敏感性，指导临床用药，并在肉鸡养殖中进行了应用；同时联合六和、中慧、正大、九联、民和、春雪、益生等省内大型养殖企业，借助企业的技术体系建立山东省动物源病原菌抗药性监测网络、数据库、菌种库，利用网络技术对抗药性数据进行收集、汇总，并实现网上查询，对了解跟踪山东省动物源病原菌抗药性发展规律具有重要参考价值。

关键词：吸管式药敏检测盒；原位药敏检测；病原菌；兽医临床；监测网

养殖业的健康发展离不开兽药，但兽药的无序使用乃至滥用也带来了病原菌抗（耐）药性、药物残留等问题，影响到畜牧业生产、畜产品安全和人体健康[1,2]。动物源病原菌抗（耐）药性、畜产品药残等问题已成为影响我国畜牧产业发展的重要因素[3]。而开展病原菌药敏检测无疑是增强用药针对性、规范兽医临床用药的技术基础。

卫生部全国细菌耐药监测网 Mohnarin（MOH National Antimicrobial Resistant Investigation Net）对于全国医院合理用药起到重要的指导作用[4]。然而，兽医细菌耐药监测还存在诸多困难：我国畜牧业正处于由粗放式家庭养殖向集约化规模养殖过渡的阶段，无法集中检测；养殖水平、兽医装备和技术能力参差不齐，传统药敏试验方法受制于无菌操作的仪器设备等而无法在养殖场广泛应用；我国兽医制度尚在摸索，还很不完善，兽医临床用药缺乏有效监管，用药随意性大[5,6]。但是，养殖场群体饲养，解剖或取样方便，研制快速的、病灶原位药敏检测装置将提升兽医临床诊断水平。

鉴于上述因素，本试验在前期研究基础上，按照药敏试验中试管稀释法原理研制灵

* **基金项目**：山东省科技攻关项目（2010GNC10952），公益性行业科技项目（200903055，201203040），山东省农业科学院畜牧兽医研究所青年基金

作者简介：白华，男，山东临朐人，助理研究员，主要从事分子药理学研究，E－mail：baihua0536@163. com

** **通讯作者**：刘玉庆，E－mail：liuiuqing@163. com

敏、准确、稳定、操作简单，无须专门仪器设备的原位吸管式药敏检测盒，并在肉鸡养殖中进行了应用；同时联合六和、中慧、正大、九联、民和、春雪、益生等省内大型养殖企业，建立山东省动物源病原菌抗药性监测网络、数据库、菌种库，利用网络技术对抗药性数据进行收集、汇总，并实现网上查询。

1　材料与方法

1.1　药品与菌株

本试验所用抗生素标准品均由中国农业大学吴聪明教授惠赠；所用大肠杆菌和金黄色葡萄球菌均为山东省动物疫病防治与繁育重点实验室分离、鉴定并保存。肉鸡发病大部分是大肠杆菌感染，因此本检测盒采用 LB 培养基和相关抗生素。

1.2　吸管式药敏检测盒的组装和使用

1.2.1　组装　按照参考文献［7］所述进行。图 1 是吸管式药敏检测盒。

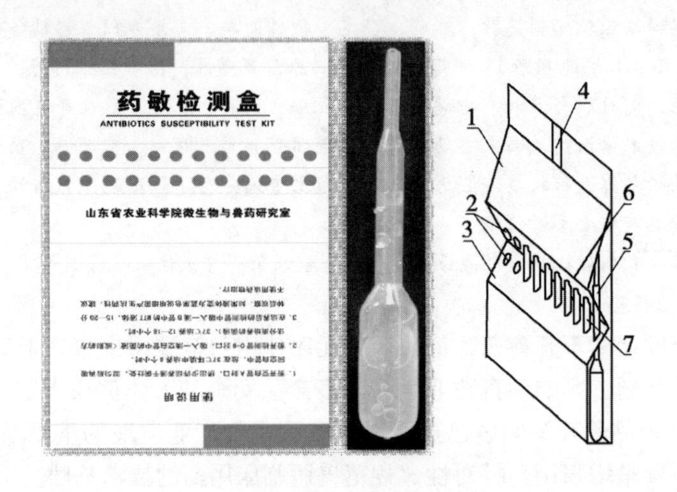

图 1　吸管式药敏检测盒

1.2.2　使用　本检测盒仅需要配备手术剪和酒精棉球、镊子即可。解剖病鸡，暴露病灶部位，如肝脏。酒精棉球擦拭手术剪、镊子、吸管细头后，点燃、烧灼手术剪、镊子。用灭菌手术剪在病灶处剪开约 1cm 切口，然后取出药敏吸管，用剪刀将上部细端剪开，挤出一滴液体于切口处，吸回，如此反复 2 ~ 3 次，将液体甩至吸管底部，振荡混匀，置 37 ~ 40℃培养盒（配套专制的微型恒温盒）培养 10 ~ 12h，取出吸管，观察浊度变化，如出现浑浊，则可判定病原菌对该吸管所对应药物具有抗药性，反之则判定为敏感。

1.3　吸管式药敏检测盒的准确性与稳定性检验

用微量肉汤稀释法分别测定大肠杆菌标准菌株 ATCC25922、金黄色葡萄球菌 ATCC25923 及临床分离的 5 株大肠杆菌、5 株金黄色葡萄球菌对 12 种药物的 MIC，并按 CLSI 标准判定其敏感性。然后以吸管式药敏检测盒测定上述菌株对 12 种药物的敏感性。比对2种方法的每一个结果，以相同结果数量除以总量计算符合率，判定检测盒准确性。

分别选取5株大肠杆菌和5株金黄色葡萄球菌、ATCC25922、ATCC25923作为试验菌株，取96套药敏检测盒，分2组，每组48套，分别置于4℃和室温环境保存，再各平分为4组，于0、10、30、60d后每组取出12套，用于12株质控菌株对药物敏感性测定，并将测定结果与0d微量肉汤稀释法比对，判定稳定性；另外160套分2组，每组80套，分别置于4℃和室温环境保存，于0、10、30、60d分次取挑出培养液混浊者，涂布无菌LB平板，进行细菌培养，如有细菌生长，则判定为污染，计算累计污染率。

1.4 吸管式药敏检测盒检测肉鸡病原菌对药物敏感性

从山东省多个大型肉鸡饲养场中采集150只大肠杆菌病鸡，解剖，在肝脏处以吸管药敏检测盒进行病原菌药物敏感性检测，指导用药，并结合临床治疗情况，判定检测盒有效性。

1.5 山东省动物源病原菌抗药性监测网络构建

1.5.1 采样点 六和、中慧、正大、九联、民和、春雪、益生等共计30个大型饲养场。

1.5.2 采样机制 按季度每个采样点每次发放吸管式药敏检测盒20套，由采样点按上述方法采样检测。同时，根据临床疫情变化，不定期赴采样点，进行现场病料采集，然后进行实验室病原菌分离鉴定及药物敏感性试验。

1.5.3 数据录入与查询 每个采样点分配各自的用户名、密码，通过山东省动物源病原菌抗药性监测网（www. mpsafe. cn）录入数据。同时，监测网提供免费的抗药性公共查询服务（无须用户名密码），可以进行山东省特定地市、特定病原菌、特定畜种、特定药物的多条件精确查询和在线分析；也为集团公司提供对本公司的专门集中查询（需用户名密码），便于组织本公司的药物采购、使用。

2 结果

2.1 吸管式药敏检测盒的准确性和稳定性

2.1.1 准确性 由表1、表2可见，吸管式药敏检测盒与微量稀释法结果符合率较高。大肠杆菌符合率超过90%，金黄色葡萄球菌符合率超过80%；12种药物符合率均较高，其中复方磺胺、头孢噻呋符合率达100%，链霉素符合率最低为75%。

表1 吸管式药敏检测盒与微量稀释法对不同细菌检测结果符合率[7]

4℃保存	大肠杆菌	95.8%
	金黄色葡萄球菌	84.7%
室温保存	大肠杆菌	94.4%
	金黄色葡萄球菌	83.3%

表2　吸管式药敏检测盒与微量稀释法对不同药物检测结果符合率[7]

药品名称	4℃保存	室温保存
复方磺胺	100%	100%
林可霉素	83.3%	83.3%
苯唑西林	83.3%	83.3%
链霉素	75%	75%
氨苄西林	100%	91.7%
强力霉素	91.7%	83.3%
环丙沙星	91.7%	91.7%
头孢噻呋	100%	100%
红霉素	91.7%	91.7%
青霉素	91.7%	91.7%
氟苯尼考	91.7%	91.7%
阿莫西林	91.7%	91.7%

2.1.2　稳定性　对药敏检测盒细菌培养表明，吸管式药敏检测盒细菌污染率较低，结果见表3。由表4、表5可见，与微量稀释法结果相比，吸管式药敏检测盒保存在室温下（平均室温23.7℃）30d检测结果与试管稀释法结果符合率较高；保存在4℃冰箱中60d检测结果与试管稀释法结果符合率仍较高。

表3　吸管式药敏检测盒不同保存条件下不同保存时间细菌累计污染率[7]

	0d	10d	30d	60d
室温保存	4%	5%	5%	5%
4℃保存	0	2%	5%	5%

表4　吸管式药敏检测盒不同保存条件下与微量稀释法对不同细菌检测结果符合率[7]

		10d	30d	60d
4℃保存	大肠杆菌	97.2%	94.4%	98.6%
	金黄色葡萄球菌	83.3%	79.2%	84.7%
室温保存	大肠杆菌	95.8%	94.4%	94.4%
	金黄色葡萄球菌	83.3%	80.6%	78.3%

表5　吸管式药敏检测盒不同保存条件下与微量稀释法对不同药物检测结果符合率[7]

药品名称	10d		30d		60d	
	4℃保存	室温保存	4℃保存	室温保存	4℃保存	室温保存
复方磺胺	91.7%	83.3%	91.7%	91.7%	91.7%	91.7%
林可霉素	91.7%	83.3%	91.7%	75%	91.7%	75%

（续表）

药品名称	10d		30d		60d	
	4℃保存	室温保存	4℃保存	室温保存	4℃保存	室温保存
苯唑西林	75%	75%	91.7%	75%	91.7%	75%
链霉素	75%	75%	75%	75%	83.3%	66.7%
氨苄西林	91.7%	100%	91.7%	91.7%	75%	75%
强力霉素	83.3%	83.3%	83.3%	75%	100%	50%
环丙沙星	83.3%	100%	100%	100%	91.7%	100%
头孢噻呋	100%	100%	100%	100%	100%	91.7%
红霉素	83.3%	83.3%	83.3%	83.3%	75%	75%
青霉素	100%	100%	100%	100%	100%	100%
氟苯尼考	100%	91.7%	100%	91.7%	91.7%	83.3%
阿莫西林	91.7%	91.7%	83.3%	100%	83.3%	58.3%

2.2 吸管式药敏检测盒检测结果

以吸管式药敏检测盒对150份病料进行药敏试验，结果显示，大观霉素、阿米卡星、四环素、头孢噻呋抗药率较低，均低于30%，其中，头孢噻呋钠抗药率最低，为7%。而多西环素、丁胺卡那霉素、磺胺甲噁唑/甲氧嘧啶、庆大霉素、氟苯尼考、安普霉素抗药率较高，均高于70%，其中，多西环素抗药率甚至高达93%。结果见表6。2008年至今山东省动物源病菌抗药性监测动态数据可以通过下述网站查询。

2.3 山东省动物源病原菌抗药性监测网的构建

11种药物对临床病原菌抗药性情况见表6。

表6　11种药物对临床病原菌抗药性情况

药物名称	总数	抗药数	敏感数	可疑数	抗药率
多西环素	150	139	7	4	93%
环丙沙星	150	129	9	12	86%
丁胺卡那霉素	150	127	13	10	85%
磺胺甲噁唑/甲氧嘧啶	150	127	0	23	85%
庆大霉素	150	124	23	3	83%
氟苯尼考	150	117	21	12	78%
安普霉素	150	109	24	17	73%
大观霉素	150	34	94	22	23%
阿米卡星	150	28	86	36	19%
四环素	150	135	9	6	9%
头孢噻呋钠	150	10	109	31	7%

吸管式药敏检测盒解决了兽医临床现场检测的难题，但我国执业兽医队伍尚未建立，而大型养殖企业的技术体系较为完善，依托企业的养殖场作为采样点，利用其技术体系和网络技术，建立山东省动物源病原菌抗药性监测网数据库和网站（www. mpsafe. cn），实现了临床抗药性数据的网络录入和公共查询，并对特定的大型养殖集团用户提供集团内部不同养殖场的精确数据查询，见图2、图3、图4、图5。

图2

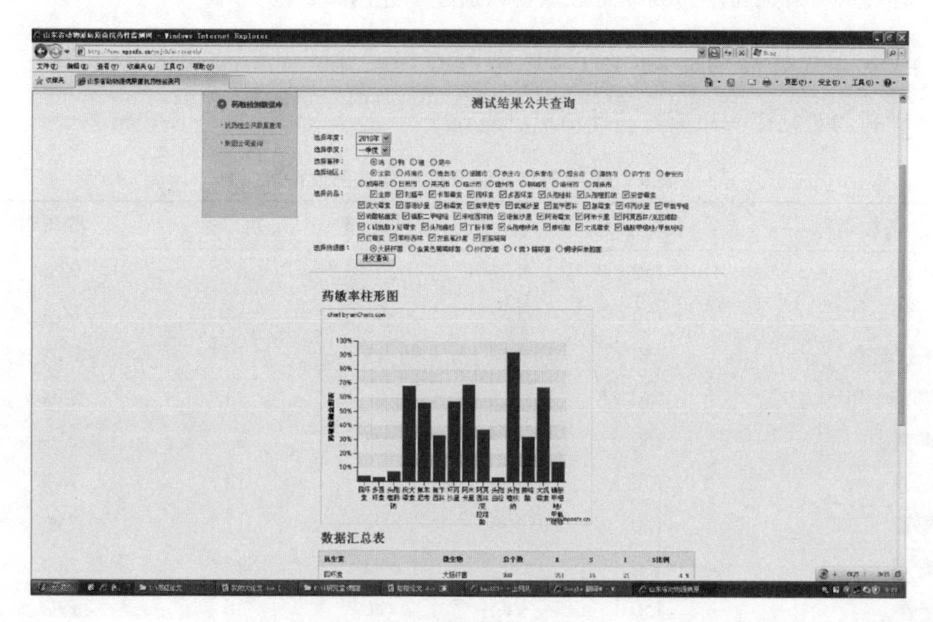

图3

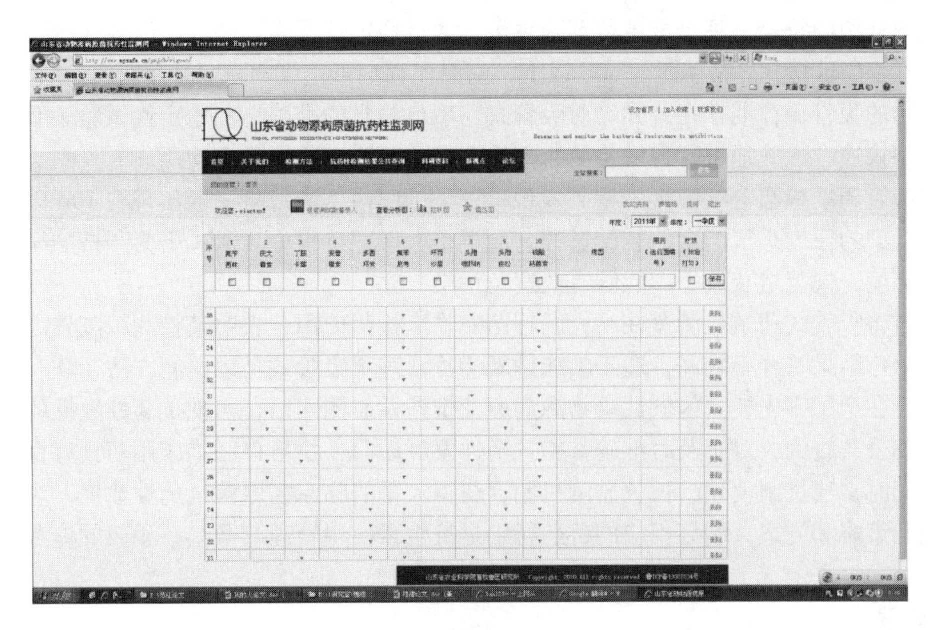

图 4

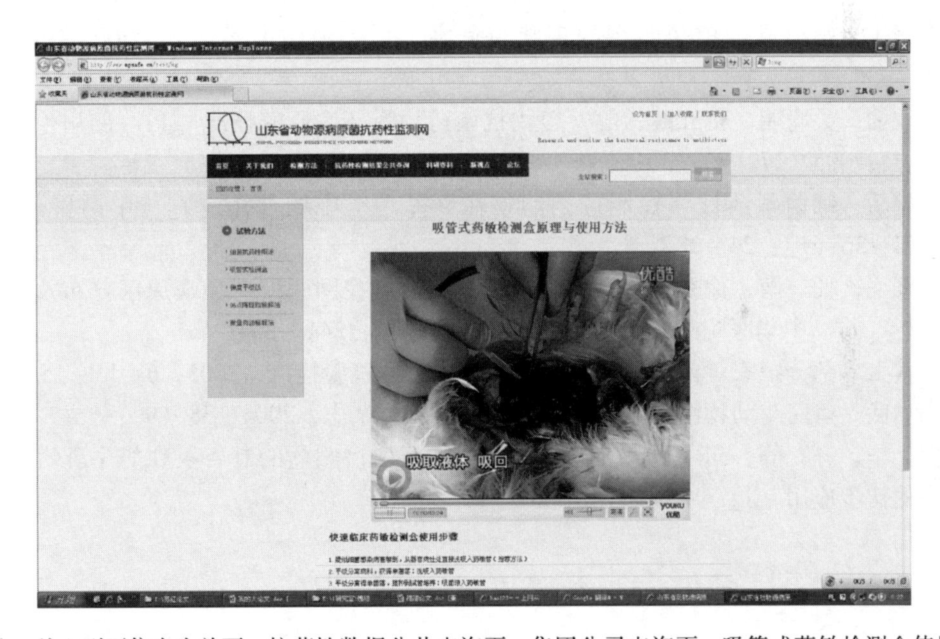

注：从上到下依次为首页、抗药性数据公共查询页、集团公司查询页、吸管式药敏检测盒使用方法视频页。

图 5

3 讨论

本试验研制的吸管药敏检测盒能实现养殖现场的快速原位采样检测，不需严格的无菌条件。通过与微量肉汤稀释法结果的比较，吸管式药敏检测盒结果符合率高，准确可靠，其中大肠杆菌的符合率高于金黄色葡萄球菌。通过稳定性试验证明，吸管式药敏检测盒适于保存在4℃环境中，保存期在60d以上，室温保存期可达到30d。保存期还与药物有关，不同药物的吸管保存期存在差异。对吸管式药敏检测盒的准确性和稳定性试验表明，本检测盒能够快速、准确地进行药敏检测，保质期较长，适于兽医临床使用。

对吸管药敏检测盒细菌污染检测发现，发生细菌污染的吸管一般出现在10d以内，说明造成污染的原因是检测盒的装配过程，而不是在保存过程中。通过更为严格的净化检测盒组装环境，规范组装流程，能够有效避免污染。

通过将吸管式药敏检测盒在鸡大肠杆菌病临床检测使用，表明其检测精度较高，结果与临床治疗结果符合率较高，适于临床诊断治疗。基于吸管式药敏检测方法，联合大型养殖企业，在全国率先建立区域性动物源病原菌抗药性监测网络，实现抗药性数据的实时录入和动态公共查询，对于及时准确掌握抗药性发展动向，指导兽医临床用药具有重要参考价值，同时，通过制度化的长效监测机制，获得大量的临床病原菌抗药性数据，对优化和改进用药策略和方案，制订相应的兽药特别是抗生素使用管理政策具有积极的参考意义。

参考文献

[1] 李银生，曾振灵．兽药残留的现状与危害 [J]．中国兽药杂志，2002，36（1）：29－33.

[2] 陈杖榴，吴聪明，蒋红霞，等．兽用抗菌药物耐药性研究概况 [J]．四川生理科学杂志，2005，27（4）：3－6.

[3] 徐士新．细菌耐药性与控制抗菌药物在食品动物中的使用 [J]．中国兽药杂志，2002，36（1）：26－28.

[4] 文细毛，任　南，徐秀华，等．全国医院感染监控网医院感染病原菌分布及耐药性分析 [J]．中华医院感染学杂志，2002，12（4）：241－244.

[5] 朱其太．部分国家对兽药使用的规定 [J]．中国检验检疫，2003，6：13－15.

[6] 冯忠武．兽药与动物性食品安全 [J]．中国兽药杂志，2004，38（9）：1－5.

[7] 白　华，齐　静，胡　明，等．新型吸管式药敏检测盒的制备及在奶牛乳房炎诊治中的初步应用 [J]．中国奶牛，2012，2：23－25.

3 种食源性致病菌多重荧光 PCR 检测方法的建立

韩春来
（北京市动物卫生监督所，北京　100044）

摘　要：根据沙门氏菌、空肠弯曲杆菌和单核增生李斯特氏菌的保守基因序列，设计特异性引物和以不同荧光素标记的探针。通过对荧光 PCR 反应体系和反应条件的优化筛选，建立了检测沙门氏菌、空肠弯曲杆菌和单核增生李斯特氏菌的三重荧光 PCR 检测方法。为了评价所建立的实时 PCR 检测体系的特异性，试验中选取了阳性菌株及干扰菌株进行特异性验证。同时对梯度稀释的纯化 DNA 和不同浓度引物探针进行检测以确定方法的灵敏度。结果表明，该方法有效、特异、敏感、稳定，对于动物产品中沙门氏菌、空肠弯曲杆菌和单核增生李斯特氏菌的快速检测具有重要应用价值。

关键词：沙门氏菌；空肠弯曲杆菌；单核增生李斯特氏菌；多重荧光 PCR 检测

目前，国内已针对食源性致病菌沙门氏菌、志贺氏菌、单增李斯特氏菌等推出荧光 PCR 检测方法，这种单重荧光 PCR 虽然与传统的分离培养方法相比已缩短了检测周期，但每次只能检测一种病原菌，并且检测的灵敏度和特异性方面也不尽一致，进而加大了动物产品检验检疫的工作压力，延缓对动物产品安全的实时监控；同时，国内尚未有一套简单的快速检测体系，可以对多种食源性病原菌进行同时检测，目前急切需要一套标准的检测体系来完成动物产品食源性致病菌检测与安全控制的任务。为此，本研究旨在建立一种统一的反应体系，建立多重荧光 PCR 检测技术平台，采用一管多检的方式实现同时对沙门氏菌、单核细胞增生李斯特菌和空肠弯曲菌 3 种病原菌的检测，以便减少试剂成本、缩短检测时间，标准化检测程序，提高工作效率。

1　材料与方法

1.1　菌株

沙门氏菌、空肠弯曲菌、单核细胞增生李斯特菌标准菌株委购自中国兽医药品监察所，其他对照菌株（副溶血弧菌、小肠结肠炎、耶尔森氏菌等）由深圳太太基因工程公司提供。

1.2　主要试剂和仪器

ABI7500 实时荧光 PCR 仪、低温微量超速离心机、免疫磁分离纯化系统。

Taq 酶、dNTPs、反转录酶、细菌基因组 DNA 小量纯化试剂盒以及引物、荧光标记探针为深圳太太基因工程公司产品。

1.3 引物和探针的设计、合成与标记

检索文献，确定靶基因，从 GenBank 下载所有靶基因的序列，用生物软件进行序列比对，截取最一致的序列进行引物探针设计，将设计好的引物探针在 GenBank 上进行 Blast 比对，验证引物探针的保守性。其中，引物、探针分别设计在沙门氏菌基因组中 fimY 基因相对保守且高度特异的核苷酸片段、单增李斯特菌 iap 基因的序列和空肠弯曲菌 ORF-C 基因片段，3 种菌各设计 16 条探针。随后进一步试验筛选出最佳引物和探针组合，以确定为本方法中所使用的引物和探针的兼容性和效率，并进行相关的特异性、灵敏度和适用性测试。

1.4 三重荧光 PCR 方法的建立和反应条件的优化

1.4.1 反应条件的优化 以不同浓度的 *Taq* 酶、Mg^{2+} 和反应条件进行组合，对三重荧光 PCR 的各循环参数进行优化，以获得最低的 Ct 值和较高的荧光强度增加值（$\triangle Rn$）。

1.4.2 特异性试验 用荧光 PCR 检测沙门氏菌、空肠弯曲菌、单核增生李斯特菌和阪崎肠杆菌、阴沟肠杆菌、志贺氏菌、副溶血弧菌等多种感染人的食源性致病菌，进一步确定沙门氏菌、空肠弯曲菌、单核增生李斯特菌三重荧光 PCR 方法的特异性。

1.4.3 灵敏度试验 提取沙门氏菌、空肠弯曲菌、单核增生李斯特菌的 DNA，分别进行 10 倍稀释，以每个稀释度的核酸作为模板进行三重荧光 PCR 检测，观察其最低的检测限。

1.4.4 重复性试验 将沙门氏菌、空肠弯曲菌、单核增生李斯特菌标准菌株不同的模板浓度进行组合，进行三重荧光 PCR 检测，以提取的 DNA 为模板进行扩增，进行多次重复确定三重荧光 PCR 反应体系的稳定性。

2 结果

2.1 引物、探针

将发射波长相差大的荧光染料基团分别标记沙门氏菌、空肠弯曲菌、单核增生李斯特菌探针 5′端。具体序列见表。

表 沙门氏菌、空肠弯曲菌和单增李斯特菌引物和探针序列

菌 别	名 称	序 列
沙门氏菌	SAPF	5′-GGATTCTGTCAATGTAGAACGACC-3′
	SAPR	5′-TGATCATTTCTATGTTCGTCATTCC-3′
	SAPB	FAM-5′-CGATCAGGAAATCAACCAGATAGGTAGG-3′-BHQ1
单核增生李斯特氏菌	LMPF	5′-TTCATCCATGGCACCACCA-3′
	LMPR	5′-TATACTTATCGATTTCATCCGCGTGT-3′
	LMPB	HEX-5′-CCGCCTGCAAGTCCTAAGACGCCA-3′-BHQ1

（续表）

菌别	名称	序列
空肠弯曲杆菌	CJPF	5′-CTCACTTTAAGAACACGCTGACCTAT-3′
	CJPR	5′-CATACTTCAGGTGTGATTTTTGGTTT-3′
	CJPB	CY5-5′-TAATACCAAGTTGCCCAAATCCCTGAAAGC-3′-BHQ3

2.2　三重荧光 PCR 反应条件的优化

引物浓度为 10μmol/L 加样量为 1μL，探针浓度为 10μmol/L 加样量为 0.5μL 时的荧光扩增效率较高，效率在 90% ~100% 之间。所以选定 10μmol/L 引物加样量均为 1μL，μmol/L 探针加样量均为 0.5μL 作为三重荧光 PCR 反应的引物和探针浓度。优化后的循环条件为：预热：95℃ 2min；循环设置：95℃ 5s，60℃ 40s，40 循环。

2.3　特异性试验结果

试验结果表明，沙门氏菌、空肠弯曲菌和单增李斯特菌单重荧光 PCR 可分别检测到典型扩增曲线，沙门氏菌—空肠弯曲菌、空肠弯曲菌—单核增生李斯特菌和沙门氏菌—单核增生李斯特菌双重荧光 PCR 均可得到相应的典型扩增曲线。同时加入沙门氏菌、空肠弯曲菌和单增李斯特菌 DNA 于一管中进行三联模板的检测，结果表明 3 种细菌分别可得到相应的典型扩增曲线（图）。该检测体系对其他物种菌株的检测试验均无典型荧光 PCR 扩增曲线。

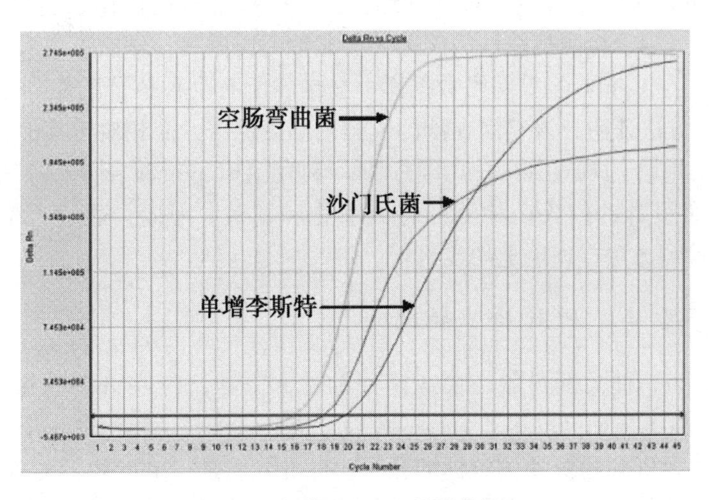

图　三重荧光 PCR 扩增曲线

2.4　灵敏度试验结果

三重荧光 PCR 方法检测沙门氏菌一直到 10^{-6} 稀释度时还可以检出。用同样的方法证实三重荧光 PCR 对单核增生李斯特菌可检出的最低稀释度为 10^{-6}，空肠弯曲菌可检出的最低稀释度为 10^{-6}。

2.5 重复性试验结果

将不同浓度的引物和探针配对，以提取的 DNA 为模板进行扩增，从多次重复的试验结果中发现：不同浓度的引物、探针对于阳性模板 *Ct* 值基本稳定在 22.18 ~23.86。

3 分析与讨论

3.1 引物探针设计原理

实时多重荧光 PCR 的引物与探针设计应遵循以下原则：①选择病原体 DNA 不形成高级结构的区域进行设计，保持 GC 含量在 30% ~80%，引物 Tm 值为 58 ~60℃，引物对之间不能形成二聚体或二聚体的自由能应该大于 -3.5kc/m，单个引物自身形成发夹结构的自由能也必须大于 -3.5kc/m；②选择没有 RNA 自身二聚体的区域进行探针设计，保持 GC 含量在 30% ~80%，探针的 Tm 值为 68 ~70℃，在探针的 5′端不能是 G，探针自身不形成二聚体。另外，上游引物与探针之间距离不能相距太远。扩增的目的核酸片断大小应在 70 ~150bp 之间。

以沙门氏菌探针引物的设计为例子，用 PCR 法检测沙门氏菌所采用的基因有 *agf*A、*fim*A、*hin*、H-li、*iag*AB、*IS*200、*inv*A、*iro*B、*mkf*A、*omp*C、*ori*C、*spv*R 以及 *via*B 等基因。但是采用这些基因一般都存在一些问题，例如，采用 IS200 会产生假阳性，可以扩增志贺氏菌等，采用 *inv*A 基因则既可造成假阳性也可以造成假阴性，漏检 *Salmonella lichfield* 以及 *S. senftenberg* 血清型，而且它还会扩增一些非沙门氏菌，造成假阳性。另外，上述有些基因只适用于检测某些沙门氏菌，而非沙门氏菌属，显然不应采用。根据沙门氏菌 fimY 基因序列与 GenBank 等网络数据库中登录的所有物种核苷酸序列进行比对的结果以及生物信息学方法证明，该基因在沙门氏菌内高度保守，而相对于其他物种则具有高度特异性。所以采用沙门氏菌 fimY 基因序列，利用 ABI primer experess 和 DNAStar 中的 Primer Select 软件设计沙门氏菌检测的特异引物和探针。因而，通过严格的探针设计原则，荧光 PCR 检测方法在理论上切实可行。

3.2 单重与多重荧光 PCR 检测的比较

PCR 技术作为一种高度灵敏、快速简便的检测方法已经在许多领域得到广泛应用，尤其是在病原体检测方面已取得革命性的成功，成为核酸快速检测的一个金标准，我国也相应地推出了多个 PCR 检测的国家标准和行业标准，但是，单重 PCR 也存在一些不足。

在实验室检测中，当样品量非常大时，单重 PCR 在成本和时间方面就存在一定的劣势，迫切需要一种高通量、低成本、高效率的方法来进行批量的快速检测。为了克服单重 PCR 的不足，同时采用多对引物扩增检测多个模板的多重 PCR 应运而生。但是，建立一个多重 PCR 方法比单重的要复杂得多。第一，多重 PCR 的设计必须保证其灵敏度达到或接近单重 PCR 的水平；第二，要尽量避免各个引物对之间的相互干扰；第三，要避免各目的片段之间的非特异性扩增；第四，要保证各个引物有相近的退火温度，使各目的片段有相近的扩增效率；第四，与常规 PCR 检测方法通过电泳来区分各个片段的大小不同，多重荧光 PCR 方法必须保证不同探针所标记的荧光基团间无相互干扰，以及荧光 PCR 仪有相应的多个检测通道。近年的研究为完善多重 PCR 的方法提供了大量的经验与手段，其中最重要的是引入核酸探针和荧光素标记、引物与探针的精确设计和 PCR 反应时采取"热启动"，使多重 PCR 的检测灵敏度及特异性均得到明显的提高。当前，多重 PCR 用于病毒、细菌、真菌的高通量快速检测和其他方面的检测已经成为热点。

目前，国内外检测食源性病原菌 PCR 方法主要分为两种，一种是传统的培养分离方法，步骤多，时间长，灵敏度也不高；另一种是区分食源性病原菌的单重检测方法，这种方法必须用不同的试剂盒分别对样品进行分次检测才可以确定各个病原菌，操作烦琐，费时费力，检测成本高，也不能满足食源性病原菌快速检测的需要。

为了克服现有分子生物学快速检测方法的缺点，笔者建立了沙门氏菌、空肠弯曲菌和单增李斯特菌的实时三重荧光 PCR 检测方法，其突出的优点，一是针对性强，能有效地对具有检疫意义的沙门氏菌、空肠弯曲菌和单增李斯特菌进行特异性检测；二是检测效率高，通过一步法多重实时 PCR 即可同时进行 3 种食源性病原菌的检测，大大缩短检测周期，在进行大量样品检测时，可节省至少 2/3 的时间，这将大大提高检疫速度和通关效率，同时显著降低检测成本。

3.3 三重荧光 PCR 的特异性、灵敏度

用三重荧光 PCR 试剂检测多种细菌混合样品，试验结果显示，沙门氏菌菌株检测结果为阳性，而非沙门氏菌菌株检测结果为阴性，沙门氏菌荧光 PCR 检测方法的高度特异性很好地避免了许多方法在检测过程中出现的错检和漏检现象。同样该试剂对空肠弯曲菌和单增李斯特菌的检测特异性均为 100 %，无交叉反应，说明本三重荧光 PCR 技术的专一特异性。通过一系列的灵敏度试验以及统计学数据表明，沙门氏菌、单增李斯特菌和空肠弯曲菌实时荧光 PCR 检测方法的灵敏度均达到了 10^{-6}的水平。由于整个反应的灵敏度受很多因素影响，待测样本的培养方式、DNA 的提取方法、反应体系中各成分的浓度、反应条件的设置以及仪器本身的检测性能等都能显著影响系统灵敏度。而采用 3 种引物探针混合物，三重荧光 PCR 检测敏感性均为 10^{-6}。可见，三重实时荧光 PCR 对 3 种病原菌检测灵敏度没有下降。

参考文献

[1] Oskoui, R., W. A. Davis, and M. N. Gomes. *Salmonella aortitis. A* report of a successfully treated case with a comprehensive review of the literature [J]. *Archives of Internal Medicine*, 1993, 153: 517 -525.

[2] 吴永宁. 现代食品安全科学 [M]. 北京：化学工业出版社，2003：336 -337.

[3] Donnelly, C. W. Listeria monocytogenes [M]. In Y. H. Hui, J. R. Gorham, K. D. Murrell, and D. O. Cliver (ed.), New York Foodborne disease handbook: diseases caused by bacteria, vol. 1. Marcel Dekker, 1994.

[4] Lammerding, A. M., and M. P. Doyle. Stability of *Listeria monocytogenes* to non-thermal processing conditions [M]. In A. J. Miller, J. L. Smith, and G. A. Somkuti (ed.),

Foodborne listeriosis. Elsevier, New York, 1990.

[5] Lou, Y. , and A. E. Yousef. Characteristics of *Listeria monocytogenes* important to food processors [M]. In E. T. Ryser and E. H. Marth (eds.) Listeria, listeriosis, and food safety, 2nd ed. Marcel Dekker Inc. , New York, 1999.

[6] World Health Organization. 2002. The increasing incidence of human *Campylo- bacteriosis*. Report and proceedings of a W. H. O. consultation of experts, Copenhagen, Denmark, 21 - 25 November 2000. W. H. O. /CDS/CSR/APH publication 2001. 7. World Health Organization, Geneva, Switzerland.

一株血清型为O34的鸡源大肠杆菌的分离鉴定

王玉茂，李　峰，王　艳，苗立中
（山东省滨州畜牧兽医研究院，滨州　256600）

鸡大肠杆菌病是由大肠埃希氏杆菌（*Escherichia coli*，*E. coli*）某些血清型菌株引起的一类疾病的总称[1]。临床可以引起胚胎死亡、脐炎、败血症、肉芽肿、全眼球炎、气囊病、腹膜炎、输卵管炎、心包炎、肠炎、滑膜炎型等一系列病症[2]，是危害养禽业健康发展的主要疫病之一。大肠杆菌抗原主要有O抗原、K抗原、H抗原和F抗原等，目前已知有O抗原173种，K抗原103种，H抗原60种，F抗原也陆续被鉴定中[3]，这些抗原可组合成不同的血清型。在国内，其血清型呈地区性和多样性分布[4]，且由于不同血清型之间交叉免疫保护率较低，对该病的免疫防控工作提出了很大的挑战。

2011年11月，内蒙古某种鸡场AA肉种鸡发病，主要表现为产蛋率下降，一周时间由92%下降为65%左右，并且还有继续下降趋势；病鸡精神沉郁，采食量约下降20%～35%，粪便呈灰绿色或黄色，病死率约为2%。投喂抗病毒药物起效不大，遂送山东省滨州畜牧兽医研究院兽医诊断中心化验。剖检病死鸡，见肝脏、脾脏肿大，卵巢发炎，卵泡变为暗红色，较大一些的卵黄变稀变软，输卵管内有干酪样物。无菌采取肝脏、脾脏和输卵管等病料，进行实验室检测。经细菌分离、生化试验、致病性试验等，确诊引起该病的病原为大肠杆菌；血清型鉴定该菌O抗原为O34型。通过药物敏感性试验，选择应用敏感药物等治疗措施，收到了较好的防治效果。现将有关情况报告如下。

1　材料与方法

1.1　材料

1.1.1　病料来源　内蒙古某鸡场AA病死肉种鸡。

1.1.2　培养基　鲜血琼脂平板、麦糠凯琼脂平板、营养肉汤等，自行制备。其中营养琼脂、麦康凯琼脂等材料购自北京奥博星生物技术责任有限公司。

1.1.3　细菌微量生化反应管　购于杭州天和微生物试剂有限公司。

1.1.4　试验动物　山东绿都生物科技有限公司实验动物中心提供。

1.1.5　大肠埃希菌O抗原定型血清　山东省滨州兽医生物技术重点实验室提供，购自中国兽医药品监察所。

1.1.6　药敏纸片　购自北京天坛药物生物技术开发公司。

1.2 方法

1.2.1 细菌分离　无菌采集病死鸡的肝脏、脾脏、输卵管，接种鲜血琼脂平板，置于37℃温箱培养24h，观察菌落长出情况。

1.2.2 涂片镜检和培养特性观察　挑取长出的单个菌落进行涂片，革兰氏染色镜检，观察细菌特征。选取可疑菌落分别接种麦康凯琼脂平板和营养肉汤试管，37℃培养20h，观察细菌生长情况。

1.2.3 分离菌生化试验　将分离菌于营养肉汤纯培养接种到生化发酵管中，进行各种生化试验。

1.2.4 致病性试验

1.2.4.1 小白鼠致病性试验　将分离菌纯化增殖后，稀释至约4×10^8CFU/mL，选择4只试验用小白鼠，腹腔注射0.1mL/只，作为试验组；另选择2只小白鼠，腹腔注射生理盐水0.1mL/只，作为对照组。分别隔离饲养观察。

1.2.4.2 本动物致病性试验　用上述稀释好的菌液，选择10日龄SPF鸡4只，颈部皮下注射，0.2mL/只，作为试验组；另选择同日龄SPF鸡2只，颈部皮下注射生理盐水0.2mL/只，作为对照组。分别隔离饲养观察。

1.2.5 O抗原血清型鉴定　按照参考文献[5]进行。

1.2.6 药物敏感性试验　用纸片法进行药物敏感性试验。

2 结果

2.1 细菌分离培养情况

在鲜血琼脂平板上长出圆形、隆起、光滑、湿润、较大型的菌落，生长良好，并呈β性溶血现象；接种麦康凯平板后，长出中等大小粉红色菌落。营养肉汤试管呈均匀浑浊，试管底部有黏性沉淀，液面管壁有菌环。涂片革兰氏染色镜检，该菌为革兰氏阴性、散在或成双排列、两端钝圆的短杆菌，不形成芽孢。

2.2 生化特征

该菌发酵葡萄糖、乳糖、麦芽糖、甘露糖、蔗糖，产酸产气；吲哚和甲基红试验阳性，VP试验、尿素酶试验和枸橼酸盐试验阴性，符合大肠杆菌的生化反应特征[5]。

2.3 致病性试验

2.3.1 小白鼠致病性试验　攻毒24h后，试验组4只小白鼠全部死亡。对照组小白鼠在饲养观察7d后仍然健活。剖检死亡小白鼠，无菌采取其肝脏接种麦康凯平板，37℃培养18~24h，有粉红色菌落长出。

2.3.2 本动物致病性试验　攻毒24~48h，试验组4只SPF鸡全部死亡，对照组2只SPF鸡在饲养观察7d后仍然健活。剖检死亡SPF鸡，发现其心包积液，轻度到中度气囊炎，肝脏肿大、表面有纤维素性物质渗出，脾脏肿大。无菌采集肝脏，接种麦康凯平板，能够分离到与攻毒菌一致的细菌。

2.4 O抗原血清型鉴定

分离菌抗原与O34单因子血清凝集试验阳性，并且无自凝现象。说明分离菌O抗原血清型为O34。

2.5 药物敏感性试验

分离菌对头孢噻肟、丁胺卡那霉素、氟苯尼考中敏，对阿莫西林、氨苄西林、左旋氧氟沙星、庆大霉素、红霉素、硫酸新霉素、磷霉素钠耐药。分离菌药物敏感性试验结果见表。

表　分离菌药物敏感性结果

药敏纸片	药物含量/（μg/片）	抑菌圈直径/mm	敏感性判定
头孢噻肟	30	13	中度敏感
丁胺卡那霉素	30	11	中度敏感
阿莫西林	10	8	耐药
氨苄西林	10	6	耐药
左旋氧氟沙星	5	6	耐药
氟苯尼考	30	12	中度敏感
庆大霉素	10	0	耐药
红霉素	15	0	耐药
硫酸新霉素	30	5	耐药
磷霉素钠	10	5	耐药

判定标准：抑菌圈直径<10mm为耐药，抑菌圈直径在10~15mm为中度敏感，抑菌圈直径>15mm为高度敏感

根据药敏试验结果，建议其采用如下综合防治措施：①大群使用氟苯尼考饮水，对发病鸡单独使用丁胺卡那霉素肌肉注射，连用5d；②加强卫生消毒措施，对环境等全面消毒；③加强饲养管理，饲料中添加电解多维等营养性物质。通过上述措施，该场疫情得到了有效控制。

3 分析与讨论

（1）试验结果表明，分离菌为致病性大肠杆菌，其O抗原血清型为O34。相关资料报道[4,5~8]，大肠杆菌O血清型在国内已分离鉴定有70多种，呈地区性和多样性分布。总体来看，O1、O2、O35、O78等血清型分离率较高。在东北地区O8为优势血清型[4]。本试验分离菌为O34，在发表文献资料中较少见到报道。

（2）药敏试验结果表明，该菌无高度敏感药物，仅对头孢噻肟、丁胺卡那霉素、氟苯尼考中度敏感，对阿莫西林、左旋氧氟沙星、庆大霉素、磷霉素钠等药物表现为多重耐药。这说明，大肠杆菌较容易产生耐药性，并且其耐药性能够通过耐药基因的传递、转

移、传播、扩散、变异形成高度和多重耐药[9]，应该引起我们的高度重视。

(3) 大肠杆菌广泛存在于饲料、粪污及生产环境中，是一种条件性致病菌；同时由于其血清型众多，且不同血清型之间缺乏完全保护。张彦明等通过试验，提出了采用表达不同外膜蛋白的菌株作为亲本进行菌株融合，培育出外膜蛋白丰富的融合菌株，以进一步开发高效疫苗的思路[10]。但至今尚未有一种理想的疫苗能对不同菌株进行免疫保护。定期从鸡场发病鸡群中分离菌株，进行自家疫苗的制备和应用，仍然是通过免疫预防该病的一种有效手段。

参考文献

[1] 恽时锋，潘震寰，郑明球．鸡大肠杆菌病研究进展［J］．畜牧与兽医，1998，30（6）：277－280.

[2] Calnek B W．禽病学［M］．高 福，苏敬良，译．10 版．北京：中国农业出版社，2005：158－171.

[3] 吴清民．兽医传染病学［M］．北京：中国农业大学出版社，2001：156－166.

[4] 宋 立，宁宜保，张秀英，等．中国不同地区家禽大肠杆菌血清型分布和耐药性比较研究［J］．中国农业科学，2005，38（7）：1 466－1 473.

[5] 陆承平．兽医微生物学［M］．北京：中国农业大学出版社，2001：215－223.

[6] 马兴树，朱美霞，王 斌，等．河北省南部鸡肝周炎大肠杆菌的分离及血清型鉴定［J］．中国农学通报，2009，1：12－16.

[7] 徐海花，牛钟相，秦爱建，等．鸡源致病性大肠杆菌地方株的分离与鉴定［J］．家禽科学．2004，10：7－10.

[8] 朱晓霞，邓一科，杨晓农．鸡源大肠杆菌分离鉴定与药敏试验［J］．西南民族大学学报，2009，35（5）：1 020－1 023.

[9] 刘栓江，杨汉春，王建舫，等．鸡源大肠杆菌的耐药性监测［J］．中国兽医杂志，2004，40（6）：48－49.

[10] 张彦明，鱼艳荣，王晶钰．表达两种不同外膜蛋白的禽大肠杆菌融合菌株的构建［J］．西北农林科技大学学报，2003，31（5）：123－126.

传染性支气管炎病毒的鉴定*

杨　娜，潘　玲**，曾明华，王桂军
（安徽农业大学动物科技学院，合肥　230036）

摘　要：试验采用鸡胚接种和气管环培养相结合的方法，对 IBV 毒株进行培养鉴定，IBV 经鸡胚传一代后再上鸡胚气管环培养可引起气管环纤毛运动停止，应用此法可以快速地进行 IBV 检测。

关键词：传染性支气管炎病毒；鸡胚接种；气管环培养；纤毛运动停止

鸡传染性支气管炎（Infectious Bronchitis，IB）是传染性支气管炎病毒（Infectious Bronchitis Virus，IBV）引起鸡的一种急性、高度接触性传染病。该病主要特征是出现呼吸道症状、肾脏病变、肠道损害、产蛋下降、增重和饲料报酬降低等。由于 IBV 的血清型众多，变异快，交叉保护力差，经常导致临床免疫失败。《世界家禽》1999 年资料显示，全世界的禽病中，以呼吸系统疾病最为严重，其中，IB 是世界大多数地区危害养鸡业的主要疾病。1988 年以来，IB 在我国大部分地区相继流行，疫区的发病率可达 100%，死亡率可达 10% ~30%，仅 1996 年对规模化养鸡场的部分统计，国内每年由此病造成的经济损失已达 10 亿元以上，在规模化饲养条件下，IB 感染率更高，病型更加复杂，防控难度更大，危害更加剧烈[1]。

以前分离鉴定 IBV 的方法主要是通过鸡胚传代，只有分离毒引起鸡胚萎缩时，方能证明 IBV 的存在，这一般需在鸡胚中传至少 4 代，需要大量时间。气管环培养（TOC）作为 IBV 感染鸡气管组织的一个模型，已越来越受到禽病研究者的重视。许多报道都证实了气管环培养物 IBV 是敏感的，IBV 不需经鸡胚传代即可适应于 TOC 并引起病变[2]。笔者利用鸡胚培养结合气管环培养方法进行 IBV 鉴定，现将结果报告如下。

1　材料与方法

1.1　材料

IBV-H52 分离株和 IBV 抗体由安徽农业大学传染病实验室提供；鸡胚种蛋购自山东省 SPF 实验种鸡场，由本实验室孵化至 10 日龄用于鸡胚接种，孵化至 18 日龄用于气管环的制备。

---

* **作者简介**：杨娜，女，汉，山西人，硕士研究生，基础兽医学专业
** **通讯作者**：潘玲，E－mail：lingpan08@ ahau. edu. cn

主要仪器与试剂：立式压力蒸汽灭菌器（LDZX-30KBS、上海申安医疗器械厂）、无菌操作台（苏州净化设备厂）、超节能孵化箱（海江公司）、CO_2 培养箱（上海实验仪器厂有限公司）、倒置显微镜（Nikon，TE2000 型）；、灭菌磷酸盐缓冲液（PBS）、双抗（青霉素 100 万 U、链霉素 1g 溶解于 100mL PBS 溶液）、一次性 0.22μm 微孔滤器（爱尔兰 Millex 公司）；DMEM 细胞培养基和小牛血清（购自上海锐聪科技发展有限公司）。

1.2 方法

1.2.1 病毒接种鸡胚 经照蛋选择 10 日龄的活胚，并标好鸡胚发育位置，画出气室，选择没有血管的位置标出进针点，用碘液棉球消毒气室部蛋壳，再用酒精棉球脱碘。剪刀经酒精灯火焰灼烧消毒后，在标记好的进针部位钻一小孔，注意力度要掌握适中，以免损坏大片蛋壳。用经灭菌 PBS 作 1∶5 稀释的 IBV 原液进行尿囊腔接种，每胚 0.2mL，重复接种 3 枚鸡胚；并设 2 枚接种生理盐水同样剂量作为对照，鸡胚进针处均用石蜡密封，然后迅速放入孵化室继续孵化。每天两次照蛋，24h 内死亡鸡胚弃掉，以后每 12h 照蛋观察一次，发现死鸡胚立即收集，置 4℃ 冰箱冷藏过夜。收集尿囊液保存，观察死亡鸡胚的病变，并及时拍照。

1.2.2 鸡气管环制备与病毒培养 用 18 日龄两个鸡胚，蛋壳经碘酊和酒精消毒，用镊子夹掉气室顶壳，取出鸡胚，无菌分离出气管，将鸡胚整条气管（从咽喉部至支气管前端）截出，仔细除去气管周围的结缔组织和脂肪，用 PBS 洗涤气管，然后用无菌的剪刀将气管切成 1mm 厚的气管环，将气管环移入细胞培养瓶中，每瓶放 3 个气管环，分为 4 瓶，每瓶加入 5mL 含 2% 小牛血清的 DMEM 培养液，放 CO_2 培养箱中 37℃ 恒温培养，24h 后在倒置显微镜下观察，挑选 3 瓶气管环纤毛运动活泼、培养液无污染的备用。一瓶取上述收集的 IBV 感染的尿囊液 0.2mL 接种气管环作为实验组；一瓶取尿囊液与 IBV 抗体等量混合液 0.2mL 接种气管环作为中和组；另一瓶不感染病毒作为空白对照组，其余条件均相同，做好标记，定期观察纤毛运动情况并记录。

2 结果

2.1 鸡胚培养结果

IBV 接种鸡胚后定期照蛋观察，发现孵化至 96h，出现侏儒胚，胚体发育受阻而比对照组短小，胚体皮肤有充血、出血现象，羽毛发育不良，见图 1。孵化至 108h，出现胚体肾脏病变明显，肿大，有尿酸盐沉积。对照组鸡胚正常存活，无明显病变。

2.2 气管环培养结果

感染病毒的气管环，经 12h、24h 在倒置显微镜下观察到气管环纤毛运动活泼，36h 观察到气管环上个别纤毛运动微弱，48h 观察到大部分气管环纤毛运动微弱，缩向气管环，54h 观察到部分气管环纤毛停止运动，66h 观察到几乎所有的纤毛停止运动，见图 2。中和组和对照组观察到 96h 后纤毛仍然运动活泼，见图 3。

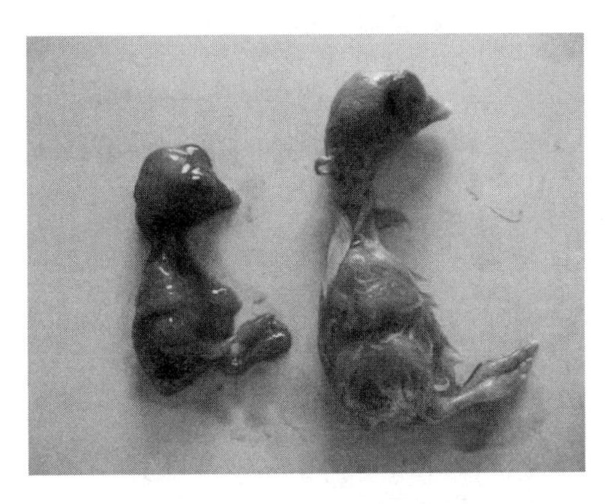

图1　胚体发育受阻，出血

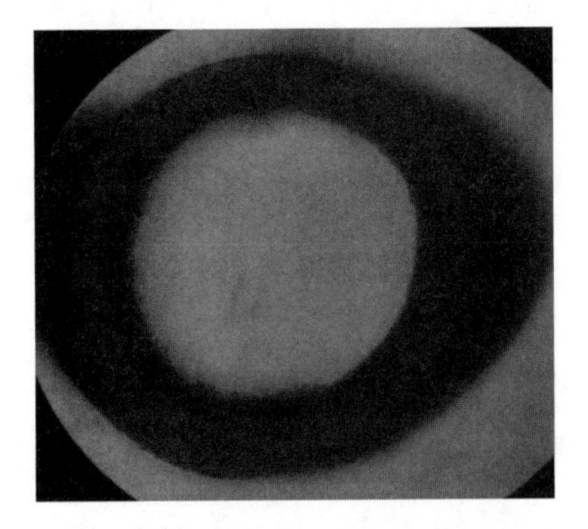

图2　倒置显微镜下接种病毒的气管环

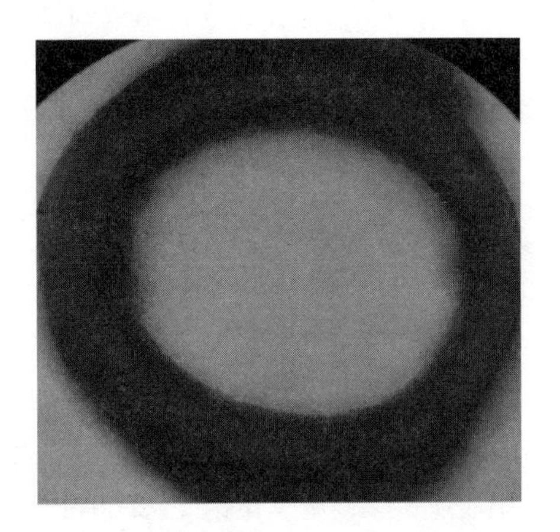

图3　倒置显微镜下未接种病毒的气管环

3　分析与讨论

3.1　IBV 可在多种细胞上生长，但仅在鸡胚肾细胞或鸡肾细胞上才出现明显的细胞病变。艾国光主张 IBV 须在鸡胚上传 30 代，才可适应于鸡胚肾细胞（CEKC），吴延功通过 M41 株、GIBV 和 NIBV 株对 CEKC 适应性的研究，表明为了使 IBV 更容易适应于 CEKC 并产生细胞病变，需先在鸡胚上传代，随着在鸡胚传代次数的增加可缩短 IBV 在 CEKC 上传代的次数，出现细胞病变[3]。本试验直接应用鸡胚和 TOC 结合培养 IBV，分别传一代即可证明 IBV 的存在，这就大大缩短了 IBV 的分离鉴定时间。吴延功的实验也证明 IBV 不需要经鸡胚传代，即可适应于 TOC 和引起病变，而且在超薄切片中可见有大量病毒增殖[3]。Darbyshire 指出，即使从自然病例分离的野毒也可直接在 TOC 上生长，导致气管环纤毛运动停止[4]。本试验结果与上述两报道一致，证明 TOC 是用于 IBV 分离、鉴定和血清学检查的有效方法，它比 CEKC 培养 IBV 更为实用。

3.2　气管环在加入 2% ~3% 犊牛血清的培养液中培养 72h 后成活率可达 90% 以上，在 480h（20d）观察仍有近 50% 的气管环纤毛摆动，其活性至少可以维持 20d 左右[5]，受病毒感染的气管环在一定时间后上皮细胞脱落，纤毛摆动停止，原先气管环内壁整洁光滑的纤毛层变得粗糙、增厚、脱落、成不规则形状。本试验病毒感染气管环培养至66h 纤毛将停止摆动并脱落，吴全忠等[6]应用 TOC 对 12 个 IBV 毒株进行了鸡胚气管环纤毛上皮细胞对各毒株敏感性试验，鸡胚气管环纤毛对不同血型 IBV 毒株的敏感性随时间变化各具特征，本次试验与其试验结果差不多。

3.3 TOC 操作过程要求比较严格，分离的气管周围脂肪和结缔组织一定要去除干净，用 PBS 反复冲洗多次，以免影响纤毛运动情况的观察。同时应将气管环的横切面贴于培养瓶，才能较好地观察到纤毛的摆动。为了提高试验的准确性，在洗液、营养液中应加双抗，所用的病毒液及尿囊液应经微孔滤器过滤以减少细菌污染。犊牛血清浓度为 2%，浓度过高或过低均不利于气管环组织的生长，浓度过高对气管环应激较大，过低则营养需求不够，这与林丽妹、何玉琴等在探讨鸡胚气管环组织体外分离培养实验[5]结果中犊牛血清的最佳浓度 2% ~3% 相吻合。

3.4 本试验目的是鉴定 IBV，所以利用细胞培养瓶加塞来培养气管环，当利用 TOC 来增殖 IBV，测毒力和血清中和实验时，由于样品多，需大量的培养瓶培养，工作量极大，费时费力，可用 24 孔（4 ×6）细胞培养板培养 TOC，一块板相当于 24 个瓶子，不必加瓶塞，显然减少很多的工作量。

参考文献

[1] 王红宁，甘孟侯，王林川，等．禽传染性支气管炎（新变型）综合防治研究进展［J］．中国家禽，2005：2.

[2] 程　刚．鸡肾型传染性支气管炎病毒的分离鉴定及免疫防制的研究［D］．沈阳：沈阳农业大学硕士学位论文，2004：8.

[3] 吴延功，郑明球，蔡宝祥，等．鸡传染性支气管炎病毒在鸡胚肾细胞和气管环培养中的适应性比较［J］．南京农业大学学报，1995，18（2）：95 –98.

[4] Darbyshire J H. Organ culture in avain virology：A review［J］. *Avian Pathology*，1978，7：321 –335.

[5] 林丽妹，陈能爝，何玉琴，等．鸡胚气管环组织体外分离培养的探讨［J］．龙岩学院学报，2009，27（2）：80 –82.

[6] 吴全忠，王红宁．鸡胚气管环纤毛对不同类型 AIBV 毒株的敏感性［J］．中国兽医学报，1998，18（5）：448 –450.

一种新病原——鸭黄病毒的分离与初步鉴定

李玉峰[1]，马秀丽[1]，于可响[1]，高　巍[2]，王友令[1]，
徐怀英[1]，黄　兵[1]，王生雨[1]，秦卓明[1*]
（1. 山东省农业科学院家禽研究所禽病检测中心，济南　250023；
2. 江苏扬州大学兽医学院，扬州　225009）

从2010年4月份以来，在我国福建、浙江、江苏、山东等华东养鸭集中地区，陆续暴发了一种以种鸭、蛋鸭产蛋大幅下降，肉鸭、育成鸭发生神经症状为主要特征的疾病，该病传播较为迅速，蔓延范围很广，给我国养鸭业造成了很大经济损失。经过深入细致研究，现已确定该病是由一种新的病原——鸭黄病毒引起的，报道如下。

1　流行情况

该病最早于2010年4月份左右首先发生于福建、浙江地区蛋鸭群，6月份前后在山东某些蛋鸭饲养集中地区也发现了类似疾病，随后逐渐传播到商品肉鸭和种鸭，9月份达到发病高峰，直到春节前后才逐渐平息。该病在蛋鸭和种鸭上的主要表现是发病初期采食量突然下降，在短短数天之内可下降到原来的50%甚至更多，产蛋率随之大幅下降，可从高峰期的90% ~95%下降到5% ~10%，病鸭体温升高，排绿色稀薄粪便，发病率最高可达100%，死淘率5% ~15%，个别养殖场可达50%以上。该病在流行的早期，发病种鸭一般不表现神经症状，而在流行的后期则神经症状明显，表现瘫痪、翻个、行走不稳、共济失调。发病期间所产种蛋受精率一般会降低10%左右。该病病程为一至一个半月，可以自行逐渐恢复。首先采食量在15 ~20d开始恢复，绿色粪便逐渐减少，产蛋率随后也缓慢上升，状况较好的鸭群，尤其是刚开产和产蛋高峰期鸭群，多数可恢复到发病前水平，但老龄鸭一般恢复缓慢且难以恢复到原来水平。种鸭恢复后期多数表现一个明显的换羽过程。商品肉鸭和育成期种鸭最早可在20日龄之前开始发病，以出现神经症状为主要特征，表现站立不稳、倒地不起和行走不稳，病鸭仍有饮食欲，但多数因饮水、采食困难衰竭死亡，死淘率一般在10% ~30%。

---

* **作者简介**：李玉峰，男，博士，副研究员，山东省农业科学院家禽研究所禽病检测中心副主任。主要研究方向为家禽分子病原学与免疫学，重点是鸭、鹅等水禽主要疫病的病原学及防制技术研究。近3年主持和参加山东省自然科学基金项目2项，山东省优秀中青年科技奖励基金（博士基金）1项，农业部行业科技专项1项，国家科技支撑计划子项目1项。在国家核心科技期刊发表论文十余篇，其中SCI收录1篇，参与泰山基金专著《中国水禽学》编写工作。相关科研成果于2008年、2010年分别获得山东省科技进步三等奖

2 病理变化

发病鸭解剖可见肝脏肿大；脾脏斑驳呈大理石样，有的极度肿大并破裂；胰腺有出血和坏死；卵泡充血、坏死或液化；心肌外观苍白，有白色条纹状坏死，有的心肌外壁出血，多数病例心脏内膜出血，其他内脏器官外观基本正常。有神经症状的病死鸭还可见脑膜出血，脑组织水肿，呈树枝状出血。育成期种鸭有的还表现腺胃乳头出血，见图1。

病理组织学切片可见肝脏脂肪变性，毛细胆管扩张，血管周围炎性细胞浸润；脾脏局部淋巴细胞减少；卵泡膜充血，炎性细胞浸润；心肌出血，心肌纤维坏死，有的钙化，散在大量炎性细胞；胰腺有局灶性坏死；输卵管固有层水肿；肾小管上皮细胞肿胀；脑膜有炎性细胞浸润，小脑软化坏死，神经胶质细胞增生；大脑皮质部局部坏死，神经胶质细胞增生。育成鸭还表现腺胃黏膜上皮细胞变性，脱落，腺腔内有大量炎性细胞，见图2。

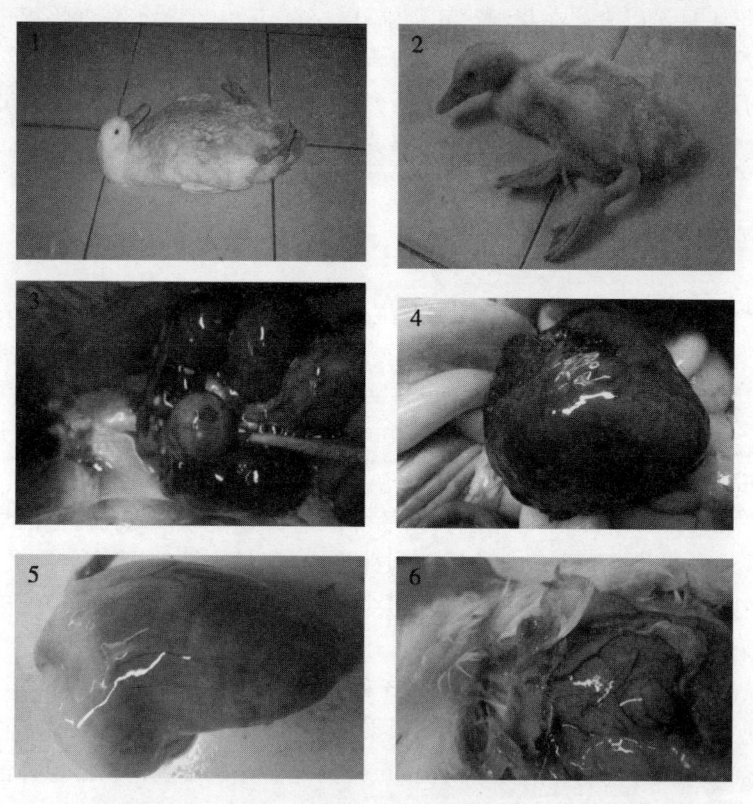

1. 种鸭；2. 雏鸭；3. 卵巢；4. 脾脏；5. 心脏；6. 脑

图1 临床症状及解剖病变

3 病原分离与特性鉴定

采集病鸭的脾脏、卵泡膜、脑等组织作为病料，处理后，经绒尿膜途径接种12日龄健康鸭胚，结果接种胚于72～108h之间全部死亡，死亡鸭胚绒尿膜明显水肿，胚体水肿、

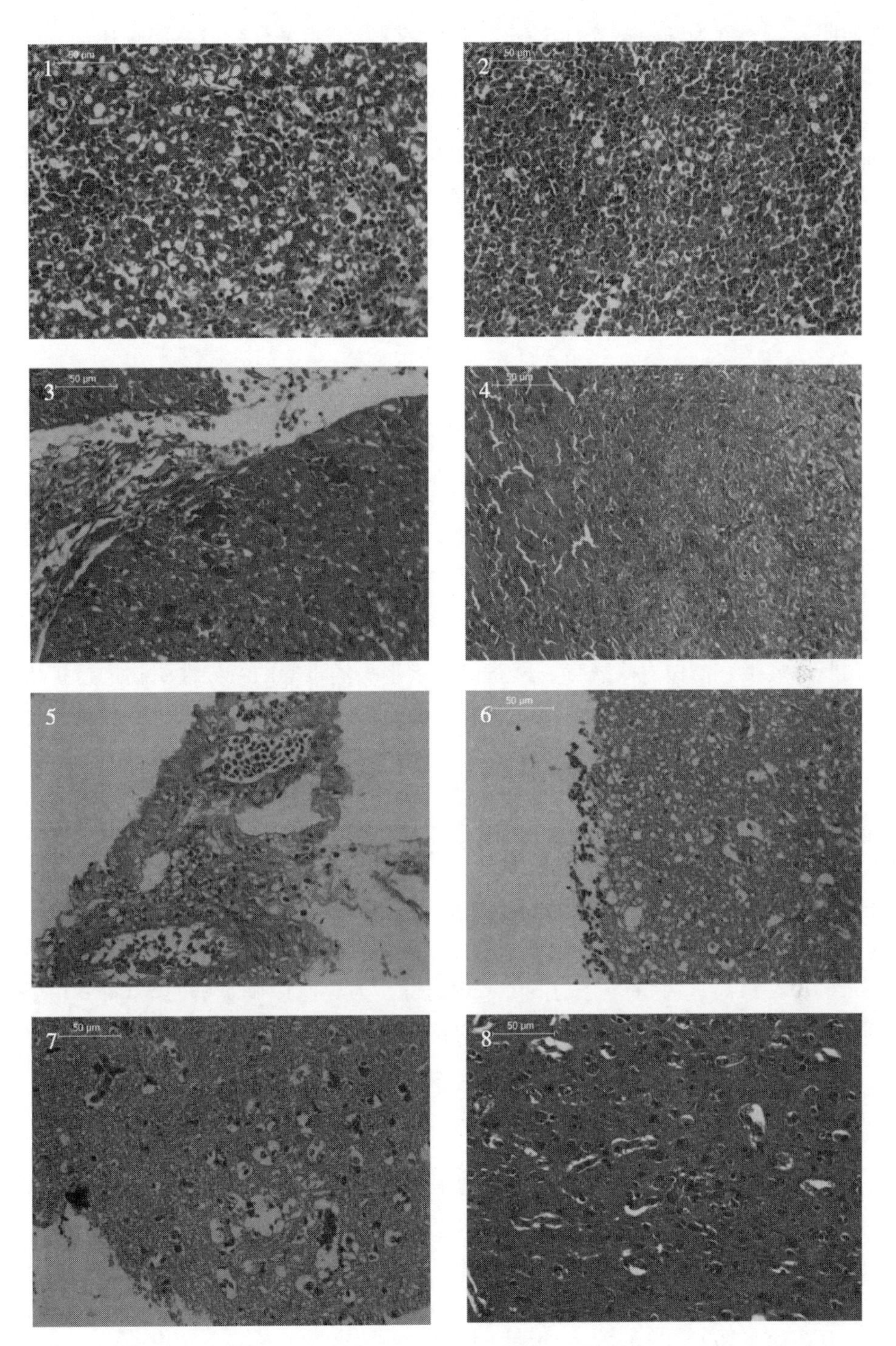

1. 肝脏；2. 脾脏；3. 心肌；4. 胰腺；5. 卵泡膜；6. 脑膜；7. 大脑；8. 大脑

图 2　病理切片

出血，胚肝肿胀，有坏死灶。来源于种鸭的病料和来源于商品肉鸭的病料造成的病变基本一致。分离毒抗原较为容易地适应鸡胚培养和鸭胚成纤维细胞（DEF）培养，但经过数次传代，仍不能在 CEF 上生长。在 DEF 上 36h 即开始出现细胞病变（CPE），随着时间延长

CPE 更加明显，表现为细胞折光性增强，细胞变圆及细胞融合，最终崩解死亡。

用 5-氟尿嘧啶和放线菌素 D 处理 DEF，然后接种病毒，进行病毒核酸类型鉴定；用氯仿处理病毒后接种细胞，测定病毒是否具有囊膜；用常规方法制备鸡、鸭、鹅、鸽等动物红细胞悬液，测定病毒的血凝特性。取病毒鸭胚培养物，经超速离心后，电镜观察病毒粒子。结果表明，病毒核酸类型为单股 RNA，有囊膜，不能凝集以上动物红细胞，病毒粒子为圆形或椭圆形，大小约为 50 ~ 100nm。

4 动物回归试验

1 日龄健康雏鸭 15 只，随机分为攻毒组（10 只）和对照组（5 只），攻毒组注射分离毒，剂量为 $10^5 TCID_{50}$/只，对照组注射相同剂量生理盐水。结果攻毒组 48h 内死亡 3 只，剖检可见脑组织充血、出血，并能回收到病毒。对照组表现正常。

5 分子生物学鉴定

提取病毒基因组，分别利用新城疫病毒、禽流感病毒、呼肠孤病毒、禽腺病毒、鸭瘟病毒、鸭肝炎病毒、禽白血病病毒、网状内皮增生病病毒等的特异性引物进行扩增。同时设计随机引物对病毒基因组进行扩增，在获得部分基因序列的基础上，参照黄病毒属其他病毒序列，设计引物扩增病毒的未知基因，并进行序列测定，然后通过 NCBI 在线工具 Blast 进行同源性搜索，结合其他黄病毒属成员基因序列，利用分子生物学软件，将本病毒基因与其他黄病毒基因核苷酸序列进行同源性比较，绘制系统进化树。结果以上特异性引物均未扩增到目的条带，随机引物扩增获得的序列经 Blast 分析发现与黄病毒科黄病毒属成员最为接近。针对黄病毒属成员设计特异引物扩增获得了病毒的囊膜蛋白 E 基因和非结构蛋白 NS-5 基因，同源性比对显示这两个基因片段核苷酸序列与黄病毒属的 Tembusu 病毒同源性最高，为 88%，与 Sitiawan 病毒、火鸡脑膜脑炎病毒、Bagaza 病毒、Ntaya 病毒的同源性也在 70% 以上。根据同源性分析绘制的系统进化树，见图 3。

6 讨论

（1）从测序结果来看，该病毒应归于黄病毒科黄病毒属。根据国际病毒分类委员会（ICTV）的标准，黄病毒属又包括登革热病毒群（Dengue virus group）、日本脑炎病毒群（Japanese encephalitis virus group）、黄热病病毒群（Yellow fever virus group）、恩他耶病毒群（Ntaya virus group）等多个群。同源性分析及系统进化树结果显示，本病毒的 NS-5 和 E 两个基因片段，均与 Tembusu 病毒的同源性最高，接近 90%；其次与 Sitiawan 病毒、TMEV、Bagaza 病毒的同源性也较高，同源性在 70% 以上，上述病毒均属于恩他耶病毒群。本群病毒均属于虫媒传播病原，代表成员 Ntaya 病毒是 20 世纪 40 年代从非洲乌干达 Ntaya 地区的蚊子体内首先分离到，可使小鼠感染致死，也可以感染人类。与其同源性最高的 Tembusu 病毒最早于 1955 年在吉隆坡从蚊子体内分离到，之后又多次从马来西亚、泰国等地区的库蚊体内分离到，鸟类特别是家禽可作为该病毒的贮存宿主。TMEV 是 20

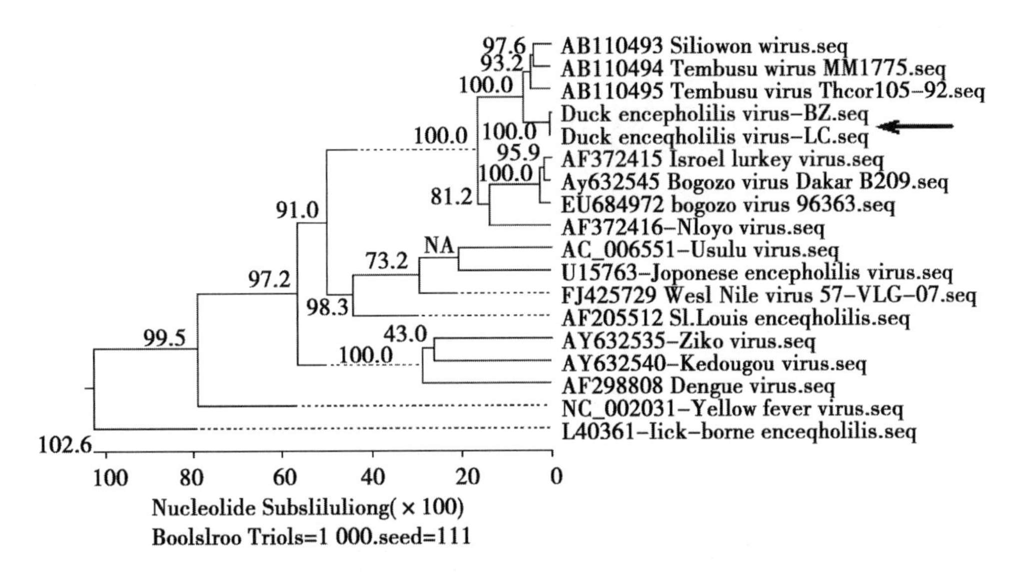

图 3　鸭病毒性脑炎分离株囊膜蛋白 E 基因系统进化树

世纪 50 ~ 60 年代从以色列火鸡体内分离到的，可造成火鸡的共济失调、瘫痪等症状，种母火鸡感染后产蛋明显下降。2000 年，Yuji Cono 等报道从发病肉鸡中分离到一种新病毒并命名为 Sitiawan 病毒，该病毒接种试验鸡能够造成斜颈、震颤、转圈等神经症状。上述结果提示，我国发生的鸭黄病毒可能与 Tembusu 病毒最相关，我国疫病发生的源头可能来自东南亚。

综合初步的研究结果，造成目前种鸭产蛋下降和商品肉鸭神经症状的病原是一种国内外中尚未报道过的新的病毒，该病毒与黄病毒科黄病毒属的 Ntaya 病毒群成员有较近的亲缘关系，可能同属于虫媒传播性病毒。鉴于该病毒与黄病毒属的多数病毒都能引起明显的脑炎症状，我们初步将该病毒命名为鸭脑炎病毒（Duck Encephalitis Virus），所引起的疾病命名为鸭病毒性脑炎（Duck Viral Encephalitis）。

（2）对于本病的治疗首先应加强生物安全措施，注重对各种用具和设备、运输车辆、种蛋的消毒，垫料及病死鸭应进行焚烧或生物处理。在发病流行期间，做好封栋、封场工作，做好饲养人员的生活安排，管理人员与生产人员必须隔离。对于该病目前尚无有效的治疗措施，发病鸭群可适当添加多维素及中药如清温败毒散、黄芪多糖、双黄连等进行对症治疗，提高鸭群抵抗力，为了防治继发细菌感染，适当选用抗生素药物。对未发病的种鸭，也要可以适当使用上述药物。减少各种应激，特别是疫苗接种时要慎重，注意天气预报，遇到大风降温天气，及时采取防寒保温等应对措施。

鸭坦布苏病毒病研究进展

李　宁[1]，相海苓[2]，刘立涛[1]，李　超[3]，岳瑞超[1]，刘思当[1]
（1. 山东农业大学动物科技学院，泰安　271018；
2. 西北农林科技大学动物医学院，杨凌　712100；
3. 夏津县畜牧兽医局，夏津　253200）

摘　要：自2010年4月以来，我国南方地区首先出现一种能够引起蛋鸭产蛋下降的传染病，之后本病迅速蔓延到我国主要的养鸭地区，给我国的养鸭业造成了巨大的经济损失。引起本病的病毒最终被确诊为鸭坦布苏病毒，是一种新型黄病毒。本文就该病的发病历史、病原学、流行病学、临床症状、病理学变化及诊断防治做一综述，以期对该病的深入研究提供参考。

关键词：坦布苏病毒；病原学；流行病学；病理学变化

2010年4月以来，首先在福建、浙江等地出现一种能够引起蛋鸭下降的传染性疾病，之后本病迅速传播到江苏、山东、河北、河南、安徽、广西壮族自治区和广东等我国主要养鸭地区。感染鸭群表现的主要症状为：高热，产蛋率严重下降，部分感染鸭排绿色稀便并出现神经症状。病理剖检主要表现为卵巢充血、出血、萎缩、坏死，卵泡破裂；心内膜出血；脾脏肿大。本病造成约1.2亿只蛋鸭和1 500万只肉鸭感染发病，经济损失达数十亿元[1]。据国内多位专家的研究结果，最终，证实引起本病的病原为一种新的黄病毒——鸭坦布苏病毒。

1　发病历史

坦布苏病毒属于黄病毒科黄病毒属，由于包括很多不同的血清型和亚型，目前，该属病毒已经超过70多个，许多病毒可通过蚊虫传播，特别是导致人畜共患病的病毒，例如，日本乙型脑炎病毒、西尼罗病毒、登革热病毒等[2]，表现的症状主要是感染的人或动物出现轻度发热，脑炎，出血热，休克甚至死亡[3~5]。坦布苏病毒首次于1970年在马来西亚的库蚊中分离到[6]，不过与坦布苏病毒相关的疾病当时并不清楚，但是，从鸡上分离到的坦布苏病毒（起初称为斯提阿旺病毒）可导致感染鸡发生脑炎和生长抑制[7]。我国学者于1997年从康贝尔鸭上分离得到有囊膜的RNA病毒，经初步鉴定，疑似为黄病毒，并将该病初步命名为“鸭病毒性脑炎”[8]。2010年滕巧泱、颜丕熙等报道了蛋鸭产蛋下降和死亡的病例[9,10]，同年，万春和等也报道了蛋鸭和种鸭产蛋下降的现象[11]，曹贞贞等基于该病主要的病理组织学变化将种鸭和蛋鸭发病死亡的病例暂命名为“鸭出血性卵巢炎"[12]。2011 年苏敬良等将该病毒命名为 BYD 病毒（白洋淀病毒）[13]。此外，李玉峰等发现，该病毒除感染种鸭外，也可感染商品肉鸭[14]。黄欣梅等报道鸭鹅均可发病，并将其命名为"脑炎—卵巢炎综合征"[15]。随着病原学研究的深入，该病最终被确诊为一种新型的黄病毒——鸭坦布苏病毒引起，2011 年中国畜牧兽医学会第一届水禽疫病防控研讨会将其名称统一为"鸭坦布苏病毒病"。

2　病原学

坦布苏病毒粒子呈球形，直径大约 45 ~ 50nm。其基因组是不分节段的单股正链 RNA 分子，约由 10 990个核苷酸组成，病毒基因组由 5′端、3′端的非编码区和中间的一个开放阅读框组成，5′端的非编码区长度为 142nt，含有 Ⅰ 型 m7GpppNp 帽子结构，3′ 端非编码区长为 618nt，没有 poly（A）尾巴，开放阅读框编码由 3 410个氨基酸残基构成的多聚蛋白前体[16]。前体蛋白在宿主信号肽酶和病毒丝氨酸蛋白酶的作用下被切割成为 3 种结构蛋白（C、prM 和 E）和 7 种非结构蛋白（NS1、NS2A、NS2B、NS3、NS4A、NS4B、NS5）[17,18]。C 蛋白为碱性蛋白，可以结合到病毒基因组中，参与基因组构成。prM 是成熟病毒颗粒中 M 蛋白的前体形式，其有利于 E 蛋白的空间构象形成并且能够防止 E 蛋白被蛋白酶切割。E 蛋白参与病毒与宿主细胞的亲和、吸附及细胞融合过程，是病毒亲嗜性及毒力的主要决定蛋白，同时，E 蛋白也是病毒的主要抗原，含有多种抗原表位，可以诱发机体产生中和抗体。NS1 是最大的蛋白，但是不能诱导明显的抗病毒抗体的产生[16]。NS2 与 NS3 参与组成病毒复制体，感染动物可产生 NS2/3 抗体，但是不具有病毒中和活性[19]。NS5 基因是最保守的，国际上对黄病毒属成员的分类标准为 NS5 基因 3′端长约 1kb 的区域中同种病毒的核苷酸序列同源性大于 84%[20]。坦布苏病毒对乙醚、氯仿敏感[21]，适宜的 pH 值范围为 6 ~ 9，pH 值 <5 或 pH 值 >10 时便失去感染活性。病毒不耐热，50℃以上加热 60min 后活性丧失[22]。其不能凝集鸡、鸭、鹅、鸽子、兔子和人的红细胞。坦布苏病毒能在鸭胚、鸡胚、鸭胚成纤维细胞和 Vero 细胞上增殖。经绒毛尿囊膜接种，鸭胚 3 ~ 5d 死亡，死亡鸭胚绒毛尿囊膜明显水肿增厚，胚体水肿、出血，肝脏肿胀，有斑驳状坏死灶。病毒易适应鸭胚成纤维细胞培养，一般鸭源的胚毒第一代就可在 48h 产生细胞病变，表现为细胞折光性增强，细胞变圆，最终崩解死亡[14]。

3　流行病学

坦布苏病毒可自然感染多种品种的蛋鸭、肉种鸭和野鸭等。目前，本病的传播途径仍然不完全清楚，在自然条件下，黄病毒属的成员主要经节肢动物传播，其中恩塔亚病毒群的病毒均是虫媒传播[23,24]。坦布苏病毒在秋季大面积流行，推测可能与蚊虫有关，但是进入冬季之后本病仍有发生，说明其流行与传播并不完全依赖吸血昆虫。临床上，从鸭场内死亡麻雀体内检出坦布苏病毒，提示鸟类在病毒的越冬机制和传播过程中有重要作用[25]。同时，从泄殖腔可分离到病毒，表明该病毒可通过粪便排毒，污染环境、饲料、饮水、器具等造成疾病的水平传播。在病鸭的卵泡膜中病毒的检出率达 93%，坦布苏病毒是否可以垂直传播还有待验证[26]。鉴于多数黄病毒通常可引起人兽共患性疾病[2]，所以，加强对本病的流行病学调查，不仅对鸭坦布苏病的防治至关重要，而且还有重要的公共卫生意义。

4 临床症状

鸭坦布苏病毒病发病突然，传播迅速，感染鸭体温升高，精神萎靡，采食量大幅下降，排绿色稀便。产蛋鸭多以产蛋下降为主要特征，产蛋率一般从 70% ~90% 下降至 10% 以下，甚至完全停产。发病率为 100%，由于饲养管理和后期继发感染的不同，死亡率约为 5% ~15% 不等。感染后期，出现神经症状，表现为翻个、共济失调、行走不稳、瘫痪[13]。商品鸭、育雏育成鸭可在 20 日龄前后发病，主要表现神经症状，死亡率为 10% ~30% 不等。一般本病的病程为 1 ~1.5 个月，可自行逐渐恢复[27]，但是，产蛋量无法恢复到病前水平。

5 病理变化

蛋鸭剖检的主要病变在卵巢，表现为卵泡充血、出血、萎缩、坏死，有的卵泡破裂造成卵黄性腹膜炎[13]；有的病鸭肝脏肿大、淤血，表面有白色点状坏死；脾脏肿胀，呈斑驳的大理石样；心肌外观苍白，有白色条纹状坏死，多数病例心脏内膜有出血[27]；呈现神经症状的病鸭，脑膜水肿、出血。病理组织学变化主要是卵泡膜充血、出血，卵泡内充满大量的红细胞，同时有巨噬细胞、淋巴细胞浸润；肝脏见淋巴细胞浸润，间质充满嗜酸性粒细胞；脾脏内白髓体积减小，淋巴细胞数量减少；心肌出血，心肌纤维坏死，心肌内散在大量的炎性细胞；表现神经症状的病鸭脑膜充血水肿，大脑皮质部局部坏死，小脑软化坏死，且均伴有神经胶质细胞增生。

6 诊断

根据感染鸭的临床症状和剖检病变可初步怀疑为坦布苏病毒感染，确诊可通过实验室诊断进形。病毒分离是鸭坦布苏病毒病常用的传统检测方法。病鸭的卵泡膜、脑、肝脏和脾脏等病变组织适宜病毒分离，其中，卵泡膜中最易分离和检测到病毒，将组织按 1 : 3 的比例加入灭菌的 PBS 缓冲液，匀浆后过滤除菌，经尿囊膜或绒毛尿囊膜途径接种 9 ~12 日龄的鸭胚，一般病毒在盲传 2 ~3 代之后，可在 3 ~6d 内致死鸭胚[14]。之后可以采用血清中和实验、免疫组化等技术对病毒进行鉴定。由于病毒分离和鉴定所需的时间较长，所以临床上使用相对较少。针对坦布苏病毒的分子生物学检测方法有很多，例如，云涛等应用小沟结合物探针建立的一步法实时荧光定量 RT-PCR[28]。胡旭东等、万春和等以及曹贞贞等分别根据 E、NS3 基因保守序列，设计引物，建立了可直接检测坦布苏病毒的特异、敏感的 RT-PCR 检测方法[29,30,12]。闫丽萍等建立的 TaqMan 探针荧光定量 PCR 方法，灵敏度比常规 PCR 高 100 倍，临床样品阳性检出率高于病毒分离率[31]。Tang 等建立的 RT - LAMP 检测法，灵敏度达 10 拷贝/μL，检测时间短，检测快速[32]。坦布苏病毒的血清学检测方法有 ELISA、琼扩试验和中和试验等。李雪松等建立的阻断 ELISA[33]，姬希文等以纯化的 FX2010 株作为包被抗原，建立了检测鸭坦布苏病毒血清抗体的间接 ELISA 法，敏感性和特异性较高[34]。

7 预防

由于本次鸭坦布苏病毒病是首次暴发，目前，针对该病还没有有效的治疗和免疫措施，有报道称万春和等研发的鸭黄病毒油乳剂灭活疫苗对鸭黄病毒具有良好的免疫保护效果[35]。目前，尽可能减少养殖业损失的主要措施是制定完善的以预防为主的综合防控措施：首先，加强饲养管理，选用优质饲料及洁净饮水，禁止饲喂霉败饲料；其次，要做好消毒工作，特别是运输车辆、用具设备，还要对垫料等进行定期的严格消毒处理；最后，要加强管理人员的素质，强调生物安全意识，做好各项工作。针对健康鸭群主要是做好消毒工作，避免与发病鸭群的接触，保持鸭舍内的适宜温度，避免温度过高或过低，减少鸭群的应激。

8 展望

由于全球气候变暖，黄病毒在近 20 年传播速度加快，打破了原有的地理分布和宿主物种界限，不断有新型黄病毒被发现。因为黄病毒能够引起患病人和动物的严重疾病而臭名昭著，禽类感染黄病毒相对比较常见，例如，西尼罗病毒、斯提阿旺病毒，而且最近在非洲出现的巴格扎病毒能够引起人和鸟类的感染[13,36]，然而在我国发现的鸭坦布苏病毒还是首次发现的对水禽致病的新型黄病毒，其传播迅速、对鸭鹅危害大，已经在我国主要的养鸭地区广泛传播，目前，没有预防和治疗该病的有效手段，因此，该病可能将长期危害我国的养鸭业。目前，我国科研人员在坦布苏病毒研究领域取得了重要进展，完成了病毒的分离鉴定和全基因组测序，建立了分子生物学检测方法。但是，在坦布苏病毒的传播途径、致病机理、靶器官组织的详细病理学变化、宿主的抗病机制及疫苗研制等方面还存在很多需要解决的难题。同时，由于多数黄病毒能感染人且感染后缺乏特综述征性的症状及病变，易与其他发热性传染病相混淆，加之在我国鸭子的销量巨大，人们和鸭子或是鸭产品的接触密切，所以，加强对坦布苏病毒的疫苗研发和流行病学调查，建立完善的预警防控机制，不仅对于该病的防控有重要意义而且具有重大的公共卫生意义。

参考文献

[1] 朱丽萍，颜世敢．鸭坦布苏病毒研究进展［J］．中国预防兽医学报，2012，34（1）：79－82.

[2] Gubler DJ，Kuno G，Markoff L（2007）Flaviviruses. In：Knipe DM，Howley PM，eds. Fields Virology5th ed［M］．Philadelphia：Lippincott，Williams，andWilkin：pp. 1 153－1 252.

[3] Mackenzie JS，Gubler DJ，Petersen LR. Emergingflaviviruses：the spread and resurgence of Japaneseencephalitis，West Nile and dengue viruses［J］．*Nat Med*，2004：S98－109.

[4] Gould EA, Solomon T, et al. Pathogenic flavivirus-es [J]. *Lancet*, 2008, 371: 500-509.

[5] Weaver SC, Reisen WK. Present and future ar-boviral threats [J]. *Antiviral Res*, 2010, 85: 328-345.

[6] Platt, G. S., H. J. Way, E. T. Bowen, et al. Arbovirus infections in Sarawak, October1968 -February 1970 Tembusu and Sindbis virusisolations from mosquitoes. Ann. Trop. Med [J]. *Parasitol*. 1975, 69: 65-71.

[7] Kono, Y. K. Tsukamoto, M. Abd Hamid, A. et al. Encephalitisand retarded growth of chicks caused by Sitiawanvirus, a new isolate belonging to the genus Fla-vivirus [J]. *Am. J. Trop. Med. Hyg*, 2000, 63: 94-101.

[8] 温立斌，张福军，王玉然，等．鸭病毒性脑炎（暂定）病原分离与鉴定的初步研究[J]．中国兽医杂志，2001，37（2）：3-4.

[9] 滕巧泱，颜丕熙，张　旭，等．一种新的黄病毒导致蛋鸭产蛋下降及死亡[J]．中国动物传染病学报，2010，18（6）：1-4.

[10] Yan pixi, Zhao youshu, Zhang xu, et al. An in-fectious disease of ducks caused by a newly e-merged Tembusu virus strain in mainland China [J]. *Virology*, 2011, 417: 1-8.

[11] 万春和，施少华，程龙飞，等．一种引起种（蛋）鸭产蛋骤降新病毒的分离与初步鉴定[J]．福建农业学报，2010，25（6）：663-666.

[12] Cao zhenzhen, Zhang cun, Liu yuehuan, et al. Tembusu Virus in Ducks, China [J]. *Emerging infectious Diseases*, 2011, 17 (10): 1 873-1 875.

[13] Su J, Li S, Hu X, et al. Duck eggdrop syndrome caused by BYD virus, a new Tembusu-re-lated flavivirus [J]. *PLoS One*, 2011, 6: e18106.

[14] 李玉峰，马秀丽，于可响，等．一种从鸭新分离的黄病毒研究初报[J]．畜牧兽医学报，2011，42（6）：885-891.

[15] 黄欣梅，李　银，赵冬敏，等．新型鹅黄病毒JS804毒株的分离与鉴定[J]．江苏农业学报，2011，27（2）：354-360.

[16] Tang Y, Diao Y, Gao X, et al. Analysis of the complete genome of Tembusuvirus, a flavivirus isolated from ducks in China [J]. *Transbound Emerg. Dis*. 2011 Nov 22. doi: 10.1111/j. 1 865-1 682.

[17] Lindenbach, B. D., C. M. Rice. Molecular biologyof flaviviruses [J]. *Adv. Virus Res*. 2003, 59, 23-61.

[18] Mukhopadhyay, S., R. J. Kuhn, and M. G. Rossmann. A structural perspective of the flavivirus life cy-cle [J]. *Nat. Rev. Microbiol*. 2005, 3: 13-22.

[19] 郑　杰，赵启祖，赵　耘，等．黄病毒NS2-3/NS3蛋白的结构与功能[J]．病毒学报，2007，23（3）：235-239.

[20] Kuno G., Chang G. J., Tsuchiya K. R., et al. Phylogeny of the genus Flavivirus [J]. *J. Virol*, 1998, 72 (1), 73-83.

[21] 李泽君．鸭坦布苏病毒病病原的分离鉴定及生物学特性研究[J]．中国家禽，

2011，33（17）：34 －35.

[22] 廖　敏，牟小东，耿　阳，等．鸭传染性产蛋减少症（暂定名）的病原分离初报［J］．中国动物传染病学报，2011，19（1）：22 －26.

[23] M. H. Van Regenmortel，C. M. Fauquet，BishopDHL，et al. Virus Taxonomy：Classification andNomenclature of Viruses：Seventh Report of theInternational Committee on Taxonomy of Viruses［M］. San Diego：Academic Press，2000：859 －878.

[24] Gould EA，de Lamballerie X，Zanotto PM，et al. Origins，evolution，and vector/host coadaptations within the genus Flavivirus［J］. *Adv Virus Res*，2003，59：277 －314.

[25] Tang Y，Diao Y，Yu C，et al. Characterizationof a Tembusu Virus Isolated from Naturally In-fected House Sparrows（Passer domesticus）inNorthern China.［J］. *Transbound. Emerg. Dis.*

[26] 张大丙．鸭出血性卵巢炎的研究进展［J］．中国家禽，2011，33（14）：37 －38.

[27] 李玉峰．鸭黄病毒感染研究进展［J］．中国家禽，2011，33（17）：30 －31.

[28] Yun tao，Ni zheng，Hua jiong gang，et al. Development of a one-step real-time PCR assay using a minorgroove-binding probe for thedetection of duck Tembusu virus［J］. *Journal of Virological Methods*. 2012 Feb 2，181：148 －154.

[29] 胡旭东，路　浩，刘培培，等．我国发现的一种引起鸭产蛋下降综合征的新型黄病毒［J］．中国兽医杂志，2011，7：43 －47.

[30] 万春和，施少华，程龙飞，等．鸭出血性卵巢炎病毒 RT -PCR 检测方法的建立［J］．福建农业学报，2011，1：10 －12.

[31] Yan L.，Yan P.，Zhou J.，et al. Establishing a TaqMan-based real-time PCR assay for the rapiddetection and quantification of the newly emergedduck Tembusu virus［J］. *Virol*，2011，8（1）：464.

[32] Tang，Y.，Y. Diao，C. Yu，X. Gao，L. Chen，and D. Zhang，2011b：Rapid Detection of Tem-busu Virus by Reverse -Tran-scription，Loop-me-diated Isothermal Amplification（RT -LAMP）［J］. *Transbound. Emerg. Dis.*

[33] Li X，Li G，Teng Q，Yu L，Wu X，et al. Development of a blocking ELISA for detection of serum neutralizing antibodies against newly e-merged Duck tembusu Virus［J］. *PLoS One*，2012，7（12）：e53026. doi：10. 1371/journal. pone. 0053026.

[34] 姬希文，闫丽萍，颜丕熙，等．鸭坦布苏病毒抗体间接 ELISA 检测方法的建立［J］．中国预防兽医学报，2011，33（8）：630 －634.

[35] 万春和，施少华，等．鸭黄病毒油乳剂灭活疫苗研制及免疫效果测定［J］．养禽与禽病防治．2011，10：20 －22.

[36] Bondre VP，Sapkal GN，Yergolkar PN，FulmaliPV，Sankararaman V，et al. Genetic characterization of Bagaza virus（BAGV）isolated in Indiaand evidence of anti-BAGV antibodies in seracollected from encephalitis patients［J］. *J GenVirol*，2009，90（11）：2 644 －2 649.

中药“感新双煞”体外抗新城疫病毒试验*

赵增成，林树乾，黄中利，傅　剑，商　晶
（山东省农业科学院家禽研究所，济南　250023）

摘　要：采用鸡胚接种试验，对中药方剂“感新双煞”的体外抗新城疫病毒效果进行了测定，结果表明该方剂在体外对新城疫病毒具有较好的杀灭作用。

关键词：中药；新城疫病毒；鸡胚试验

新城疫（Newcastle disease，ND）是由新城疫病毒（Newcastle disease virus，NDV）引起的主要侵害鸡和火鸡等禽类的一种急性、高度接触性传染病。尽管国内对 ND 采取了密集的预防措施，但是其发病率一直居高不下，仍是目前影响养鸡业健康发展的主要传染病之一[1,2]。中草药是我国传统医学的一大宝库，蕴藏着巨大的医学潜力。现代药理学研究表明，多种中草药具有良好的抗病毒作用，且具有作用独特、抗病毒谱广、毒副作用小、疗效显著等优点，正日益成为抗病毒新药研究的热点[3,4]。为了研制出防治 ND 的有效药物，笔者通过大量试验对近百种清热解毒中草药的体外抗 NDV 效果进行了测定，在此基础上结合中医理论，研制出了复方中药“感新双煞”。为了验证其抗 NDV 效果，笔者进行了鸡胚接种试验，通过将药物试验组中鸡胚死亡率、死亡时间和血凝（HA）效价与对照组进行对比分析，测定了其体外抗病毒效果，现报告如下。

1　材料与方法

1.1　材料

1.1.1　感新双煞　主要成分为黄连、大黄、紫花地丁、白芍、虎杖、黄芪、甘草等，由山东农科院家禽研究所新兽药研究室研制，各中药饮片均购自济南宏济堂药店。

1.1.2　病毒　NDVJN 株，由家禽研究所禽病研究室提供。

1.1.3　鸡胚　9~11 日龄 SPF 鸡胚，由山东昊泰实验动物繁育有限公司提供。

1.1.4　1%鸡红细胞悬液　采取成年健康 SPF 公鸡血液，以 3.8%枸橼酸钠溶液（1∶4）抗凝，加 5 倍生理盐水洗涤，2 000r/min离心 5min，洗涤 3 次，取沉淀红细胞用生理盐水稀释而成。

* **基金项目**：济南市高校院所自主创新计划（201004028），济南市科技明星计划（20100314）

1.2 方法

1.2.1 中草药提取液的制备 按“感新双煞”组方，称取各中药饮片，混合后加水适量浸泡 1h，置电炉上煮沸后煎煮 30min，倒出药液。再同法煎煮一次。合并药液，置电炉上继续浓缩药液，直至浓度达到 1g/1mL（即 1mL 药液相当于含生药 lg）。高压灭菌后，置 4℃冰箱保存备用。用前取煎煮液置微量离心管中 10 000r/min离心 8min，取上清液。用生理盐水分别稀释成 1、0.8、0.6、0.4、0.2g/mL 5 种不同的浓度。

1.2.2 NDV 的传代及效价测定 将 NDV 用 0.9% 灭菌生理盐水作 1 000倍稀释后经尿囊腔接种 10 枚 SPF 鸡胚（0.1mL/胚）。接种后的鸡胚置 37℃恒温箱培养 96h，收获 24～96h 死亡胚的尿囊液，测定 HA 效价。选取 HA 效价达 1：256 以上者用作试验病毒。

1.2.3 鸡胚半数感染量（EID_{50}）测定 按 Reed-Muench 法进行[5]，试验使用 $200EID_{50}$的病毒液。

1.2.4 中药提取液对鸡胚的安全浓度测定 取以上 5 个稀释度的中药液分别接种 5 枚 10 日龄 SPF 鸡胚，0.1mL/胚，37℃继续孵育鸡胚，观察鸡胚生长发育情况。若 5 枚鸡胚全部存活 96h 以上，则判定该药物浓度对鸡胚是安全的，以此确定出药液的最大安全浓度。

1.2.5 鸡胚接种 采用尿囊腔接种法[6]，按以下两种方式进行。同时用生理盐水替代中药，作为病毒对照组。

1.2.5.1 先将中药与病毒在胚外混合作用 再接种鸡胚：取 $200EID_{50}$的 NDV 液 1mL 分别与不同浓度的中药液 1mL 在微量离心管中混合，室温下作用 20min，再取混合液 0.2mL 接种 10 日龄 SPF 鸡胚，每种药物接种 6 枚鸡胚。

1.2.5.2 先接种中药，再接种病毒 先将中药液 0.1mL 通过尿囊腔接种鸡胚，封口，37℃孵化 1h 后，再接种 $200EID_{50}$的病毒液 0.1mL，每个稀释度的中药液分别接种 6 枚鸡胚。

鸡胚接种完后，置 37℃恒温箱孵育 96h，每日照蛋，弃去 24h 内的死胚，24h 以后死胚及 96h 后存活鸡胚均置 4℃冰箱保存，测定尿囊液血凝效价，并观察胚体病理变化。记录鸡胚死亡时间、死亡数及尿囊液血凝滴度。

1.2.6 血凝试验 采用微量凝集法[7]，在 96 孔 V 形凝集板上用微量移液器每孔加入 50μL 生理盐水，再吸取尿囊液 50μL 于第 1 孔中，充分混合后再从第 1 孔吸 50μL 至第 2 孔，依次作倍比稀释，至第 10 孔，最后 2 孔分别作抗原及红细胞对照，再吸取 1% 红细胞悬液依次加入各孔，每孔 50μL，至 37℃温箱作用 20min，判定血凝滴度。

1.2.7 判定标准 观察胚胎变化，根据各组鸡胚死亡数量、死亡时间、血凝效价，与对照组进行对比分析。

2 结果与分析

2.1 NDV 对鸡胚半数感染量的测定

通过测定，$EID_{50}=10^{-8}/0.1mL$。

2.2 中药液安全浓度测定结果

在1g/mL、0.8g/mL、0.6g/mL、0.4g/mL、0.2g/mL 5种不同的浓度下，鸡胚均无死亡，表明“感新双煞”提取液对鸡胚安全性较高，药液最大安全浓度可达1.0g/mL。

2.3 中草药对鸡胚病毒抑制试验结果

2.3.1 第一种加药方式（即先将中药与病毒在胚外混合再接种鸡胚）结果 病毒对照组48h均全部死亡，死亡鸡胚全身充血、出血，头、腹、背和趾部更加明显。药液浓度1.0g/mL、0.8g/mL、0.6g/mL试验组，96h后鸡胚全部存活；药液浓度0.4g/mL、0.2g/mL试验组，鸡胚存活率均为83%。从HA滴度来看，各药物试验组HA滴度均为0，而病毒对照组HA滴度为9.7。通过对两项指标对比分析，表明“感新双煞”药液对NDV具有极好的灭活作用。鸡胚死亡及平均血凝滴度结果详见表1。

表1 第一种加药方式中药液抗NDV结果（6枚/组）

组别	药液浓度/（g/mL）	鸡胚死亡数				鸡胚存活数	HA平均滴度（log2）
		24h	48h	72h	96h		
1	1.0					6	0
2	0.8					6	0
3	0.6					6	0
4	0.4				1	5	0
5	0.2				1	5	0
病毒对照	—		6				9.7

2.3.2 第二种加药方式（即先接种中药，再接种病毒）结果 病毒对照组鸡胚48h均全部死亡，各药物组鸡胚在96h后也无一存活，但是与对照组相比，各药物组鸡胚平均存活时间均明显高于病毒对照组。从HA滴度来看，试验组HA滴度均比病毒对照组低。通过对两项指标对比，表明“感新双煞”提取液在鸡胚内具有一定的抑制NDV增殖的作用。鸡胚死亡及平均血凝滴度结果详见表2。

表2 第二种加药方式中草药抗NDV结果（6枚/组）

组别	药液浓度/（g/mL）	鸡胚死亡数				鸡胚存活数	鸡胚平均存活时间（h）	HA平均滴度
		24h	48h	72h	96h			
1	1.0		1	3	2	0	76h	6.9
2	0.8		1	5		0	68	6.8
3	0.6		2	3	1	0	68	7.4
4	0.4		2	4		0	64	7.5
5	0.2		4	2		0	56	7.3
病毒对照	—		6			0	48	9.8

3 讨论

3.1 “感新双煞”药液在两种不同的接种方式中，均表现出了抑制新城疫病毒的作用，表明该复方中药具有确实的抗新城疫病毒效果。

3.2 采用鸡胚接种法进行体外抗病毒试验，简单易行，试验条件易于控制，重复性高，结果准确，目前，普遍用于抗病毒药物的筛选。但中药在机体内的作用机制非常的复杂，并不仅仅表现为直接抑制病毒繁殖[8]。因此，通过鸡胚试验筛选出的中草药还必须要经过临床治疗试验，进一步确定其临床疗效。笔者对新城疫自然发病病例，使用“感新双煞”药液进行了临床治疗，养殖户普遍反映具有较好的疗效，但目前还缺乏具体的试验数据。下一步笔者将采用人工攻毒疗效试验，对该复方中药的临床疗效进行进一步确定。

3.3 在第二种加药方式中，虽然各药物组在96h后鸡胚均无存活，但与病毒对照组鸡胚全部在48h死亡相比，药物组鸡胚存活时间明显增加24～48h，全组结果非常一致，由此可以确定药物具有一定的抑制NDV作用。当用大量的NDV接种时，由于病毒量大，所选择的毒株毒力强，药物虽然对病毒起到了一定的抑制作用，但却不能将病毒全部杀灭，故只能推迟鸡胚死亡。但在临床上，鸡群在自然感染病毒情况下，病毒是逐步进入体内的，开始时病毒数量不是太大，此时用药就能够抑制病毒的进一步繁殖，起到较好的防治效果。

参考文献

[1] 孙　健，单　虎．山东省新城疫病毒的分离鉴定及资源平台的建设［J］．中国畜牧兽医，2009，36（4）：157－158.

[2] 周广生，新　民，王　涛，等．中药注射液鸡胚接种抗鸡新城疫病毒研究［J］．西南农业学报，2011，24（3）：1 149－1 151.

[3] 张　展，刘义明，刘祥国．中草药防治畜禽病毒病的研究进展［J］．畜牧兽医杂志，2008，27（3）：43－44.

[4] 陈　薇，曾　艳，贺月林，等．20种中草药体外抑菌活性研究［J］．中兽医医药杂志，2010，3：34－35.

[5] 殷　震，刘景华．动物病毒学［M］．第二版．北京：科学出版社，1997：329－330.

[6] 胡桂学．兽医微生物学实验教程［M］．中国农业大学出版社，2006：117－119.

[7] 纪铁鹏，王德芝．微生物与免疫基础［M］．北京：高等教育出版社，2007：376－377.

[8] 吕永峰，刘瑞生，朱玉成．中草药在养殖业上的研究与应用进展［J］．畜牧兽医杂志，2011，30（3）：53－55.

大蒜对有机肉鹅几种常见非病毒性传染病的预防效果观察*

吴　林[1,2]，汪云岗[3]，肖智远[1]，姜文联[1]，邱深本[1]，刘思伽[1]
(1. 广东科贸职业学院，广州 510430；2. 广东省家禽科学研究所，广州 510520；
3. 国家环境保护部有机食品发展中心，南京 210042)

摘　要：试验目的是了解大蒜对鹅几种常见非病毒性传染病预防效果。将 480 只 1 日龄健康乌鬃鹅随机分为 4 组，第 1 组和第 2 组鹅日粮分别添加 1% 和 2% 的大蒜，第 3 组鹅日粮添加土霉素和地克珠利，第 4 组不给药。试验结果显示：两个大蒜组均能降低鹅大肠杆菌病、鹅沙门氏菌病、鸭疫里默氏杆菌病、鹅球虫病和鹅口疮等 5 种常见鹅病发病率，下降幅度随大蒜的用量增加而提高；组内不同疾病的发病率下降幅度存在很大差异，鹅沙门氏菌病发病率降低幅度最大，鸭疫里默氏杆菌病发病率降低幅度最小；大蒜对鹅口疮和鹅沙门氏菌病的预防效果，要好于土霉素，抗球虫效果不及地克珠利。

关键词：有机；肉鹅；大蒜；传染病；预防

大蒜是多年生宿根草本百合科植物，大蒜中含有丰富的营养物质及各种微量元素和维生素。大量试验证明，大蒜中的所含大蒜素具有抑菌、杀菌、驱虫、解毒等多种功能，对多种球菌、杆菌、真菌和病毒等均有抑制和杀灭作用，是目前发现的天然植物中抗菌作用最强的一种；对球虫有抑制和杀灭作用[1,2]；大蒜素有可激活巨噬细胞的功能，增强免疫力，从而增强机体的抵抗力[3]，是一种可以在有机畜禽生产中允许使用的抗生素替代药物。为此，笔者进行了大蒜对鹅几种常见非病毒性传染病预防试验，现将试验结果报告如下。

1　材料与方法

1.1　试验材料

1.1.1　试验药物

大蒜：紫皮大蒜鳞茎；

土霉素（原粉）：土霉素≥98%；

地克珠利（原粉）：地克珠利≥98.5%。

---

* **广东省农业攻关项目**：有机肉鹅生产技术研究与集成，项目编号 2005B20201014

作者简介：吴林，男，高级畜牧师，硕士，主要从事家禽生态养殖技术以及无公害食品、绿色食品、有机食品生产技术研究工作。E－mail：gdjqswl@126.com

1.1.2 试验动物 来自从本地鹅苗场购进乌鬃鹅鹅苗自行饲养的鹅群。

1.2 试验方法

1.2.1 试验设计和分组 将480只1日龄健康乌鬃鹅随机分为4组，每组120只，每组设2个重复，每个重复60只。分组情况见表1。试验时间持续60d。

表1 试验分组

组别	药物	用药方式与用量
1	大蒜	将大蒜捣碎，按1%的比例混入到饲料搅拌均匀，全程连续使用
2	大蒜	将大蒜捣碎，按2%的比例混入到饲料搅拌均匀，全程连续使用
3	土霉素+地克珠利	将土霉素（50mg/kg）和地克珠利（1mg/kg）加入到饲料搅拌均匀。土霉素每7d用1次，每次连用4d；地克珠利全程连续使用。
4	不给药	

1.2.2 饲养管理 每天观察记录鹅只健康状况，记录发病数和死亡数。对病鹅进行病理剖检，以查清感染情况。

2 结果

各试验组几种多发性常见病的发病率，发病率详见表2。

表2 各试验组几种多发性常见病的发病率（%）

疾病种类	组别			
	1组	2组	3组	4组
鹅大肠杆菌病	10	6	4	41
鹅沙门氏菌病	10	3	15	51
鸭疫里默氏杆菌病	30	22	8	55
鹅球虫病	15	10	5	53
鹅口疮	8	5	40	38

3 讨论与分析

3.1 大蒜对不同疾病防治效果

不同种类的细菌对大蒜素的敏感性有较大的差别。张淑伟等[4]的试验结果显示，0.5%的蒜粉对沙门氏菌有强烈的抑制作用，0.75 %的蒜粉就可以抑制金黄色葡萄球菌生长，而对大肠杆菌则需1.5%的蒜粉才能抑制其生长；陈晓月等[5]通过试验发现，大蒜素对金黄色葡萄球菌最小抑菌浓度（MIC）和最小杀菌浓度（MBC）分别为12.5～25mg/mL和25 ～50mg/mL，对大肠杆菌的MIC和MBC分别为100～400mg/mL和400～1 600mg/mL。本试验的结果和上述文献报道是一致的，日粮中大蒜添加量相同情况下，与不给药对照组相比，鹅大肠杆菌病、鹅沙门氏菌病、鸭疫里默氏杆菌病、鹅球虫病和鹅口疮 5 种常见鹅病发病率下降幅度存在很大差异，例如，在日粮添加 2% 的大蒜，鹅沙门氏菌病发病率降低了 94.12%，而疫里默氏杆菌病的发病率仅降低了 60%。

3.2 大蒜与抗生素和人工合成抗球虫药预防效果比较

本试验结果显示，大蒜对鹅口疮和鹅沙门氏菌病的预防效果，要好于土霉素；土霉素的预防效果不及大蒜，其原因可能是：第一，土霉素对真菌是没有抑制和杀灭作用的，而鹅口疮病的原体是白色念珠菌就是一种真菌；第二，此次参试鹅感染的沙门氏菌对土霉素有了一定的耐药性。本试验大蒜抗球虫效果不及地克珠利，与杨茂生报道结果一致[1]。地克珠利是一种高效人工合成抗球虫药物，缺点就是很容易产生耐药性，本试验地克珠利之所以取得如此好的抗球虫效果，可能与球虫对该药还没有产生耐药性有关，在此情况下，包括大蒜在内的中草药的抗球虫效果是难以超过人工合成抗球虫药物的。因此，单独使用大蒜来防治球虫，其效果是有限的，需要与其他抗球虫中草药联合使用，方能取得比较好的预防效果。

3.3 大蒜的用量与预防效果的关系

本试验笔者设计了 2 个大蒜添加剂量水平，2 个剂量水平均能降低鹅大肠杆菌病、鹅沙门氏菌病、鸭疫里默氏杆菌病、鹅球虫病和鹅口疮几种多发性常见病的发病率，但 2% 剂量水平对 5 种鹅病预防效果均高于 1% 剂量水平，表明增大大蒜的用量可提高其对疾病预防效果。周延峰等[6]进行了不同浓度大蒜素对假单胞菌、大肠杆菌和金黄色葡萄球菌抑菌效果试验，结果发现，随着浓度的增加，抑菌效果愈加明显。毕秀平[7]分别以 50mg/kg、100mg/kg 和 200mg/kg 的比例向东北仔鹅日粮添加大蒜素，结果仔鹅的生产性能随大蒜素用量的增加而提高。在实际生产中，一些养殖者为了提高大蒜的防治效果，随意提高大蒜的用量，其用量甚至达到了畜禽中毒的水平[8]，这种做法极不可取。对于预防性用药来讲，要在发病率和用药成本两者间找到一个平衡点，以此确定一个最佳使用量。此外，需要注意的是，大蒜抗病的有效成分是其中所含的大蒜素，其含量随产地、品种和栽培方法不同而差别很大[9]，实际使用过程中，应根据鲜蒜所含中大蒜素的多少，来确定其用量。

4 小结

两个大蒜组均能降低鹅大肠杆菌病、鹅沙门氏菌病、鸭疫里默氏杆菌病、鹅球虫病和鹅口疮 5 种常见鹅病发病率，下降幅度随大蒜的用量增加而提高；组内不同疾病的发病率下降幅度存在很大差异，鹅沙门氏菌病发病率降低幅度最大，鸭疫里默氏杆菌病发病率降低幅度最小。大蒜对鹅口疮和鹅沙门氏菌病的预防效果，要好于土霉素，抗球虫效果不及地克珠利。在有机肉鹅养殖过程中，大蒜作为抗生素的替代品之一，可以用来预防鹅的一些常见非病毒性传染病；单一使用其作用有限，应注意与其他一些有机畜禽允许使用的药物配合使用。

参考文献

[1] 杨茂生．几种抗球虫药对鸡球虫病的防治效果试验［J］．中国兽医科技，2001（12）：47－49.

[2] 潘国庆．大蒜治疗家兔球虫病［J］.黑龙江畜牧兽医，1995（2）：17.

[3] 李春红，冯雪建，陈　洁，等．大蒜素对动物免疫调节作用的研究进展［J］．安徽农业科学，2007（9）：3 687，3 689.

[4] 张淑伟，白传记，孔德荣．大蒜粉抑菌活性的实验研究．［J］．中华流行病学杂志，1996（3）：154.

[5] 陈晓月，赵承辉，刘　爽，等．大蒜素体外抗菌活性研究［J］．沈阳农业大学学报，2008（1）：108－110.

[6] 周延峰，蒋欣梅，于广建．大蒜素提取条件的优化及其抑菌效果的研究［J］．东北农业大学学报，2009（6）：26－29.

[7] 毕秀平．大蒜素对东北仔鹅生产性能的影响［J］．黑龙江畜牧兽医，2006（4）：46－47.

[8] 徐跃门．黄羽乌骨鸡大蒜素中毒的诊治［J］．中国家禽，2003（24）：27.

[9] 常军民，张丽静，美丽万，等．HPLC 测定不同产地大蒜中蒜氨酸的含量［J］．中成药，2004（12）：1 025－1 027.

磺胺喹恶啉对雏鸡生产性能及免疫器官影响的试验

杨玉梅
（山东省滨州市农业科学院，滨州　256600）

摘　要：本试验以0.2%和0.5%两个浓度剂量的复方磺胺喹恶啉钠分别给7日龄海兰褐蛋雏鸡连续饮水14d，建立磺胺喹恶啉钠雏鸡人工中毒试验模型，试验鸡只按正常免疫程序免疫新城疫，观察鸡群的临床表现，分别在用药后第7d和第14d剖杀试验雏鸡，称量体重，测量免疫器官指数和新城疫抗体水平，观察剖检病变及病理组织学变化，评价应用磺胺喹恶啉钠对雏鸡的影响。

关键词：磺胺喹恶啉；雏鸡；生产性能；免疫器官

磺胺喹恶啉是杀菌和抗球虫的专用药物，是磺胺类药物的重要成员之一，被广泛应用于动物临床，是当前应用最广、用量最多的兽药之一。但随着抗药菌株的大量出现、价格的降低，临床用药浓度越来越高。另外，由于商品名的混乱，重复用药现象屡见不鲜，由此而引起的中毒现象已严重影响了养鸡业的健康发展。磺胺喹恶啉是一种在国内需求量较大的抗球虫兽药，具有良好的抑制球虫生长繁殖的功能，本试验将致力于正确评价不同浓度的磺胺喹恶啉对雏鸡的生长发育和对各器官组织特别是免疫器官的影响。

1　材料与方法

1.1　材料

选择1日龄海兰褐健康雏鸡90只，由滨州市某种鸡场提供，磺胺喹恶啉购自昆山制药总厂，TMP购自山东寿光制药厂，两药按4∶1混合。新城疫La Sota系低毒力活疫苗，购自齐鲁动物保健品厂。

1.2　试验动物及饲养

选择的试验用雏鸡，在舍温28～34℃，相对湿度为75%～85%条件下用正常配合饲料饲养1周。7日龄时对雏鸡进行新城疫La Sota系活疫苗点眼和滴鼻免疫。将1周龄雏鸡随机分为3组，每组为30只，3组鸡平面垫料隔离饲养，设一组为对照组，不投放任何药物，其余两组为试验组①与试验组②，分别饮用0.2%和0.5%复方磺胺喹恶啉钠盐溶液，自由采食，饲喂至21日龄。

1.3 试验设计

按上述饲养条件，3 组分别进行饲养。14 日龄时各组分别取 15 只雏鸡扑杀，观察组织器官病变。21 日龄扑杀剩余试验组和对照组雏鸡，观察组织器官病变。各组雏鸡在扑杀前分别称重，并逐个采血，分离血清，通过微量法（HI 试验）测定 NDV 抗体效价。

对扑杀雏鸡脾脏、胸腺和法氏囊以电子分析天平分别称重并记录重量，按如下方法计算免疫器官指数：免疫器官指数 = 免疫器官重量（g）/鸡活体重（kg）。

内脏器官、骨髓和脑组织以 10% 福尔马林溶液固定，做病理组织切片，显微镜下观察组织病理变化。

取心包液和肝脏做常规细菌培养检查，判定细菌感染情况。

1.4 试验方法

1.4.1 血清中 ND 抗体滴度检测　用 2 000r/min 低速离心机对采取的血液离心 5min，取上层血清备用。在 96 孔 V 形微量凝集板上进行，用定量稀释器加样稀释。第一孔加入 1∶1 280倍 ND 标准阳性血清 50μL，依次做倍比稀释至第 7 孔，弃去最后 50μL，第 8 孔不加抗原做对照。每孔加入 50μL 的生理盐水及 50μL 待检血清，每孔再加入 1% 的致敏红细胞悬液 1 滴，轻轻摇匀 30min 后观察，判定结果。

1.4.2 病理组织学观察　取所有试验雏鸡的心、肝、脾、肺、肾、胃肠及法氏囊等内脏器官，用 10% 福尔马林溶液固定 12～24h，然后再制成 5μm 厚的石蜡切片，进行 HE 染色，生物显微镜下观察组织病理学变化。

1.4.3 微生物学检查　两次扑杀前各组随机挑取 2 只雏鸡的肝脏切面抹片进行革兰氏染色。在各组鸡剖检时以无菌操作取心包液、肝组织，按常规划线法接种普通琼脂及麦康凯琼脂培养基上，经 37℃ 恒温培养箱培养 24h，观察菌落形态。

2 结果与分析

2.1 磺胺喹恶啉中毒雏鸡的临床观察

对照组雏鸡生长发育及鸡群的精神状态良好，饮食欲正常，增长速度快，个体差异小；试验组①症状稍轻，个别雏鸡出现采食减少，饮水增多，精神沉郁，无明显水泻症状；试验组②生长发育不良，鸡精神沉郁，挤堆，活动少，缩颈闭眼，粪便呈白色，有的水泻，采食减少，饮水增多，有的病鸡呆立，呈昏睡状，羽毛蓬乱，体重低于正常发育鸡的水平，鸡群均匀度差，个别雏鸡虚弱站立不稳，运动失调，角弓反张。

2.2 磺胺喹恶啉对试验鸡体重的影响

试验组雏鸡在饮用磺胺喹恶啉溶液后，14 日龄及 21 日龄各组雏鸡体重见表 1。在 14 日龄时，试验组①体重最大，其次是对照组，试验组②的体重最小，各组差异不显著（$P>0.05$）。21 日龄体重，对照组体重最大，其次是试验组①，试验组②的体重最小，对照组和试验组①差异不显著（$P>0.05$）；试验组②显著低于对照组和试验组①（$P<0.05$）。结果

表明：高剂量、长时间应用磺胺喹恶啉，雏鸡的生长发育明显受阻，鸡体增重显著减慢。

表1 饮用磺胺喹恶啉对雏鸡不同日龄体重的影响

组　别	试验组①平均体重/g	试验组②平均体重/g	对照平均体重/g
14 日龄	114.9 ±2.92	98.36 ±7.23	113.37 ±5.62
21 日龄	186.12 ±20.65[a]	151.21 ±16.23[b]	193.14 ±18.61[a]

注：相同日龄肩注不同小写字母者，表示组间差异显著（$P<0.05$），不同大写字母者，表示差异极显著（$P<0.01$），有相同字母或未标字母者差异不显著（$P>0.05$）。X 为平均数，SD 为标准差

2.3 饮用不同浓度磺胺喹恶啉对鸡 ND 抗体滴度的影响

用 ND 弱毒苗免疫鸡只后，14、21 日龄检测各组雏鸡抗体水平见表 2。在 14 日龄时，试验组①抗体水平最高，其次是对照组，试验组②的抗体水平最低，对照组和试验组①差异不显著（$P>0.05$）；试验组②显著低于对照组和试验组①，差异极显著（$P<0.01$）。在 21 日龄时，对照组抗体水平最高，其次是试验组①，试验组②的抗体水平最低，对照组和试验组①差异不显著（$P>0.05$）；试验组②显著低于对照组和试验组①，差异显著（$P<0.05$）。这表明：高剂量、长时间应用磺胺喹恶啉钠，对雏鸡的免疫具有严重的抑制作用，显著降低新城疫抗体水平。

表2 磺胺喹恶啉中毒后不同日龄对 NDV 疫苗免疫抗体水平的影响

日龄/d	试验组①	试验组②	空白对照组
14	5.2 ±1.0[A]	2.8 ±1.2[B]	5.0 ±1.0[A]
21	3.1 ±1.3[a]	2.1 ±1.0[b]	3.8 ±1.3[a]

注：相同日龄肩注不同小写字母者，表示组间差异显著（$P<0.05$），不同大写字母者，表示差异极显著（$P<0.01$），有相同字母或未标字母者差异不显著（$P>0.05$）。X 为平均数，*SD* 为标准差。下表同

2.4 饮用不同浓度磺胺喹恶啉对鸡免疫器官指数的影响

从表 3 中可以看出，在 14 日龄时，对照组胸腺和法氏囊指数最高，其次是试验组①，试验组②最低，各组差异不明显，各组间脾脏指数基本相同。21 日龄时，试验组①胸腺和法氏囊指数最高，其次是对照组，试验组②最低，对照组和试验组①差异不显著（$P>0.05$）；试验组 ②显著低于对照组和试验组①，差异极显著（$P<0.01$），而各组间脾脏指数无显著差异。这说明高剂量磺胺喹恶啉会引起法氏囊和胸腺明显萎缩，对脾脏指数无显著影响。

表3 饮用不同浓度磺胺喹恶啉对不同日龄雏鸡免疫器官指数（g/kg）的影响

		试验组①	试验组②	空白对照组
14 日龄	胸腺	3.78 ±0.36	2 278 ±0.19	4.5 ±035
	法氏囊	3.1 ±0.11	2.3 ±0.22	3.99 ±0.31
	脾	1.31 ±0.1	1.32 ±0.2	1.1 ±0.12

（续表）

		试验组①	试验组②	空白对照组
21 日龄	胸腺	4.18^{A}	2.049^{B}	3.49^{A}
	法氏囊	4.66^{A}	2.05^{B}	3.8^{A}
	脾	1.23 ±0.18	1.67 ±0.47	1.31 ±0.1

2.5 微生物学检查

涂片及在普通琼脂培养基和麦康凯琼脂培养基上培养，经检查未发现大肠杆菌、白痢杆菌等病原菌。说明磺胺喹恶啉对细菌感染有很好的预防作用，试验鸡的病症与细菌感染无关。

2.6 动态病理学观察

2.6.1 剖检变化 试验组②剖检可见整个肠黏膜有散在出血点，肝肿大呈淡黄色，有的病鸡腺胃有出血斑点，肌胃角质层有大小不等的的溃疡灶，肾肿大，尿酸盐沉积不明显，可见针尖状出血，胸腺萎缩点状出血，胸部、大腿部肌肉明显出血，脾脏稍肿大，法氏囊明显萎缩，其他脏器无明显眼观病变；试验组①病理变化较轻，肠黏膜无散在出血点，肌胃角质层无溃疡灶，肾肿大，尿酸盐沉积不明显，脾脏轻微肿大，法氏囊及其他脏器无明显的眼观病变；对照组内脏器官无肉眼可见变化。

2.6.2 组织学病变

2.6.2.1 胸腺 对照组：胸腺小叶发育良好，皮、髓质分界明显，皮质较宽，皮、髓质淋巴细胞致密。试验组①：未见明显的病理组织学变化。试验组②：14d 时，胸腺皮质区减少，髓质区相对增多，皮质区可见淋巴细胞消失灶。21d 胸腺皮质区进一步减少，仍可见淋巴细胞消失灶。皮、髓质区可见异嗜性粒细胞浸润。胸腺充血、出血。

2.6.2.2 法氏囊 对照组：法氏囊淋巴滤泡发育良好，大小较一致。淋巴滤泡内淋巴细胞数量较多，分布密集，网状细胞增生不明显。间质清晰，未见间质组织增生。试验组①：21d 时，法氏囊淋巴滤泡大小较为一致，滤泡皮质与髓质分界明显，皮、髓质区淋巴细胞较稀疏。试验组②：14d 时，法氏囊淋巴滤泡大小较为一致，滤泡皮质与髓质分界明显，髓质区细胞分布稀疏，轻度充血、出血。21d 时，淋巴滤泡萎缩，滤泡间结缔组织增生，滤泡内淋巴细胞十分稀疏，皮质很少，个别滤泡髓质区细胞消失呈空泡化。

2.6.2.3 脾 对照组：14d 时，脾脏淋巴小结及动脉周围淋巴鞘不甚明显，但有相对集中的淋巴组织。红髓区淋巴细胞较多。21d 时，白髓形象明显，淋巴小结和动脉周围淋巴组织逐渐增多，淋巴细胞数量增多，红髓区淋巴细胞也相对增多，红髓区淋巴细胞也相对增多。椭球分界明显，较小，未见网状细胞增生。试验组①：未见明显的病理组织学变化。试验组②：14d 时，脾脏白髓很少，未见明显的淋巴小结和动脉周围淋巴组织。21d 时，可见到较小的淋巴小结和动脉周围淋巴组织，椭球分界略显清晰。脾索内淋巴细胞较少，主要是红细胞。

2.6.2.4 骨髓 试验组②：14d 时，骨髓髓系细胞减少。21d 时，髓系细胞减少更加明显。红细胞的发育与对照组比较也受到一定程度的影响。

2.6.2.5 肝 试验组①：21d 时，可见肝细胞肿大，颗粒变性，空泡变性。试验组②：14d 时，试验组可见肝细胞肿大，颗粒变性，空泡变性，出血。21d 时，可见肝细胞更加明显的颗粒变性，并有灶状坏死，坏死灶内可见异嗜性白细胞浸润。

2.6.2.6 肾 试验组①：21d 时，可见肾小管上皮细胞肿大，颗粒变性，空泡变性。试验组②：14d 时，可见肾小管上皮细胞颗粒变性，以集合管、远曲小管最为明显。21d 时镜检可见肾小球毛细血管壁增厚，远曲小管和集合管上皮细胞病变更加明显，呈明显的空泡变性及坏死病变。

2.6.2.7 小肠 试验组①、②镜检可见黏膜上皮细胞层杯状细胞增多，上皮细胞变性、坏死、脱落，固有层充血、出血。

3 讨论

3.1 临床表现、增重及免疫指标的变化

较低含量（0.2%）的磺胺喹恶啉连续 2 周饮水，早期雏鸡尚不表现明显的临床症状，后期有轻微的中毒表现。当把剂量提高到 0.5% 时则早期就表现明显的中毒症状。较低含量（0.2%）的磺胺喹恶啉连续 2 周饮水，对雏鸡的生长发育尚不造成明显的影响，当把剂量提高到 0.5%、连用 7d，雏鸡体重明显低于对照组，用药至 14d 时体重显著低于对照组。高剂量磺胺喹恶啉对雏鸡免疫功能的影响极为明显，表现免疫器官指数及新城疫抗体水平下降，这提示雏鸡免疫期间最好不用，尤其是不要高剂量应用磺胺喹恶啉。

3.2 微生物学检查

在普通琼脂培养基及麦康凯琼脂培养基上培养检查，未发现大肠杆菌、白痢杆菌、葡萄球菌等病原菌。试验鸡的临床表现可排除细菌感染的可能性，主要与磺胺喹恶啉中毒有关。

3.3 病理剖检变化

病理剖检病变主要表现免疫器官萎缩、胸部及腿部肌肉出血、实质器官变性和消化道轻度出血性炎症。这些病变与黄有德等报道的磺胺药中毒的眼观病变基本一致，说明试验鸡的病变主要由磺胺喹恶啉引起，高剂量磺胺喹恶啉对雏鸡具有明显的毒性作用，但中毒雏鸡的病变缺乏特征性，所以，据眼观病变很难确定是磺胺喹恶啉中毒性疾病。

3.4 病理组织学变化

3.4.1 骨髓的病理组织学变化 骨髓是造血器官和重要的中枢免疫器官，是胸腺和法氏囊淋巴细胞的发源地，磺胺喹恶啉所导致的骨髓髓系细胞减少，造血功能受损，必然会导致机体的免疫机能受损，从而引起免疫抑制。红系细胞减少与磺胺药中毒引起的贫血有关。

3.4.2 胸腺的病理组织学变化 本试验高剂量磺胺喹恶啉组，胸腺的主要病变是胸腺皮质萎缩、淋巴细胞的减少等，这种病变随用药时间的延长逐渐加重，还可见嗜酸性粒细胞

浸润。胸腺是禽重要的中枢免疫器官，是T淋巴细胞分化的场所，它的病变必然会对机体的免疫机能，特别是细胞免疫机能造成重大影响。

3.4.3 法氏囊的病理组织学变化 本试验高剂量磺胺喹恶啉组，法氏囊的病变主要表现为法氏囊滤泡的萎缩、皮质减少、淋巴细胞减少以及间质组织增生为主要特征的非炎性退行性病变，法氏囊是禽类另一重要的中枢免疫器官，是淋巴干细胞分化B细胞的场所，它的病变也必然会对机体的免疫机能，特别是体液免疫机能造成重大影响。

3.4.4 脾脏的病理组织学变化 本试验高剂量磺胺喹恶啉组，脾脏的主要病变是淋巴细胞缺失，脾脏实质细胞进行性减少，但是脾脏指数却未见明显下降，这可能与脾脏网状细胞增生、充血等病变有关。脾脏是重要的外周免疫器官，是机体产生抗体和进行免疫反应的主要场所。因而，脾脏的淋巴细胞缺失，是导致机体体液免疫、细胞免疫和非特异性免疫功能降低，发生免疫抑制的重要原因。脾脏的淋巴细胞缺失可能是与高剂量磺胺喹恶啉引起的骨髓及中枢免疫器官病变有关。

3.4.5 部分内脏器官的病理组织学变化 雏鸡饮用高剂量磺胺喹恶啉可以引起实质器官的急性变质性损伤病变，并且这种病变还相当明显，其中，肝脏和肾脏是主要的受害器官。

4 结论

雏鸡饮用0.2%磺胺喹恶啉连用1周还是安全的，连用2周就会发生轻度中毒的表现。雏鸡饮用0.5%磺胺喹恶啉很快就发生中毒表现，磺胺喹恶啉中毒可使雏鸡出现严重临床症状，机体免疫机能下降，免疫器官发育受阻，抗体水平降低，肌肉出血，肝、肾等实质器官变性肿胀。

参考文献

[1] 闫永平，胡建军．家禽磺胺药物中毒的发生与防治［J］．当代畜牧．2003，9：31.

[2] 陈杖榴，主编．兽医药理学［M］．第二版．北京：中国农业出版社，2000.

[3] 阎继业．畜禽药物手册［M］．金盾出版社，1997：102－106.

[4] 陈新谦，金有豫．新编药物学［M］．第13版，1992：97－102.

[5] 沈叙庄．关注对动物使用抗生素与细菌耐药的问题［J］．中华儿科杂志．2002，40（8）：452－456.

[6] 戴自英．多重耐药菌感染在临床上的重要意义［J］．中华传染病杂志．1999，5，17（2）：77－79.

[7] 陈杖榴，吴聪明．兽用抗菌药物耐药性研究［J］．四川生理科学杂志．2003，25（3）：120－123.

制备鸡卵黄干粉抗体多糖的筛选试验研究*

冯玲霞，张述斌，刘瑞生，王必慧
（甘肃省畜牧兽医研究所，平凉 744000）

摘 要：将已提纯的高免抗体水溶液（WSF）分成不同的等份，在磁力搅拌作用下分别加入不同的多糖，待其完全溶解后，再分别加入40%、-20℃冷无水乙醇进行沉淀，将沉淀物进行真空冷冻干燥。结果显示，不同的多糖制备的干粉抗体的量虽然不同，但对抗体效价的高低影响不大，通过对比分析，以黄芪多糖制备的干粉抗体效价最为理想。

关键词：APS；ASD；EPS；干粉抗体

Shimizu 等（1994）发现在 IgY 溶液中加入 30% ~50% 的蔗糖或转化糖可明显提高 IgY 在75 ~80℃的抗热变性和在 pH 值3.0 时的抗酸变性能力，同时多糖作为大分子物质，不但能够吸附小分子物质（IgY），同时又不溶于有机溶剂，完全可以用来制备抗体。另外，具有生物活性的多糖，可从多个层面发挥免疫增强作用，它既可直接影响细胞内物质代谢，又可诱导机体细胞产生相关的体液因子；它不仅能增强机体的特异性免疫，而且能增强机体的非特异性免疫；它既可增强正常机体的免疫功能，又可调节机体异常的免疫功能。因此，在制备干粉抗体时，进行多糖的选择就显得尤为重要。

1 材料与方法

1.1 试验材料

真空冷冻干燥机：上海生产。CA-1480-1 型洁净工作台：上海汇龙仪表电子有限责任公司环境工程装备分公司。蔡氏滤器：购自平凉市化玻试剂门市部。

78-1 型磁力加热搅拌器：上海南汇电讯器材厂生产。

LXG-Ⅱ离心机：涟水电讯生产。

96 孔微量血凝板：上海医疗器械厂。

蔗糖（A. R）：北京化学试剂厂生产。

黄芪多糖（APS）、当归多糖（ASD）、淫羊藿多糖（EPS）：均购自郑州伊尹植物原料有限公司。

无水乙醇：购自平凉市化玻试剂门市部。

---

* **基金项目**：甘肃省科学事业费项目，编号：QS041 - C31 - 14

1.2 试验方法

取已提纯的高免卵黄抗体水溶液（WSF）400mL，抗体效价为 log2 12。将其分成 4 份，每份为一组，编号为 1、2、3、4。在磁力搅拌作用下分别加入 10% 的蔗糖、黄芪多糖（APS）、当归多糖（ASD）、淫羊藿多糖（EPS），待完全溶解后再分别加入 40% 的 -20℃冷无水乙醇进行沉淀，边加边搅拌，待蛋白和多糖完全析出后，用蔡氏滤器进行真空抽滤，然后将所得物质进行真空冷冻干燥。详见表 1。待完全干燥后，将干物质进行称量。再分别取 1g 用生理盐水按 1∶10 稀释，用 β 微量血凝抑制试验测定抗体效价。

表 1　鸡卵黄干粉抗体多糖的筛选试验设计

组　别	WSF/mL	多糖名称	多糖含量/%	冷乙醇浓度/%
1	100	蔗糖	10	40
2	100	APS	10	40
3	100	ASD	10	40
4	100	EPS	10	40

2　结果与分析

试验结果详见表 2。结果显示，多糖不同，所获取干物质的量不同，利用 APS 获取的干物质量最多，且比较稳定，但差异不显著（$P<0.05$）；多糖不同，所获取干物质的抗体效价略有不同，且在一个梯度范围之内，差异不显著；多糖不同，所获取的干物质粗细程度不一样，溶解度也随多糖不同而不同。另外制备成干粉抗体后，抗体效价比制备前有所下降，相比较之下，用黄芪多糖来制备干粉抗体，效果比较理想，且黄芪多糖对机体有很好的免疫增强作用。

表 2　多糖的筛选试验测定结果

组　别	干物质重量/g	干物质颜色	干物质性状	ND-HI（xlog2）
1	10.8	淡黄色	晶体、易溶	10
2	11.2	深黄色	细粒、易溶	10
3	11.0	灰白色	细粒、易溶	9
4	11.1	褐色	块状、难溶	9

3　小结与讨论

干粉抗体是一种新剂型，不但操作工艺简单，而且还增强了抗体的耐热、耐酸能力，在增加机体免疫力的同时还能预防多种疾病，并具有好保存、易运输的特点。且其生产成本低廉，使用方法简便，安全性能可靠，对机体无副作用、无依赖性，治疗和预防疾病的效果确实。

鸡卵黄干粉抗体是一种高产、优质的多克隆抗体，可取代抗生素用作生长促进剂，既能增加机体的免疫力，不会产生药物残留，又能预防多种疾病。具有天然安全，来源广泛以及容易被吸收利用等优点，因此制备鸡卵黄干粉抗体多糖的筛选就显得尤为重要。本项目制备的鸡卵黄干粉抗体多糖的筛选试验研究表明，多糖不同，所获取的干物质粗细程度不一样，溶解度也随多糖不同而不同。用黄芪多糖来制备干粉抗体，效果比较理想，且黄芪多糖对机体有很好的免疫增强作用。

“二氧化氯泡腾片”对家禽主要病原微生物杀灭效果试验

亓丽红[1]，孔祥建[2]，艾　武[1]，黄　兵[1]，林树乾[1]，于可响[1]，刘　涛[1]，贾荣泽[3]
(1. 山东省农业科学院家禽研究所，济南　250023；2. 山东省曲阜畜牧局，济宁　273100；
3. 北京众诚方源制药有限公司，北京　101100)

摘　要：为了观察“二氧化氯泡腾片”对大肠杆菌、金黄色葡萄球菌、禽流感H9亚型病毒及鸡新城疫病毒的杀菌及杀病毒效果，采用悬液定量杀菌试验和通过固定病毒稀释消毒液法进行实验室观察。结果提示：二氧化氯5mg/L作用5min即可对大肠杆菌临床分离株产生100%的杀菌效果。二氧化氯5mg/L作用10min或二氧化氯10mg/L作用5min均能对金黄色葡萄球菌临床分离株产生100%的杀菌效果。2mg/L二氧化氯就能对10^3EID_{50}新城疫病毒有100%的杀灭作用，而1mg/L不能全部杀灭新城疫病毒。禽流感病毒H9亚型对二氧化氯比新城疫病毒敏感，1mg/L二氧化氯即可对10^3EID_{50}禽流感病毒H9有较好的杀灭作用。结论：“二氧化氯泡腾片”是一种方便、高效的消毒剂，在较低的浓度条件下，就能对家禽主要病原微生物有杀灭效果。

关键词：二氧化氯泡腾片；大肠杆菌；金黄色葡萄球菌；鸡新城疫病毒；H9禽流感亚型病毒；杀灭效果

消毒剂是指在短时间内能迅速杀灭周围环境中病原微生物的药物。二氧化氯是由英国学者首先发现并在实验室制备而成，具有很强的氧化性，在常温下为黄绿色气体，具有强烈的刺激性。二氧化氯消毒剂是国际上公认的含氯消毒剂中唯一的高效消毒灭菌剂，它可以杀灭一切微生物，包括细菌繁殖体、细菌芽孢、真菌、分枝杆菌和病毒等，并且这些细菌不会产生抗药性[1]。二氧化氯对微生物细胞壁有较强的吸附穿透能力，可有效地氧化细胞内含巯基的酶，还可以快速地抑制微生物蛋白质的合成来破坏微生物[2]。在养禽业快速发展的今天，各种病原微生物对鸡场的污染，使各种病毒（如H9禽流感亚型病毒、鸡新城疫病毒）及病菌（如大肠杆菌、金黄色葡萄球菌等）的传播途径也越来越复杂，使用消毒剂是控制环境污染和疫病传播的重要手段，我们用“二氧化氯泡腾片”进行了一系列消毒试验，确认“二氧化氯泡腾片”对大肠杆菌、金黄色葡萄球菌、H9禽流感亚型病毒及鸡新城疫病毒的杀菌及杀毒效果，以便能指导实际生产。

1　材料与方法

1.1　材料

1.1.1　试验药物　泡腾片20g/片，含二氧化氯为10%，由北京众诚方源制药有限公司提供。

1.1.2 试验菌株 大肠杆菌临床分离株、金黄色葡萄球菌临床分离株、H9 禽流感亚型病毒临床分离株、鸡新城疫病毒临床分离株均由山东省禽病诊断与免疫重点实验室分离并保存。

1.1.3 培养基 LB 液体培养基、LB 固体培养基。

1.1.4 SPF 鸡胚 山东昊泰试验动物繁育有限公司提供。

1.1.5 中和剂 0.5% 硫代硫酸钠加 1% 吐温 80 的 PBS 溶液。

1.2 方法

1.2.1 稀释方法 取泡腾片 1 片，放入 2kg 试验用水中，等完全溶解后，搅拌 30s，呈均匀黄绿色溶液；精密量取本溶液 10mL，放入 100mL 棕色容量瓶中，加试验用水稀释至刻度，轻摇 1～2min 至均匀黄绿色溶液，即成 100mg/L 试验用液，后将消毒液依次稀释成 50mg/L、20mg/L、10mg/L、5mg/L、2mg/L、1mg/L 不同浓度的消毒剂。

1.2.2 菌悬液的制备 经过活化的大肠杆菌、金黄色葡萄球菌菌种分别接种于两瓶 40mL LB 液体培养基，37℃下培养 24h，8 000r/min离心 8min，离心后去掉上清液，加入灭菌 PBS 溶解沉淀菌体，将大肠杆菌、金黄色葡萄球分别稀释成 106～107cfu/mL 的菌悬液备用。

1.2.3 菌悬液定量杀菌试验 分别将配制成的 100mg/L、50mg/L、20mg/L、10mg/L、5mg/L 的消毒液分装于灭菌试管中，每管装 4.5mL，阳性对照利用 PBS 缓冲液代替消毒液，置（20±1）℃的水浴中恒温。每个试管分别加入 0.5mL 的菌悬液，立即混匀。作用至规定时间（5min、10min、15min 和 30min）后，取出 0.5mL 菌药混合液加入到含 4.5mL 中和剂的试管中混匀，中和作用 10min，取样进行活菌计数，计算杀灭率。

1.2.4 药物对病毒的杀灭试验 将该药物分别配成的 20mg/L、10mg/L、5mg/L、2mg/L、1mg/L，分别与 $10^3 EID_{50}$的新城疫分离株等量混合，室温作用 30min，分别接种 10 日龄 SPF 鸡胚，0.2mL/枚，每组 8 枚，同时设病毒对照组，后置孵化器中继续孵化。禽流感 H9 亚型病毒分离株与药物的相互作用试验操作步骤同上。

2 试验结果

（1）大肠杆菌作用菌液浓度：5.6×10^7CFU/mL；葡萄球菌作用菌液浓度：7.5×10^7CFU/mL。

（2）不同浓度二氧化氯与大肠杆菌、金黄色葡萄球菌作用不同时间后计数结果，见表 1。

表 1 不同浓度二氧化氯与大肠杆菌、金黄色葡萄球菌作用不同时间后计数结果

组 别	不同作用时间下的大肠杆菌计数结果				不同作用时间下的金黄色葡萄球菌计数结果			
	5min	10min	15min	30min	5min	10min	15min	30min
空白对照	—	—	—	1.30×10^4	—	—	—	1.32×10^4
中和剂	—	—	—	1.28×10^4	—	—	—	1.08×10^4

（续表）

组　别	不同作用时间下的大肠杆菌计数结果				不同作用时间下的金黄色葡萄球菌计数结果			
	5min	10min	15min	30min	5min	10min	15min	30min
二氧化氯 100mg/L	0	0	0	0	0	0	0	0
二氧化氯 50mg/L	0	0	0	0	0	0	0	0
二氧化氯 20mg/L	0	0	0	0	0	0	0	0
二氧化氯 10mg/L	0	0	0	0	0	0	0	0
二氧化氯 5mg/L	0	0	0	0	2	0	0	0

2.3　不同浓度二氧化氯泡腾消毒片作用不同时间对大肠杆菌的杀菌率，见表2。

表2　不同浓度二氧化氯泡腾消毒片作用不同时间对大肠杆菌的杀菌率

组　别	不同作用时间下对大肠杆菌的杀菌率（%）				不同作用时间下对金黄色葡萄球的杀菌率（%）			
	5min	5min	10min	15min	5min	10min	15min	30min
空白对照	100	100	100	100	100	100	100	100
中和剂	100	100	100	100	100	100	100	100
二氧化氯 100mg/L	100	100	100	100	100	100	100	100
二氧化氯 50mg/L	100	100	100	100	100	100	100	100
二氧化氯 20mg/L	100	100	100	100	100	100	100	100
二氧化氯 5mg/L	100	100	100	100	99.9	100	100	100

2.4　药物对新城疫病毒的杀灭作用，见表3。

表3　药物对新城疫病毒的杀灭作用

组　别 ╲ 时　间	药物新城疫病毒中和试验鸡胚死亡数					药物新城疫病毒中和试验鸡胚死亡数				
	24h	48h	60h	72h	96h	24h	48h	60h	72h	96h
20mg/L ＋10^3 EID_{50}病毒	0	0	0	0	0	0	0	0	0	0
10mg/L ＋10^3 EID_{50}病毒	0	0	0	0	0	0	0	0	0	0
5mg/L ＋10^3 EID_{50}病毒	0	0	0	0	0	0	0	0	0	0
2mg/L ＋10^3 EID_{50}病毒	0	0	0	0	0	0	0	0	0	0
1mg/L ＋10^3 EID_{50}病毒	0	0	3	5	0	0	0	0	0	0
PBS＋10^3 EID_{50}病毒对照	0	6	2			0	6	2		

1mg/L 药物与新城疫病毒相互作用后接胚孵化后 60h 死亡的 3 个鸡胚 HA 效价为 9、7、8，1mg/L 药物与新城疫病毒相互作用后接胚孵化后 72h 死亡的 5 个鸡胚 HA 效价分别

为9、8、10、8、9。10^3EID_{50}新城疫病毒对照接胚孵化48h死的6个胚HA效价为8、9、8、8、9、8，60h死的2个胚HA效价为8、9，96h活胚检测HA效价均为0。10^3EID_{50}禽流感H9病毒亚型对照48h死亡的6个鸡胚HA效价分别为8、9、8、9、9、8，60h死亡的2个鸡胚HA效价分别为10、9。96h活胚检测HA效价均为0。

3 结论

本次试验条件下，二氧化氯5mg/L作用5min即可对大肠杆菌临床分离株产生100%的杀菌效果。二氧化氯5mg/L作用10min或二氧化氯10mg/L作用5min，均能对金黄色葡萄球菌临床分离株产生100%的杀菌效果。2mg/L二氧化氯就能对10^3EID_{50}新城疫病毒有100%的杀灭作用，而1mg/L不能全部杀灭新城疫病毒。禽流感病毒H9亚型对二氧化氯比新城疫病毒敏感，1mg/L二氧化氯即可对10^3EID_{50}禽流感病毒H9亚型有较好的杀灭作用。此外，溶解二氧化氯泡腾片时，注意二氧化氯在水中溶解度仅2.9g/L，一定要现配现用[3]。国内外大量的研究表明，二氧化氯是安全、无毒的环保消毒剂。当使用浓度低于500mg/L时，不会影响动物健康；在100mg/L以下时，不会对人体和动物产生任何的影响，对皮肤亦无任何致敏作用，同时在消毒过程中也不与有机物发生氯代反应生成可产生“三致作用”（致癌、致畸、致突变）的有机氯化物或其他有毒类物质，无药物残留[4]。因此，无论从对细菌病毒的杀灭效果，还是从环境保护的目的，二氧化氯泡腾片均应当成为一种值得推荐使用的高效便利的消毒剂[5]。

参考文献

[1] 于溟雪，张文福．二氧化氯消毒剂及其消毒应用的研究进展［J］．中国消毒学杂志，2012，29（2）：132－135.

[2] Singer P C. Humie substancesills precursorsfor potentially harmful disinfection by-products［J］. *War Sci Tech*，1999，40（9）：25.

[3] 薛广波．现代消毒学［M］．北京：人民军医出版社．2002：381.

[4] 孙清莲，王三虎，孟长明，等．二氧化氯的特性及其在养殖业中的应用［J］．畜牧与饲料科学，2010，31（3）：152－153.

[5] 刘真，张林，熊鸿燕．不同种类含氯消毒剂消毒效果研究的系统评价［J］．中国消毒学杂志，2011，28（3）：272－275.

蛋雏鸡新城疫母源抗体消长规律的分析

姚　远[1]，张　帆[2]，郗正林[1]，黄忠阳[1]，周　涛[1]，章熙霞[1]，
匡　伟[1]，王冰心[1]，何宗亮[1]，曹　伟[1]，李明龙[1]
（1. 南京市畜牧家禽科学研究所，南京　210036；
2. 南京出入境检验检疫局，南京　210006）

摘　要：新城疫母源抗体在一定时间内可使雏鸡被动得到保护，而同时又会对免疫接种产生一定影响。本试验应用血凝－血凝抑制法分别对江苏某规模化蛋鸡场1、3、5、7、9、11、13日龄的蛋雏鸡进行了新城疫母源抗体水平抽样检测。结果显示，被检雏鸡母源抗体效价均达到5log2的羽数占总检测鸡群的91.4%。被检雏在出雏后3日龄时母源抗体水平达到最高值（8.27log2），随后保持相对稳定，于7日龄开始逐渐下降，至13日龄时新城疫母源抗体水平低于保护临界值（4.43log2）。本试验旨在分析蛋雏鸡新城疫母源抗体消长规律，为蛋鸡新城疫首免日龄的确定提供参考依据。

关键词：蛋雏鸡；新城疫；母源抗体；消长规律

鸡新城疫（New Castle disease），是由副黏病毒属的新城疫病毒引起的一种急性、热性、高度接触性传染病，其发病后主要特征是呼吸困难、下痢、黏膜和浆膜出血，病程稍长的伴有神经症状，成鸡严重产蛋下降。雏鸡比成年鸡易感性更高，并导致较高的发病率与死亡率[1]，危害极大，是目前对全世界养禽业威胁最大的传染性疾病之一。目前尚无有效治疗鸡新城疫的药物，免疫预防是控制鸡新城疫的实用、有效手段[2,3]。鸡新城疫免疫受到诸多因素的影响而效果不同，母源抗体就是其中一个重要因素。母源抗体可在一定时间内使雏鸡得到被动保护，抵御疾病感染，但由于其对疫苗抗原有中和、清除等作用，会不同程度地干扰疫苗的免疫效果。因此，母源抗体在初生家禽体内的变化规律，对免疫程序的制定和疫苗的应用至关重要。首免过早，会因母源抗体水平过高而导致免疫失败，过迟则雏鸡又会因母源抗体水平过低而受新城疫的侵袭。本试验选择了江苏某规模化养鸡场，运用血凝—血凝抑制试验（HA-HI）对雏鸡血清中新城疫母源抗体水平进行抽样检测，分析其变化规律，为制定科学合理的免疫程序提供技术支持。

1　材料与方法

1.1　材料

1.1.1　*试剂*　鸡新城疫病毒血凝—血凝抑制反应相关试剂，由南京市畜牧兽医站提供。

1.1.2　*试验动物*　同一批次蛋雏鸡5 000羽，来源于开产3个月的蛋鸡群，由江苏某规

模化蛋鸡场提供。保持相同饲养环境，随机抽取 1、3、5、7、9、11、13 日龄雏鸡各 30 羽待检。其父母代按如下免疫程序进行多次免疫：4 日龄，饮水免疫鸡新城疫—传染性支气管炎二联活疫苗（La Sota + H120 株）；25 日龄饮水免疫鸡新城疫—传染性支气管炎二联活疫苗（La Sota + H52 株）；60 日龄和 90 日龄先后饮水免疫鸡新城疫活疫苗（La Sota 株）；120 日龄肌肉注射接种鸡新城疫—传染性支气管炎—减蛋综合征三联灭活疫苗（N79 株 + M41 株 + NE4 株）。

1.2 方法

1.2.1 样品采集 雏鸡分别于 1、3、5、7、9、11、13 日龄采血，分离血清待测。

1.2.2 抗体检测 采用血凝—血凝抑制试验技术，按照国标《新城疫诊断技术（GB/T 16550—2008)》所规定的方法操作，以检测不同日龄蛋雏鸡的抗体效价。同时按常规方法设置阴性和阳性对照。

1.2.3 结果判定 以 100% 抑制凝集的血清最大稀释度为该份血清样品的抗体效价；根据抗体水平低于 5log2 时保护力很差，容易感染新城疫病毒而发病的基本理论，本试验把抗体水平 5log2 作为保护临界值来评价免疫效果，当鸡 HI 抗体水平低于 5log2 时，免疫效力低下，判断为免疫不合格；当 HI 抗体水平高于 5log2 时，免疫效力良好，判断为免疫合格。

2 结果

2.1 蛋雏鸡母源抗体检测结果

本试验共检测了 210 份雏鸡血清样品，如表所示。新城疫母源抗体检测结果显示蛋雏鸡新城疫母源抗体水平在 3 日龄时平均效价最高（8.27log2），在 13 日龄时其新城疫母源抗体平均效价最低（4.43log2）。其中，抗体效价≥5log2 的羽数占总检测鸡群的 91.4%，见表。

表 不同日龄蛋雏鸡新城疫母源抗体检测结果（n = 30，羽）

效价（log2）\ 日龄	1	3	5	7	9	11	13
3	0	0	0	0	0	0	5
4	0	0	0	1	0	1	11
5	7	0	0	1	1	5	10
6	9	0	0	2	9	12	4
7	6	9	11	6	12	10	0
8	1	5	3	6	2	2	0
9	7	15	16	14	6	0	0
10	0	1	0	0	0	0	0
平均效价	6.73	8.27	8.17	7.90	7.10	6.23	4.43

2.2 蛋雏鸡新城疫母源抗体消长规律

随日龄的增长，蛋雏鸡新城疫母源抗体消长曲线见图。蛋雏鸡新城疫母源抗体水平在3日龄时平均效价最高，在7日龄后抗体水平出现下降，在13日龄时其新城疫母源抗体平均效价下降至5log2以下，1～9日龄雏鸡的新城疫母源抗体水平均较高。根据判定标准，在11日龄内均有较高的免疫保护水平，见图。

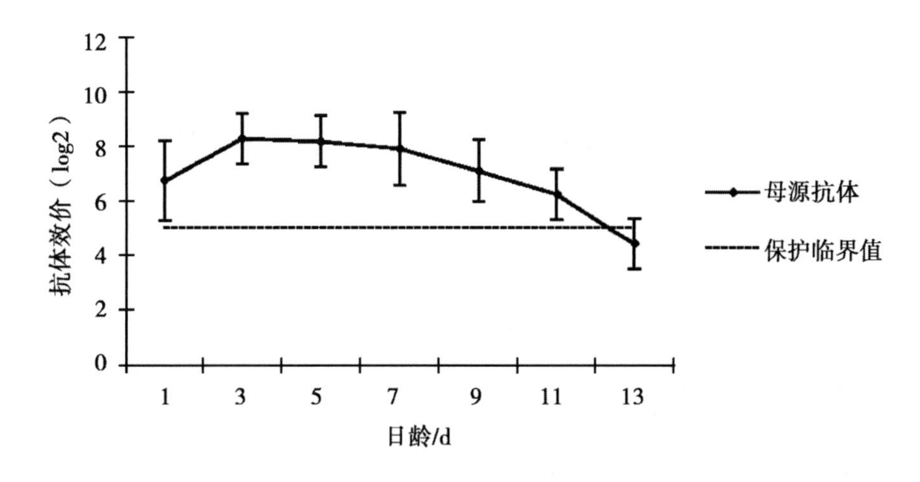

图　蛋雏鸡母源抗体消长曲线（n＝30）

3 讨论

3.1 鸡新城疫母源抗体整体水平

通过对新城疫母源抗体水平监测，对该鸡场的免疫情况有了初步了解，新城疫母源抗体持续期为12d，母源抗体效价在3～10log2范围内，整体水平较高，在1～11日龄时抗体效价均已达到合格标准，对蛋雏鸡有较高的免疫保护力。

3.2 鸡新城疫母源抗体随雏鸡日龄变化

检测结果显示，新城疫母源抗体效价随着雏鸡日龄的增长而呈缓慢下降趋势。已接种新城疫疫苗的母鸡，其体内的免疫抗体能够通过卵黄囊传递给雏鸡，而使雏鸡产生被动免疫力，1日龄雏鸡母源抗体水平已高于保护临界值，由于雏鸡获得母源抗体是通过卵黄的吸收实现的，而雏鸡对卵黄的吸收有一定过程，因此，在3～5日龄时雏鸡的母源抗体水平较1日龄时有所上升，母源抗体水平从7日龄开始下降，直到13日龄时抗体效价降至保护临界值以下（4.43log2），此时母源抗体水平已达不到保护力。

3.3 鸡新城疫母源抗体监测结果与其他报道的异同

许多学者对新城疫母源抗体的消长规律进行了相关研究，其变化趋势主要有下坡势、单峰势和双峰势3类[3]。下坡势：以1日龄雏鸡母源抗体效价最高，然后呈缓慢下降趋势；单峰势：一般在3～9日龄时达到唯一一次母源抗体峰值[4]；双峰势：一般在1日龄和5日龄左右2次分别达到母源抗体峰值。本次监测结果符合上述趋势中的单峰势，在3日龄时出现抗体峰值后开始缓慢下降。不同的是，文献报道中一些呈单峰势的新城疫母源抗体水平比一般抗体效价下降速度相对较快，至6～7日龄抗体平均效价即降为免疫临界线（4log2），而本次试验中的蛋雏鸡在11日龄内其新城疫母源抗体整体维持在较高水平，且随日龄增长下降的速度较为缓慢。分析其原因：一方面可能是相对于肉雏鸡，蛋雏鸡生长速度和新陈代谢均较缓慢所致。母源抗体是由卵黄吸收而来，在液相卵黄中其抗体水平与母鸡血清中的相同，当鸡胚发育时吸收了一部分卵黄后抗体随之出现于血液循环中[5]。抗体水平随鸡体的生长、成熟和新陈代谢而不断减少直到消失，蛋雏鸡的新陈代谢较为缓慢致使其母源抗体下降速度也相对较慢；另一方面，可能是受亲代鸡群免疫状况、饲养管理等条件影响，本批次监测的雏鸡属于蛋鸡，其父母代来自同一日龄的同一种鸡群，饲养管理条件好，各项性能较好，因而在产蛋期间血清中的平均抗体效价相对较高，抗体水平也相对较整齐。

3.4 鸡新城疫首免日龄的推定

母源抗体水平在很大程度上影响着疫苗首免的效果，如果为防止早期感染新城疫就盲目进行超前免疫，在母源抗体水平较高（>6log2）时进行首免，免疫后机体会受母源抗体的干扰，抑制体内抗体的产生，反而达不到免疫效果；如果在雏鸡母源抗体水平较低（<4log2）时再进行首免，此时雏鸡已出现了免疫空白，极易感染新城疫病毒。因此，从本次试验来看，对于该规模化蛋鸡场，建议新城疫疫苗首免时间安排在11～13日龄为宜，既可避开母源抗体的高峰期，又不会迟于母源抗体低于保护的临界值。

目前一些报道或一些地区生产实践中广泛应用公式推算首免日龄[2~7]，它是以雏鸡体内血凝抑制抗体的半衰期和1日龄雏鸡血凝抑制抗体效价为参考来推算雏鸡最适首免日龄的，是一种较为方便、科学的推算方法。在实际应用中还应结合本场母源抗体水平监测情况，分析雏鸡体内血凝抑制抗体的半衰期和不同日龄雏鸡血凝抑制抗体水平变化，再参照监测结果、免疫情况、饲养管理等加以综合分析，从而进一步科学推算疫苗最适首免时机。因此，建议有条件的鸡场在免疫计划实施的同时，应制定严格的抗体监测程序，定期开展鸡群的免疫抗体水平监测工作，增加必需的免疫步骤，减少不必要的免疫步骤，制定科学、适宜本场实际的免疫程序，而不是一味的照搬现成的免疫程序，适时进行免疫，保持鸡群整体抗体水平，同时加强饲养管理，这样既保证了总体免疫效果，又可节省人力、物力、财力，同时减少了对鸡只的应激反应。

参考文献

[1] 蔡宝祥．家畜传染病学［M］．第3版．北京：中国农业出版社，1999：252－253.
[2] 郑世军．鸡病免疫防治技术［M］．北京：中国农业大学出版社，1994：47－51.
[3] 何庆兰．雏鸡新城疫的母源抗体和初次免疫时间的确定［J］．浙江畜牧兽医，2011（04）：27－29.
[4] 靖　宁，罗国喜．鸡新城疫母源抗体消长规律和免疫保护抗体临界值的测定［J］.

当代畜牧，2007（03）：9－10.

［5］依安·迪萨．兽医免疫学入门［M］．第2版．北京：农业出版社，1986：117－124.

［6］陈　静，吴淑娜，王杯胜．抗体监测在鸡新城疫防疫中的作用［J］．山东畜牧兽医，1998（04）：31.

［7］张兰香．鸡新城疫母源抗体与首免时间的确定［J］．山东家禽，2002（12）：47.

异源红细胞对 HI 试验监测禽流感疫苗免疫抗体结果影响的研究*

郑　轶，林枝桁**
（海南省现代农业检验检测预警防控中心，海口　571100）

H5N1 亚型高致病性禽流感是一种急性、热性和高度接触性传染病，呈世界范围流行，严重危害家禽养殖业生产安全、动物产品质量安全和公共卫生安全，在国际上被列为“A 类动物传染病”，也是我国兽医主管部门规定的“一类动物疫病”之一。由于其造成的经济和社会危害十分严重，为加强防控，国家已将其纳入《国家动物疫病强制免疫计划》，在饲养的鸡、水禽、鸽子、鹌鹑等禽类群体中全面施行免疫。为了科学地评价疫苗免疫效果，通常在免疫一定时间后采用具有亚型特异性的血凝抑制试验（HI）对免疫抗体水平进行抽样监测，监测结果可为进一步开展疫情风险评估、防控预警和补免工作提供重要的科学依据。为提高监测结果的准确性，本研究就同源于异源红细胞对家禽免疫抗体监测结果的影响进行研究，以期为临床应用提供参考。

1　材料与方法

1.1　待检血清样品的采集

家禽血清样品的采集：选取本地非免疫鸭、鹅各 40 只，接种重组禽流感病毒灭活疫苗（H5N1 亚型，Re-6 株）21d 后，翼下静脉采血 5mL，室温自然凝固后分离血清，编号标记后立即检测或置 -20℃冻存待检。

1.2　主要试剂

1.0% 家禽红细胞悬液的配制：采集非免疫的健康雄性鸡、鸭和鹅抗凝血，分别按《高制病性禽流感诊断技术》（GB/T 18936—2003）所载方法配制 1.0% 红细胞悬液，4℃保存备用，24h 内使用。

重组禽流感病毒灭活疫苗（H5N1 亚型，Re-6 株）：购自广东永顺生物制药有限公司；禽流感 H5 亚型 HI 标准抗原及阳性血清：由海南省农业科学院畜牧兽医研究所提供。

---

* **作者简介**：郑轶，男，辽宁锦州人，博士研究生，主要从事预防兽医学方面的研究

** **通讯作者**

1.3 检测方法

按照 GB/T 18936—2003 中 HI 试验技术方法检测 1.1 采集的家禽待检血清。其中，鸭血清分别采用鸡红细胞悬液（方法 A）和鸭红细胞悬液（方法 B）进行检测结果比对，鹅血清分别采用鸡红细胞悬液（方法 C）和鹅红细胞悬液（方法 D）进行比对。

2 结果

（1）从表 1 可见，经方法 A 检测，蛋鸭的 20 份血清中，检出免疫抗体阳性样品 8 份，相同的血清样品，经方法 B 检测有 14 份为阳性。其中有用方法 A 检测阴性，而方法 B 检测为阳性的 6 份样品，抗体滴度均高于 6log2。

同样方法，通过检测 20 份肉鸭的血清样品进行结果比较，方法 A 检测只有 7 份阳性，而利用方法 B 检测全部为阳性，其中，用方法 A 未检出抗体的 13 份血清样品，利用方法 B 检测时，检测到的抗体滴度为 3log2 ~ 7log2 不等。

表 1 鸡、鸭红细胞测定鸭血清的 HI 效价比较

检测血清	红细胞	血清 HI 效价（log2）																			
		1	2	3	4	5	6	7	8	9	10	11	12	13	14	15	16	17	18	19	20
蛋鸭	鸡	—	3	—	4	—	—	—	—	3	—	3	5	2	—	2	—	—	3	—	—
	鸭	—	7	—	9	—	6	6	6	5	—	6	8	5	7	6	6	—	6	6	-
肉鸭	鸡	2	—	—	2	—	—	—	—	2	—	—	—	—	2	—	2	—	3	3	—
	鸭	6	5	4	6	5	7	5	3	4	5	3	5	5	6	6	6	6	6	4	5

注：“—” 表示样品 HI 检测免疫抗体水平阴性

（2）从表 2 可见，利用方法 C 检测鹅免疫抗体水平，鹅场 I 的 20 份血清中有 8 份抗体检测结果阴性，但用方法 D 检测，20 份血清均检测到抗体的存在。这 8 份利用方法 C 检测阴性的样品，用方法 D 检测到的抗体滴度均≥2log2，最高达到 9log2。

利用方法 C 检测鹅场Ⅱ的 20 份血清中有 7 份阴性，而利用方法 D 检测只有 1 份阴性，其余均为阳性。6 份方法 C 检测为阴性样品，而方法 D 检测的抗体滴度为 3log2 ~ 8log2.

表 2 鸡、鹅红细胞测定鹅血清的 HI 效价比较

检测血清	红细胞	血清 HI 效价（log2）																			
		1	2	3	4	5	6	7	8	9	10	11	12	13	14	15	16	17	18	19	20
鹅场 I	鸡	4	4	—	—	5	6	6	5	—	—	—	—	2	—	5	6	2	6	—	5
	鹅	6	5	2	4	5	8	10	8	4	5	4	7	4	5	5	6	5	6	9	5
鹅场Ⅱ	鸡	—	—	4	6	—	5	5	4	6	4	4	—	3	4	—	—	3	—	2	4
	鹅	3	8	4	7	6	6	6	5	7	5	4	4	4	5	3	—	4	5	4	5

注：“—” 表示样品 HI 检测免疫抗体水平阴性

3 讨论

3.1 检出率比较

通过方法A与B、C与D的比较，明显可见：在40份鸭待检血清中，用异源的鸡红细胞仅检测到15份阳性，而使用同源的鸭血清，则检测到32份阳性；同样40份鹅血清，用异源的鸡红细胞检测有25份阳性，而用同源的鹅红细胞检测则有39份阳性。在检出率方面比较，用异源红细胞检测仅为同源红细胞的44.1%和64.1%。

3.2 方法敏感性比较

如果依据国家高致病性禽流感免疫抗体水平监测标准≥4log2判定为个体免疫抗体水平合格，则方法A检测仅2份样品合格，而方法B检测则32份合格，合格率分别为0.5%和80%；同样，方法C检测20份合格，方法D检测则36份合格，合格率分别为50%和90%；若按照规定以“群体免疫抗体水平合格率必常年维持在75%以上”判定为群体免疫抗体水平合格，那么用同源红细胞检测鸭、鹅群体免疫抗体水平均是合格的，而用异源红细胞检测则两个群体的抗体水平全部不合格，方法的敏感性差异极其显著，对后续依据抗体水平开展疫情风险评估、预警和补免工作造成截然不同的决策和判断。

3.3 试验结果

试验结果显示，同源与异源动物红细胞对家禽免疫监测结果影响较大，因此，建议在家禽免疫监测过程中应选择同源动物红细胞，以提高临床免疫监测的检出率和敏感性，避免造成不必要的补免和对疫情风险的错误评估，节约公共服务资源，减少大量资金、物资、人力的不必要浪费。

鸡 ND-IB-IBD 三联弱毒冻干疫苗检测试验研究

刘瑞生[1]，王必慧[1]，康文彪[2]，张述斌[1]，薛掌林[1]
(1. 甘肃省畜牧兽医研究所，平凉 744000；2. 甘肃省兽医技术推广总站)

摘　要：本研究对研制的鸡 ND-IB-IBD 三联弱毒冻干疫苗进行了物理性状观察、无菌检验、支原体检验、剩余水分含量测定、真空度检验、安全性检验、效力检验、免疫期和保存期测定，结果表明研制的鸡 ND-IB-IBD 三联弱毒冻干疫苗各项指标检验合格，符合生物制品要求，可以有效预防鸡 ND、IB 和 IBD 三种传染病的发生，疫苗免疫期为 60d 左右，在 -25℃下保存期为 12 个月。

关键词：鸡新城疫；传染性支气管炎；传染性法氏囊病；疫苗

鸡新城疫（ND）、传染性支气管炎（IB）和传染性法氏囊病（IBD）是影响养鸡业的 3 种主要病毒性传染病，发病率和死亡率高，严重影响养鸡业的健康发展。生产中对上述 3 种传染病通常采用相应的单苗进行多次免疫接种预防，不仅费工费时，频繁免疫接种还会引起鸡的应激反应。为此，国外已研制出鸡 ND、IB 和 IBD 三联弱毒疫苗应用于生产。近年来，国内也开展了这方面的研究工作。刘文惠等（1996）在同一宿主细胞—鸡全胚细胞上同步增殖培养了鸡 ND、IB 和 IBD 三株细胞弱毒，并研制成三联细胞弱毒疫苗[1]。杨峻等（1999）用 NDLaSota 株、鸡 IBM41 株接种鸡胚，收获含毒鸡胚尿囊液；用 IBDV 接种 30～40 日龄肉用鸡，发病后取囊组织制成含毒组织悬液，将 3 种病毒液按一定比例混合，制备成三联油乳剂灭活苗[2]。李大山等（2002）将 NDLaSota、IBH120 和 IBDB87 弱毒株经适当稀释后等量混合，经 10 日龄 SPF 鸡胚同胚接种联合培养，收获含毒鸡胚液和胎儿混合制成 ND、IB、IBD 三联活疫苗[3]。由于各地采用的毒株不同，制备工艺不同，病毒的培养方式也不一样，制备的鸡 ND-IB-IBD 三联疫苗对鸡的免疫效果也不一样。我们采用鸡胚尿囊腔同胚培养 NDLaSota 株和 IBH120 株，鸡胚成纤维细胞旋转立体培养 IB-DB87；将收获的含毒鸡胚尿囊液和细胞毒液通过配制比例筛选混合冻干，制备成鸡 ND-IB-IBD 三联弱毒冻干疫苗。为了了解研制疫苗的各项性能，为推广应用提供依据，进行了疫苗的检验工作。

1　材料与方法

1.1　材料

鸡 ND-IB-IBD 三联弱毒冻干疫苗、硫乙醇酸盐培养基（T. G）、酪胨琼脂（G. A）、改良 Frey 培养基，由本课题组制备。NDF48E9 强毒、IBM41 强毒和 IBDBC6-85 强毒，购自中国兽医药品监察所。

14 日龄非免疫雏鸡：本所实验鸡场提供。

1.2 检测方法

1.2.1 物理性状观察 疫苗经冻干后，观察其颜色、疏松度，是否能与瓶壁脱落，加稀释液后的溶解度如何。

1.2.2 无菌检验 每批冻干疫苗随机抽取 4 支，用灭菌生理盐水稀释至原量，混合后接种硫乙醇酸盐培养基（T. G）小管及酪胨琼脂（G. A）斜面各 2 支，每支 0. 2mL，一支置 (36 ±1)℃培养；一支置（25 ±1)℃培养，另设生理盐水和空白对照管，观察 3 ~5d。

1.2.3 支原体检验 每批冻干疫苗随机抽取 4 支，用灭菌生理盐水稀释至原量，混合后将 5mL 疫苗混合物接种于小瓶改良 Frey 培养基，再从小瓶中取 0. 2mL 移植接种于 1 小管液体培养基内，将小瓶与小管同时放在 37℃培养，每日观察培养物颜色变化。若在 5 ~7d 尚未见变化，再从小瓶中取 0. 2mL 移植于另 1 管液体培养基内，置 37℃继续培养观察 5 ~7d，如此重复 3 次，若无变化，在最后一次接种小管的培养物观察 14d 后停止观察。在观察期内，如果发现小瓶或任何一支小管培养物颜色出现明显变化，pH 值变化达 ±0. 5 时，应立即移植于小管液体培养基和固体培养基上，观察在液体培养基中是否出现恒定的 pH 值变化，及固体培养基上有无典型的“煎蛋”状支原体菌落。

1.2.4 剩余水分含量测定 采用真空烘干法，测定前，先将洗净干燥的称量瓶，置 150℃干燥箱烘干 2h，放氯化钙罐中冷却后称重。迅速打开真空良好的疫苗瓶，将制品倒入称量瓶内盖好，在天平上称量。每批做 4 个样品，立即将称量瓶置于有 P_2O_5 的真空干燥箱中，打开瓶盖，抽真空（133. 322 ~666. 61Pa）加热（60 ~70℃）干燥 3h。然后通入经过 $CaCl_2$ 吸水的干燥空气，待真空干燥箱温度稍下降后，打开箱门，迅速盖好称量瓶盖，将所有称量瓶移入有 $CaCl_2$ 的干燥罐中，冷却至室温时称重，然后再移回到真空干燥箱内继续烘干 3h，两次烘干达到恒量，减失的重量即为含水量（每瓶制品的含水量不应超过 4%）。

计算公式：含水量% =（样品干前重 - 样品干后重）/干前重 ×100。

1.2.5 真空度检验 用高频火花真空测定器照射疫苗瓶，看是否出现紫色辉光。

1.2.6 安全性检验 每批疫苗随机抽取 4 支，稀释后充分混合，给 30 只 14 日龄雏鸡颈部皮下注射接种 10 个使用剂量，观察 14d，看有无异常反应。

1.2.7 疫苗的效力检验

1.2.7.1 新城疫效力检验 将 14 日龄的健康非免疫雏鸡 20 只，随机分为两组，每组 10 只，1 组为对照组，不接种任何疫苗，2 组为试验组，每只鸡滴鼻接种 1 个使用剂量的鸡 ND-IB-IBD 三联弱毒冻干疫苗。分别在免疫前、免疫后 7、14d 翅静脉采血，用 β-微量血凝抑制试验测定血清中 ND 的抗体水平。14d 后将所有鸡用 10 000ELD_{50}的 NDF48E9 强毒肌肉注射 1mL/只，观察 10 ~14d，并计算免疫鸡的保护率和未免疫对照鸡的发病死亡率。

1.2.7.2 传染性支气管炎效力检验 将 14 日龄的健康非免疫雏鸡 20 只，随机分为两组，每组 10 只，1 组为对照组，不接种疫苗，2 组为试验组，每只鸡滴鼻接种 1 个使用剂量的鸡 ND-IB-IBD 三联弱毒冻干疫苗。分别在免疫前、免疫后 7、14d 翅静脉采血，用 β-微量血凝抑制试验测定血清中 IB 的抗体水平。14d 后将所有鸡用 10 倍稀释的 IBM41 强毒滴鼻，每只鸡 1 ~2 滴，观察 10 ~ 14d，并计算免疫鸡的保护率和未免疫对照鸡的发病死亡率。

1.2.7.3 传染性法氏囊病效力检验 将 14 日龄的健康非免疫雏鸡 20 只，随机分为两组，每组 10 只，1 组为对照组，不接种疫苗，2 组为试验组，每只鸡滴鼻接种 1 个使用剂量的鸡 ND-IB-IBD 三联弱毒冻干疫苗。分别在免疫前、免疫后 7、14d 翅静脉采血分离血清，用 AGP 法测定 IBD 抗体阳性率。20d 后取全部免疫鸡连同对照鸡，每只点眼攻击 50 个发病量的 IBDBC6-85 强毒 0.05mL，72h 后剖杀所有鸡，检查法氏囊的变化。

1.2.8 疫苗的免疫期测定 用 20 只 14 日龄的非免疫健康雏鸡，每只颈部皮下注射鸡 ND-IB-IBD 三联弱毒冻干疫苗 0.2mL（含 1 个使用剂量），于免疫后第 14d 开始，每间隔 14d 用 β-微量血凝抑制试验测定血清中 ND、IB 的抗体滴度，用 AGP 法测定 IBD 抗体阳性率，直至血清抗体水平降至公认的保护抗体水平。

1.2.9 疫苗的保存期测定 试制的鸡 ND-IB-IBD 三联弱毒冻干疫苗经物理性状观察和实验室检验合格后，于 -25℃冷冻保存；每间隔 3 个月免疫 14 日龄雏鸡 10 只，同时另设对照 10 只，于免疫后 14d 采血分离血清，检测鸡 ND、IB、IBD 抗体水平，确定该疫苗的保存期。

2 试验结果

2.1 物理性状观察

冻干后的疫苗均呈微红色海绵状疏松团块，易与瓶壁脱离，加稀释液后能迅速溶解。

2.2 疫苗的无菌检验

经观察，接种疫苗的硫乙醇酸盐培养基（T.G）小管和酪胨琼脂（G.A）斜面小管及对照管在 5d 内均无细菌生长。

2.3 疫苗的支原体检验

在 3 次 7d 的反复培养和最后一次 14d 的培养中，小瓶和小管内的培养基颜色均无变黄或变红的现象，说明我们试制的 3 批疫苗均无支原体污染。

2.4 疫苗的剩余水分含量测定

见表 1。

表 1 鸡 ND-IB-IBD 三联弱毒冻干疫苗的剩余水分含量测定结果（%）

疫苗批号	剩余水分				
	1	2	3	4	平均值
20030325	2.136 5	2.132 4	2.134 4	2.133 6	2.134 2
20030626	2.256 8	2.256 6	2.256 0	2.257 2	2.256 6
20030924	2.178 5	2.176 9	2.177 6	2.177 9	2.177 7

从表1可以看出，试制的3批鸡ND-IB-IBD三联弱毒冻干疫苗剩余水分含量均未超过4%，合乎国标要求[4]。

2.5　疫苗的真空度检查

用高频火花真空测定器测定，3批疫苗瓶内均出现紫色辉光，说明真空度检验合格。

2.6　疫苗的安全检验

通过14d的观察，用10个使用剂量的鸡ND-IB-IBD三联弱毒冻干疫苗免疫的30只雏鸡生长发育良好、精神状况、饮食欲等均无异常表现。

2.7　疫苗的效力检验

2.7.1　新城疫效力检验　见表2。

表2　鸡ND-IB-IBD三联弱毒冻干疫苗ND效力检验结果

组　别	ND抗体水平（Xlog2 ± S）			攻毒保护率（%）
	试验前	试验后7d	试验后14d	
对照组	3.8 ± 1.67	2.4 ± 0.85	1.0 ± 1.37	0
试验组	3.6 ± 1.52	5.6 ± 1.14**	7.5 ± 0.96**	100

由表2可见，对照组与试验组在试验前抗体水平差异不显著（$P > 0.05$），在试验后7、14d，对照组与试验组相比，抗体水平差异极显著（$P < 0.01$）。攻毒试验结果试验组100%（10/10）保护，对照组100%（10/10）死亡。由此可见，我们试制的鸡ND-IB-IBD三联弱毒冻干疫苗用1个使用剂量免疫接种14日龄雏鸡，7d可产生免疫力，免疫后14d对鸡ND强毒攻击的保护率为100%，说明该疫苗对预防雏鸡新城疫的发生是有效的。

2.7.2　传染性支气管炎效力检验　见表3。

表3　鸡ND-IB-IBD三联弱毒冻干疫苗IB效力检验结果

组　别	IB抗体水平（Xlog2 ± S）			攻毒保护率（%）
	试验前	试验后7d	试验后14d	
对照组	2.3 ± 1.02	0.8 ± 1.48	0.2 ± 1.26	10
试验组	2.4 ± 0.63	4.8 ± 0.79**	7.1 ± 0.54**	100

由表3可见，对照组与试验组在试验前抗体水平差异不显著（$P > 0.05$），在试验后7、14d，对照组与试验组相比，抗体水平差异极显著（$P < 0.01$）。攻毒试验结果试验组100%（10/10）保护，对照组90%（9/10）死亡。由此可见，我们试制的鸡ND-IB-IBD三联弱毒冻干疫苗用1个使用剂量免疫接种14日龄雏鸡，7d可产生免疫力，免疫后14d对鸡IB强毒攻击的保护率为100%；从而说明该疫苗对预防雏鸡传染性支气管炎的发生是有效的。

2.7.3　传染性法氏囊病效力检验　见表4。

表4　鸡ND-IB-IBD三联弱毒冻干疫苗IBD效力检验结果（%）

组别	AGP抗体阳性率			攻毒保护率
	试验前	试验后7d	试验后14d	
对照组	0	0	0	0
试验组	0	20	80	70

由表4可见，对照组与试验组在试验前IBD的抗体阳性率差异不显著（$P>0.05$），在试验后7、14d，对照组与试验组相比，抗体阳性率差异极显著（$P<0.01$）。攻毒后72h剖检结果为，试验组10只鸡中7只法氏囊无任何肉眼可见变化，3只鸡的法氏囊有不同程度的病变，因而该疫苗的保护率为70%；而对照组10只鸡法氏囊全部有不同程度的变化，主要表现为：法氏囊体积和重量均增大，囊壁增厚，外形变圆，发黄，浆膜下水肿或出血，黏膜表面有点状出血或淤血性出血，囊表面覆有一层胶冻样黄色渗出液，并有纵行条纹，囊腔内充满混浊黏液和干酪样渗出物，即100%的发病。说明我们试制的鸡ND-IB-IBD三联弱毒冻干疫苗对预防鸡IBD的发生有较好的作用。

2.8　疫苗免疫期测定

见表5。

表5　鸡ND-IB-IBD三联弱毒冻干疫苗免疫期测定结果

组　别		14d	28d	42d	56d	70d
对照组	ND	2.0±0.50	1.0±0.84	1.2±0.74	1.0±0.67	1.1±0.95
	IB	0.3±1.14	0.2±1.14	0.2±0.85	0.3±1.57	0.2±1.16
	IBD	0/10	0/10	0/10	0/10	0/10
试验组	ND	7.2±1.33	7.6±0.70	7.3±0.88	6.8±0.63	5.4±0.86
	IB	6.9±0.79	7.4±0.67	7.0±0.74	6.3±0.65	5.0±0.82
	IBD	8/10	10/10	8/10	6/10	4/10

由表5可见，用三联弱毒冻干疫苗免疫14日龄小鸡后，14~28d抗体效价逐渐升高，42d后开始逐渐下降，至70d时仍可检测到较高水平的抗体（或阳性率）。表明试制的鸡ND-IB-IBD三联弱毒冻干疫苗的免疫期最少为60d。

2.9　疫苗保存期测定

见表6。

表6　鸡ND-IB-IBD三联弱毒冻干疫苗保存期测定结果

组　别		1月	4月	7月	9月	12月
对照组	ND	1.2±0.64	1.0±0.79	1.0±1.14	1.1±1.16	1.2±1.37
	IB	0.2±0.53	0.1±0.47	0.3±1.37	0.1±1.33	0.2±1.44
	IBD	0/10	0/10	0/10	0/10	0/10

（续表）

组 别		1月	4月	7月	9月	12月
试验组	ND	7.5±0.23	7.4±0.69	7.4±0.79	7.2±0.86	7.3±0.74
	IB	7.3±0.74	7.4±0.45	7.2±0.84	7.0±0.70	7.0±0.63
	IBD	8/10	7/10	8/10	7/10	7/10

从表6可见，试制的鸡ND-IB-IBD三联弱毒冻干疫苗在-25℃保存1月、4月、7月、9月和12月，免疫接种14日龄小鸡后14d产生的ND抗体效价分别为7.5、7.4、7.4、7.2和7.3；IB抗体效价分别为7.3、7.4、7.2和7.0；IBD抗体阳性率分别为80%、70%、80%、70%和70%，免疫力下降程度不大，差异不显著。由此可见，鸡ND-IB-IBD三联弱毒冻干疫苗在-25℃的保存期至少为1年。

3 结论与讨论

将NDLa-Sota、IBH120和IBDB87三种抗原按一定比例配比制备的鸡ND-IB-IBD三联弱毒冻干疫苗，在物理性状、无菌检验、支原体检验、剩余水分含量测定、真空度检验方面合格，符合《中华人民共和国兽用生物制品质量标准》。

疫苗的安全检验直接关系到疫苗能否在动物生产中应用。本试验使用10个使用剂量的鸡ND-IB-IBD三联弱毒冻干疫苗免疫雏鸡，精神状况、饮食欲等均无异常表现，对14日龄以上鸡无毒副作用，安全性好，可以在生产中放心应用。

效力检验是验证疫苗应用效果的关键。本研究采用雏鸡检验疫苗的效力方法，对14日龄非免疫雏鸡注射鸡ND-IB-IBD三联弱毒冻干疫苗后，在鸡体内能产生较高的抗体水平，抵抗NDV、IBV和IBDV强毒的攻击，说明该疫苗的3种抗原在鸡体内均产生了较强的免疫应答反应，可以有效预防鸡ND、IB和IBD 3种传染病的发生。免疫期测定结果显示，应用鸡ND-IB-IBD三联弱毒冻干疫苗免疫14日龄雏鸡后，14~42d抗体效价（或阳性率）高，免疫效果好。此后抗体效价（或阳性率）降低，免疫效果减弱，但仍具有一定保护力，免疫期可达60d左右，表明该产品与国内外同类产品的免疫效果基本一致[5~10]。

制备的鸡ND-IB-IBD三联弱毒冻干疫苗在-25℃下保存12个月，免疫后产生的抗体水平（或阳性率）差异不显著，因而认为该产品在-25℃条件下保存期为12个月。

参考文献

[1] 刘文惠，胡毓骥，曹春景，等．鸡新城疫、支气管炎、法氏囊病三联细胞弱毒疫苗的研制及应用研究［J］．中国畜禽传染病，1996（4）：8-11.

[2] 杨 峻，邵华斌，黎秋华，等．鸡新城疫、支气管炎、法氏囊病三联油乳剂灭活疫苗研制及其应用［J］．中国预防兽医学报，1999（4）：256-259.

[3] 李大山，方红梅，刘洪斌，等．鸡新城疫、传染性支气管炎、传染性法氏囊病三联活疫苗的研究［J］．中国兽药杂志，2002（9）：22-24.

[4] 中化人民共和国农业部.《中华人民共和国兽用生物制品质量标准》附录 [M]. 14－15；22－23.
[5] 王立男，曲立新，刘立奎. 鸡新城疫、传染性法氏囊病、传染性支气管炎三联活疫苗的安全性及免疫效力试验 [J]. 中国预防兽医学报，2000 (1)：18－20.
[6] 王莉莉，张秀美，艾　斌，等. 鸡新城疫 (ND)、传染性支气管炎 (IB)、产蛋下降综合征 (EDS) 三联油乳剂灭活疫苗的研究：Ⅳ不同温度下疫苗的性能、保存期及免疫效力测定 [J]. 山东家禽，1995 (1)：16－18.
[7] 史同瑞，王志明，许腊梅，等. 鸡新城疫—传染性支气管炎—产蛋下降综合征三联复乳疫苗的研制 [J]. 动物医学进展，2007 (3)：20－22.
[8] 亢文华，郝俊峰，张促秋，等. 鸡新城疫—鸡传染性支气管炎—禽流感三联灭活油乳剂疫苗的研制与免疫试验 [J]. 中国畜牧兽医，2005 (7)：11－13.
[9] 马增军，陈翠珍，芮　萍，等. 鸡新城疫—减蛋综合征—传染性法氏囊病三联油乳剂灭活疫苗的研究 [J]. 中国兽药杂志，2002 (2)：9－11.
[10] 乔　忠，詹丽娥，乔国峰，等. 鸡新城疫—减蛋综合征—传染性支气管炎三联油佐剂灭活疫苗的研究及应用 [J]. 山西农业科学，2001 (1)：81－83.

柔嫩艾美耳球虫早熟株免疫效果实验室评价*

樊菊婷[1]，李江龙[2]，王时伟[2**]
（1. 新疆生产建设兵团农七师124团畜牧服务中心，奎屯　833011；
2. 塔里木畜牧科技重点实验室，阿拉尔　843300）

摘　要：本试验对选育的柔嫩艾美耳球虫早熟株的免疫效果进行实验室评价。将早熟株分别用 2×10^2，2×10^3，2×10^4，2×10^5 个/只的剂量免疫实验动物，免疫2周后，再用亲本株按 2×10^5 个/只的致死剂量攻毒，试验结果显示，早熟株致病性较弱且有一定的免疫保护力。

关键词：柔嫩艾美耳球虫；早熟株；免疫效果

在各种鸡病中，球虫病的发生率最高。鸡球虫病是一种全球性的原虫病，是造成现代养禽业经济损失最大的疾病之一。由于药物防治所产生的耐药性、药物残留、家禽免疫力抑制、研制费用高、成功率低等问题的日益突出，免疫预防研究得到了广泛重视和应用[1~2]。目前，鸡球虫疫苗主要有强毒株、弱毒株卵囊及基因工程苗。但强毒苗致病力较强，免疫时易引发球虫病，且对饲料报酬、增重影响较大；其中，早熟致弱虫株具有遗传上稳定、致病力大大降低、对饲料报酬、增重影响较小及可诱导机体产生坚强的免疫力和保护力等特点，一度成为国内外学者研究的重点[3]。

Jefferstk[4]首先提出选育球虫早熟株的概念和选育方法，使球虫活苗的研制取得了突破。本研究的柔嫩艾美尔球虫早熟株，系2008年从阿拉尔市患病鸡群的粪便中分离纯化得到，于2009年选育得到遗传性状稳定的早熟株，为此特在实验室内对其免疫原性进行评价，为生产实践奠定基础。报道如下。

1　材料

1.1　虫株背景

2008年2~3月，阿拉尔市场2批商品鸡（15~17周龄）相继发病，除精神食欲不振外，偶见少量紫红色血便。死亡鸡剖检可发现：盲肠段明显增大，肠腔中有暗红色血液，且盲肠上皮增厚，其他脏器未见异常。400mL/L 痢特灵连用5d，死亡停止，发病率为5%，死亡率分别为0.5%和0.7%，粪样检查后，经单卵囊分离、鉴定后，确定为柔嫩艾美耳球虫，其潜在期为118h，试验前重新感染动物后，分离新鲜虫卵孢子化后，置于4℃

* **基金项目**：塔里木畜牧科技重点实验室开放项目（HS200806）
** **通讯作者**：王时伟，讲师，硕士

冰箱中保存备用。

2009 年将上述已纯化的亲本株经早熟选育后，选择遗传性状稳定的最小潜在期为 110h 的早熟株。上述虫株试验前重新感染动物后，分离新鲜虫卵孢子化后，置于 4℃冰箱中保存备用。

1.2 试验用鸡

购自阿克苏市某孵化场一日龄的三黄鸡，出壳后进行无球虫饲养。笼具经火焰消毒，其他用具经 80℃高温消毒 2h。试验前连续 2d 检查粪便中卵囊为阴性。

2 方法

2.1 早熟株安全性评价

19 日龄试验用鸡，逐只称重编号，按体重采用完全随机分组法分为 9 组，每组 8 只鸡。设第 1、2 组为不感染对照组，其余组均免疫孢子化的早熟株，剂量分别是第 3、4 组 2×10^2 个/只，第 5、6 组 2×10^3 个/只，第 7 组 1×10^4 个/只，第 8 组 2×10^4 个/只，第 9 组 2×10^5 个/只。免疫当天记为第 0d，感染后每天观察所有鸡的状况，包括精神状态、饮食欲和粪便，对死亡鸡只记录死亡时间，并称重、剖检和病变记分。若死于球虫病，病变判定为 4 分。

免疫后第 7d，对各组鸡逐只称重，2×10^2 个/只和 2×10^3 个/只剂量组每组扑杀 4 只鸡，2×10^4 个/只和 2×10^5 个/只剂量组全部扑杀，剖检病变记分。

2.2 病变判分标准

根据 Johnson 和 Reid（1970）制定的标准判定[5]。

0：未见病变。

+1：盲肠壁有极少量散在点状出血斑，肠壁不增厚，内容物正常。

+2：盲肠内容物附有少量血液，盲肠壁增厚，可见多数出血病灶。

+3：盲肠内有多量血液或盲肠核（血凝块或灰白色干酪样的香蕉形块状物），盲肠壁肥厚，盲肠有明显的变形和萎缩。

+4：盲肠显著萎缩，病变达直肠部，肠壁极度肥厚，盲肠内含有血凝块或盲肠核。

有时两测盲肠的病变不一致，则以病变重的一侧为准，判定其病变指数。

2.3 早熟株免疫效果评价

待免疫组鸡至 33 日龄，即免疫 2 周后，用亲本株按 2×10^5 个/只的剂量攻毒，以不免疫攻毒组作为对照。攻毒后同样观察鸡的精神状态、饮食欲和粪便状态，对死亡鸡只，则记录死亡时间，并称重、剖检，进行病变记分，若死于球虫病，病变记分为 4 分。攻毒 1 周后，扑杀所有鸡，逐只称重，剖检，所有攻毒组测 OPG 值。

3 结果

3.1 早熟株安全性评价

早熟株安全性评价结果见表3。免疫当天至后4d，所有感染组鸡的精神良好，饮食和粪便正常；感染后5d，2×10^4 剂量组和 2×10^5 剂量组有个别鸡排出粪便，略带鲜血，但精神良好，饮食正常；感染后6d，2×10^4 剂量组粪便正常，而 2×10^5 剂量组仍有少量血便排出，所有组未出现死亡。早熟株球虫对增重影响不大，统计分析结果显示，2×10^2 组、2×10^3 组和 1×10^4 组与不感染对照组相比差异不显著（$P>0.05$）。而 2×10^4 组和 2×10^5 组与不感染对照组相比，差异显著（$P<0.05$），见表1。

表1 早熟株安全性评价

项 目	数量/只	平均体重/g			平均病变记分	死亡率/%
		感染前	感染1周后	平均增重		
不感染对照组	16	267.6	412.1	145.2	0	0
2×10^2 组	16	269.1	411.5	142.4	0	0
2×10^3 组	16	269.0	380.0	139.0	0	0
1×10^4 组	8	275.0	394.6	130.6	0	0
2×10^4 组	8	277.3	378.0	110.9*	+1	0
2×10^5 组	8	274.1	379.4	115.3*	+1	0

注："*"表示差异显著

3.2 早熟株免疫效果评价

早熟株具有较强的免疫原性，2×10^2 个/只的剂量免疫效果较 2×10^3 个/只剂量和 2×10^4 个/只剂量的差，而 2×10^3 个/只剂量和 2×10^4 个/只的剂量可以对 20×10^4 个/只亲本株卵囊的攻毒产生完全的保护力。免疫组鸡只精神食欲良好，粪便正常。不免疫攻毒组鸡只精神委顿、食欲不振，有大量血便，平均增重出现负值，与不免疫不攻毒组差异极显著（$P<0.01$），死亡率为11%。2×10^2 个/只和 2×10^3 个/只免疫组增重与不免疫不攻毒组差异显著。病变记分和OPG明显低于不免疫攻毒组，见表2。

表2 早熟株免疫效果评价

组 别	数量/只	攻毒剂量 $\times10^4$	平均体重/g		平均病变记分	O.P.G $\times10^4$	死亡率/%
			攻毒前	平均增重			
不免疫不攻毒组	8	0	401.0	30.125	0	0	0
不免疫攻毒组	8	20	423.9	−30.125	3.2	6.4	11
2×10^2 组	8	20	403.8	−9.375	0.6	0	0
2×10^3 组	8	20	418.0	29.750	0	0	0
1×10^4 组	8	20	377.0	30.625	0	0	0

4 讨论

4.1 早熟株的安全性

早熟株对 11 日龄雏鸡的半数感染量和半数致死量低于亲本株。亲本株与早熟株以相同计量攻毒，其病变记分，OPG 减小，相对增重率增大。由此可知早熟株的致病力已大大下降。球虫对宿主危害最大的阶段是第二代裂殖生殖，由于其含有裂殖子较多，释放时对宿主细胞的损害较大，导致宿主发病，而早熟株由于第二代裂殖生殖不完全，对宿主造成的损伤较小，致病力也变小[6]，早熟株第二代裂殖生殖不完全是其致病力大大下降的原因。试验鸡在感染 200～10 000个早熟株虫卵是安全的。

4.2 早熟株的免疫原性

用早熟株二免后进行攻毒实验，免疫组相对增重率显著高于攻毒对照组，死亡率、血便率、病变记分低于对照组，证实所选育的早熟株可以有效地抵抗球虫强毒的攻击，具有良好的免疫原性。

早熟株具有繁殖能力较母株高、致病性较母株弱等特点，为鸡球虫早熟株疫苗的研究奠定了基础。但由于球虫在宿主体内寄生的复杂性和特殊性，使球虫的免疫现象也较其他寄生虫免疫表现得更复杂。因此，要作为疫苗的应用，在其安全性、内生性发育以及基因、蛋白等方面仍需做进一步的研究。

参考文献

[1] 顾有方，郭广富，陈会良 . 5 株柔嫩艾美耳球虫对 4 种抗球虫药的抗药性 [J]. 畜牧兽医学报，2004，35（6）：727－730.

[2] Tomley F M，Billington K J，Bumstead J M，et al. Et-MIC4：A Microneme Protein From *Eimeria tenella that* Contains Tandem Arrays of Epidermal Growth Factor-like Repeats and hrombospondin Type-I Repeats [J]. *International Journal for Parasitology*，2001，31（12）：1 303－1 310.

[3] 索　勋，汪　明，吴文学，等 . 强效艾美耳牌鸡球虫苗 I 型的田间实验 [J]. 畜牧兽医学报，2001，32（3）：265－269.

[4] Jefferstk. Attenuation of *Eimeria tenell* athuough Sslection for Precocious [J]. *Journal of Parasitology*，1975，61：1 083－1 090.

[5] Johnson J，Reid W. M Anticoccidiosis drugs：lesion scring techniques in battery and floor-pen experiments with chickens [J]. *Expparasitol*，1970，28：30－36.

[6] 索　勋，李国清 . 鸡球虫病学 [M]. 北京：中国农业大学出版社，1998：117－373.

其他方面

不同饲养方式对蛋鸡生产性能和蛋品质的影响*

顾　荣，王克华**，施寿荣，高玉时
（中国农业科学院家禽研究所，扬州　225003）

摘　要：本试验旨在研究不同饲养方式对蛋鸡生产性能和蛋品质的影响。选取400只22周龄如皋黄鸡，随机分为两组，分别进行常规笼养和室外林地放养，每组200只，每组4个重复，每个重复50只。试验期为126d（3～7月），饲养至40周龄时进行蛋品质测定。结果表明，126d饲养期内，放养组产蛋数和产蛋率均显著低于笼养组（98.61 vs 106.5，78.3% vs 84.5%；$P<0.05$）；280日龄放养组鸡蛋的蛋形指数为1.35，显著高于笼养组的蛋形指数1.30（$P<0.05$）。蛋壳强度、蛋壳厚度方面，放养鸡蛋和笼养鸡蛋差异不显著（$P>0.05$）；放养组鸡蛋的哈氏单位和蛋黄颜色显著高于笼养鸡蛋（$P<0.05$）。

关键词：蛋鸡；放养；生产性能；蛋品质

随着人民生活水平的提高，对食品的质量和安全性要求越来越高。鸡蛋品质受很多因素的影响，饲养方式无疑是关键因素之一。葛剑等（2005）[1]研究显示，“笼养+补草”方式下的鸡蛋品质在哈氏单位和蛋黄含水量方面与散养鸡蛋存在显著差异。赵超等（2005）[2]研究表明，放养能够很好地改善鸡蛋品质，在蛋壳厚度、蛋黄颜色、蛋黄中磷脂质含量和降低蛋黄含水量、蛋黄中胆固醇含量方面明显的优于笼养鸡组。孙大明等（2004）[3]研究显示，苏北地方草鸡采取半开放式饲养，其蛋、肉品质与传统的散养饲养方式相比较差异不大，仍保持了原有的独特风味。可见传统饲养方式生产的放养鸡蛋由于品质优、味道好等特点重新受到市场青睐。在散养条件下，蛋内的化学成分得到改良，这一点与消费者对彩色亮度以及维生素和不饱和脂肪酸的需求相一致。在欧洲许多国家蛋鸡散养模式显著扩大，散养和生态养殖生产的蛋产品越来越受到消费者的青睐。有资料研究显示，户外散养对蛋的物理特征也有显著影响，特别是蛋壳强度和蛋重[4~5]。本试验旨在研究不同饲养方式对蛋鸡生产性能和蛋品质的影响。

1　材料与方法

1.1　试验素材

选择400只22周龄的经选育后的如皋黄鸡为试验素材，随机分为两组，分别进行常

* **基金项目**：江苏省科技公共服务平台（BM2009908），扬州市社会发展项目（yz2009502）

** **通讯作者**

规笼养和室外林地放养，每组200只，每组4个重复，每个重复50只。放养鸡除了自由采食野外的食物外，每天早晨和傍晚补充全价饲料，并设有固定的休息场所和产蛋窝。放养鸡实行和笼养鸡同样的补光措施，每天保证16h光照。试验从3月份开始，7月份结束，共126d。280日龄时每个重复随机选取20枚鸡蛋进行蛋品质测定。

1.2 试验地点和设施

在树林中建设简易鸡舍供鸡夜晚休息。简易鸡舍为三面围墙的矮房，1面留门供鸡出入，沿北面围墙搭设栖架供鸡晚上休息，沿东西两侧围墙设置产蛋窝，料桶吊在鸡舍中间。鸡舍平均高度1.5m，为南高北低的坡屋顶，鸡舍周围用铁丝网围起长20m、宽6m的运动场。

1.3 数据记录和处理

按重复统计鸡的采食量、产蛋数量以及产蛋总重量，试验结束时称重体重。试验结果用*T*检验显著性。

2 结果与讨论

2.1 产蛋性能

不同饲养方式对蛋鸡生产性能的影响见表1。

表1 不同饲养方式对蛋鸡生产性能的影响

项 目	产蛋总重/（kg/只）	产蛋数/（个/只）	平均蛋重/g	产蛋率/%	日耗料/（g/只）	料蛋比
放养组	4.26 ±0.32	98.61 ±8.54[b]	43.2 ±3.45[b]	78.3 ±7.02[b]	83.85 ±8.61	2.48 ±0.22
笼养组	5.05 ±0.38	106.50 ±8.76[a]	47.4 ±3.52[a]	84.5 ±7.65[a]	89.38 ±7.32	2.23 ±0.18

注：同列数据后不同字母表示差异显著（$P<0.05$）

由表1可见，放养组的产蛋数和产蛋率均显著低于笼养组（98.61 vs 106.5，78.3% vs 84.5%；$P<0.05$）。放养鸡的蛋重低于笼养鸡（43.2g vs 47.4g），但差异不显著（$P>0.05$）。

高产蛋鸡放养比地方鸡种放养效率高，地方鸡种一般年产蛋在120个左右，即使是比较优秀的蛋用品种年产蛋也不到200个。本试验中，在适合放养的126d里，如皋黄鸡的产蛋就达到了98.61个，仅比笼养对照组减少7.41%，总蛋重达到4.26kg，比地方鸡种的生产效率大大提高。

2.2 耗料量和料蛋比

放养鸡虽然每天能够自由采食一些食物，但是饲料的日采食量（83.85g）并不比笼养鸡（89.38g）低很多。这主要是因为放养鸡的活动范围大、能量消耗多的缘故。如果把放养鸡的补料量降低，就会显著影响产蛋率。放养鸡的料蛋比为 2.48，高于笼养鸡料蛋比 2.23（$P>0.05$）。看来要提高放养鸡的生产效率，光靠野外自由采食是不够的，还必须补充充足的饲料。

2.3 蛋品质

不同饲养方式对 280 日龄的蛋鸡蛋品质影响见表 2。

表 2　不同饲养方式对 280 日龄蛋鸡蛋品质的影响

项　目	蛋重/g	蛋形指数	蛋壳强度/(kg/cm^2)	蛋壳厚度/mm	哈氏单位	蛋黄颜色
放养组	42.6 ± 3.1^{b}	1.35 ± 0.07^{a}	3.60 ± 0.45	0.362 ± 0.025	91.4 ± 5.5^{a}	8.7 ± 1.1^{a}
笼养组	46.3 ± 3.5^{a}	1.30 ± 0.04^{b}	3.70 ± 0.045	0.348 ± 0.016	87.2 ± 4.9^{b}	7.5 ± 0.9^{b}

注：同列数据后不同字母表示差异显著（$P<0.05$）

从表 2 可以看出，280 日龄时，放养鸡的蛋品质和笼养鸡的鸡蛋品质有显著的区别。放养鸡蛋的蛋形偏长，笼养鸡蛋的蛋形偏圆，放养鸡蛋的蛋形指数比笼养鸡蛋大。放养鸡蛋的蛋形指数（纵径横径）为 1.35，显著高于笼养组蛋形指数 1.30（$P<0.05$）。蛋壳强度、蛋壳厚度方面，放养鸡蛋和笼养鸡蛋差异不显著（$P>0.05$）。放养鸡蛋的哈氏单位和蛋黄颜色显著高于笼养鸡蛋（$P<0.05$），这也正是消费者宁愿花高价购买放养鸡蛋的缘故。当然蛋黄颜色的深浅和放养鸡可以采食到的绿色植物数量有关。280 日龄时是 7 月份，放养鸡的野外植物充足，落叶、青草、虫及虫卵很多，食物丰富，鸡蛋的品质显著得到改善。

3 小结

由于放养鸡蛋的蛋黄颜色、蛋白黏稠度以及口味等方面明显优于笼养鸡蛋，所以消费者愿意花高价购买。在市场上放养鸡蛋的售价一般比普通鸡蛋高出 1 倍以上。所以，即使放养鸡的产蛋量比笼养明显减少，但获得的收入也是笼养鸡的 1 倍以上。在实践中发现，如皋黄鸡是比较适合于放养的蛋鸡良种，在江苏海安、东台等地，都有一些养殖户通过高产蛋鸡放养获得了成功，并获得良好的经济效益。

参考文献

[1] 葛　剑，谷子林．不同饲养方式对河北柴鸡产蛋末期生产性能和鸡蛋品质的影响[J]．黑龙江畜牧兽医，2005（7）：28－29.
[2] 赵　超，谷子林，仝　军，等．饲养方式对鸡蛋品质影响的研究[J]．中国家禽，2005，21，108－110.
[3] 孙大明，王　熙，颜东平．苏北草鸡不同饲养方式对蛋、肉品质分析[J]．养禽与禽病防治，2004，10：4.

[4] 石建州，康相涛，孙桂荣，等．不同饲养方式对固始鸡蛋品质的影响研究［J］．广东农业科学，2006，2：69－71.
[5] 章学东，张伟武，钱定海，等．不同周龄和饲养方式对岭南黄鸡鸡蛋品质的影响研究［J］．浙江畜牧兽医，2006，3：5－6.

不同周龄母鸡鸡蛋及不同蛋壳质地鸡蛋的蛋品质比较*

王佩伦，李炳熠，郭海明，夏月峰，宋根长，蒋　芳，刘长国**
（浙江农林大学亚热带森林培育国家重点实验室培育基地，临安　311300）

摘　要：本文比较了同一品种不同周龄（26 周龄、40 周龄和 64 周龄）母鸡所产蛋的蛋壳品质和蛋品质，包括蛋重、蛋壳相对重、蛋形指数、蛋壳强度、蛋壳厚度、蛋黄颜色、蛋黄指数、蛋黄比率、哈氏单位、蛋清 pH 值。之后，还比较了该鸡种不同蛋壳质地鸡蛋（正常蛋和砂壳蛋）之间上述指标的差异。结果表明：在不同周龄母鸡所产蛋之间，蛋重、蛋黄指数、蛋黄比率、哈氏单位等均存在显著差异（$P<0.05$），而蛋壳厚度之间差异不显著（$P>0.05$）。此外，蛋重、蛋形指数、蛋黄颜色、蛋黄比率随着母鸡周龄的增加呈上升趋势，而蛋壳强度、蛋壳相对重、哈氏单位、蛋黄指数、蛋清 pH 值呈下降趋势。最后，蛋壳质地不同的鸡蛋（正常蛋与砂壳蛋）之间，蛋重、蛋壳相对重、蛋壳强度、蛋清 pH 值之间存在极显著差异（$P<0.01$），而其他参数之间差异不显著（$P>0.05$）。

关键词：周龄；蛋壳质地；蛋品质；蛋壳品质

蛋品质及蛋壳品质与生产者、消费者及蛋鸡育种者的利益密切相关[1,2]。但是生产上蛋鸡（种鸡）的生产年龄有限，到一定周龄以后产蛋量将逐渐下降，从而被淘汰。至今关于母鸡周龄对蛋壳品质影响的研究相对较多[3~5]，但是，关于周龄对蛋内容物品质影响的系统研究很少[6]。因此，本论文以天目本鸡为对象，系统地探究母鸡周龄对鸡蛋蛋壳品质和蛋内容物品质的影响，以期为地方土鸡的蛋用生产管理提供一定的依据。

除此之外，砂壳蛋在蛋鸡生产中也是一个非常不良的因素，但是，砂壳蛋的成因目前仍缺乏系统的具体证明，砂壳蛋对蛋壳品质的影响众所周知，而关于砂壳蛋的蛋内容物品质报道极少。因此，本文选取天目本鸡的正常蛋和砂壳蛋为材料，系统地比较了两者之间的蛋壳品质和蛋内容物品质，以揭示砂壳蛋的蛋品质优劣。

---

* **基金项目**：国家自然科学基金项目（项目编号：30700567）；浙江农林大学大学生科技创新活动项目（项目编号：201105222）

作者简介：王佩伦，女，在读硕士研究生，从事畜禽经济性状功能基因分子机理的研究。E - mail：klnhgirl@163.com

** **通讯作者**：刘长国，男，博士，副教授，从事畜禽经济性状功能基因分子机理的研究. E - mail：liuzg007@163.com

1 材料和方法

1.1 试验材料

以相同饲养条件下的26、40、64周龄地方土鸡——天目本鸡为试验对象，分别采集不同周龄母鸡所产的蛋壳正常的蛋40枚以上，以及上述3个鸡龄母鸡所产的砂壳蛋进行蛋品质和蛋壳品质研究。以上鸡蛋均为采样当天生产，运至实验室后于室温（中央空调控温）存放待测。

1.2 试验方法

上述鸡蛋的蛋重、蛋形指数在采样当天完成测量，其他指标的测量在2d内完成。相关蛋品质、蛋壳品质的测量方法如下。

鸡蛋蛋重用电子天平测量（FA2004N，精确度0.000 1g）。鸡蛋纵径、横径均用电子游标卡尺测量；蛋形指数 = 纵径/横径。蛋壳强度用日本产FHK蛋壳强度测定仪测量，单位为 kg/cm^2，测定方法是将蛋大头朝上放置。蛋壳厚度用微米千分尺测定，测定方法是取鸡蛋的钝端、赤道、锐端三部位的蛋壳，剔除内壳膜后，测量厚度，求三者的平均值。

蛋壳重：将蛋内容物清理干净后，将蛋壳洗净，30℃烘干，称重；蛋壳相对重（%） = （蛋壳重/蛋重） ×100。

用罗氏比色扇在荧光灯下进行蛋黄颜色比色；用电子游标卡尺测量蛋黄直径。用日本产FHK蛋质测定仪分别测量蛋黄高度和蛋白高度；其中蛋黄高度取蛋黄顶点，而蛋白高度取蛋黄边缘和浓蛋清边缘的中间，避开系带，测量成正三角型的3个点，取平均值。

仔细地分离蛋黄和蛋清，用滤纸将蛋黄处理干净后用电子天平称（FA2004N，精确度0.0001g）测量蛋黄重；将蛋清充分混匀后，立即用pH值计（METTLER TOLEDO Seven Easy型）测定蛋清pH值。

蛋黄指数 = 蛋黄高度/蛋黄直径；蛋黄比率 = 蛋黄重/蛋重。

哈氏单位 $HU = 100 \times \lg (H - 1.7 \times W0.37 + 7.57)$，$W$ 表示蛋重（g），H 表示蛋白高度（mm）。

1.3 数据处理

试验数据用SPSS 17.0软件包中的One-way ANOVA进行方差分析，平均数间采用Duncan's多重比较，数据形式为平均值 ± 标准差。

2 结果与分析

2.1 不同周龄土鸡所产鸡蛋之间蛋壳品质和蛋品质比较结果

将26周龄、40周龄、64周龄天目本鸡所产鸡蛋的上述蛋壳指标和蛋品质指标测量结束后，用SPSS 17.0软件包对各组数据进行单因素方差分析，以及平均数间的多重比较，结果见表1。

表1　不同周龄母鸡所产鸡蛋之间蛋壳品质和蛋品质测定结果

鸡　龄	26 周龄	40 周龄	64 周龄
蛋重/g	39.663 4 ± 2.701 5[a]	49.935 1 ± 3.234 0[b]	57.338 8 ± 4.783 0[c]
蛋形指数	1.306 ± 0.052[a]	1.310 ± 0.094[a]	1.357 ± 0.050[b]
蛋壳厚度/mm	0.314 ± 0.029[a]	0.321 ± 0.021[a]	0.315 ± 0.020[a]
蛋壳强度/（kg/cm^2）	3.77 ± 0.76[b]	3.64 ± 0.81[ab]	3.37 ± 0.79[a]
蛋壳相对重/%	9.5 ± 0.8[b]	9.2 ± 0.6[b]	8.6 ± 0.7[a]
蛋黄颜色/级	5.9 ± 0.7[a]	5.9 ± 0.7[a]	7.5 ± 0.8[b]
蛋黄比率	0.281 ± 0.023[a]	0.319 ± 0.021[b]	0.341 ± 0.022[c]
蛋黄指数	0.463 ± 0.026[c]	0.435 ± 0.024[b]	0.414 ± 0.026[a]
哈氏单位	76.5 ± 7.7[c]	68.0 ± 13.1[b]	61.6 ± 12.6[a]
蛋清 pH 值	9.31 ± 0.08[b]	9.26 ± 0.09[ab]	9.24 ± 0.16[a]

注：同一行数据肩标字母相同表示相互间无显著差异（$P>0.05$），字母不同且小写表示相互间差异显著（$P<0.05$）

2.1.1　蛋鸡（种鸡）周龄对蛋重、蛋形指数的影响　表1显示，26周龄、40周龄、64周龄3个龄级的母鸡所产蛋的蛋重相互之间差异显著（$P<0.05$），并且蛋的重量随母鸡龄级的增加呈上升趋势。就蛋形指数而言，40周龄之前蛋形指数差异不显著，但是，随着龄级的继续增长，蛋形指数明显增大（$P<0.05$）。这些结果表明，40周龄以后不仅蛋重明显变大，而且外形明显变得更长。

2.1.2　蛋鸡（种鸡）周龄对鸡蛋蛋壳品质的影响　本文测量了蛋壳厚度、蛋壳强度和蛋壳相对重3个蛋壳品质方面的指标，结果表明，3个龄级母鸡所产的蛋其蛋壳厚度相互间差异均不显著（$P>0.05$），意味着随着母鸡龄级的增加，虽然蛋重变大，但蛋壳厚度并没因此发生明显变化，而是维持稳定（表1）。不过3个龄级鸡蛋的蛋壳强度却随着周龄的变化而有所变化，虽然40周龄的鸡蛋与26周龄及64周龄之间的差异都不显著（$P>0.05$），但是，26周龄与64周龄两个龄级的鸡蛋之间其蛋壳强度却发生显著变化（$P<0.05$），并且从数值的角度看，蛋壳强度有随着母鸡变老而下降的趋势。26周龄与40周龄的鸡蛋之间蛋壳相对重差异不显著，但64周龄鸡蛋的蛋壳相对重却显著低于40周龄（$P<0.05$），意味着蛋壳相对重在蛋鸡40周龄以后变化迅速。

2.1.3　蛋鸡（种鸡）周龄对鸡蛋蛋黄品质的影响　本文关注了蛋黄颜色、蛋黄比率以及蛋黄指数3个蛋黄品质方面的指标。表1表明，26周龄与40周龄鸡蛋之间蛋黄色级相当，但40周龄以后蛋黄色级却显著增加。不过本文显示，26周龄、40周龄、64周龄3个龄级的蛋黄比率（蛋黄重/蛋重）相互间却差异显著，蛋黄比率随着母鸡龄级的增长具有明显的增大趋势；结合蛋重也随着母鸡的龄级增长而变大的结果可知，蛋黄重量的增加幅度不次于蛋重，因此，对于喜食蛋黄的消费者，老龄鸡的鸡蛋应该是首选。最后，结果还表明，3个龄级鸡蛋的蛋黄指数相互间差异均显著，并且蛋黄指数随着母鸡龄级的增加而显著下降（$P<0.05$）。蛋黄指数是衡量鸡蛋鲜陈程度的指标，数值越低说明鸡蛋被陈放的时间越长；不过，本文中选取的都是新鲜鸡蛋，至于老龄鸡的蛋是否不易保存却有待深入研究证明。

2.1.4　蛋鸡（种鸡）周龄对鸡蛋蛋清品质的影响　本文研究了 2 个与蛋清相关的指标，哈氏单位和蛋清 pH 值。表 1 显示，3 个龄级鸡蛋的哈氏单位相互之间差异显著，并且自 26 周龄开始哈氏单位表现为随着母鸡龄级的升高而降低。哈氏单位也是生产中衡量鸡蛋鲜陈程度的指标，数值越低说明鸡蛋陈放的时间越长。本文显示的哈氏单位随母鸡龄级变化的规律与上述蛋黄指数的变化规律相一致。最后，本文还显示 26 周龄与 64 周龄两个龄级鸡蛋之间的蛋清 pH 值差异显著（$P<0.05$），但是 40 周龄处于一个过渡阶段，与前两者都无统计学差异，但是从数值看却一直随龄级增大而降低。

总之，从表 1 可以看出，除蛋壳厚度以外，其他指标均在 40 周龄与 64 周龄之间存在显著变化，这意味着对于本试验所采用鸡种的蛋用性能而言，40 周龄或许是该鸡种母鸡生理状态迅速变化的一个拐点。

2.2　不同蛋壳质地鸡蛋之间蛋壳品质和蛋品质比较结果

本试验母鸡所产正常蛋（蛋壳整体光滑有亮泽，无裂纹）与砂壳蛋之间各项蛋壳品质及蛋品质的比较结果见表 2。

表 2　不同蛋壳质地鸡蛋之间蛋壳品质和蛋品质测定结果

蛋壳质地	正常蛋	砂壳蛋
蛋重/g	46.4375 ± 8.2430^{A}	52.2907 ± 4.6753^{B}
蛋形指数	1.320 ± 0.067^{a}	1.334 ± 0.076^{a}
蛋壳相对重/%	9.2 ± 0.8^{B}	8.6 ± 1.0^{A}
蛋壳强度/（kg/cm^2）	3.64 ± 0.79^{B}	2.04 ± 0.72^{A}
蛋壳厚度/mm	0.316 ± 0.026^{a}	0.310 ± 0.040^{a}
蛋黄颜色/级	6.3 ± 1.0^{a}	6.0 ± 0.7^{a}
蛋黄比率	0.304 ± 0.034^{a}	0.309 ± 0.034^{a}
蛋黄指数	0.444 ± 0.032^{a}	0.444 ± 0.039^{a}
哈氏单位	70.8 ± 12.2a	69.3 ± 13.2^{a}
蛋清 pH 值	9.28 ± 0.11^{B}	8.87 ± 0.29^{A}

注：同一行数据肩标字母相同表示相互间无显著差异（$P>0.05$），字母不同且小写表示相互间差异显著（$P<0.05$），字母不同且大写表示差异极显著（$P<0.01$）

由表 2 可知，不同蛋壳质地的天目本鸡鸡蛋之间蛋重、蛋壳相对重、蛋壳强度均存在极显著差异（$P<0.01$），砂壳蛋明显比正常蛋大，但是，砂壳蛋的蛋壳相对重、蛋壳强度却明显小于正常蛋；不过，蛋形指数以及蛋壳厚度之间无显著差异（$P>0.20$）。

就蛋品质而言，除砂壳蛋的蛋清 pH 值极显著低于正常蛋以外（$P<0.01$），蛋黄颜色、蛋黄比率、蛋黄指数、哈氏单位在两种鸡蛋之间都没有显著差异（$P>0.05$），说明砂壳蛋的蛋内容物品质与正常蛋基本相似。

3 讨论与结论

3.1 不同周龄及蛋壳质地对蛋重、蛋壳相对重、蛋形指数的影响

蛋重是评定母鸡产蛋性能和营养物质含量多少的重要指标，受母鸡体重、开产日龄、舍内温度、饲料营养等多种条件影响。本文结果表明，母鸡周龄越大，蛋重也越大，这与V. Guesdon 等[7]的结果一致。通常人们将蛋壳表面有颗粒状沉积物鸡蛋称为砂壳蛋，一般老龄鸡产砂壳蛋的概率相对更高[8]。本文随机地采集了3个年龄母鸡所产的砂壳蛋，结果与3个年龄母鸡所产的正常的蛋相比，砂壳蛋也明显更重。

蛋壳相对重是指蛋壳占蛋重的比率。本文表明，随着蛋鸡周龄的增加蛋壳相对重呈下降趋势，这与张佳兰等[5]的研究结果一致，而且砂壳蛋的蛋壳相对重也极显著地小于正常蛋。鉴于老龄鸡的蛋以及砂壳蛋的蛋重都明显更高，似乎可以推测认为，不同周龄之间以及不同蛋壳质地之间蛋壳重量的增长幅度低于蛋重的增长幅度，换言之，蛋壳相对重的变化可能是蛋重增加的缘故。

蛋形指数通常被作为种质分类的指标之一，各个鸡种往往具有一定的蛋形指数[9]。有研究报道指出，蛋形指数对鸡蛋的包装和运输特别重要，适宜的蛋形指数可减少破蛋和裂纹蛋。一般鸡蛋的蛋形指数为1.32～1.39，标准的蛋形指数为1.35。本文表明，该土鸡蛋的蛋形指数随着产蛋周龄的增加呈上升趋势，且在64周龄时接近标准值。此外，禽蛋的蛋形指数受蛋重影响明显，蛋越轻则蛋形指数越小，这与本文显示的蛋形指数和蛋重的变化规律相吻合。

3.2 不同周龄及蛋壳质地对蛋壳强度和蛋壳厚度的影响

蛋壳是蛋的保护层，其质量的优劣对养殖户有着很大的意义，而蛋壳质量受营养因素和非营养因素的影响[10]。蛋壳强度是反映蛋壳抗破损率的重要指标，它与蛋壳厚度、蛋壳的多孔性、蛋壳膜的厚度、蛋壳的矿物质含量和蛋白基质直接有关，它也间接地与蛋的新鲜度、经济价值有关联[2]。本文表明，随着鸡龄的增加蛋壳强度呈下降趋势，这与前人[3～5]的研究结果一致；此外，砂壳蛋的蛋壳强度明显低于正常蛋，这说明鸡龄、蛋壳质地对蛋壳强度均有显著的影响，开产母鸡的鸡龄越小则蛋壳强度越好，而壳表面光滑的蛋其蛋壳品质也更好。

本文表明，试验鸡蛋的蛋壳厚度并不是随着鸡龄的增加而变薄，其蛋壳厚度在40周龄时较厚，并且与其他2组鸡蛋的蛋壳厚度差异均不显著，这与前人[3～5]的研究结果不一致；在蛋壳质地方面，正常蛋的蛋壳厚度略高于砂壳蛋，但差异不显著，这说明蛋壳厚度与周龄、蛋壳质地之间的关系不大。

3.3 不同周龄及蛋壳质地对蛋黄颜色、蛋黄指数、蛋黄比率的影响

蛋黄颜色主要受遗传因素和饲料中着色物质的影响，尤其取决于家禽从饲粮中摄取的类胡萝卜素的数量和种类[11]。王翠菊等[12]的研究表明，饲料中添加适量黄芪多糖可以改善蛋黄颜色。本文表明，该土鸡在26周龄和40周龄所产蛋的蛋黄颜色相同，但到64周

龄时蛋黄颜色变深，提高了1.6个罗氏比色级，这说明蛋黄颜色受鸡龄的影响。此外，砂壳蛋的蛋黄颜色略浅于正常蛋，表明蛋壳质地对蛋黄颜色也有一定的影响。

蛋黄指数是反映蛋品质新鲜程度的重要指标之一，新鲜蛋的蛋黄指数为0.38～0.44，合格蛋的蛋黄指数在0.30以上；本文表明，该土鸡所产蛋的蛋黄指数均较高，不过随着鸡龄的增加蛋黄指数有下降的趋势，这与潘雪南等[6]的结果一致。

由于蛋黄营养丰富，故蛋黄比率也是衡量鸡蛋营养的一项重要指标，蛋黄比率越大，表明鸡蛋的营养水平越高[13]。本文显示，蛋黄比率随着鸡龄的增加呈上升趋势，意味着老龄鸡产的蛋的营养价值较高。此外，不同蛋壳质地的蛋黄指数相同，说明所采蛋新鲜度均较高。另外，蛋壳质地不同时蛋黄比率也相近，这说明蛋壳质地对蛋黄比率没有太大影响。

总之，该土鸡蛋的蛋黄颜色随着产蛋母鸡周龄的增长而加深，蛋黄比率、蛋黄指数恰好相反，表明老龄鸡产的蛋营养价值相对较高。

3.4 不同周龄及蛋壳质地对哈氏单位、蛋清pH值的影响

蛋白质量是鸡蛋新鲜度的重要物质基础，通常用哈氏单位、蛋清pH值来衡量鸡蛋的新鲜度[14]。哈氏单位是根据蛋重和蛋白高度按一定公式计算得到的，哈氏单位越高，表示蛋白黏稠度越好、蛋白品质越高；当然，哈氏单位对种蛋受精蛋、孵化率以及健雏率也有显著影响[15]。本文表明，随着鸡龄的增加哈氏单位呈下降趋势，这与潘雪南等[6]的结果一致；蛋壳质地差的哈氏单位也较低，这表明鸡龄越大所产蛋的蛋白黏稠度越差，蛋品质越低，而蛋壳质地差的蛋其蛋品质也较低。新产的鸡蛋二氧化碳含量0.5%、蛋清pH值7.6～8.5[16]，贮存期间，二氧化碳通过蛋孔散失导致蛋白高度降低、蛋白液化、蛋清pH值升高[17]。蛋清pH值受蛋清化学变化、贮存时间、温度的影响，陈常秀[18]的研究表明，壳聚糖显著地降低了贮存期间的蛋清pH值。本文测量的鸡蛋的蛋清pH值相对偏高，这可能与鸡的品种以及鸡所饲喂的饲料有关；不过，不同周龄母鸡所产蛋的蛋清pH值相近，差异不显著。令人意外的是，蛋壳正常的蛋和砂壳蛋之间蛋清的pH值差异极显著（$P<0.01$），并且砂壳蛋的蛋清pH值明显偏低，其原因有待进一步研究。

总之，除蛋壳厚度以外，母鸡周龄对本文涉及的其他指标都有显著的影响，而40周龄对于该品种母鸡的产蛋性能而言相当于生理年龄拐点。砂壳蛋与正常蛋之间的蛋重、蛋壳强度、蛋壳相对重以及蛋清pH值之间差异极显著，而其他指标之间无显著差异。

参考文献

[1] Peter Hunton. Symposium focuses on enriched and safe eggs [J]. *World Poultry*, 2002, 18: 17-18.

[2] Deketelaere B, Govaerts T, Coucke P, et al. Measuring the eggshell strength of 6 different genetic strains of laying hens: techniques and comparisons [J]. *British Poultry Science*, 2002, 43: 238-244.

[3] 潘雪南，出云章久. 蛋鸡周龄和午后添加贝壳粉对蛋壳品质的影响［J］. 上海农业学报，2000，16（1）：33-37.

[4] Rodriguez-Navarro A, Kalin O, Nys Y, et al. Influence of the microstructure on the shell strength of eggs laid by hens of different ages [J]. *British Poultry Science*, 2002, 43: 395 -403.

[5] 张佳兰，赵玉琴，高玉鹏．蛋鸡周龄对褐壳蛋蛋壳品质的影响［J］．西北农业学报，2008，17（2）：48 -50，69.

[6] 潘雪南，出云章久，笠井浩司，等．蛋鸡周龄和午后添加贝壳粉对蛋内部品质的影响［J］．上海农业学报，2000，16（2）：77 -81.

[7] Guesdon, V., Ahmed, A. M. H., Mallet, S., Faure, et al. Effects of beak trimming and cage design on laying hen performance and egg quality [J]. *British Poultry Science*, 2006, 47: 1, 1 -12.

[8] 李明，康相涛，韩瑞丽，等．老龄（73 -77 周龄）卢氏鸡种蛋蛋壳品质对孵化效果的影响［J］．西北农业学报，2006，15（6）：44 -47.

[9] 郭春燕，杨海明，王志跃，等．不同品种鸡蛋品质的比较研究［J］．家禽科学，2007，2：12 -14.

[10] 章学东，张伟武，钱定海，等．不同周龄和饲养方式对岭南黄鸡鸡蛋品质的影响研究［J］．浙江畜牧兽医，2006，3：5 -6.

[11] 曲湘勇，中岛隆．天然着色剂提高蛋黄色泽度的比较研究［J］．中国畜牧杂志，1999，2：29 -31.

[12] 王翠菊，王洪芳，陈　辉，等．黄芪多糖对蛋鸡抗氧化性能和蛋品质的影响［J］．动物营养学报，2011，23（2）：280 -284.

[13] 赵春晓．桑叶粉在蛋鸡饲料添加剂中的应用研究［D］．泰安：山东农业大学，2007.

[14] 王素敏，康相涛，田亚东．卢氏绿壳鸡蛋的品质评价［J］．广东农业科技，2008，6：97 -99.

[15] 湛澄光，李良鉴，郭小鸿，等．宁都黄鸡繁殖性能及蛋品质的研究［J］．江西农业大学学报，2002，24（6）：854 -859.

[16] Kemps B. J., Ketelaere B. De, Bamelis F. R., et al. Albumen freshness assessment by combining visible near infrared transmission and low-resolution proton nuclear magnetic resonance spectroscopy [J]. *Poultry Science*, 2007, 86: 752 -759.

[17] Coutts J. A., Wilson G. C., Fernandez S. Optimum egg quality: a practical approach [M]. Sheffield, U. K.: 5M Publishing, 2007: 63.

[18] 陈常秀．壳聚糖涂膜对鸡蛋品质的影响［J］．食品科学，2010，31（24）：453 -456.

浸泡液中 NaOH 浓度对鸡皮蛋成型时间及品质的影响

张玲勤，罗宏伟
（青海大学农牧学院动物科学系，西宁 810016）

摘　要：本试验以鸡蛋为原料，采用石灰纯碱浸泡法加工工艺，分别用 $CuSO_4$ 和 $ZnSO_4$ 为辅料加工皮蛋，监测浸泡液中不同时期各 NaOH 浓度梯度下浸泡液中的 pH 值，鸡皮蛋内蛋白和蛋黄的 pH 值变化规律以及不同浸泡时期料液 NaOH 浓度对皮蛋成型、质量、感官的影响。结果表明：NaOH 浓度为 4.8% 的铜盐组以及 5.1% 的锌盐组和铜盐组，蛋黄内外均呈现墨绿色，溏心大，松花多，蛋白弹性好，不粘手。

关键词：鸡蛋皮蛋；NaOH 浓度；皮蛋品质

我国是世界禽蛋生产和消费大国，近年来蛋禽业发展迅速。1984—2007 年，我国禽蛋产量连续 20 多年位居世界第一。我国目前蛋制品主要有松花蛋、咸蛋、糟蛋等再制蛋[1]。再制蛋加工是我国蛋制品加工的主导优势产品，约占蛋类加工总量的 80% 以上。皮蛋在再制蛋中所占的份额最大，它是我国独创的一种蛋类加工产品，已有 1 000余年的历史。在皮蛋新品种的开发研究上，迄今已有多种形式的皮蛋品种，例如含中草药皮蛋、无铅食疗溏心皮蛋、香型皮蛋等，大大丰富了我国皮蛋的品种[2]。

皮蛋又称松花蛋、彩蛋或变蛋等，是我国传统即食蛋制品，具有味美醇香、清凉爽口、久吃不腻的特点[3]，是一种色、香、味、营养俱全的蛋类名特产品，它的营养价值比鲜蛋高，每 100g 可食皮蛋中含有高达 32mg 的氨基酸（为鲜蛋的 11 倍），而且氨基酸比例平衡，在人体内容易消化吸收。皮蛋一直以来深受国内外消费者喜爱，目前已出口到 20 多个国家[4]。

我国传统的皮蛋为含铅皮蛋，但铅对人体有害。现多生产无铅皮蛋，无铅皮蛋是以 Cu、Zn、Fe、Mn 等金属盐类及其氧化物盐类代替铅盐生产，但其加工原理基本相同，其作用是促进蛋白蛋黄凝固。

青海省目前从事皮蛋生产的企业很少且规模都不是很大。因此，对在青海省当地气候、水质、原料条件下生产加工鸡皮蛋的研究报道很少。为此，我们于 2009 年 4 月在青海大学农牧学院食品加工实验室以鸡蛋为原料，称取不同重量 Na_2CO_3 与 CaO，配置出不同梯度浓度 NaOH 浸泡液加工鸡皮蛋，并测定不同时期浸泡液的 NaOH 浓度和浸泡液中的 pH 值，同时测定不同时期鸡皮蛋内蛋清和蛋黄的 pH 值并观察蛋白凝固程度、皮蛋成型情况、色泽等感官指标，以探索合适的 Na_2CO_3 加入量，筛选出制作优质皮蛋的最佳配方。

1 试验材料和试验方法

1.1 试验材料

鸡蛋（褐壳蛋）在超市购买；石灰（CaO）平均含量在70%，购于青海省湟中县三元石灰厂；纯碱（Na_2CO_3）含量98%，兰州华业食品有限公司出产；食盐（加碘盐），青海盐业股份有限公司生产；茶叶（红茶末）购自湖南省益阳茶厂；锌盐（$ZnSO_4 \cdot 7H_2O$ 化学纯），天津市化学试剂三厂生产；铜盐（$CuSO_4 \cdot 7H_2O$ 化学纯），天津市化学试剂三厂生产；分析试剂有NaOH、HCl、酚酞（均为化学纯）。

1.2 皮蛋加工方法

1.2.1 皮蛋加工工艺流程　购蛋→检蛋→清洗→筛选皮蛋配方→按配方配制浸泡液→浸泡鸡蛋→定期检验→出缸→检验→放置→成品

1.2.2 皮蛋加工配方　按浸泡1 000g鸡蛋的量设计的皮蛋加工配方见表1。

表1　皮蛋加工配

配　方	NaOH/%	Na_2CO_3/g	CaO/g	NaCL/g	红茶/g	水/mL	$ZnSO_4$（$CuSO_4$）/g
1	4.5	74.9	300	60	30	1 200	3.6
2	4.8	80.2	300	60	30	1 200	3.6
3	5.1	85.4	300	60	30	1 200	3.6

1.2.3 皮蛋的腌制　将鸡蛋逐个挑选好后码放在洗净的坛子里。根据配方，取800g水，加红茶煮沸，经过滤后倒入容器内，然后加入称好的Na_2CO_3、CaO、NaCl和$CuSO_4$（$ZnSO_4$），再加入400g凉开水，放置至22℃以下，将料液倒入码放鸡蛋的坛内浸泡腌制。

1.3 皮蛋制作过程中相关指标的测定

1.3.1 不同时期浸泡液中NaOH浓度的测定　在皮蛋制作的第1d、第8d、第15d、第22d采用酸碱滴定法测定浸泡液中NaOH的浓度。测定方法参考GB 5009.47—1985[5]。即用刻度吸管量取澄清料液4mL注入300mL三角烧瓶中，加水100 mL，摇匀，静置片刻，加0.5%酚酞指剂3滴，用1 mol/L HCl标准溶液滴定至溶液粉红色恰好消退为止。1mol/L HCl标准溶液的毫升数即相当于NaOH含量的百分数。

1.3.2 不同时期浸泡液pH值测定　在皮蛋制作的第1d、第8d、第15d、第22d采用笔式酸度计测定浸泡液中的pH值。

1.3.3 皮蛋内容物pH值测定　于上述不同时期将各配方制作的皮蛋取一个，将蛋白与蛋黄分开打入两个烧杯中，用玻璃棒搅碎成匀浆状，各称取5g置于100mL小烧杯中，加入75mL蒸馏水，静置15min后用笔式酸度计测定pH值。

1.3.4 感官评定法　感官评分参照GB 9644—88[6]，其评分标准为40分制。

2 试验结果与分析

2.1 皮蛋浸泡液中 NaOH 浓度的变化

在皮蛋制作的第 1d、第 8d、第 15d、第 22d，分别测定浸泡液中 NaOH 浓度的变化，结果见表 2。

表 2 浸泡液中 NaOH 浓度的变化情况（%）

组　别	NaOH 浓度	浸泡时间/d			
		1	8	15	22
$CuSO_4$	4.5	4.38	2.91	2.22	2.02
	4.8	4.57	3.21	2.54	2.12
	5.1	5.04	3.53	3.12	2.82
$ZnSO_4$	4.5	4.43	2.94	2.23	2.03
	4.5	4.82	3.08	2.38	2.08
	5.1	4.92	3.38	2.55	2.27

浸泡液在皮蛋浸泡期间，NaOH 浓度总体呈下降趋势：1～8d，NaOH 浓度下降较快，下降幅度都在 30%～35%；8～15d 下降趋势减缓，下降幅度在 12%～25%；15～22d，NaOH 浓度下降趋于平稳，下降幅度在 8%～12%。两种浸泡液变化规律相似，与张富新[4]、汤钦林、万速文等[7,8]的研究结果相似。含铜盐的浸泡液 NaOH 浓度下降较慢，锌盐浸泡液在浸泡相同时期 NaOH 浓度下降较快。两者差异不明显。说明 Cu^{2+} 和 Zn^{2+} 在皮蛋加工中都有堵塞蛋壳气孔、防止皮蛋碱伤的作用，但含 Cu 料液比含 Zn 料液的效果略好。

2.2 不同时期浸泡液 pH 值测定结果

在皮蛋制作的不同时期，采用笔式酸度计测定浸泡液中的 pH 值结果见表 3。

表 3 不同浸泡时期料液中 pH 值的变化情况

组　别	NaOH 浓度/%	浸泡时间/d			
		1	8	15	22
$CuSO_4$	4.5	13.97	11.72	10.15	10.23
	4.8	13.38	11.82	11.26	10.36
	5.1	14.03	11.94	11.34	10.45
$ZnSO_4$	4.5	13.12	11.76	11.27	10.31
	4.8	13.46	11.81	11.21	10.42
	5.1	13.71	11.95	11.33	10.51

由表3可以得出，皮蛋浸泡液在浸泡期间，料液中的pH值总体呈下降趋势，1～8d，pH值下降较快，8～15d下降趋势减缓，以后呈平稳下降趋势。两种料液变化规律相似，在各处理中，浸泡初期含铜盐液在浸泡相同时期pH值下降幅度较含锌盐浸泡液的慢。浸泡液的pH值变化规律与浸泡液中NaOH浓度变化规律一致。

2.3　皮蛋内容物pH值变化规律

2.3.1　含Cu盐浸泡液浸泡期间蛋白和蛋黄pH值变化　见图1、图2。

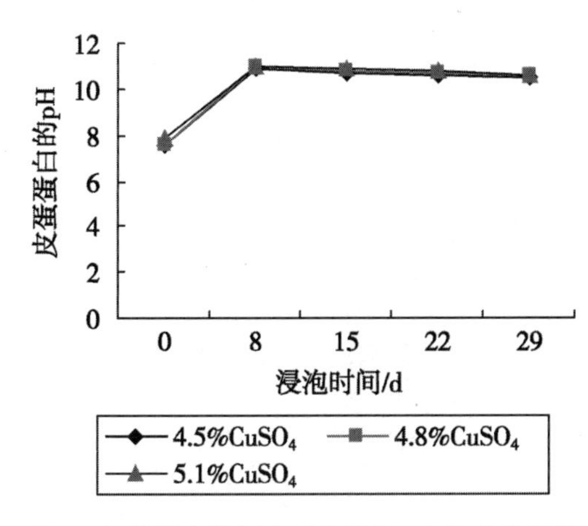

图1　铜盐浸泡期间皮蛋内蛋白pH值变化规律

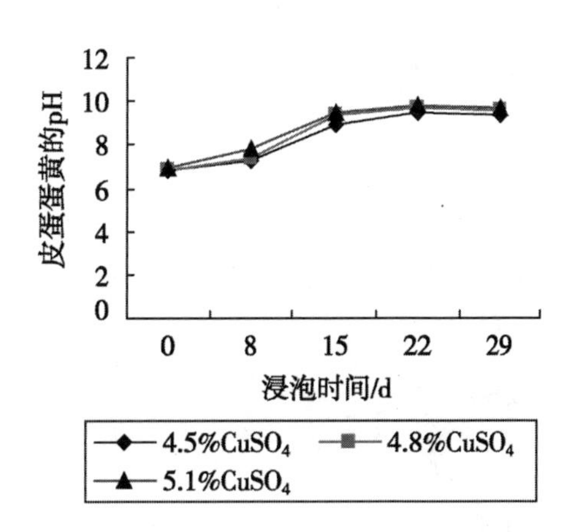

图2　铜盐浸泡期间皮蛋内蛋黄pH值变化规律

由图1和图2可见，在含Cu料液中，蛋白在第8d时pH值上升至最高，15d后又逐渐下降。蛋黄碱度随浸泡时间延长，pH值逐渐上升，至浸泡22d时，蛋黄pH值为最高。

2.3.2　含Zn料液浸泡期间蛋白和蛋黄pH值变化　由图3和图4可见，含Zn料液浸泡期间蛋白的pH值在8d时达到最高，之后又逐渐下降。蛋黄第8d时由自然状态的微酸性转变为碱性，说明在含Zn料液中，NaOH的渗透速度较快。浸泡8d后，随浸泡时间延长、蛋黄pH值逐渐增加。

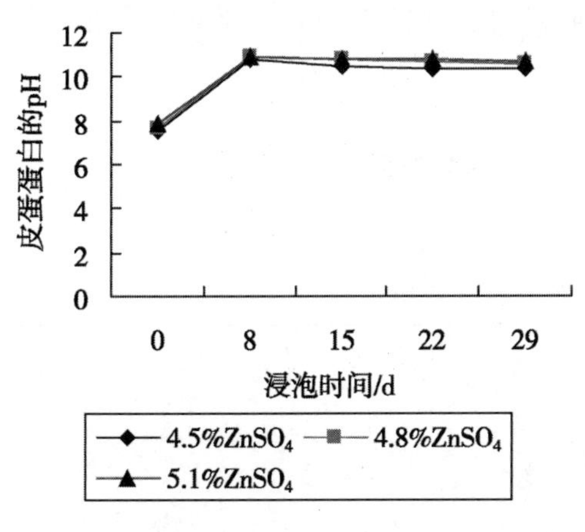

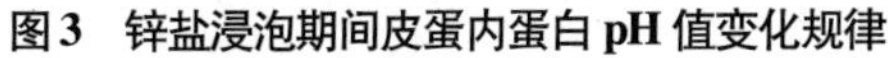

图3　锌盐浸泡期间皮蛋内蛋白pH值变化规律

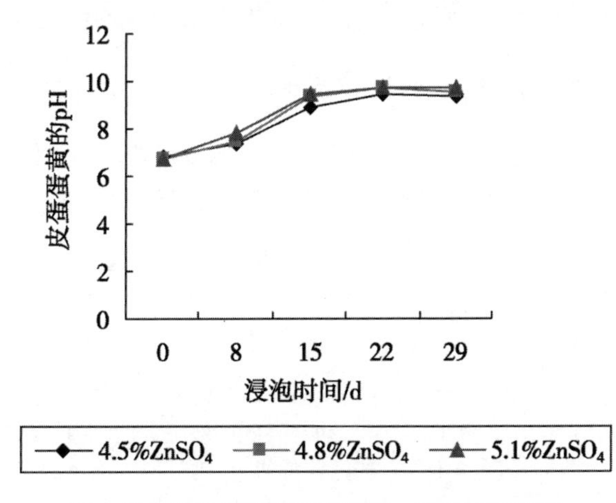

图4 锌盐浸泡期间皮蛋内蛋黄pH值变化规律

从以上图像可以得出，在进入15d后，蛋白pH值与蛋黄pH值基本处于稳定状态。

这一时期，蛋白内的 NaOH 一方面向蛋黄渗透，浓度有减少的趋势；另一方面，浸泡液中 NaOH 还在不断向蛋内渗透，浓度有增加的趋势。这与张富新[3]、汤钦林、岳国璋、杜健[7,9,10]等人的结论相似。如果此时不能恰当地控制 NaOH 的渗入量，维持蛋白 pH 值的动态平衡，易导致皮蛋的碱味加重，影响皮蛋品质。我们加入金属离子的目的也就是此时能形成沉淀堵塞蛋壳气孔，控制 NaOH 的渗入量。试验证明，浸泡液中 NaOH 的浓度大小是影响 NaOH 渗透的重要因素，NaOH 浓度的高低直接影响到皮蛋的成型时间与口感。

2.4 皮蛋浸泡期间蛋白的凝固情况

在皮蛋加工的第 8、15、22、29d，分别从浸泡坛中的上，中，下层取 1～2 枚皮蛋，剥壳后观察蛋白的凝固情况，结果见表 4。

表 4 皮蛋在不同浸泡期间蛋白的凝固状况

组 别	碱液浓度/%	浸泡时间/d			
		8	15	22	29
$ZnSO_4$	4.5	部分软凝	软凝粘手	凝固较软	凝固良好
	4.8	部分软凝	软凝固	凝固良好	凝固良好
	5.1	软凝	已凝固	凝固良好	凝固良好
$CuSO_4$	4.5	水样	软凝固	凝固良好	凝固良好
	4.8	软凝	已凝固	凝固良好	凝固良好
	5.1	软凝	已凝固	凝固良好	凝固良好较硬

由表 4 可见，不同 NaOH 浓度浸泡液在皮蛋的加工中对蛋白的凝固时间上有一定的差别，1～8d 时，蛋白开始凝集；8～15d，蛋白基本凝固；15～22d，蛋白差不多都已凝固；22～29d，蛋白凝固良好，但部分较硬。此结论与岳国璋[9]的试验结果基本相同。给浸泡液中加入的 Cu 盐与 Zn 盐能与料液中的 NaOH 反应形成可溶性的强碱弱酸盐，并与蛋内蛋白质在碱性条件下形成金属硫化物，沉积在蛋壳气孔中，使气孔逐渐缩小形成相应的硫化物堵塞蛋壳气孔，所以，选用合适的 NaOH 浓度与金属盐对加工出优质皮蛋非常重要。

2.5 皮蛋的感观质量评价

皮蛋成熟出缸，剔除水响蛋及破壳蛋，用凉开水洗去表面的料液，凉干后剥壳检查蛋白蛋黄颜色、弹性、溏心、松花，结果见表 5。

表 5 不同碱度浸泡液对皮蛋感观质量的影响

组 别	NaOH 浓度/%	蛋白	蛋黄	弹性	溏心/cm	松花	味道	评分
$CuSO_4$	4.5	半透棕褐较软	内外层黄色	不足	1.9	少	不好	36
	4.8	半透明棕红色	外层黄色，内层黑绿色	好	0.9	多	好	38
	5.1	半透明棕褐色	内外层均为墨绿色	好	0.6	多	碱味	34
$ZnSO_4$	4.5	半透褐色较软	内外层黄色	不足	2.1	多	不好	34
	4.8	半透明棕褐色	内外层均为墨绿色	好	0.8	多	好	36
	5.1	半透明棕褐色	内外层均为墨绿色	好	1.2	多	好	32

由表5可见，在不同NaOH浸泡液中成熟的皮蛋，使用铜盐和锌盐加工的皮蛋，蛋白呈现皮蛋特有的棕红色，蛋黄颜色较出缸前明显加深，但颜色变化不均匀，通常外层黄色，内层墨绿色。4.8%的铜盐组和锌盐组，蛋黄内外均呈现墨绿色，且溏心较大，松花较多，蛋白弹性好，无粘手现象。相比之下，锌盐组感官质量评分较低，主要表现为蛋黄颜色较浅，不均匀，蛋白凝固较软，弹性较差，部分蛋白表面发黏。

3　小结

（1）由试验中的最后感官评定结果可以看出，当$CuSO_4$用量为1.8g，NaOH初始浓度为4.8%时，皮蛋的品质较好，其色泽、弹性、溏心、松花、成型等感官指标及抗碱伤能力强，成品品质优良，工艺稳定可靠。

（2）石灰纯碱法加工皮蛋的原理是利用CaO和Na_2CO_3反应生成的NaOH进入蛋内，使蛋白和蛋黄由自然状态转变成凝固状态。事实上，并非NaOH渗入越多越好，在皮蛋加工的最初阶段，料液中的NaOH大量渗入蛋内，使蛋白逐渐降解，蛋白由自然状态转变成稀薄状态，工艺上称为“化清期”，此阶段料液中碱向蛋内渗透速度较快，蛋白碱度较高，随后由于料液中金属离子与蛋白降解产生的H_2S结合形成金属硫化物沉积在蛋壳孔上，使蛋壳孔逐渐变小，料液中NaOH渗入蛋内的速度下降，同时蛋白中NaOH通过蛋黄膜向蛋黄渗透，导致蛋白碱度逐渐下降，蛋白开始凝固。蛋白中碱度大小取决于料液碱进入蛋内的速度和蛋白碱渗入蛋黄的速度，若前者大于后者，已凝固的蛋白又会“液化”，造成皮蛋碱伤，反之，皮蛋仍保持凝固状态，松花和溏心逐渐形成。

（3）浸泡液中NaOH浓度的变化反映出碱液向蛋内的渗透速度，浸泡初期料液碱度下降较快，后期趋于稳定。

（4）在鸡蛋皮蛋加工中，蛋白和蛋黄pH值变化规律不同，浸泡初期蛋白pH值随浸泡时间延长逐渐上升，15d后变化不大。由于蛋白中NaOH向蛋黄逐渐渗入，蛋黄pH值一直呈上升趋势，至浸泡22d时，蛋黄pH值为最高。

（5）浸泡法比传统包泥法生产的皮蛋美观，其中生成的NaOH可以循环利用，减少生产成本，而且操作简便，便于推广。

（6）由于青海地处高原对鸡皮蛋生产仅限于小作坊式生产且对于浸泡法生产鸡皮蛋的研究较少，故该试验可为青海鸡皮蛋的大批量生产开发提供理论依据和技术参考。

参考文献

[1] 辛　怡．湿蛋制品的加工工艺和操作要点介绍［J］．中国禽业导刊，2006，23（18）：38－39.

[2] 周永昌．蛋与蛋制品工艺学［M］．北京：中国农业出版社，1995：87－104.

[3] 张富新．鸡蛋皮蛋加工中碱度的变化［J］．食品与发酵工业，2004，30（10）：81－83.

[4] 朱曜．禽蛋研究［M］．北京：科学出版社，1985.

[5] GB 5009.47—85．游离碱度测定方法［S］.

[6] GB 9644—88. 皮蛋食品检验方法（感官指标部分）[S].
[7] 汤钦林．锌法皮蛋加工技术的研究 [J]. 食品研究与开发，2007，128（07）：93－96.
[8] 万速文，张声华．皮蛋加工中 OH-的渗透过程 [J]. 食品科学，1998，19（6）：27－29.
[9] 岳国璋，张富新．无铅鸡蛋皮蛋加工技术的研究 [J]. 家畜生态学报，2005，26（5）：72－75.
[10] 杜健，史书军．不同浓度 NaOH 对鸡蛋蛋白凝固效果的影响 [J]. 中国家禽，2004，26（17）：45－48.

不同温度热应激对肉鸡血液生化指标及肉品质的影响*

杨小娇，许　静，宗　凯，张黎莉，刘国庆**
（合肥工业大学生物与食品工程学院，合肥　230009）

摘　要：研究不同温度热应激对肉鸡感官性状及血液生化指标的影响。将 80 只 30 日龄的 AA 肉鸡随机分为 4 组，每组 20 羽。对照组环境温度为（25 ± 1）℃，其他 3 组受试鸡的环境温度迅速上升至（33 ± 1）℃、（37 ± 1）℃、（41 ± 1）℃，并分别持续 4h 的热应激处理。宰杀后测定鸡胸肉的 pH 值、滴水损失、肉色和剪切力，利用临床血液病理学的方法，检测宰前不同强度热应激对肉鸡血液生化指标的影响。结果显示，宰前热应激明显降低宰后肉鸡胸肉的 pH 值$_{30min}$、pH 值$_{24h}$和 a * 值，明显提高宰后肉鸡滴水损失、L * 值和剪切力值；随热应激温度升高，血清中肌酸激酶（CK）、乳酸脱氢酶（LDH）和丙二醛（MDA）活性逐渐升高，碱性磷酸酶（AKP）活性逐渐降低。

关键词：感官性状；血液生化指标；热应激；肉鸡

动物处于适宜温度范围以外的饲养环境时，会导致生产性能下降（采食量、生长速度、产奶量），死亡率增加，繁殖性能下降，从而造成经济损失。美国的资料表明，未做任何防暑措施的情况下，畜牧业的经济损失每年达 24 亿美元。防暑技术可将每年经济损失降低到 17 亿美元[1]。随着全球气候变暖，夏季高温成为影响我国绝大多数地区养鸡生产的主要环境问题。由于鸡体温高、皮肤不具备汗腺等生理特点，热应激严重降低了鸡的生产性能。因此，如何减轻热应激的负面影响已成为养鸡业面临的一个实际问题。本试验通过研究不同温度热应激对肉鸡感官性状及血液生化指标的影响趋势，为肉鸡肉质变化、血液生化指标及生理或病理意义提供理论依据，同时也为肉鸡集约化生产提供参考。

1　材料与方法

1.1　试验动物及设计

将购自安徽省合肥市亚博养鸡场的 80 只 30 日龄的 AA 肉鸡随机分为 4 组，每组 20

* **基金项目**：安徽省十一五科技攻关项目（08010302084）；合肥市科技攻关项目（2008HKKJ0808）
作者简介：杨小娇，女，安徽淮南人，硕士，研究方向为食品科学。E－mail：yixueyihuan@163.com
** **通讯作者**：刘国庆，男，安徽芜湖人，博士，硕士生导师，研究方向为动物遗传羽。相同饲养条件下，按正常饲养标准进行饲养管理。对照组环境温度为（25±1）℃，其余3组受试鸡的环境温度于20min内迅速上升至（33±1）℃、（37±1）℃、（41±1）℃，并分别持续4h的热应激处理，试验结束后进行剖杀，采集外周血液，经离心制备血清，-20℃保存，待测血清中肌酸激酶（CK）、乳酸脱氢酶（LDH）、碱性磷酸酶（AKP）和丙二醛（MDA）活性。同时采集受试鸡胸肌用于待测pH值、滴水损失、肉色和剪切力。

1.2 主要试剂和仪器

CK、LDH、AKP和MDA测定试剂盒均购自南京建成公司，UV-120-02紫外分光光度计（Spectrophtometer）、pH值剂、TC-PⅡG全自动色差计、沃布式剪切力仪。

1.3 试验方法

1.3.1 肌肉pH值 取宰后30min和24h的胸肉各1g，参考Jeacocke[2]方法有所修改：10mL碘乙酸钠溶液（5mmol/L碘乙酸钠，150mmol/L KCl，pH值7.0）中高速冰浴匀浆18s，pH值计测定。

1.3.2 滴水损失 取宰后胸肌约5g，样称重（$W1$）后置于充气的塑料袋中；用铁丝钩住肉样一端，保持肉样垂直向下，不接触食品袋，扎紧袋口，悬吊于冷藏层，保存24h，取出肉样，用洁净滤纸轻轻拭去肉样表层汁液后称重（$W2$），则滴水损失=（$W1-W2$）×100%/$W1$。

1.3.3 肉色 采用TC-PⅡG全自动色差计测定胸肌的L*（亮值）、a*（红值）和b*（蓝值）。以标准白板作标准，测肉板放射法，同一肉样至少测两点，求平均值。

1.3.4 剪切力值 将测定滴水损失的胸肌用于剪切力的测定，将温度计探针插到肌肉的中心部位，放置在80℃恒温水浴锅中加热，待肌肉中心温度达到70℃时，取出冷却至室温，沿肌纤维方向取0.5cm×1.0cm×2.5cm规格熟肉样，用沃布式剪切力仪测定，取平均值。

1.3.5 血液中CK、LDH、AKP和MDA的活性测定 参照南京建成试剂盒说明书采用化学比色法检测。

1.4 统计分析

试验数据以平均数±标准差表示，数据采用SPSS11.5软件进行ANOVA单因素分析，且用Duncan's多重比较。

2 结果与分析

2.1 热应激对肉鸡胸肉pH值、滴水损失、肉色和剪切力的影响

由表可知，受试鸡热应激4h温度由室温（25℃）分别上升到33、37、41℃，胸肌pH值$_{30min}$和pH值$_{24h}$均逐渐下降，且热应激41℃组较对照组初始pH值（30min）差异极显著（$P<0.01$），热应激37℃以上的处理组，pH值$_{24h}$较对照组差异显著（$P<0.05$）。随着热应激温度的增加，滴水损失、L*值和剪切力值各处理组较对照组均呈上升趋势，

与对照组相比，胸肌的滴水损失在41℃极显著增加，为对照组的1.92倍，L＊值在41℃显著增加，为对照组的1.12倍。胸肌的a＊值随着热应激温度的增加逐渐降低，41℃组较对照组差异显著（$P<0.05$），胸肌的b＊值影响较小，差异不显著。

表1　热应激对胸肌pH值、滴水损失、肉色和剪切力的影响

指标	温度热应激/℃			
	对照组	33℃	37℃	41℃
pH值$_{30min}$	6.29 ± 0.03^{Bb}	6.21 ± 0.06^{ABb}	6.13 ± 0.05^{ABab}	5.98 ± 0.09^{Aa}
pH值$_{24h}$	5.95 ± 0.07^{b}	5.82 ± 0.10^{ab}	5.73 ± 0.04^{a}	5.69 ± 0.04^{a}
drip loss（%）	2.39 ± 0.27^{Aa}	3.04 ± 0.52^{ABab}	3.68 ± 0.25^{ABbc}	4.60 ± 0.41^{Bc}
L^*	48.20 ± 1.13^{a}	50.01 ± 1.43^{ab}	51.32 ± 2.31^{ab}	53.84 ± 1.63^{b}
a^*	6.48 ± 0.11^{b}	6.30 ± 0.13^{ab}	6.22 ± 0.11^{ab}	6.08 ± 0.15^{a}
b^*	5.54 ± 0.76^{a}	5.72 ± 0.54^{a}	5.39 ± 0.55^{a}	4.84 ± 0.78^{a}
shear force（kg/cm^2）	2.40 ± 0.27^{a}	2.91 ± 0.21^{ab}	3.28 ± 0.18^{b}	3.14 ± 0.28^{b}

2.2　热应激对肉鸡血清中CK、LDH、AKP和MDA的影响

由图（图a、b、c、d）可以看出，随热应激温度的增加，受试鸡血清中肌酸激酶（CK）、乳酸脱氢酶（LDH）和丙二醛（MDA）活性呈持续性升高的趋势，但碱性磷酸酶（AKP）活性随温度升高逐渐下降。与对照组相比，受试鸡血清中CK浓度在不同温度热应激处理后均呈极显著升高（$P<0.01$）；而血清中LDH浓度与对照组差异均不显著；血清中AKP浓度在热应激37℃以上的处理组与对照组相比极显著降低（$P<0.01$）；血清中MDA浓度与对照组差异显著（$P<0.05$），37℃以上处理组差异极显著（$P<0.01$）。

3　讨论

3.1　热应激对肉鸡胸肉pH值、滴水损失、肉色和剪切力的影响

肉的外观和适口性、营养性等有关的一些理化特性的综合，如肉的色泽、持水性、嫩度、风味和多汁性等，这些特性决定着消费者对肉品的可接受性[3]，本试验发现，宰前热应激明显降低宰后肉鸡胸肉的pH值$_{30min}$和pH值$_{24h}$，这一结果与Sandercock[4]等的研究结果一致。肌肉pH值主要由肌肉乳酸的含量决定，而乳酸的积蓄会导致肉品质的下降。宰前热应激可能增加β-肾上腺素、肾上腺酮、皮质醇的释放量[5]，加速体内糖原酵解速率[4]，产生大量乳酸，而使肌肉pH值迅速降低，这在应激敏感动物表现的尤为明显。

滴水损失是反映肌肉保持水分性能的一个指标，滴水损失越小，则肌肉持水力越大。本试验结果表明，热应激一定程度上升高了宰后肉鸡胸肉的滴水损失，降低了持水能力。

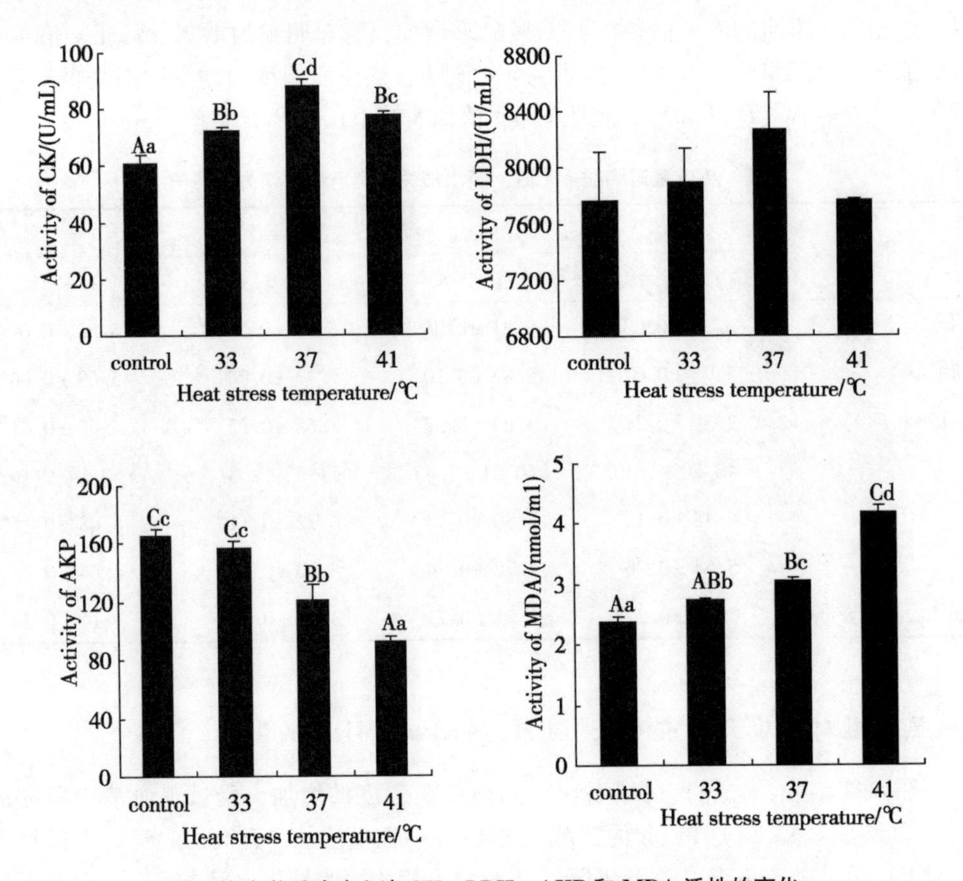

图　热应激受试鸡血液 CK、LDH、AKP 和 MDA 活性的变化

影响滴水损失的因素很多，如肌肉的 pH 值、肌内脂肪含量、动物的种类、年龄和部位等，其中最重要的因素是肌肉的 pH 值。pH 值越高，肌肉的持水力越强。宰后糖原酵解使得肌肉 pH 值逐渐下降，从而使肌肉蛋白的静电强度减弱。使电荷的相互作用力减弱，肌球蛋白纤丝和肌动蛋白纤丝之间的间隙缩小，使水分从肌原纤维渗到肌浆中，肌肉的滴水损失显著增高。

肌红蛋白是决定肉色的主要蛋白质，本试验发现，宰前热应激在一定程度上升高了肉鸡胸肉的亮度（L＊）值，降低了红度（a＊）值，蓝度（b＊）值较不明显。L＊值受多种因素的影响，如肉的色泽饱和度、肉表面渗出液的多少和测定时环境的光线强度。Barbut[6]报道，白肌中 L＊值显得非常重要，它与滴水损失、pH 值等存在相关，并且认为成熟火鸡胸肌 L＊值大于等于 52 时，会有较差的系水力，这与我们得出的滴水损失也具有一致性。a＊值表示肉色的红度，主要取决于肉中色素物质——肌红蛋白和血红蛋白的含量和化学状态。肌肉颜色是由肌红蛋白（Fe^{2+}）、氧合肌红蛋白（Fe^{2+}）以及正铁肌红蛋白（Fe^{3+}）转化的结果。肌红蛋白本身呈暗褐色，是肉放置长久的象征，给人不新鲜的感觉[7]。

动物被屠宰后，肌细胞内能量产生剧减，肌动蛋白和肌球蛋白形成结合的肌动球蛋白因缺乏能量而不再分开，导致肌肉收缩，嫩度变差。剪切力越高说明肌肉越老，剪切力越小则说明嫩度越大。本试验研究结果表明，宰前热应激提高了肉鸡胸肉的剪切力值，这与 Wood[8]、Froning[9]、李绍钰和张子仪[10]等报道热应激可提高禽肉的剪切力结果一致。

3.2 热应激对肉鸡血清中 CK、LDH、AKP 和 MDA 的影响

当动物受到刺激引起组织损伤时，组织内酶会透过细胞膜进入血液，这些酶可作为诊断应激的指标。本试验所选的这几种酶，当组织细胞在某些因素的作用下，发生损伤、病变时，会大量逸入细胞外围的组织间液而进入血液。鲍恩东[11]等认为急性热应激可引起肉鸡各种组织器官一定程度的损伤，而血液中 CK 活性升高可在一定程度上反映机体组织细胞受损伤以及损伤的程度[12]。Hocking[13]等、林海[14]均报道，高的温热环境处理会使 LDH、CK 升高；Vysotskaya[15]报道 AKP 降低。

本试验结果表明，热应激受试鸡外周血液中的 CK 活性极显著（$P<0.01$）高于对照组。CK 主要存在于骨骼肌和心肌的类细胞内酶，是一种器官特异性酶，在血液中活性的升高可反映出相关组织细胞的损伤以及受损伤的程度。随着应激温度的持续，CK 的活性逐渐升高，说明心肌纤维的损伤随着热应激时间的持续而逐渐加重。LDH 是糖代谢中催化丙酮酸向酵解方向产生乳酸的酶，是糖酵解过程中的关键酶，血清中该酶的活性升高与无氧酵解加强密切相关。血清中 LDH 升高说明在热应激过程中能量代谢的无氧酵解过程加强。鸡在热应激时，首先要保证中枢神经系统、心脏等重要器官的供氧，其他组织极可能在缺氧情况下采取无氧酵解方式供能。本试验发现，热应激温度增加，LDH 的活性逐渐升高，但与对照组相比差异不显著。这可能与受试鸡品种耐热程度有关[16-17]。AKP 的活性与成骨细胞的活性成正比，正常情况下与骨胶原蛋白的形成、骨盐沉积及动物生长发育有关，Sharma[18]曾报道，AKP 活性随着肉鸡的生长和日龄的增加而降低。本试验研究发现，随着热应激温度的增加，AKP 的活性逐渐下降，这可能与高温导致肉鸡生产性能下降有关。

应激能够刺激大量活性氧的产生，导致脂质过氧化、蛋白质和 DNA 的氧化损伤[19]。丙二醛（MDA）的量常常可反映机体内脂质过氧化的程度，间接地反映出细胞损伤的程度，从而反映肉品的品质。本试验结果发现，宰前热应激促进肉鸡血清中脂质过氧化水平，MDA 活性显著升高。这可能与宰前高温环境破坏了机体氧化抗氧化平衡体系，促使组织内产生大量活性氧攻击肌肉组织中不饱和脂肪酸，引发 MDA 的大量生成。这与李绍玉和魏凤仙等[20]报道具有一致性。

4 结论

宰前热应激造成肉鸡体内自由基增加引起脂质过氧化水平增加，导致细胞膜受损，组织损伤，组织中酶进入血液而导致血清中 CK、LDH 活性升高，血清中 AKP 活性降低。肌肉组织氧化损伤造成胞液的渗漏，增加滴水损失，提高鸡肉 L* 值。高温还显著升高肌肉的剪切力，影响肉品的口感。热应激给养鸡生产带来不可忽视的经济损失，因此做好鸡群的疾病防治工作措施，以期指导养鸡场有效控制热应激的发生，从而提高养鸡效益。

参考文献

[1] St-pierre N R, Cobanov B, Schnitkey G. Economic losses from heat stress by US livestock industries [J]. *Journal of Dairy Science*, 2003, 86: E52 - E77.

[2] Jeacocke, R. E. Continuous measuerment of the pH of beef muscle in intact beef carcasses [J]. *J. Food Technol.* 1977, 12: 375 - 386.

[3] 孙玉民，罗　明. 畜禽肉品学 [M]. 济南：山东科学技术出版社，1993.

[4] Sandercock D A, Hunter R R, Nute G R, et al. Acute heat stress-indueed alterations in blood acid-base status and skeletal muscle membrane integrity in broiler chickens at two ages: Implications for meat quality [J]. *Poultry Science*, 2001, 80: 418 - 425.

[5] Brown S N, Warriss E D, Nute, et al. Meat quality in pigs subjected to minimal preshughter stress [J]. *Meat Science*, 1998, 49 (3): 257 - 265.

[6] Barbut. S. Production of pale soft exudative meat in broiler chickens [J]. *British Poultry Sci.*, 1997, 38: 355 - 358.

[7] 于福清. 维生素 E、硒对熟化及贮存过程中牛肉氧化稳定性的影响 [D]. 北京：中国农业科学院，2001.

[8] Wood D F and Richards F. Effect of some antemorten stressors on postmorten aspects of chicken broiler pectoralis muscle [J]. *Poul. Sci.*, 1975, 54: 528-531.

[9] Froning G W, Babji A S, Mather F B. The effect of preslaughter temperature, stress, struggle and anesthetization on color and texture characteristics of turkey muscle [J]. *Poul. Sci.*, 1978, 57: 630 - 633.

[10] 李绍玉，张子仪. 热应激对肉仔鸡生产性能产品品质的影响及核黄素抗应激效果的研究 [D]. 北京：中国农业科学院，1999.

[11] 鲍恩东，龚远英，Hartung J，等. 肉鸡热应激病理损伤与应激蛋白（HSP70）相关性研究 [J]. 中国农业科学，2004，37 (2): 301 - 305.

[12] 王小龙，高得仪，陈万芳，等. 兽医临床病理学 [M]. 北京：中国农业出版社，1995: 114 - 148.

[13] Hocking P M, Marwell M H, Mtchell M A. Hematology and blood composition at two ambient temmperaturee in genetically fat and lean adult broiler breeder females fed ad libitum or throughout life [J]. *Br. Poult. Sci.*, 1994, 35: 799 - 807.

[14] 林　海，张子仪. 肉鸡实感温度的系统模型分析及热应激下的营养生理反应 [D]. 北京：中国农科院博士论文，1996.

[15] Vysotskaya R V et al. Changes in activity of lysosomal enzymes in hens during exposure to high temperature [J]. *Referativnyi Zhurual*, 1979, 58: 140.

[16] Bogin E. The effect of heat stress on the levels of certain blood constituents in chickens [J]. *Refusa Veterinarith*, 1981, 38: 98 - 104.

[17] 刘春燕，吴中红，高令美，等. 蛋鸡耐热力与血清酶活性的关系 [J]，动物营养学报，2000，12 (4): 28 - 30.

[18] Sharma M L and Gangwar P C. Effect of cooling on the plasma enzymic patterns of broilers during smnmer [J]. *Indian J. of Anim. Sci.*, 1986, 56: 194 - 198.

[19] Droge W. Free radicals in the physiological control of cell function [J]. *Physiological Reviews*, 2002, 82: 47 - 95.

[20] 李绍玉，张敏红，张子仪，等. 热应激对肉用仔鸡生产性能及生理生化指标的影响 [J]. 华北农学报，2000，15 (3): 140 - 144.

密度和垫料对农大3号节粮小型蛋鸡行为的影响*

刘华巧，李保明[1**]，陈　刚，许　斌
（中国农业大学水利与土木工程学院，北京　100083）

摘　要：本研究选取农大3号节粮小型蛋鸡为试验对象，采用两种饲养模式：单层栖架系统与自由散养。研究单层栖架系统中密度和垫料对农大3号节粮小型蛋鸡行为的影响，并与自由散养模式下舍外运动场中蛋鸡的行为进行对比，从而为单层栖架系统中适宜的饲养密度和合适的垫料提供参考。试验结果表明，在5.5只/m^2、9.7只/m^2、13.8只/m^2 3种密度中，刨垫料、沙浴、抖身、梳羽和啄羽等行为均可以得到满足，当饲养密度为13.8只/m^2时，进攻啄发生率最低；在沙土、沙子和稻草3种垫料中，刨垫料、沙浴、抖身、梳羽和啄羽等行为均可以得到满足，当沙子作为垫料时，进攻啄发生率最低。单层栖架系统不设运动场，刨垫料、沙浴、抖身、梳羽和啄羽等行为可以基本得到满足，与自由散养模式相比，进攻啄行为显著减少（$P<0.05$）。

关键词：单层栖架系统；农大3号小型蛋鸡；行为；密度；垫料

欧盟1999/74/EC号指令中定义了3种蛋鸡舍饲系统：传统笼养，丰富型笼养和替代系统[1]。其中替代系统包括栖架系统，自由散养，舍内平养系统和其他非笼养系统。

自由散养模式下（Free-Range，简称FR），蛋鸡有足够的空间，自然的光照，可以自由地表达其自然行为。自由散养模式下的鸡蛋的等级要高于其他饲养模式，市场价格也要贵很多[2]。

然而，自由散养也存在着很多问题：①舍外运动场需要大面积的土地，而有研究表明，舍外运动场的利用率很低。大多数鸡倾向于呆在舍外运动场中靠近鸡舍的区域[3]。②寄生虫病发生率高。由于舍外运动场的环境复杂，卫生不易控制，并且鸡与粪便直接接触，增加了某些寄生虫病的发生率，如肠道寄生虫病、组织滴虫病等。研究表明，自由散养模式下的平均死亡率要高于舍内饲养模式[4]。另外，由于药物的使用，会对土壤造成污染。③在欧盟自由散养模式饲养下的蛋鸡不允许断喙，所以进攻啄是一种主要问题，进攻啄可以引起自相残杀，从而使死亡率增加[5]。④窝外蛋比例高。需要人工捡蛋，并且

---

* **基金项目**：国家公益行业（农业）科技科研专项（200903009）：“现代设施农业产业工程集成技术与模式研究”；国家现代农业产业（蛋鸡）技术体系建设科研专项（nycytx－41）

作者简介：刘华巧，女，河北邢台人，硕士研究生。研究方向：农业生物环境工程。E－mail：huaqiao04@126.com

** **通讯作者**：李保明，男，浙江缙云人，教授，博士生导师。主要从事农业生物环境工程方面的研究。E－mail：libm@cau.edu.cn

自由散养由于鸡的活动较多，饲料消耗高。从而使鸡蛋的成本提高。

栖架系统作为替代系统中的另外一种饲养模式，目前，在荷兰、瑞典、瑞士等欧洲国家应用广泛，可以提供给鸡活动的空间和表达自然行为的环境，并且有较好的经济效益[6]。栖架系统的主要特征是利用鸡能够飞行的本能，提供不同高度的网状平面和栖木，使鸡在水平方向和垂直方向活动，充分地利用舍内的空间，不仅增加了饲养数量，并且使鸡的活动增多。单层栖架系统（Single-tiered Aviaries，简称 SA）包括单层网状平面，栖木，垫料区，产蛋箱，采食饮水区，不设舍外运动场。

农大 3 号节粮小型蛋鸡（以下简称农大 3 号）生活习性接近自然，农户饲养时多采用自由散养，鸡蛋可以作为柴鸡蛋出售。农大 3 号的特点是体形小，占地面积少，它的自然体高比普通型蛋鸡矮 10cm 左右[7]。

本研究的目的是针对农大 3 号的特点设计栖架，主要是栖架网状平面的高度。然后，通过对比蛋鸡的行为，确定栖架系统中合适的饲养密度和垫料。并与自由散养模式下蛋鸡的行为进行对比，以确定栖架系统饲养模式对于农大 3 号行为的影响。

行为是评价饲养密度是否合适的一个重要方法[8]。密度的增加会使进攻啄的发生率提高[9]。蛋鸡舍内大群体饲养时，进攻啄发生率一般较低[10]，可能是因为大群体时会形成种族次序[11]。然而，也有研究表明，在群体大小一样，密度较低时，进攻啄行为发生率较高[8]。当提供合适的垫料，使沙浴行为增多时，可降低进攻啄率[12]；也有研究表明，当提供合适的垫料，使觅食行为增多时，可降低进攻啄率[13]。最近的一项研究表明，沙浴行为增加不能阻止进攻啄行为的发生；觅食行为增加时可有效较少进攻啄[13,14]。

1　材料与方法

1.1　试验鸡场基本概况

为了研究在单层栖架系统中，密度和地面垫料对农大 3 号行为的影响，于 2009 年 11 月 5 日至 12 月 15 日，在北京市怀柔区围里村农户蛋鸡养殖场进行了相关试验。试验鸡舍原来采用散养模式，舍内网上平养 + 舍外运动场，无供热和通风设备。舍内为沙土地面，鸡舍的长 × 宽为 12m × 4m，饲养 600 只农大 3 号。舍外运动场的面积为 15m × 13m，蛋鸡从早上 7:00 到晚上 17:00 大多在舍外运动场活动，采食饮水均在运动场，饲喂时间为 7:30，13:30，每天喂料两次，蛋鸡自由采食和饮水。舍内采用人工清粪方式，冬季 30d 清粪一次，夏季 15d 清粪一次。光照时间为 5：30 ~ 22：30，17h/d，光照强度为 $5W/m^2$。

1.2　试验 1 栖架网状平面高度选择性试验

试验鸡舍南面是铁丝网 + 塑料薄膜，白天塑料薄膜卷起，晚上放下；其他三面均是砖墙，无窗。用塑料薄膜将鸡舍从中间隔开为 A 区和 B 区，A 区保持原来的自由散养模式，舍内采用网上平养（网面高度为 40cm，鸡可以轻易上下），设有舍外运动场，采食饮水均在运动场；B 区采用单层栖架饲养模式，不设舍外运动场，蛋鸡在舍内进行采食饮水，每天 7:30，13:30 人工喂料喂水两次，采食时间一般为 0.5h。试验在 B 区进行，试验鸡群为 210 只。

有研究表明，罗曼褐蛋鸡在水平距离为60cm，角度为18°时，只有65%的鸡可以成功向上和向下飞[15]。大多数蛋鸡向上飞时，60°的角度仍可成功；但向下飞时，30°就很难成功[16]。当水平距离为50cm时，鸡可以轻易飞过，当达到1m左右时，将超过大多蛋鸡的能力范围[17]。B区布置如图1，两行栖架之间距离为1m；两列之间为66.7cm，角度为17°和24°。

试验鸡群从第61周龄进入B区饲养，适应期1周，第62周龄进行观察，连续观察6d，每天在采食完后半小时，在8:30～9:30和14:30～15:30观察两次，每次1h。采用连续观察的方法，记录鸡直接飞上各个高度网状平面的次数，不记录间接飞上的次数，比如，鸡先飞上40cm高，然后从40cm高飞上70cm高，只记录飞上40cm一次，不记录飞上70cm。

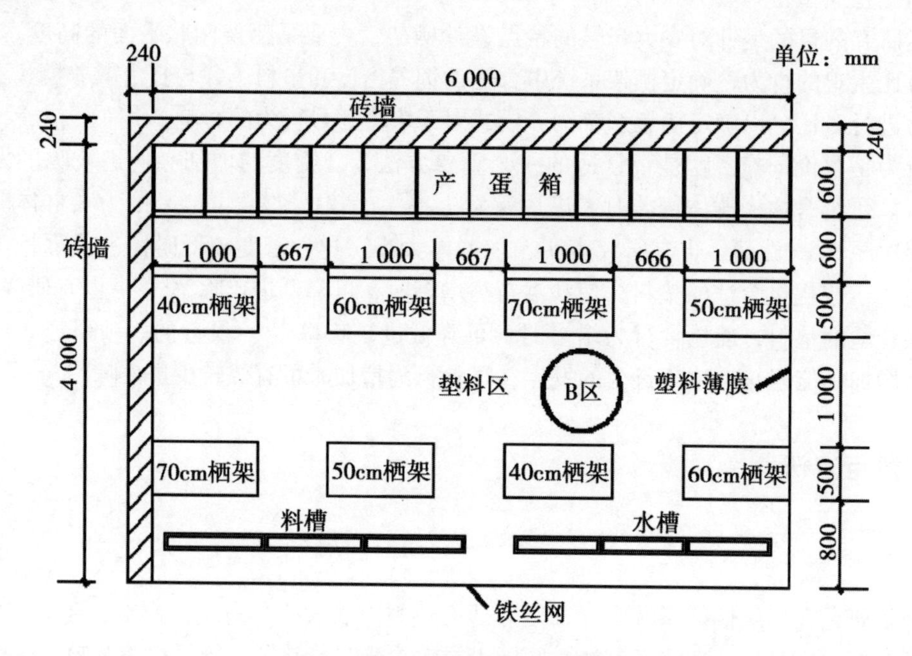

图1　试验鸡舍B区舍内布置图

对6d的数据进行分析，见图2。农大3号对60cm高的网状平面选择性最高，显著高于其他三种高度（$P<0.05$），其次是50cm高的网状平面，对40cm和70cm高的网状平面选择较少。

1.3　试验2 密度和地面垫料对农大3号行为的影响

经过试验1确定单层栖架系统中网状平面高度分别为40cm，50cm，60cm，70cm中，农大3号对60cm选择性强，因此选用60cm高度的网状平面进行试验2。

将B区分成3个相同大小的圈栏（2m×4m），用塑料网隔开，每个圈栏放置4个1m长，50cm宽，网状平面60cm高，总高1m的栖架，产蛋箱为砖砌，共2层，长×深×高=50cm×60cm×35cm，第一层离地0，每个圈栏均提供相同的食槽和水槽，每天7:30，13:30人工喂料喂水两次，采食时间一般为半小时。利用试验1中的210只蛋鸡进行试验。3个圈栏分别采用5.5只/m^2（40只），9.7只/m^2（70只），13.8只/m^2（100只）

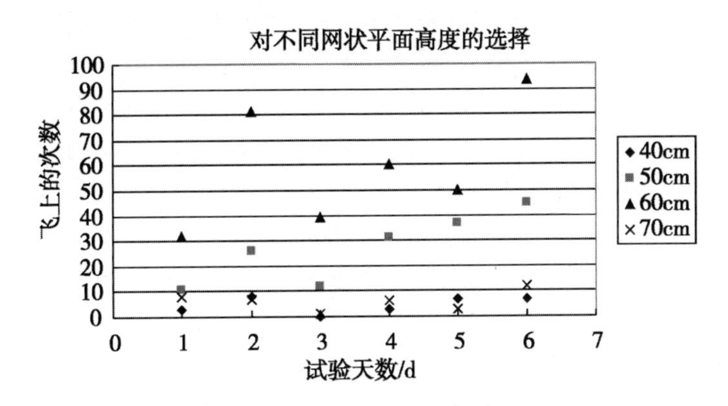

图 2　农大 3 号对不同高度网状平面的选择性

三种饲养密度，试验期为 2 周，其中适应期 1 周；然后每个圈栏均选取 70 只鸡，再以沙子、稻草、沙土 3 种垫料试验 2 周，适应期为 1 周。采用人工观察方法记录试验期间单层栖架饲养模式 3 种密度和 3 种垫料下蛋鸡的行为，以及散养模式舍外运动场蛋鸡的行为。

本试验分为 2 个阶段：第 1 阶段为密度对农大 3 号行为的影响：分为 3 个处理组，5.5 只/m^2，9.7 只/m^2，13.8 只/m^2，沙土垫料；第 2 阶段为地面垫料对农大 3 号行为的影响，密度均为 9.7 只/m^2，也分为 3 个处理组：沙子、稻草和沙土垫料。有 3 个相同的圈栏（2m × 4m），采用相同的饲喂和饮水方式。舍内布置如图 3 所示。

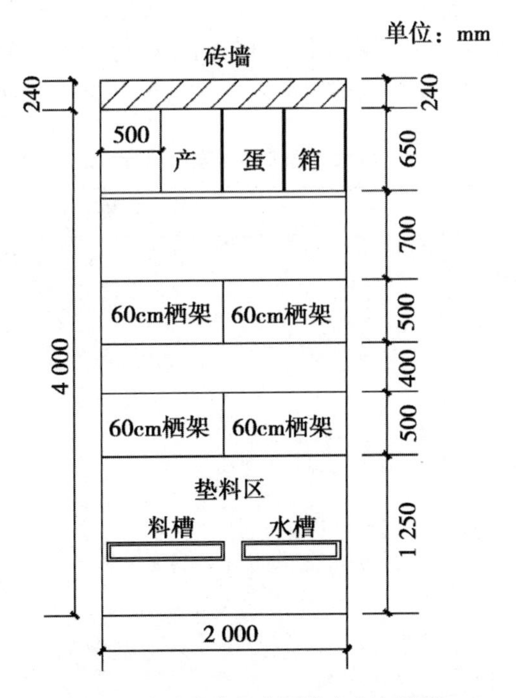

图 3　试验鸡舍每个圈栏舍内布置图

2 行为观察

行为观察在第64周龄，66周龄进行，每周观察4d。

对于舍内B区三个圈栏每天观察4次，上午8:00~9:30，10:00~11:30，下午14:00~15:30，16:00~17:30，每次每个圈栏30min，每天均采用固定的观察顺序[13]。采用连续观察和扫描观察两种方法。连续观察是连续记录观察期间蛋鸡发生的所有短暂行为。扫描观察是每隔5分钟观察记录一次发生各种持续行为的蛋鸡数量[18]。观察者在舍外观察，不影响舍内蛋鸡的行为。

对于舍外运动场的观察，每天观察2次，9:30~10:00，15:30~16:00。选取运动场某一区域，对该区域内所有蛋鸡的短暂行为进行观察30min，并在开始观察和结束观察时分别记录该区域内蛋鸡的数量[8]。

行为谱

通过行为观察，制定出农大3号的行为谱见表1。

按每种行为持续时间的长短可分为：

短暂行为——刨垫料、沙浴、抖身、梳羽、啄羽、进攻啄、伸展、挠头、摆尾、啄趾、啄喙、啄物；

持续行为——觅食、采食、饮水、走动、站立、休息、趴卧。

行为记录方法：一种行为的结束标志为开始另一种行为或者4s内不再发生此行为[2]。

行为记录次数为发生该行为一次或者1只鸡发生该行为记录为1次。

表1 农大3号节粮型矮小鸡行为谱

行为表现	行为评价
刨垫料：用脚抓挠地面的垫料	舒适行为：为了使自身舒适，逃脱不好的状况，保持良好的羽毛状况的行为[20]
沙浴：在垫料区翅膀竖向挥动[19]	
抖身：身体抖动	
梳羽：用自己的喙轻啄自己的羽毛[19]	
啄羽：轻轻地啄有羽毛的部位，一般不会引起被啄者的反应。啄羽时鸡的眼睛会注视一根特别的羽毛，这种现象不会在进攻啄时发生[21]	
伸展：伸展一条腿和同一侧的翅膀	
进攻啄：用喙攻击另一只鸡的头部，被啄者一般会逃走或反抗[21]	异常行为
啄喙：用喙啄另一只鸡的喙	
觅食、采食、饮水、走动、站立、休息、趴卧	一般行为
挠头：用脚趾挠头部	
摆尾：尾巴左右摆动	
啄趾：用喙啄自己的脚趾	
啄物：用喙啄其他物体	

3 结果与讨论

3.1 不同密度对农大 3 号行为的影响

表 2 不同密度下农大 3 号行为的发生频次（次/只）

行为变量 \ 密度	5.5 只/m^2	9.7 只/m^2	13.8 只/m^2
刨垫料	0.48	0.29	0.27
沙浴	0.27	0.24	0.15
抖身	0.39	0.25	0.22
梳羽	0.91	0.84	0.65
进攻啄	0.22	0.26	0.08
啄羽	0.66	0.06	0.09
其他	0.10	0.04	0.06

将 4d 共记录的 16 组数据进行平均，即为农大 3 号不同密度下 30min 内行为的平均发生频次，然后再平均到每只鸡见表 2 和图 4。由图 4 可知，刨垫料、沙浴和抖身行为发生频次均随密度增加而减少；在 3 种密度下均为梳羽发生最频繁，并随密度增加而有所降低；啄羽在 5.5 只/m^2 时发生最多：为 0.66 次/只，9.7 只/m^2 时发生最少：为 0.06 次/只；进攻啄在密度为 9.7 只/m^2 时发生最多：为 0.26 次/只，13.8 只/m^2 时最少：为 0.08 次/只，减少 69%。由于进攻啄是引起羽毛损伤，甚至导致死亡率增加的一个主要原因[5]，刨垫料、沙浴、抖身、梳羽和啄羽行为都属于舒适行为，所以从进攻啄发生率最低考虑，密度为 13.8 只/m^2 时，其他舒适行为均可以得到满足，且进攻啄发生率最低，所以可以作为 3 种密度中较为合适的饲养密度。

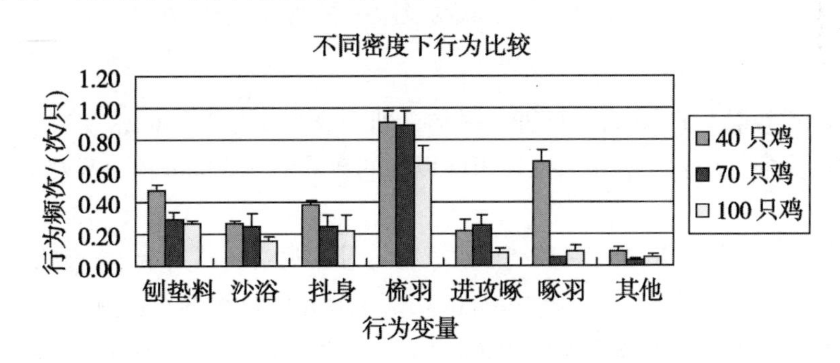

图 4 不同密度下行为的发生频次对比

3.2 不同垫料对农大 3 号行为的影响

将 4d 共记录的 16 组数据进行平均，即为农大 3 号不同垫料下 30min 内行为的平均发生频次，见表 3 和图 5。由图 5 可知，刨垫料和啄羽行为发生频次在沙子垫料时最多；沙浴、抖身、梳羽行为在砂土垫料时发生最多；沙浴和抖身行为在稻草垫料时发生很少，显著少于其他行为的发生频次（$P<0.05$）。进攻啄行为在砂土垫料中发生次数最多：为 18

次，在沙子垫料中发生次数最少：为 5 次，减少 72%。由于进攻啄是引起羽毛损伤，甚至导致死亡率增加的一个主要原因，刨垫料、沙浴、抖身、梳羽和啄羽行为都属于舒适行为，所以从进攻啄发生率最低考虑，垫料为沙子时，其他舒适行为均可以得到满足，并且进攻啄发生率最低，所以，可以作为 3 种垫料中较为合适的垫料。

表 3　不同垫料下农大 3 号行为的发生频次（次）

垫料 行为变量	砂 土	沙 子	稻 草
刨垫料	20	47	31
沙浴	17	10	1
抖身	17	6	1
梳羽	62	4	32
进攻啄	18	5	6
啄羽	4	9	5
其他	3	4	1

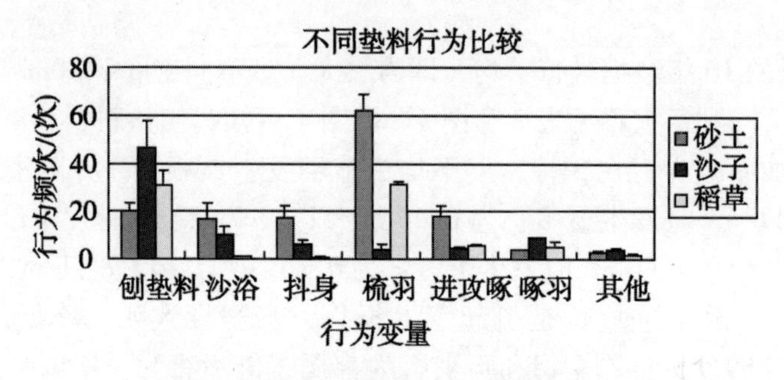

图 5　不同垫料下行为的发生频次对比

3.3　单层栖架系统与自由散养模式舍外运动场（FR -outdoor）蛋鸡行为的比较

SA 中将 4d 共记录的 16 组数据进行平均，即为农大 3 号在不同密度或不同垫料条件下 30min 内行为的平均发生频次，然后再除以鸡的数量，为 30min 内每只鸡的各种行为平均发生频次。

FR-outdoor 中将每次开始观察和结束观察时记录的观察区域内蛋鸡的数量之和除以 2，作为观察期间该区域鸡的数量，然后将每次观察 30min 内行为的发生频次除以鸡的数量，为 30min 内每只鸡的各种行为的发生频次，把 4d 共记录的 8 组数据进行相同处理，最后进行平均，即得到 30min 内每只鸡的各种行为平均发生频次。

不同密度条件下，SA 与 FR-outdoor 中，30min 内每只鸡的各种行为平均发生频次见图 6。刨垫料、沙浴、抖身和进攻啄行为 FR-outdoor 显著高于 SA（$P<0.05$）；梳羽行为两者差异不显著（$P<0.05$）。

不同垫料条件下，SA 与 FR-outdoor 中，30min 内每只鸡的各种行为平均发生频次见见图 7。刨垫料、沙浴、抖身和进攻啄行为 FR-outdoor 显著高于 SA（$P<0.05$）；啄羽行为两者差异不显著（$P<0.05$）。

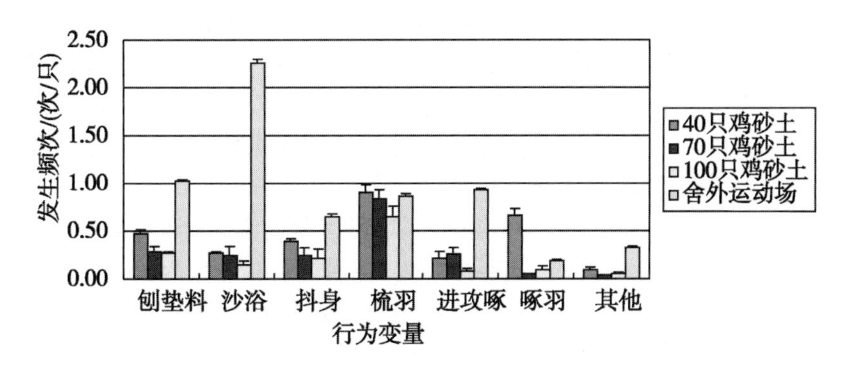

图 6　不同密度下 SA 与 FR-outdoor 行为对比

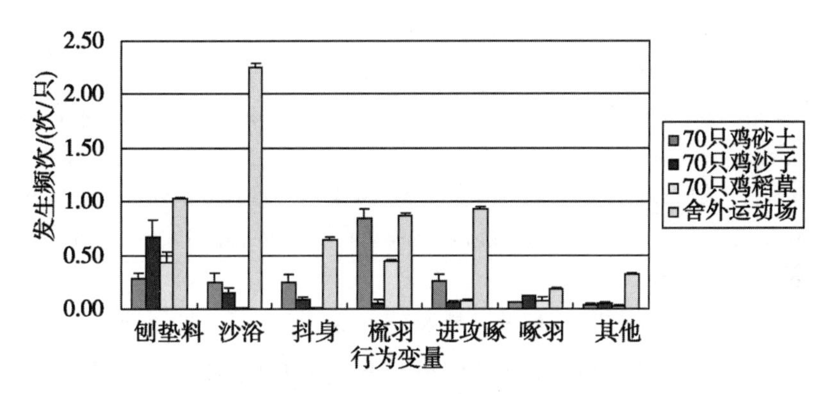

图 7　不同垫料下 SA 与 FR-outdoor 行为对比

由以上两个图的分析可知，农大 3 号在 SA 与 FR（outdoor）的行为相比，SA 进攻啄显著较少（$P<0.05$），舒适行为也显著减少（$P<0.05$）。由于进攻啄是引起羽毛损伤，甚至导致死亡率增加的一个主要原因，所以如果从降低进攻啄行为发生率的角度考虑，可以认为单层栖架系统在基本满足了农大 3 号的舒适行为的基础上，可以作为自由散养模式的一种替代模式。

3.4　单层栖架系统中各种持续行为发生的比例

由于走动和站立行为，采食和饮水经常连在一起，交替进行，所以，将其合起来作为一种评价指标。由图 8 可以看出，觅食行为占很大的比例，说明在观察期间，单层栖架系统中大多数时间蛋鸡在进行觅食行为，趴卧行为较少。

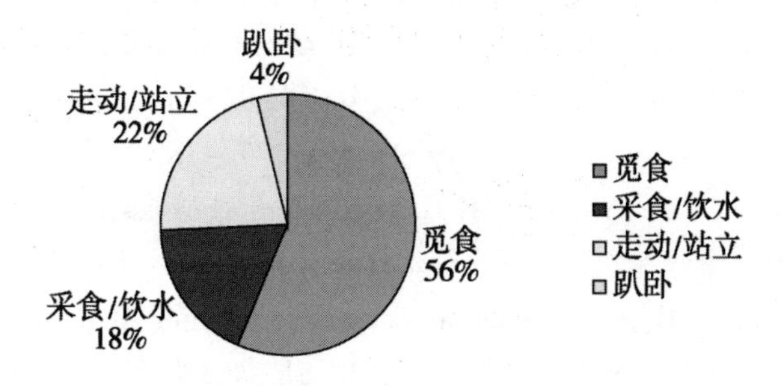

图 8　单层栖架系统中各种持续行为发生的比例

4 结论

通过试验可以得出以下结论：对于农大3号节粮矮小型蛋鸡，在单层栖架系统饲养模式下，其中网状平面的高度为60cm，5.5只/m^2，9.7只/m^2和13.8只/m^2 3种密度中，刨垫料、沙浴、抖身、梳羽和啄羽等舒适行为均可以得到满足，当饲养密度为13.8只/m^2时，进攻啄发生率最低；在砂土、沙子和稻草3种垫料中，可以满足蛋鸡的舒适行为，当沙子作为垫料时，进攻啄发生较少。在单层栖架系统饲养模式中，观察期间蛋鸡大多时间在进行觅食行为，与散养模式舍外运动场的行为相比，进攻啄行为明显减少。

参考文献

[1] Th G C M Fiks-van Niekerk, H A Elson. Categories of housing systems for laying hens. Animal Sciences Group, Wageningen UR, 2006.

[2] T Shimmura, T Suzuki, S Hirahara, et al. Pecking behaviour of laying hens in single-tiered aviaries with and without outdoor area [J]. *British Poultry Science*, 2008, 49 (4): 396 – 401.

[3] Hegelund L, Sørensen J T, KJÆR J B &Kristensen I S. Use of the range area in organic egg production systems: effect of climatic factors, flock size, age and artificial cover [J]. *British Poultry Science*, 2005, 46: 1 – 8.

[4] R TAUSON. Management and housing systems for layers – effects on welfare and production [J]. *World's Poultry Science Journal*, 2005, 61: 477 – 490.

[5] Vestergaard K S, Lisborg L. A model of feather pecking development which relates to dust-bathing in the fowl [J]. *Behaviour*, 1993, 126: 291 – 308.

[6] Aerni K, Brinkhof B M W, Webchelser B, et al. Productivity and mortality of laying hens in aviaries: a systematic review [J]. *World's Poultry Science Journal*, 2005, 61: 130 – 142.

[7] 宁中华. 农大3号节粮小型蛋鸡介绍 [J]. 养殖技术顾问, 2006, 1: 4.

[8] Patrick H. Zimmerman, A. Cecilia Lindberg, Stuart J. Pope, et al. The effect of stocking density, flock size and modified management on laying hen behaviour and welfare in a non-cage system [J]. *Applied Animal Behaviour Science*, 2006, 101: 111 – 124.

[9] Nicol C J, Gregory N G., Knowles T G., et al. Differential effects of increased stocking density, mediated by increased flock size, on feather pecking and aggression in laying hens [J]. *Appl. Anim. Behav. Sci.*, 1999, 65: 137 – 152.

[10] Estevez I, Keeling L J, Newberry R C. Decreasing aggressions with increasing group size in young domestic fowl [J]. *Appl. Anim. Behav. Sci.* 2003, 84: 213 – 218.

[11] Grigor P N, Hughes B O, Appleby M C. Social inhibition of movement in domestic hens [J]. *Appl. Anim. Behav. Sci.*, 1995, 49: 1 381 – 1 388.

[12] Vestergaard K S&Lisborg L. A model of feather pecking development which relates to dust-

bathing in the fowl [J]. *Behaviour*, 1993, 126: 291 -308.

[13] Beat Huber-Eicher, Beat Wechsler. Feather pecking in domestic chicks: its relation to dustbathing and foraging [J]. *Anim. Behav.* , 1997, 54: 757 -768.

[14] Beat Wechsler, Beat Huber-Eicher. The effect of foraging material and perch height on feather pecking and feather damage in laying hens [J]. *Applied Animal Behaviour Science*, 1998, 58: 131 -141.

[15] C Moinard, P Statham, M J Haskell, et al. Accuracy of laying hens in jumping upwards and downwards between perches in different light environments [J]. *Applied Animal Behaviour Science*, 2003, 85 (2004): 77 -92.

[16] Scott G B, Lambe N R, Hitchcock D. Ability of laying hens to negotiate horizontal perches at different heights, separated by different angles [J]. *Br. Poult. Sci.* , 1997, 38: 48 -54.

[17] Scott G B, Parker C A L. The ability of laying hens to negotiate between horizontal perches [J]. *Applied Animal Behaviour Science.* 1994, 42 (2): 121 -127.

[18] Josh M Bowden, et al. Scan Samping Techniques for Behavioral Validation in Nursery Pigs. Iowa State University Animal Industry Report, 2008.

[19] Tsuyoshi Shimmura, Tomokazu Suzulki, Toshihide Azuma, et al. Form but not frequency of beak use by hens is changed by housing system [J]. *Applied Animal Behaviour Science*, 2008, 115: 44 -54.

[20] Tsuyoshi Shinmura, Yusuke Eguchi, Katsuji Uetake, Toshio Tanaka. Behavioral changes in laying hens after introduction to battery cages, furnished cages and an aviary [J]. *Animal Science Journal*, 2006, 77: 242 -249.

[21] Anja Brinch Riber, Anette Wichman, Bjarne O Braastad, et al. Effects of broody hens on perch use, ground pecking, feather pecking and cannibalism in domestic fowl [J]. *Applied Animal Behaviour Science*, 2007, 106: 39 -51.

发酵床养殖垫料粪污承载力的影响因素研究*

黄保华，武 彬，石天虹，井庆川，艾 武，魏祥法，
刘 涛，刘雪兰，阎佩佩
（山东省农业科学院家禽研究所，济南 250023）

摘 要：研究发现发酵床养殖垫料的含水量、铺撒厚度、翻动频率以及每日鸭粪排泄量等可人工控制因素对垫料的温度、湿度、供氧和营养物质含量等具有复杂的交叉影响，从而调控垫料中发酵菌群的构成和生长状态，最终导致了鸭粪转化程度和氨气排放量的变化。结果表明，环境温度在20～35℃、垫料含水量45%～60%、垫料厚度为50～60cm、每天翻动1～2次的情况下，发酵垫料每日最高可承载自身干重7.5%～10%的鲜鸭粪，折合蛋鸭养殖密度为10只/m^2。如鸭粪排泄量超过垫料的承载能力，将使鸭粪的处理能力逐渐降低，氨气的排放增加。

关键词：发酵床；蛋鸭；承载力

发酵床养殖技术起源于日本和巴西的自然养猪法，主要是将锯末、稻壳等材料接种生物菌种后堆积发酵后用做垫料，使粪污分解产生的臭味物质转化为菌体固定下来，达到降低养殖舍内有害气体浓度、减少养殖污染排放的目的。国内对发酵床养殖的报道始于20世纪90年代中期[1]，但直到近几年，相关研究才开始受到研究者的关注。2007年，仅有十几篇关于发酵垫料养殖技术的报道，2008年后每年都超过百篇。除了大量的发酵床养殖技术和应用方法介绍之外，对发酵床养殖技术的研究内容主要集中于菌种筛选[2,3]、畜禽舍设计[4,5]、疾病防控[6,7]与使用效果比较[8～10]等方面。

目前，该技术已经在猪禽养殖中进行推广，但在应用的过程中凸显出不少问题。其中，最突出的问题是菌种发酵效果难以控制、易受环境影响[11]以及垫料维护用工成本大[12,13]等。由于无法使垫料保持最佳的粪污处理效果，现行发酵床养殖技术要求垫料铺撒厚度达到80～100cm，远超猪禽粪污处理的需求，不仅提高了垫料的购置成本，同时垫料的铺撒量过大也会提高日常维护时翻动垫料所需的人工成本。梁皓仪指出，上述问题的核心是养殖密度与排泄物处理能力的问题[14]。实际上，垫料的粪污处理能力直接取决于垫料中分解粪污的微生物的生长状态，垫料的含水量、垫料厚度、垫料温度、翻动频率等因素对其都有显著的影响。

本研究拟阐明上述因素对垫料最大粪污承载能力的影响，使各种条件垫料的粪污处理

* 基金项目：国家科技支撑计划项目“沿南四湖鸭鹅养殖废弃物最低入湖排放技术研究与示范”（No. 2007BAD87B05）；济南市科技局高校院所自主创新项目“肉鸡无臭养殖技术的研究与推广应用”（No. 200906024－3）；济南青年科技明星计划（2010年第一批）“环保养殖垫料原位发酵生态模型的构建及推广应用”项目资助

能力与养殖产生的排泄量相匹配，从而指导发酵床应用达到节约垫料使用量、降低维持垫料发酵能力所需的人力成本的目的。

1　材料与方法

1.1　材料

发酵菌种：枯草芽孢杆菌，由山东省农科院家禽研究所粪场分离。鲜鸭粪由山东省农业科学院家禽研究所鸭舍现场采集，鸭粪含水量80%左右，干燥后，粗蛋白含量为20%～24%。稻壳、锯末购自济南周边农村。其他试剂均为分析纯。

1.2　方法

1.2.1　样品取样方法　在垫料剖面挖成后，每隔10cm处将温度计横向插入垫料中，每个层次测5个点，求其平均值。

1.2.2　有机氮含量测定　全氮减去铵态氮含量。分别采用凯氏定氮法和奈氏试剂比色法测定。

1.2.3　游离氨气测定　采用氨气比色管法，购自北京劳保××公司。将垫料取样后，立即置于500mL烧杯中，密封放置1h，以氨气测定管测定烧杯内空气的氨气含量。

1.2.4　垫料对鸭粪的承载力试验　如无特别标明，垫料中锯末与稻壳的比例为1∶1，补加发酵菌剂后，调节含水量在50%～60%，堆积厚度为50～60cm，每天添加垫料干重10%的鸭粪后搅拌均匀，室温在20～30℃。

2　结果

2.1　含水量对垫料承载能力的影响

首先对稻壳和锯末的持水力进行了测定，结果见图1。

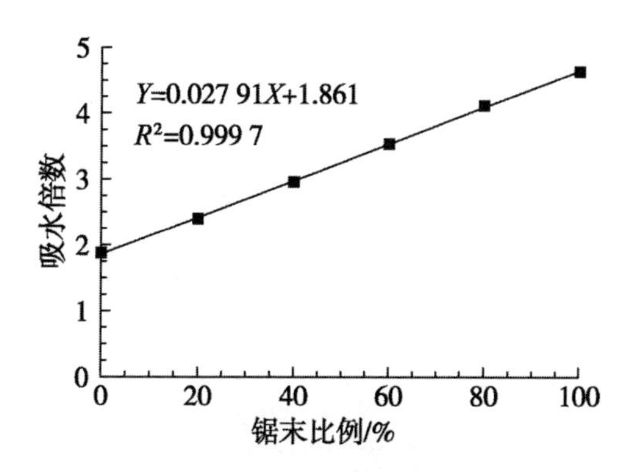

图1　不同比例锯末稻壳型垫料的持水力比较

图1的结果表明，锯末与稻壳吸水特性无相互作用，两者混合做垫料时，吸水能力随锯末的比例升高而呈线性增加。其中，锯末饱和吸水时可保持自身重量4.66倍的水，稻

壳可保持自身重量 1.86 倍的水。当两者比例为 1∶1 时，1 份干重的垫料，吸水量最高达到 3.26，垫料水分含量 76.5%。

根据垫料的持水能力测定结果，选择垫料含水量在 30%～70%；为避免垫料厚度对透气性的影响，选择垫料铺撒厚度为 20cm，每天向垫料中补加垫料干重 10% 的鸭粪，21d 后测定 NH_3 与垫料有机氮含量。结果见图 2。

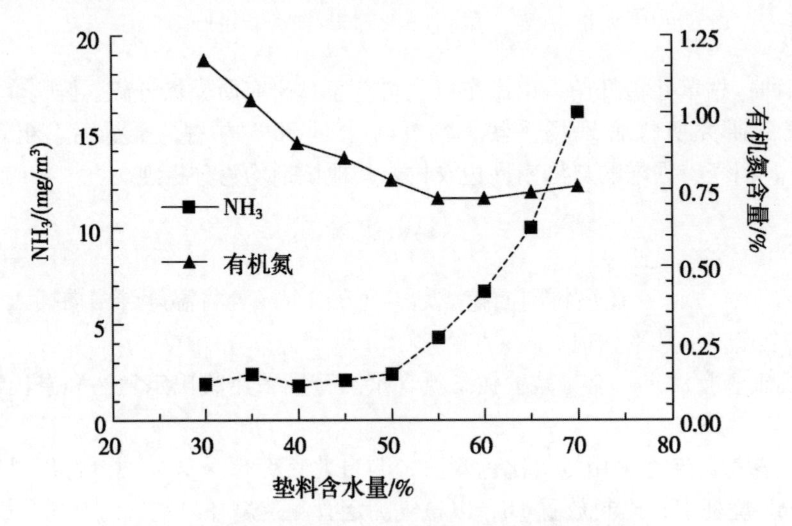

图 2　垫料含水量对有机氮和氨气排放量的影响

随垫料含水量的增加，垫料中有机氮的分解速度不断提高，但水分过高影响了垫料的通气，厌氧微生物的大量生长使垫料氨的释放量大幅提高。

2.2　垫料深度

垫料的厚度对氧气的供给具有显著的作用，垫料与鸭粪混合后装入烧杯中以纱布覆盖封口，将烧杯埋藏不同深度的垫料中，每天向烧杯中的垫料加入 10% 的鸭粪并搅拌混匀，21d 后测定氨气释放的情况，结果见图 3。

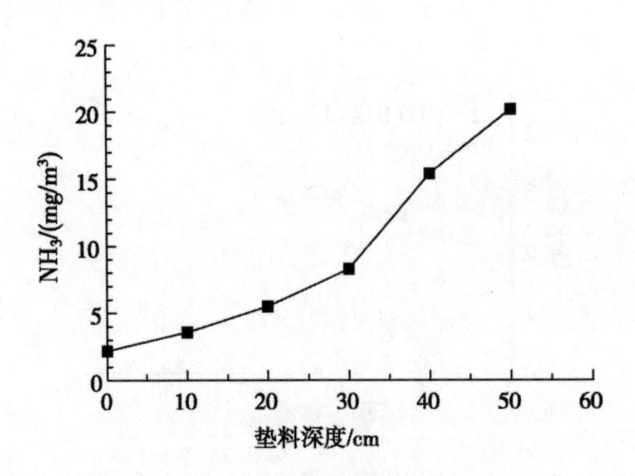

图 3　垫料深度对粪污处理能力的影响

垫料的厚度对粪污处理效果影响巨大，随着烧杯埋藏的深度不断增加，好氧菌生长受抑制，氨气释放量增加。

2.3　翻动频率

翻动是调整垫料发酵状态的重要手段，一方面翻动可以促进粪污与垫料的混合，防止结块；另一方面翻动还可以增加垫料的供氧。图 4 为垫料翻动时间间隔对氨气排放量的影响。结果显示，翻动间隔时间越短，垫料的粪污处理效果越好。

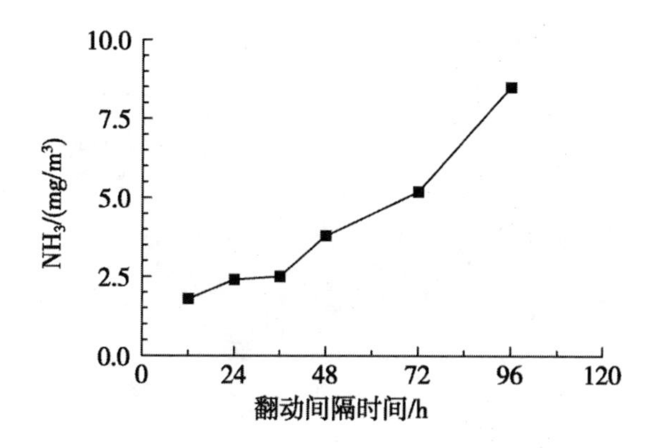

图 4　垫料翻动时间间隔对其氨气排放量的影响

2.4　垫料的粪便承载能力

综合以上试验结果设计实验，环境温度为 20 ~ 35℃，控制垫料总含水量为 45% ~ 60%，垫料厚度为 40 ~ 50cm，每天翻动 1 ~ 2 次，每天向垫料中添加 5% ~ 20% 鸭粪，连续添加 28d，测定氨气排放的过程曲线，结果如图 5 所示。

当鸭粪承载量低于 10% 时，垫料能够保持对粪污的处理能力；超过 10%，则处理能力逐渐降低，最终导致大量氨气排放。

3　讨论

垫料对粪污的处理能力是由垫料中菌群的构成和生长状态决定的。粪污的无害化分解主要依赖枯草芽孢杆菌等好氧微生物，可以抑制其他厌氧及兼性厌氧微生物的生长，减少氨气的排放[10]。实际上，垫料的构成、含水量、铺撒厚度以及翻动频率等每项操作因素，都对垫料的温度、湿度、供氧条件以及营养物质含量等条件具有复杂的影响，从而改变垫料中微生物的构成及代谢状态，影响垫料的粪污处理能力及效果：①垫料中稻壳与锯末的比例除能影响营养物含量外，对垫料的含水量和供氧能力也有显著的作用。正如图 1 所示，锯末持水力强，提高锯末的比例，可大幅度提高垫料对水分的保留能力；而稻壳容重小，能携带大量空气，比例增加时可改善垫料的供氧条件；②垫料的含水量影响垫料的透气性。图 2 的结果表明，提高垫料的含水量可以促进微生物生长，加速粪污分解。然而，较高的含水量会影响垫料的透气性能，供氧低使厌氧微生物比例升高，这可能是氨气排放量增加的主要原因。另外，随着粪便降解，粪中的水分会不断释放出来，因此除非在冬天有供暖设施且通风良好的条件下或垫料风干速度过高的情况下，通常不需要向垫料中大量

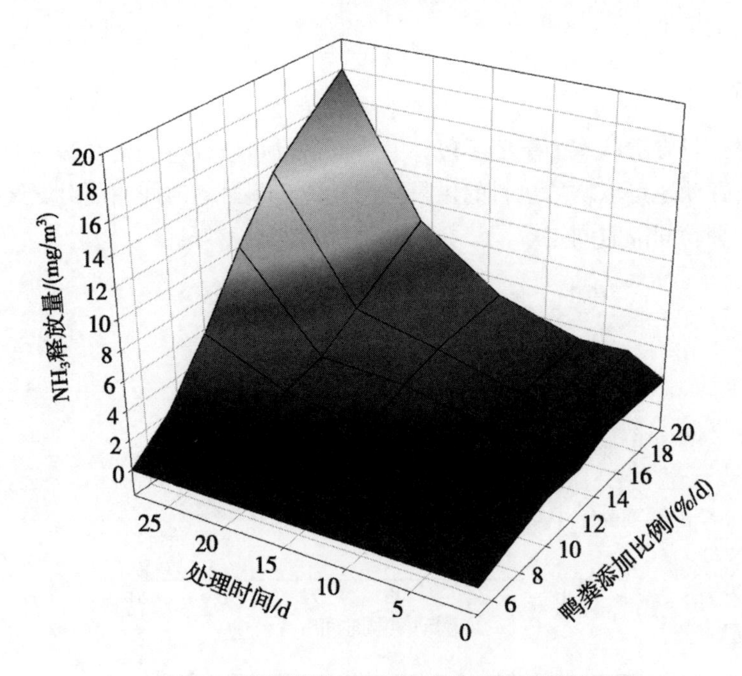

图5 垫料粪污处理量与氨气释放量的关系

补水；③垫料的铺撒厚度主要影响供氧情况和保温情况。图3所示的结果表明，随垫料深度的增加，氨气排放量大幅提高，其主要原因是上层的垫料限制了氧气的传导。在室温20℃以上时，垫料厚度对发酵的影响不大；但环境温度低于15℃，垫料厚度不足将导致热量散失加快、垫料温度过低，进而使发酵不能启动。因此，当翻动频率较低时，深度超过60cm的垫料对粪污承载能力贡献不大；④翻动可以促进粪便与垫料的混合，同时还可以促进供氧，因此翻动频率越高，垫料的粪污处理效果越好（图4）。其原理主要为稻壳等具有大量空间的原料在翻动时携带的空气促进了好氧微生物的代谢。但翻动频率过高会大幅度提高人工成本，因此，发酵床通常需要配备旋耕犁等机械用于垫料的翻动。此外，翻动垫料还会加速水分和热量的散失，在低温下需要合理调节翻动频率。

根据图5的研究结果，本研究获得了发酵垫料的最大承载量：发酵垫料可以承载垫料干重7.5%～10%的鲜鸭粪，而保持对粪污的处理能力。但实际上，各因素对垫料的粪污能力的影响十分复杂。借鉴生态学方法，将发酵垫料视为一个生态系统，进行更加深入研究，有望进一步提高垫料对鸭粪的承载量，改善使用效果，减少维护用功成本，加速发酵床养殖技术的推广应用。

参考文献

[1] 无污染养猪法［J］. 四川农业科技，1995（6）：20.

[2] 朱 洪，常志州，王世梅，等. 基于畜禽废弃物管理的发酵床技术研究及接种剂的应用效果研究［J］. 江苏农业科学，2007（2）：228－232.

[3] 周玉刚，许百年，张怀平，等. 发酵床养猪土著菌种的制备技术［J］. 畜牧兽医科技信息，2008（11）：38－39.

[4] 卢朝义．发酵床养猪的猪舍建筑及配套设施［J］．猪业科学，2009，26（1）：66－73.
[5] 刘龙彬，李　国，付道领．发酵床养鸡鸡舍的建造［J］．家禽科学，2010（3）：20－21.
[6] 王远孝，李　娜，李　雁，等．发酵床养猪系统的卫生学评价［J］．畜牧与兽医，2008，40（4）：43－45.
[7] 夏飚．利用发酵床防制猪寄生虫病［J］．今日畜牧兽医，2008（8）：26.
[8] 盛清凯，王　诚，武　英，等．冬季发酵床养殖模式对猪舍环境及猪生产性能的影响［J］．家畜生态学报，2009，30（1）：82－85.
[9] 郭建凤，王　诚，武　英，等．自然养猪法对杜洛克猪胴体性能及肉品质影响［J］．广东饲料，2009（12）：19－21.
[10] 周玉刚，许百年，潘　磊，等．发酵床猪舍和传统猪舍 H_2S 和 NH_3 浓度的比较研究［J］．畜牧兽医科技信息，2010（3）：30－31.
[11] 杨　森，陈兴平，首　峰．发酵床养猪法的应用现状与存在问题［J］．畜牧兽医杂志，2010，29（2）：63.
[12] 曾　垚，曾环明，刘丽环．浅谈生物发酵床养猪存在的问题［J］．湖南饲料，2009（6）：41.
[13] 苏党林，蔡　建．发酵床养猪在生产实践中遇到的问题及思考［J］．今日养猪业，2009（5）：16－18.
[14] 梁皓仪．“发酵床”养猪热下的冷思考［J］．北方牧业，2009，10：22.

育雏舍环境控制系统改进前后育雏效果的比较

刘爱巧

（北京市华都峪口禽业有限责任公司，北京　101206）

摘　要：本研究是在调研规模化蛋种鸡育雏舍环境系统基础上，通过改进供暖系统、通风系统后，跟踪育雏效果并进行综合评估。育雏舍环境控制系统改进后，育雏期（1～7周龄）大群成活率达到99.4%，比改进前提高1.3%；同时，育雏期1～7周龄平均体重显著增加（$P<0.05$），均匀度显著提高（$P<0.05$）。

关键词：育雏；环境控制系统；蛋种鸡

育雏期间鸡舍的环境控制极为重要，环境条件提供不当会导致雏鸡生长减缓，影响雏鸡的成活率和生长发育，饲料转化率降低，疾病、淘汰和死亡率增加，从而降低鸡场利润[1]。此阶段雏鸡的生长发育好坏还直接关系到育成期鸡的整齐度、合格率，也间接影响到产蛋期生产性能的发挥[2]。所以，育雏期间通过标准化的环境控制系统，提供雏鸡适宜稳定的温度、湿度和通风，最大限度地满足雏鸡生理生长需要，才能提高雏鸡的成活率，培育出健康合格的后备鸡。

目前，规模化蛋种鸡育雏舍多采用全封闭、五列六走道、三层阶梯式笼养方式，鸡舍内采用锅炉集中供暖、乳头饮水、自动喂料、光照、清粪，具体通风采用小窗—湿帘—温控系统结合的纵向负压混合通风方式。育雏舍内的环境控制系统存在一定的弊端，如供暖系统设置在舍内侧墙，不能保证育雏舍温度的均衡，容易出现舍内温差偏大，影响雏鸡的整齐度；采用纵向负压通风控制系统，容易出现舍内换气死角，不能完全将舍内污浊、有害、潮湿空气排出，而且容易出现通风过量的现象。当育雏舍内环境不稳定时，鸡群体重不易达标，会诱发呼吸道疾病的发生。

本研究是通过调研分析规模化蛋种鸡育雏舍环境控制系统存在的技术和配套设施上的问题，在原有技术方面进一步改进和完善，并通过育雏效果和经济效益分析评估改进效果，以确定育雏舍环境控制系统改进后对育雏效果的提高。

1　材料与方法

1.1　育雏舍环境控制系统的改进

1.1.1　通风系统的改进　由横向通风改为横纵结合的通风方式。风机改装在鸡舍（长93.86m、宽12.5m、高3.8m）的尾部山墙上，前部山墙安装水帘，使风机数量由原来的

30个（直径80cm），变为6个（直径1.4m，有效排风量3.3万m^3/h）。为了增加鸡舍的密闭性，侧墙进风口使用标准的通风小窗（小窗数量：南北侧墙各30个；小窗面积：长0.54m，宽0.22m；小窗距地面高度：1.7～1.75m），并安装导流板，保证进入鸡舍的冷空气与舍内的热空气充分的混合，使舍内温度更均匀；冬季采用横向通风，保证鸡舍最小换气量，保温同时，做好通风管理。

1.1.2　供暖系统的改进　在鸡舍建筑结构上采取保温墙，使鸡舍保温性更好，同时采用锅炉水温供暖，改变暖气管道的布局，由原来安装在鸡舍的侧墙上，改为安装在鸡笼下方，均匀的铺设在5条走道上，保证舍内温度的均匀，使得鸡舍前后温差能够控制在1℃以内，解决了饲养育雏期温度不均的难题。

1.2　育雏舍环境控制系统改进后效果评估

1.2.1　试验场地与雏鸡　试验在北京市华都峪口禽业有限责任公司养殖基地小曹庄进行，环境控制系统改进前的育雏舍为对照组，环境控制系统改进后的育雏舍为试验组。试验组和对照组鸡舍分别选择3个栋（每栋标准饲养量为20 000只），均饲养着2008年3月2日孵化出的同一批次的“京红1号”父母代雏鸡。

1.2.2　饲养管理　饮水、光照、温度控制、通风等管理均按照“京红1号”父母代饲养管理手册要求进行。饲养密度：1～4周龄40～50只/m^2，5～6周龄30～35只/m^2，7周龄20～22只/m^2。雏鸡饲料组成及营养成分见表1。

表1　试验鸡只日粮组成及营养成分

项　目	0～2周	3～6周	7周
原料组成/%			
玉米	60.5	62.4	69
大豆油	1.5	1	
豆粕	34	32.6	21
小麦麸	0	0	6
磷酸氢钙	1.8	1.8	1.6
石粉	1.2	1.2	1.4
预混	1	1	1
营养成分			
代谢能/（MJ/kg）	12.14	11.93	11.72
粗蛋白/%	19.50	19.00	15.50
蛋氨酸/%	0.46	0.44	0.38
蛋氨酸+胱氨酸/%	0.80	0.73	0.66
赖氨酸/%	1.20	0.90	0.78
钙/%	0.92～1.0	0.92～1.0	0.92～1.0
有效磷/%	0.45	0.45	0.40

注：预混料为每千克饲粮提供：铁90mg，铜12mg，锌120mg，锰100mg，碘0.7mg，硒0.30mg；维生素A 14 000IU，维生素D 3 000IU，维生素E 30IU，维生素K 4.5mg，硫胺素2mg，核黄素8mg，烟酸40mg，泛酸24mg，维生素B 63mg，维生素B_{12} 26μg，叶酸1.6mg，生物素200μg，胆碱1 000mg

1.2.3　测定指标　记录育雏阶段的淘汰数量、每周体重等计算体重均匀度和育雏期成活率。

1.3 统计分析

数据用Excel建立数据库，采用SAS8.2软件包中的ANOVA过程进行方差分析，采用Duncan's法进行多重比较，结果以平均值±标准差表示。

2 结果与分析

2.1 改进环境控制系统对育雏期成活率的影响

试验组与对照组的育雏鸡成活率见表2。

表2 不同饲养模式及配套技术下后备鸡成活率比较（%）

	1周龄	2周龄	3周龄	4周龄	5周龄	6周龄	7周龄
试验组	99.85	99.90	99.95	99.90	99.95	99.95	99.90
对照组	99.75	99.80	99.90	99.90	99.90	99.90	98.95

注：表中数字为计算得出的平均成活率；育雏期（1~7周龄）平均成活率为每周成活率累计乘积

试验组的成活率在1~7周龄内每周均略高于对照组；经累计计算育雏期平均成活率，试验组和对照组分别为：99.4%、98.1%，试验组比对照组的成活率明显高1.3个百分点，说明育雏舍环境控制系统改进后能够有效提高育雏鸡成活率。

2.2 改进环境控制系统对育雏期体重的影响

本试验改进环境控制系统后育雏期雏鸡体重见表3。

表3 不同饲养模式及配套技术下育雏鸡体重比较（g）

	1周龄	2周龄	3周龄	4周龄	5周龄	6周龄	7周龄
试验组	71 ± 5.57^a	132 ± 12.33^a	202 ± 19.55^a	275 ± 23.09^a	370 ± 29.18^a	476 ± 27.82^a	565 ± 33.54^a
对照组	65 ± 7.15^b	115 ± 15.48^b	177 ± 25.87^b	235 ± 26.71^b	332 ± 32.22^b	434 ± 34.01^b	528 ± 39.21^b

注：同列数据肩标小写字母不同表示差异显著（$P<0.05$）。下表同

育雏期（1~7周龄）平均体重试验组比对照组高，而且1~7周龄体重试验组与对照组间表现出差异显著性（$P<0.05$）。育雏期前6周龄的体重是否达标，是培育后备鸡的关键[3]。通过数据分析，从第4周龄开始试验组比对照组体重高40g左右，说明改进育雏舍环境控制系统后对鸡群体重的达标非常有利。

2.3 改进环境控制系统对育雏期体重均匀度的影响

控制均匀度的关键时期是后备鸡阶段，这一阶段饲养效果的好坏，直接影响到种鸡开产日龄、达到高峰的时间、高峰维持时间以及产蛋期产蛋率的高低等关键性指标[4]。而育雏期培育出健康、合格、整齐度高的雏鸡，是保证后备鸡合格率的关键环节。

本试验育雏期体重均匀度见表4。试验组的育雏阶段各周龄体重均匀度均高于对照组，并且第1~4周龄试验组与对照组的均匀度表现出差异显著性（$P<0.05$）；第5~7周龄试验组与对照组差异不显著（$P>0.05$），说明育雏舍环境控制系统改进后能够显著提高育雏期整齐度。

表4 不同饲养模式及配套技术下育雏鸡体重均匀度比较（%）

	1周龄	2周龄	3周龄	4周龄	5周龄	6周龄	7周龄
试验组	94.5 ± 2.71^a	90.1 ± 2.36^a	86.8 ± 2.00^a	86.2 ± 2.14^a	85.7 ± 3.01	88.0 ± 2.54	88.8 ± 2.32
对照组	86.2 ± 1.64^b	81.5 ± 2.41^b	77.7 ± 1.99^b	80.0 ± 2.58^b	83.3 ± 2.14	83.3 ± 2.06	86.5 ± 1.47

3 讨论与结论

随着现代养鸡业机械化程度大幅度提高，市场竞争日益激烈，蛋鸡行业呈现微利状态。这种情况下，怎样培育合格的后备鸡群，保持高峰期的产蛋稳定，已成为饲养管理的重中之重。育雏期间由于通风、取暖方式的局限性，会导致鸡群生长性能受阻。通过对原有育雏舍饲养过程中配套技术的创新，并应用于改进后育雏舍，使横向通风改为横纵结合的混合式通风方式，供暖由侧墙安装管道改为在鸡笼下方安装、并均匀铺设在5条走道上，这些技术的应用使鸡舍通风死角减少、舍内温度更均匀，应激小，更利于鸡群生长。

本试验通过改进育雏舍的环境控制系统对育雏期成活率、体重、均匀度指标均有很大提高，育雏期平均成活率由98.1%提高至99.4%；育雏期末（7周龄末）体重提高了37g，体重均匀度提高了2.3%。说明改进环境控制后的育雏舍，能够实现环境控制的均衡稳定，保证育雏效果的最大发挥，培育出健康合格的后备鸡。

参考文献

[1] 刘　志．雏鸡育雏期间的环境控制［J］．中国畜牧杂志，2009，45（16）：65－66.
[2] 韩继旺．雏鸡舍内环境对鸡的影响及控制措施［J］．养禽与禽病防治，1999（1）：28－29.
[3] 黄德智．种鸡饲养关键时期的饲养要点［J］．畜禽业，2009（242）：31－32.
[4] 韩忠栋，刘　志．提高鸡群均匀度管理的关键点［J］．家禽科学，2009（7）：17－18.

基于灰色局势决策模型的农户肉鸡养殖适宜规模分析*
——以吉林省为例

张秋苹，王桂霞**
（吉林农业大学经济管理学院，长春　130118）

摘　要：随着肉鸡行业的迅速发展，肉鸡规模养殖农户也看准这个市场，但农户发展规模养殖受资金、技术等因素的制约，需要正确引导农户根据实际情况发展适宜养殖规模。本文采用灰色局势决策方法建立模型[1]，对不同规模的肉鸡养殖的效果测度和综合效果测度进行测算，从而为农户开展适宜养殖规模提供参考依据。

关键词：灰色局势决策；吉林省；肉鸡；规模养殖

1　吉林省肉鸡规模养殖概况

吉林省对畜禽扶持力度不断的加强。2009 年起，连续四年每年投入 1 亿元的资金来支持建设畜牧业规模化的养殖小区，推动畜禽养殖业的规模化标准化发展。从 2005 年至 2009 年吉林省年存栏 2 000只以下的肉鸡的养殖户呈下降趋势，出栏量呈上升趋势，出栏量为 7 807. 18万只，同比增长了 31. 74%，占全国的 5. 79%；年存栏数 50 000 ~ 99 999只的养殖户每年呈上升趋势，出栏量为 8 656. 34 万只，同比增长了 51. 64%，占全国的 9. 08%；年存栏量 100 万只以上的养殖户数量变化不大，且出栏量也较平稳。

2　灰色局势决策数学模型的基本步骤

本研究根据年鉴数据对吉林省不同养殖规模的肉鸡成本与收益进行实证分析，肉鸡养殖规模严格以 2004 年国家下发的饲养业规模划分标准为准，分类标准为（单位：只）散养：$Q \leq 300$，小规模：$300 < Q \leq 1\,000$，中规模：$1\,000 < Q \leq 10\,000$，大规模：$Q > 10\,000$。

方法说明：灰色局势决策方法是灰色系统理论的重要组成部分，这种方法适用于处理信息不完善的决策问题。灰色局势决策方法是对时间、目标、对策和效果等因素的综合分析的决策方法。此方法的最大优势是它对于处理区域发展过程中，许多决策是在信息不完备的情况下做出决定的，即适合处理数据中存在灰元的情况。那么，笔者视肉鸡生产所采

* 作者简介：张秋苹，女，吉林松原人，吉林农业大学在读研究生，研究方向：畜牧业经济

** 通讯作者：王桂霞，农业经济管理专业博士，吉林农业大学经济管理学院教授，博士生导师，主要研究方向为畜牧业经济管理与产业政策，农业经济理论与政策

用的每一种规模为不同的局势，利用灰色局势决策方法对肉鸡生产的各个局势进行效果分析和优势评价，通过最终分析的结果进行取舍吉林省合理的肉鸡生产规模。

灰色局势决策方法的一般步骤如下。

①给出事件、对策；

②构建局势；

③目标的确定

④给出目标的白化值，计算效果测度，得出决策矩阵；

⑤计算多目标的综合效果测度。得出多目标综合决策矩阵；

⑥最佳局势的选择。

3 吉林省肉鸡饲养规模经营方式的决策

根据灰色局势决策方法建立模型，确定适合吉林省肉鸡饲养业发展的适宜模式为唯一的事件，以 a_1 表示；对策是小规模养殖 b_1、中规模养殖 b_2。

3.1 构建局势

各个事件与对策的匹配组合如下局势：

① s_{11} = （a_1，b_1） = （吉林省，小规模养殖）

② s_{12} = （a_1，b_2） = （吉林省，中规模养殖）

3.2 目标的确定

根据2007—2012年《全国农产品成本收益资料汇编》，得到吉林省肉鸡不同饲养规模的各个指标的平均值，见表1。

表1 吉林省肉鸡不同养殖规模指标值

年份	小规模养殖	中规模养殖	大规模养殖
主产品产量/（kg/百只）	287.79	280.89	—
主产品产值/（元/百只）	2 291.82	2 280.09	—
生产成本/（元/百只）	2 081.86	2 008.94	—
净利润/（元/百只）	224.73	289.02	—
精饲料量/（kg/百只）	628.28	616.31	—
仔畜进价/（元/百只）	248.83	267.62	—
每核算单位用工天数/d	7.52	7.08	—

资料来源：2007～2012年全国农产品成本收益资料汇编整理而得

注：—代表无统计数据

本决策主要考虑下目标值。

（1）每百只肉鸡主产品产量：是指每百只肉鸡的活重，它反映了各种规模养殖方式的优劣，从产品的质量和社会效益的角度来讲，此目标值采用适度值。

（2）每百只肉鸡产品的产值：它是肉鸡生产效益的体现，它的高低直接影响养殖户的积极性，此目标值越大越好。

（3）每百只肉鸡生产成本：它是影响肉鸡养殖生产收益的主要要素，同时是每个养殖户获得最大收益的前提，此目标值应该越小越好。

（4）每百只肉鸡的净利润：它是每百只肉鸡的产值扣除生产成本后的余额，是保证肉鸡养殖持续发展的根本，此目标值应越大越好。

（5）耗精饲料量：肉鸡养殖的精饲料耗粮量在一定程度上反映出了不同养殖方式粮肉的转化率，同时也是主要的生产成本之一。

（6）仔畜进价：它是肉鸡养殖成本的体现，在肉鸡养殖正常的生长规律的情况下，仔畜进价越低肉鸡养殖的费用就越低，它是影响成本的因素之一，此目标值应越小越好。

（7）人工用量：在劳动工价统一的前提下，用工量的高低反映出肉鸡养殖业的生产现代化水平，因此，它也是影响养殖成本的要素之一，此目标值应该越小越好。

3.3 给出各个目标的白化值（U）

从表 3－1 中可直接得到：

目标 1 的白化值分别是：$U_{11}{}^{(1)} = 287.79$，$U_{12}{}^{(1)} = 280.89$

目标 2 的白化值分别为：$U_{11}{}^{(2)} = 2\,291.82$，$U_{12}{}^{(2)} = 2\,280.09$

目标 3 的白化值分别为：$U_{11}{}^{(3)} = 2\,081.86$，$U_{12}{}^{(3)} = 2\,008.94$

目标 4 的白化值分别为：$U_{11}{}^{(4)} = 224.73$，$U_{12}{}^{(4)} = 289.02$

目标 5 的白化值分别为：$U_{11}{}^{(5)} = 628.28$，$U_{12}{}^{(5)} = 616.31$

目标 6 的白化值分别为：$U_{11}{}^{(6)} = 248.83$，$U_{12}{}^{(6)} = 267.62$

目标 7 的白化值分别为：$U_{11}{}^{(7)} = 7.52$，$U_{12}{}^{(7)} = 7.08$

3.4 计算各目标的效果测度，得出决策矩阵

根据各目标的具体情况依据适度效果测度测算方法、上限效果测度测算方法和下线效果测度方法进行测算，得出矩阵如下。

（1）对于目标 1，按适度效果测度计算（按照丹麦标准，取 $u_0 = 79$），得出下列决策矩阵：$M^{(1)} = \left(\frac{r_{11}^{(1)}}{s_{11}} \frac{r_{12}^{(1)}}{s_{12}}\right) = \left(\frac{0.275}{s_{11}} \frac{0.281}{s_{12}}\right)$

（2）对于目标 2，按上限效果测度计算，得出下列决策矩阵：

$$M^{(2)} = \left(\frac{r_{11}^{(2)}}{s_{11}} \frac{r_{12}^{(2)}}{s_{12}}\right) = \left(\frac{1}{s_{11}} \frac{0.995}{s_{12}}\right)$$

（3）对于目标 3，按下限效果测度计算，得出下列决策矩阵：

$$M^{(3)} = \left(\frac{r_{11}^{(3)}}{s_{11}} \frac{r_{12}^{(3)}}{s_{12}}\right) = \left(\frac{0.965}{s_{11}} \frac{1}{s_{12}}\right)$$

（4）对于目标 4，按上限效果测度计算，得出下列决策矩阵：

$$M^{(4)} = \left(\frac{r_{11}^{(4)}}{s_{11}} \frac{r_{12}^{(4)}}{s_{12}}\right) = \left(\frac{0.778}{s_{11}} \frac{1}{s_{12}}\right)$$

（5）对于目标 5，按下限效果测度计算，得出下列决策矩阵：

$$M^{(5)} = \begin{pmatrix} \frac{r_{11}^{(5)}}{s_{11}} & \frac{r_{12}^{(5)}}{s_{12}} \end{pmatrix} = \begin{pmatrix} \frac{0.981}{s_{11}} & \frac{1}{s_{12}} \end{pmatrix}$$

（6）对于目标6，按下限效果测度计算，得出下列决策矩阵：

$$M^{(6)} = \begin{pmatrix} \frac{r_{11}^{(6)}}{s_{11}} & \frac{r_{12}^{(6)}}{s_{12}} \end{pmatrix} = \begin{pmatrix} \frac{1}{s_{11}} & \frac{0.930}{s_{12}} \end{pmatrix}$$

（7）对于目标7，按下限效果测度计算，得出下列决策矩阵：

$$M^{(7)} = \begin{pmatrix} \frac{r_{11}^{(7)}}{s_{11}} & \frac{r_{12}^{(7)}}{s_{12}} \end{pmatrix} = \begin{pmatrix} \frac{0.941}{s_{11}} & \frac{1}{s_{12}} \end{pmatrix}$$

式中符号解释：$M^{(i)}$为决策矩阵；s_{ij}为事件a_i和对策b_i的二元组合的局势；r_{ij}为局势$s_{ij}=(a_i, b_j)$的效果测度。

3.5 计算多目标的局势综合效果测度

根据公式 $R_{IJ} = \frac{1}{q}\sum_{p=1}^{q} r_{ij}^{p}$，最终可以得出多目标的综合效果测度，$r_{ij}$（$i=1$，$j=1$，2），得出决策矩阵如下：

$$M = \frac{1}{7}\begin{pmatrix} \frac{\sum_{p=1}^{7} r_{11}^{p}}{s_{11}} & \frac{\sum_{p=1}^{7} r_{12}^{p}}{s_{12}} \end{pmatrix} = \frac{1}{7}\begin{pmatrix} \frac{5.940}{s_{11}} & \frac{6.206}{s_{12}} \end{pmatrix} = \begin{pmatrix} \frac{0.84857}{s_{11}} & \frac{0.88657}{s_{12}} \end{pmatrix}$$

3.6 进行决策分析

从以上建立模型得出的结果可看出，吉林省小规模肉鸡养殖的综合效果测度为0.848 57，中规模肉鸡养殖的综合效果测度为0.886 57，无论是按行向量来决策还是按列向量决策中规模肉鸡养殖都为最优局势，因此，中规模肉鸡养殖为最优局势。

4 全国不同规模肉鸡养殖模型建立

4.1 依据以上吉林省肉鸡建立模型的步骤和方法，测算出多目标的效果测度和综合效果测度值。

（1）对于目标1，按适度效果测度计算（按照丹麦标准，取$u_0=79$），得出下列决策矩阵：

$$M^{(1)} = \begin{pmatrix} \frac{r_{11}^{(1)}}{s_{11}} & \frac{r_{12}^{(1)}}{s_{12}} & \frac{r_{13}^{(1)}}{s_{13}} \end{pmatrix} = \begin{pmatrix} \frac{0.345}{s_{11}} & \frac{0.355}{s_{12}} & \frac{0.388}{s_{13}} \end{pmatrix}$$

（2）对于目标2，按上限效果测度计算，得出下列决策矩阵：

$$M^{(2)} = \begin{pmatrix} \frac{r_{11}^{(2)}}{s_{11}} & \frac{r_{12}^{(2)}}{s_{12}} & \frac{r_{13}^{(2)}}{s_{13}} \end{pmatrix} = \begin{pmatrix} \frac{1}{s_{11}} & \frac{0.959}{s_{12}} & \frac{0.952}{s_{13}} \end{pmatrix}$$

（3）对于目标3，按下限效果测度计算，得出下列决策矩阵：

$$M^{(3)} = \begin{pmatrix} \frac{r_{11}^{(3)}}{s_{11}} & \frac{r_{12}^{(3)}}{s_{12}} & \frac{r_{13}^{(3)}}{s_{13}} \end{pmatrix} = \begin{pmatrix} \frac{0.963}{s_{11}} & \frac{0.996}{s_{12}} & \frac{1}{s_{13}} \end{pmatrix}$$

（4）对于目标4，按上限效果测度计算，得出下列决策矩阵：

$$M^{(4)} = \begin{pmatrix} \frac{r_{11}^{(4)}}{s_{11}} & \frac{r_{12}^{(4)}}{s_{12}} & \frac{r_{13}^{(4)}}{s_{13}} \end{pmatrix} = \begin{pmatrix} \frac{1}{s_{11}} & \frac{0.911}{s_{12}} & \frac{0.825}{s_{13}} \end{pmatrix}$$

（5）对于目标5，按下限效果测度计算，得出下列决策矩阵：

$$M^{(5)} = \left(\frac{r_{11}^{(5)}}{s_{11}} \frac{r_{12}^{(5)}}{s_{12}} \frac{r_{13}^{(5)}}{s_{13}}\right) = \left(\frac{0.883}{s_{11}} \frac{0.975}{s_{12}} \frac{1}{s_{13}}\right)$$

（6）对于目标6，按下限效果测度计算，得出下列决策矩阵：

$$M^{(6)} = \left(\frac{r_{11}^{(6)}}{s_{11}} \frac{r_{12}^{(6)}}{s_{12}} \frac{r_{13}^{(6)}}{s_{13}}\right) = \left(\frac{1}{s_{11}} \frac{0.787}{s_{12}} \frac{0.795}{s_{13}}\right)$$

（7）对于目标7，按下限效果测度计算，得出下列决策矩阵：

$$M^{(7)} = \left(\frac{r_{11}^{(7)}}{s_{11}} \frac{r_{12}^{(7)}}{s_{12}} \frac{r_{13}^{(7)}}{s_{13}}\right) = \left(\frac{0.408}{s_{11}} \frac{0.625}{s_{12}} \frac{1}{s_{13}}\right)$$

根据公式 $R_{ij} = \frac{1}{q}\sum_{p=1}^{7} r_{ij}^{p}$，最终可以得出多目标的综合效果测度，$r_{ij}$（$i=1$，$j=1$，2），得出决策矩阵如下：

$$M = \frac{1}{7}\left(\frac{\sum_{p=1}^{7} r_{11}^{p}}{s_{11}} \frac{\sum_{p=1}^{7} r_{12}^{p}}{s_{12}} \frac{\sum_{p=1}^{7} r_{13}^{p}}{s_{13}}\right) = \frac{1}{7}\left(\frac{5.596}{s_{11}} \frac{5.608}{s_{12}} \frac{5.960}{s_{13}}\right) = \left(\frac{0.79942}{s_{11}} \frac{0.80144}{s_{12}} \frac{0.85143}{s_{13}}\right)$$

4.2 进行决策

从以上建立模型得出的结果可看出，全国小规模肉鸡养殖的综合效果测度为0.799 52，中规模肉鸡养殖的综合效果测度为0.801 44，大规模肉鸡养殖的综合效果测度为0.851 43. 无论是按行向量来决策还是按列向量决策大规模肉鸡养殖都为最优局势，因此，大规模肉鸡养殖为最优局势。

5 吉林省肉鸡养殖规模结论

根据灰色局势决策理论建立数学模型，通过对吉林省肉鸡不同养殖规模与全国不同养殖规模下的成本收益对比分析。从全国层面看，全国大规模的肉鸡养殖综合收益水平最高，其次是中规模，最后是小规模，说明大规模肉鸡养殖是全国现阶段或者今后的发展方向。这与辛飞翔、王济民通过实证分析不同养殖规模肉鸡生产效率大规模最高，中规模其次，小规模最低的结论是一致的[2]。

从吉林省建立模型得出的结果可以看出，中规模的综合效果测度要远大于小规模养殖的综合效果测度，说明中规模是吉林省现阶段或者今后一段时间的发展方向。同时可以看出，吉林省肉鸡规模养殖与全国肉鸡规模养殖的发展变化趋势是一致的，相对于小规模肉鸡养殖来讲，肉鸡养殖的规模越大综合收益越高，规模化肉鸡养殖在成本控制、规模化管理和疫病防控等方面都具有优势，国家和地方都在不断促进畜牧业产业化、规模化及标准化的发展战略的制定与实施，未来吉林省的肉鸡养殖规模可能逐渐向大规模养殖靠拢，形成大规模肉鸡养殖必定是吉林省未来的发展的方向，同时，各个肉鸡主产区都有各自的具体实际情况，要发展适合各自的适度养殖规模。

6 吉林省肉鸡规模养殖对策建议

6.1 政府要营造适当的发展环境、建立市场有效机制

政府可通过对信贷部门的协调降低扩建或新建规模化的贷款门槛，支持规模化生产，对规模化养殖户实施贷款贴息等鼓励政策[3]。由于农户对市场信息的获得存在局限性和滞后性，需要政府有效的市场机制，提供及时的畜禽供求信息、市场价格及疫病防控等信息。引导农户合理控制存栏量，鼓励多种经营方式来抵御市场风险。

6.2 加强规模化、标准化建设

可以通过技术下乡等知识讲座形式对规模化、标准化养殖的技术进行宣传和必要的培训，建立当地农户需要的疫病试验及防控检测等标准化兽医实验室，提高疫病防控水平，减少突发性疫病带来的损失。

6.3 转变养殖观念、重视对污染物的处理

养殖户要重视对肉鸡规模养殖的环境。加湿、通风、消毒等环节是保证肉鸡养殖的重要环节，必须重视环境控制对规模化肉鸡养殖的重要性。同时在养殖过程中产生的粪便要合理利用和处理，减少对环境造成的污染。对鸡粪经过干燥处理后制作有机肥，一些大的养殖厂通过引进粪便处理机直接将鸡粪传输到地下发酵池，然后将发酵后的肥料运往大棚种植绿色有机蔬菜，这样既提高了鸡舍的环境减少污染，又可以变废为宝带动副产业发展。

参考文献

[1] 龙腾芳. 灰色局势决策算法及其应用 [J]. 微电子学与计算机，2005 (7)：62 - 64.
[2] 辛飞翔，王济民. 不同养殖规模间肉鸡生产技术效率差异研究 [A]. 2012 中国会议，2012，9：217 - 221.
[3] 王燕明. 2012 年全球肉鸡产业发展现状及未来趋势 [J]. 中国畜牧杂志，2013 (2)：24 - 27.